18 45
D R

Schriftenreihe der Isa Lohmann-Siems Stiftung, Bd. 1

Herausgegeben von
Wolf-Dieter Hauenschild, Thomas Hengartner und Bruno Reudenbach

Inszenierungen der Küste

Herausgegeben von
Norbert Fischer,
Susan Müller-Wusterwitz und
Brigitta Schmidt-Lauber

Reimer

Bibliografische Information Der Deutschen Nationalbibliothek
Die Deutsche Nationalbibliothek verzeichnet diese Publikation in der Deutschen Nationalbibliografie; detaillierte bibliografische Daten sind im Internet über http://dnb.d-nb.de abrufbar.

Layout: Andreas Reucher, Hamburg
Umschlaggestaltung: Carsten Best, Hamburg
Umschlagabbildung: Alfred Ehrhardt, Längswellungen, 1933/36
Sprengel Museum Hannover/Sammlung Ann und Jürgen Wilde, Zülpich

Printed in Germany
Gedruckt auf alterungsbeständigem Papier

ISBN 978-3-496-02800-0

Inhalt

Norbert Fischer
Susan Müller-Wusterwitz
Brigitta Schmidt-Lauber

Der neue Blick auf die Küste (Einleitung)

I.

Das Thema Landschaft hat innerhalb der Kultur- und Geisteswissenschaften Konjunktur.

In diesem Band sind jüngste Forschungen zur Landschaft der Nordseeküste versammelt. Die Beschäftigung mit dem Landschaftskomplex Küste ist besonders dann fruchtbar, wenn sich unterschiedliche Disziplinen mit dem facettenreichen Gegenstand auseinander setzen und ihre jeweils eigenen Sichtweisen austauschen. Diesem Ansatz ist der vorliegende Sammelband verpflichtet. Er enthält natur- und geisteswissenschaftliche Untersuchungen zur touristischen Konstruktion der Küste, zu Darstellungen der Küste in den Künsten, zu biographischen Küstenlandschaften, zur Inszenierung der Küste im Denkmal und zur Inszenierung des maritimen Todes. Die Texte handeln von einem maritimen Raum, dessen Wahrnehmung sich in den vergangenen 500 Jahren mehrfach und grundlegend veränderte, wie sich auch der physisch-geographische Raum durch den Einfluss der Naturkräfte immer wieder wandelte. »Landschaft« – als ästhetisch-kontemplative Wahrnehmung der Natur – ist ein kulturelles und damit historisch veränderliches Konstrukt.

Die Anfänge der an antiken Schriften orientierten klassisch-bürgerlichen Landschaftsästhetik, in der die Landschaft als Ort der geistigen und körperlichen Rekreation gewürdigt wird, finden sich bereits im 16. Jahrhundert (Gombrich 1985). Joachim Ritter zufolge war die Auflösung des geschlossenen christlich-metaphysischen Weltbildes sowie die gesellschaftliche Herrschaft über Natur eine Voraussetzung für diesen Prozess (Ritter 1974: 47). Die Landschaftsästhetik löste die universellen Deutungsmuster des christlichen Mittelalters ab und entfaltete sich komplementär mit dem »Verschwinden des lebensweltlichen Eingelassenseins in Natur«, wie Ruth und Dieter Groh in ihrer Studie über »Weltbild und Naturaneignung« vermerkten. Landschaft wurde Kunst und Natur zugleich und ermöglichte einen Blick auf die Welt als »harmonisches Ganzes« (Groh/Groh 1991: 97, 108). Als Katalysator dieser ästhetischen Wahrnehmung von »Natur« fungierte die Landschaftsmalerei, die sich seit dem 16. Jahrhundert zuerst in Italien und Deutschland entwickelte, und in den Niederlanden des »Goldenen Zeitalters« zu einer eigenen Gattung wurde (Sutton 1987).[1]

1 »Im Element des Empfindens und der ästhetischen Produktion bezeugen Dichtung und Bild, was ohne ihre Vermittlung entgleitet und entschwindet«, schrieb Ritter (1974: 40); s. auch Schama (1995).

Das ästhetische Interesse an dem Gebiet, in dem Meer und Land aufeinandertreffen, entspringt einer verhältnismäßig modernen Wahrnehmung. Die Kraft des Wassers faszinierte beispielsweise den französischen Universalgelehrten Jules Michelet, dessen legendäres, erst spät ins Deutsche übertragene Werk »Das Meer« von 1861 ein Paradebeispiel für eine interdisziplinär angelegte, atmosphärisch dichte Beschreibung des Atlantiks ist – und zugleich eine Liebeserklärung an die See:

> »Lange bevor man das Meer erblickt, hört und ahnt man das Fürchterliche schon. Man vernimmt zunächst ein entferntes, dumpfes, eintöniges Rauschen. Allmählich jedoch geben alle anderen Geräusche ihm nach und werden von ihm überdeckt. Man unterscheidet bald seinen feierlichen Wechselton, die stetige, rollende Wiederkehr derselben starken und tiefen Note, die immer lauter, immer grollender wird. [...] Man spürt (oder man glaubt darin zu spüren) die vibrierende Intonation des Lebens. Und wirklich, wenn die Woge heranflutet, wenn – immens und elektrisch – die eine Welle sich über der nächsten bricht, dann mischt sich in das gewitternde Rollen der Wasser das Rasseln der Muscheln und tausend anderer Lebewesen, welche die Flut mit sich führt« (Michelet 1987: 19f.)

Bis weit in die Frühe Neuzeit hinein war die Küste ein Ort, an dem der Mensch gegen die Naturkräfte kämpfte. Abgesehen von den Niederlanden, wo die spezielle politische und kulturelle Situation bereits kurz nach 1600 zu einer besonderen Wertschätzung der Nordseeküste führte, galten Strand, Dünen und Marschenlandschaft bis ins 18. Jahrhundert hinein als eine wenig attraktive Landschaft. Wenn sie im Bild erschien, dann zunächst als Schauplatz bedrohlich wirkender Naturphänomene und Katastrophen, die Sturmfluten mit sich brachten. Seit dem späten 18. Jahrhundert aber wurde der Aufenthalt an der Nordsee als erholsam und gesundheitsfördernd propagiert. Aufgeklärte Denker und Publizisten wie Lichtenberg priesen den Spaziergang am Meer und erhoben das Wandern im Watt, das bislang als so entmutigend trostlos empfunden wurde, zu einer medizinisch empfehlenswerten Übung. Neben Heiligendamm an der Ostsee, dem ersten deutschen Seebad (1793), entstanden auch an der Nordseeküste Seebäder: zunächst auf der ostfriesischen Insel Norderney (1797), um 1804 auf Wangeroog und in Dangast am Jadebusen, in Cuxhaven 1816. Spiekeroog erhielt 1846 ein Seebad. An der schleswig-holsteinischen Nordseeküste folgten unter anderem Wyk auf Föhr 1819, Büsum 1837, Westerland auf Sylt um 1855, Wittdün auf Amrum 1890.

Das aufkommende Seebäderwesen lockte zunehmende Teile des städtischen Bürgertums und des Adels an die Küste und auf die Inseln. Die touristische Erschließung der Küste setzte voraus, dass das Leben hier sicherer geworden war. Verbesserter Küstenschutz und Deichbau sowie die erhöhte Sicherheit auf den Schifffahrtsrouten trugen dazu bei, dass die Nordseeküste mit ihren Inseln im 19. Jahrhundert als nunmehr »zivilisierte« Gegend erschien und gern aufgesucht wurde. Das Antlitz der Küste hat sich im Laufe der vergangenen 500 Jahre entscheidend gewandelt, und die Spuren dieses Wandels sind bis heute in der Landschaft am Meer zu finden.

Die touristische Erschließung der Nordseeküste veränderte die Wahrnehmung der Küstenlandschaft erneut. Watt, Strand und Dünen wurden nun als eine romantisch konnotierte Landschaft wahrgenommen, von der Furcht und Faszination zugleich ausging. In Werbeplakaten der Seebäder wurde um 1900 die bequeme Anreise und der Erholungswert gezeigt. Und die Reiseliteratur betonte das Mannigfaltige der Meeresküste – so Christian Jensen in seinem 1891 erstmals, 1927 dann in erweiterter Neuauflage erschienenen Buch über die nordfriesischen Inseln und Helgoland, in dem er eingangs schreibt:

> »Hier auf den äußersten Sandbänken [...] am Felsen von Helgoland und am Weststrande der Düneninseln Amrum, Sylt und Röm schäumt die kristallhelle und bläulich-grüne Nordseewelle, hier brandet sie und verursacht, vom frischen Westwinde getrieben, ein weithin hörbares Getöse und macht in ihrem wechselvollen Heranziehen, oft haushoch sich überstürzend, einen gewaltigen Eindruck. Ganz anders im Wattenmeer! – In ihm ist das Wasser schmutzig-grau und trübe, wie sein Gewoge gleichförmig und ruhig ist [...] Nach eingetretener Ebbe ziehen sich auf dem Boden des Watts zahllose Wasserrinnen hin, blätterlosen Bäumen vergleichbar [...] Zwischen diesen Rinnen findet der Fußgänger einen schlüpfrigen Pfad, watend kann er das Watt durchschreiten« (Jensen 1927: 1f.).

Wie sich die Wahrnehmung der Küstenlandschaft an der Nordsee im Lauf der Jahrhunderte gewandelt hat, so hat sich auch der wissenschaftliche Diskurs über Landschaften verändert. Der noch bei Ritter philosophisch fundierte klassisch-bürgerliche Landschaftsbegriff ist seit dem späten 20. Jahrhundert modifiziert und allmählich aufgelöst worden. Die »Produktion« (»making«) von Landschaften und ihre gesellschaftlichen Bedingungen rückten ins Blickfeld (Schama 1995). Aus der Dekonstruktion des klassisch-bürgerlichen Landschaftsbegriffes resultierten Forschungen – etwa zum Thema Mikrolandschaften (Franzen/Krebs 2006) –, in denen »Landschaft« als offener Raum verstanden wird, der mit seinen Einzelelementen auf ein kulturelles Zeichensystem und Bedeutungskonzept verweist und regelrecht »inszeniert« wird.

Für die Nordseeküste stellt sich die Frage, wie solche nicht selten gezielt instrumentalisierten, historisch unterschiedlichen kulturellen und gesellschaftlichen Einflüssen unterliegenden »Inszenierungen der Küste« entstanden. Landschaftsbilder manifestieren und materialisieren sich in ganz unterschiedlichen Formen: So verengen Ansichtskarten den Blick auf typische Motive der Landschaft, und auch Literatur und Malerei erheben die Meere und die Charakteristika der angrenzenden Landschaft zum Thema – beispielsweise in Theodor Storms Novelle »Der Schimmelreiter« oder in Emil Noldes Gemälden. Neben derartigen materiellen und literarischen Manifestationen von Landschaft existieren mentale Bilder der Küste, wie sie in Urlaubs- und lebensgeschichtlichen Erzählungen zum Vorschein kommen, die wiederum von den verschiedenen Repräsentationen der Küste geprägt sind. Bezogen auf die deutsche Nordseeküste ist die Frage, wie und mit welchem Ziel Landschaft in Szene gesetzt wird, relativ neu – wie überhaupt diese Küstenregion als Thema erst seit Anfang der 1990er Jahre Eingang in die moderne kulturwissenschaftlich-historische Forschung fand. Als wegweisend erwiesen sich zunächst Monografien, die küstenspezifische Phänomene wie Sturmfluten in umfassenderen geschichtlich-gesellschaftlichen Zusammenhängen analysierten (Jakubowski-Tiessen 1992). Der Wahrnehmungsdiskurs wurde exemplarisch in dem von Ludwig Fischer herausgegebenen Sammelband »Kulturlandschaft Nordseemarschen« thematisiert, der zudem natur- und geisteswissenschaftliche Studien vereint (Fischer 1997). Darüber hinaus waren es einzelne Küstenforscher wie Otto S. Knottnerus, der in seinen mentalitätshistorisch ausgerichteten Aufsätzen den »neuen«, interdisziplinären Blick auf die Küste repräsentierte (Knottnerus 1997) – eine Perspektive, die bereits Jules Michelet weit über hundert Jahre zuvor in »Das Meer« eingenommen hatte. In den letzten Jahren rückten die symbolische Bedeutung küstenspezifischer Phänomene ebenso in den Vordergrund wie ihre medial geprägte Vermittlung. Als Fokus dienten die unterschiedlichen Auffassungen von »Natur«, die sich beispielsweise in den Konflikten über die Ausweisung von Küstenregionen zu Naturschutz- und Nationalpark-Gebieten zeigten (Settekorn 2003; Döring/Settekorn/Storch 2005). Nordseetypische Mythen (Rheinheimer 2003) wurden ebenso unter sozial- und mentalitätshistorischen Aspekten analysiert wie die – nicht zuletzt politische Dimension – der Seebädergeschichte (Bajohr 2003; Kolbe 2005).

II.

Unter den Vorzeichen dieses »neuen« Blickes auf die Nordseeküste fand am 17. und 18. Februar 2006 in Hamburg ein internationales, interdisziplinäres Symposium zum Thema »Inszenierungen der Küste« statt. Wissenschaftler und Wissenschaftlerinnen unterschiedlicher natur- und geisteswissenschaftlicher Disziplinen wie der Germanistik, Kulturgeographie, Kunstgeschichte, Ethnologie/Volkskunde, Geschichte, Geobotanik sowie Sozial- und Wirtschaftsgeschichte kamen dafür zusammen. Das Symposium bildete den Abschluss eines von der Isa Lohmann-Siems Stiftung (Hamburg) geförderten gleichnamigen Forschungsprojektes, innerhalb dessen die Herausgeberinnen und der Herausgeber in drei Einzelstudien Wahrnehmung und Repräsentation der Landschaft an der Nordseeküste erforschten. Die Ergebnisse des Symposiums und der Forschungsprojekte werden im vorliegenden Band der Öffentlichkeit präsentiert.[2] Ziel ist es, neue Perspektiven auf die Kulturlandschaft Nordseeküste als Imaginationsraum vorzustellen und in diesem Zusammenhang symbolische, mentale und materielle Repräsentationen der Nordseeküste zu analysieren. Neben theoriegeleiteten Reflexionen über das Konstrukt »Küste« widmen sich exemplarische Fallstudien den Fragen nach der Küste als

2 Herausgeberinnen und Herausgeber möchten an dieser Stelle der Isa Lohmann-Siems-Stiftung für die großzügige finanzielle Unterstützung des Projektes und der vorliegenden Buchpublikation danken.

Projektions-, Imaginations- und Repräsentationsfolie sowie als gezielt inszeniertes kulturelles Kapital in Geschichte und Gegenwart.

Der Biologe *Hansjörg Küster* (Hannover) skizziert in seinem einführenden Beitrag über »Die Entwicklung der Küstenlandschaft an der Nordsee« die naturkundlichen Voraussetzungen für die Ausbildung der Küstenlinie. Die Küstenlinie in der Deutschen Bucht wird durch die Punkte festgelegt, an denen eiszeitliche Gesteinsablagerungen der Geest bis an das Meer vorstoßen: in den nordwestlichen Niederlanden, im südwestlichen Jütland und an der Altenwalder Geest bei Cuxhaven. Küster erläutert die von den Abbruchkanten der Geest ausgehende Bildung von Nehrungen, Barriereinseln und Platen, deren Form von der Stärke des Gezeitenhubs bestimmt wird. Anhand von Wattflächen und Salzwiesen, die sich hinter den sandigen Nehrungen bildeten und eingedeicht zu fruchtbaren Marschen wurden, beschreibt Küster das Erscheinungsbild der Küstenlandschaft als Ergebnis des jahrhundertelangen Zusammenwirkens von Mensch und Natur.

Der Perspektive auf die »Natur« schließt sich der Text des Germanisten *Ludwig Fischer* (Hamburg) zum Thema »Naturlandschaft, Kulturlandschaft – Zur Macht einer sozialen Konstruktion am Beispiel Nordseeküste« an. Fischer zeigt auf, dass das jeweilige wissenschaftliche, touristische oder künstlerische Verständnis von »Landschaft« in höchstem Maße ein soziales Konstrukt und Ergebnis der Definitionsmacht einzelner Akteure bzw. Gruppen ist. Beispielhaft veranschaulicht Fischer die Konstitution von »Landschaft« an den politischen Konflikten und sozialen Auseinandersetzungen um Naturschutzgebiete. Somit bleibt auch die wissenschaftliche Beschäftigung mit Landschaft unaufhebbar eingebunden in die nicht nur »symbolischen« Kämpfe, die es – offen oder verdeckt – um die Durchsetzung der »Realkategorie Landschaft« gegeben hat.

Anschließend befasst sich die Kunsthistorikerin *Susan Müller-Wusterwitz* (Hamburg) in ihrem Beitrag »Das Bild der Küste in der niederländischen Kunst des 16. und 17. Jahrhunderts. Facetten eines nationalen Motivs« zunächst mit Darstellungen der niederländischen Küste in Flugschriften aus der Frühzeit des Aufstands der niederländischen Provinzen gegen Spanien, in denen die Dünen als unüberwindbares Bollwerk gegen die spanische Invasion in Szene gesetzt werden. In den ersten Jahrzehnten des 17. Jahrhunderts nimmt sich die Malerei der Küstenlandschaft an. Hier ist zu beobachten, dass sich die Wahrnehmung und die Repräsentation der heimischen Küste ändert: Im Strandbild wird das ebene Terrain zur Bühne des Idealbildes einer horizontal gegliederten niederländischen Gesellschaft. Bedrohliche Situationen wie Sturm und Schiffbruch werden hier kaum gezeigt. Die Malerei verlagert sie vor felsige und damit fremde Küsten. Im Ergebnis zeigt die Untersuchung, dass die Küste in der politischen Krisensituation um 1570 zu einem Motiv der niederländischen Kunst wurde, und dass die Genres »Strandbild« und »Schiffbruch vor felsiger Küste«, die in der Forschung bislang getrennt verhandelt werden, zwei Seiten einer Medaille bilden.

Die Historikerin *Marie Luisa Allemeyer* (Göttingen) fokussiert unter dem› Titel »›... dass man dem grausam Toben des Meeres nicht etwa kann Widerstand thun mit Gewalt‹. Kontroversen um den Küstenschutz im 17. und 18. Jahrhundert« den historischen Diskurs über die Wirksamkeit der »künstlichen« und kostenträchtigen Deiche. Darin ging es speziell auch um die Frage, ob die »natürlichen« Dünen Deiche ersetzen können. Anhand eines frühneuzeitlichen Beispiels von der Halbinsel Eiderstedt zeigt Marie Luisa Allemeyer, dass dem technologisch avancierten, nicht zuletzt der Landgewinnung dienenden Deichbau programmatisch der konservative Küstenschutz durch Dünen gegenübergestellt wurde. Anhand der Analyse dieser Auseinandersetzung werden mentalitätshistorische (»künstliche Technik« vs. »gottgegebene Natur«) und politische (Obrigkeit vs. Untertanen) Gegensätze und Konfliktlinien sichtbar.

Geht es in diesen Beiträgen um die Etablierung von (zumal kognitiven) Grenzen, so bildet ihre Dekonstruktion das Thema des folgenden Beitrags: *Otto S. Knottnerus* (Zuidbroek) betrachtet die Küste unter dem Aspekt der zunehmenden Grenzauflösung und Entmythologisierung (»Eine gefahrvolle Existenz: Zur inhärenten Ambivalenz der frühneuzeitlichen Küstengesellschaft«). Dabei thematisiert der niederländische Soziologe und Historiker den bis in die Frühe Neuzeit als gefahrvoll erlebten Umgang mit dem Meer, der sich allegorisch in den Darstellungen der Meerungeheuer niederschlug. Das Misstrauen der abendländischen Kultur gegenüber dem »wilden« Meer habe relativ abgeschlossene Küstengesellschaften hervorgebracht. Knottnerus beschreibt das Leben an der Küste als »betwixt and between«, voller Gefahren und Widersprüche einerseits, mit vielfältigen, vor allem im Verlauf der Frühen Neuzeit zunehmend genutzten Chancen für Wirtschaft und Handel andererseits. Dabei vollzog sich die Säkularisierung und Entmythologisierung der Nordseeküste regional unterschiedlich, wie Knottnerus im Vergleich zwischen den norddeutschen und nordniederländischen Küstenregionen zeigt.

Der Sozial- und Kulturhistoriker *Norbert Fischer* (Hamburg) thematisiert die »Gedächtnislandschaft Nordseeküste: Inszenierungen des maritimen Todes«. Die historischen Erfahrungen der Katastrophe (Sturmfluten, Schiffbrüche) haben an der Küste zu einer besonderen Nähe zu Tod und Trauer geführt. Diese zeigt sich in landschaftlichen Artefakten wie den Memorials für die »Auf See Gebliebenen«, Sturmflut-Memorials und Namenlosen-Gedenkstätten. Als öffentlich gestaltete Form der Trauer ist sie eine küstenspezifische Aktualisierung der Vergangenheit. Fischer reiht sie ein in das landschaftstheoretische Konzept der »Mikrolandschaften« und analysiert sie als Ausdruck eines reflexiven Umgangs mit der eigenen Vergangenheit, der sich unter zunehmenden Einflüssen der städtisch-bürgerlichen Kultur, ihrer Historisierungstendenzen und ihres »Gedächtniskultes« seit Mitte des 19. Jahrhunderts entfaltet hat.

Das konkrete Werden einer solchen Repräsentation der Küste steht im Mittelpunkt der Ausführungen der Volkskundlerin und Ethnologin *Brigitta Schmidt-Lauber* (Hamburg/Göttingen), die mit ihrem Forschungsprojekt zum Thema »Maritime Denkmals(er)findung. Ein Küstenort inszeniert seine Geschichte« die Perspektive auf die Gegenwart lenkt. Am Beispiel des niedersächsischen Küstenortes Carolinensiel, der im Mai 2005 eine 275-Jahrfeier beging und zu diesem Anlass eine Skulptur einweihte, illustriert sie den Entstehungsprozess des Denkmals dieser materiellen und symbolischen Selbstinszenierung. Schmidt-Lauber zeigt auf, wie sich der Ort eine nach innen wie außen sichtbare lokale Identität schaffte und welche verschiedenen Interessen und Akteure dabei am Wirken waren. Im Ergebnis präsentiert sie die Denkmals(er)findung als »zeitgenössische Form lokaler Selbstvergewisserung, als reflexive Selbstinszenierung, die als Identitäts-Marketing nach außen gewendet wird und nach innen wirkt«.

Der Historiker *Martin Rheinheimer* (Esbjerg) analysiert auf Grundlage einer empirischen Auswertung historischer Ansichtskarten den »Mythos der Seebäder. Visualisierung und Vermarktung der Nordfriesischen Inseln durch Postkarten«. Neben Sylt, Amrum, Föhr und den Halligen greift er zum Vergleich auf die Insel Helgoland zurück. Mithilfe einer empirisch-statistischen Analyse von Postkarten, die während des Untersuchungszeitraums über das Internetportal Ebay erhältlich waren, zeigt Rheinheimer, in welchem Ausmaß und mit welchen visuellen Mitteln sich die Seebäder im Zeichen zunehmender Konkurrenz der Postkarte als Mittel zur Selbstdarstellung bedienten. Bildliche Topoi der Postkarten waren sowohl Naturdarstellungen als auch kulturelle Artefakte (z.B. Infrastruktur bzw. Architektur). Einzelne Seebäder inszenierten einen regelrechten »Mythos« des eigenen Ortes, indem sie lokale Kleidertraditionen durch Fotomontagen zu einem unverwechselbaren Merkmal ihrer selbst deklarierten.

Der Geograph *Jürgen Hasse* (Frankfurt a.M.) konkretisiert die »Konstitution von Landschaft« mit der Frage, wie spezifische Bilder der Küste geschaffen und touristisch vermittelt werden. Er untersucht die Nordseeküste als »Die touristische Konstruktion besserer Welten. Zur Codierung einer Landschaft«. Auf Basis der Analyse gedruckter Werbeträger stellt Hasse die sich entfaltenden »Erlebnisschablonen« vor, wobei für die Bedeutungsstiftung die Verknüpfungen zwischen Texten und Bildern eine besondere Rolle spielen. Tourismus wird auf diese Weise zur »Industrie der Imagination«, wobei die einzelnen Seebäder auf differenzierende »Alleinstellungs-Merkmale« achten. Diesem Zweck dient beispielsweise auch die Darstellung von Naturlandschaft und Regionalkultur sowie des Sport- und Freizeitpotentials in den Werbeträgern.

Ein volkskundlicher Zugang zur Inszenierung der Küste kennzeichnet den folgenden Beitrag von *Julia Meyn* (Hamburg). Sie präsentiert Ergebnisse eines jüngsten Forschungsprojektes, das – erfahrungsgesättigte – Bilder und Vorstellungen von Menschen mit lebensgeschichtlichem Bezug zur nordfriesischen Küste untersuchte. Unter dem Titel »Biographische Küstenlandschaften« präsentiert sie verschiedene Typen von Landschaften – wie die Kindheitslandschaft oder die »Seelenlandschaft«.

Abschließend fasst der Sozial- und Wirtschaftshistoriker *Franklin Kopitzsch* (Hamburg) den Ertrag der Tagung zusammen, indem er auf die Bedeutung des interdisziplinären Austauschs verweist sowie die konstruktive und anregende Atmosphäre des Dialogs zwischen Küstenforscherinnen und -forschern verschiedener Fächer hervorhebt. Der Sozialhistoriker betont die Notwendigkeit, Text- und Bildquellen gleichermaßen zu nutzen, und fordert, die Wechselbeziehungen zwischen den teils sehr unterschiedlich strukturierten Einzelterritorien an der Nordsee stärker als bisher herauszuarbeiten. Der Beitrag ist ein Resümee des konkreten Tagungsablaufs im Warburg-Haus, womit Franklin Kopitzsch auf zum Teil andere Titel und Referenten Bezug nimmt, als sie in der nun vorliegenden Druckfassung zu lesen sind. Zugleich verweist er im Ausblick auf die frühen Reisebeschreibungen der Seebäder als noch weitgehend ungenutzte Quelle für weiterreichende interdisziplinäre Forschungen.

Der vorliegende Band versammelt unterschiedliche Zugänge und Lesarten der Küste sowohl in Hinblick auf verschiedene Disziplinen als auch auf heterogene Quellengruppen und schließlich mit Blick auf unterschiedliche methodische sowie heuristische Verfahrensweisen. Eine solche Pluralität an Perspektiven stellt immer auch den inter- und transdisziplinären Dialog auf die Probe. Eine Homogenisierung der Sichtweisen war dabei weder intendiert noch realisiert; vielmehr sollten während des Symposiums im Warburg-Haus wie auch nun in der Publikation facettenreiche und kritische Diskussionen zwischen den Fächern und Referentinnen bzw. Referenten initiiert werden. Wir danken allen Teilnehmenden, dass dieser Austausch in einer anregenden und konstruktiven Atmosphäre stattfand.

Literatur

Bajohr, Frank (2003): »Unser Hotel ist judenfrei«. Bäder-Antisemitismus im 19. und 20. Jahrhundert. Frankfurt a.M.

Blackbourn, David (2006): The Conquest of Nature. Water, Landscape and the Making of Modern Germany. London.

Döring, Martin/Settekorn, Wolfgang/von Storch, Hans (Hg.) (2005): Küstenbilder, Bilder der Küste. Interdisziplinäre Ansichten, Ansätze und Konzepte. Hamburg.

Fischer, Ludwig (Hg.) (1997): Kulturlandschaft Nordseemarschen. Bredstedt/Westerhever.

Franzen, Brigitte/Krebs, Stefanie (Hg.) (2006): Mikrolandschaften. Landscape Culture on the Move. Münster.

Gemeinsames Wattenmeer Sekretariat (Hg.) (2005): Das Wattenmeer – Kulturlandschaft vor und hinter den Deichen. Stuttgart.

Gombrich, Ernst H. (1985): The Renaissance Theory of Art and the Rise of Landscape. In: Die Kunst der Renaissance. Bd. 1., Stuttgart (zuerst 1950).

Groh, Ruth/Groh, Dieter (1991): Weltbild und Naturaneignung. Zur Kulturgeschichte der Natur. Frankfurt a.M.

Holander, Reimer Kay (2003): Der Schimmelreiter – Dichtung und Wirklichkeit. Kommentar und Dokumentation zur Novelle »Der Schimmelreiter« von Theodor Storm. Neue, verbesserte und aktualisierte Ausgabe, Bredstedt.

Jakubowski-Tiessen, Manfred (1992): Sturmflut 1717. Die Bewältigung einer Naturkatastrophe in der Frühen Neuzeit. München.

Jensen, Christian (Bearb.) (1927): Die Nordfriesischen Inseln. Sylt, Föhr, Amrum, Helgoland und die Halligen. Vormals und jetzt. Lübeck.

Knottnerus, Otto S. (1997): Die Angst vor dem Meer. Der Wandel kultureller Muster an der niederländischen und deutschen Nordseeküste (1500–1800). In: Fischer, Ludwig (Hg.): Kulturlandschaft Nordseemarschen. Bredstedt/Westerhever, S. 145–174.

Kolbe, Wiebke (2005): Strandurlaub als liminoider (Erfahrungs-) Raum der Moderne? Deutsche Seebäder im späten 19. und frühen 20. Jahrhundert. In: Gilomen, Hans-Jörg/Schumacher, Beatrice/Tissot, Laurent (Hg.): Freizeit und Vergnügen vom 14. bis zum 20. Jahrhundert. Zürich, S. 187–200. (= Jahrbuch der Schweizerischen Gesellschaft für Wirtschafts- und Sozialgeschichte, 20)

Lundt, Bea (Hg.) (2004): Nordlichter. Geschichtsbewusstsein und Geschichtsmythen nördlich der Elbe. Köln/Weimar/Wien.

Michelet, Jules (1861/1987): Das Meer. Frankfurt a.M./New York (französische Erstausgabe 1861).

Mollat Du Jourdin, Michel (1993): Europa und das Meer. München.

Meier, Dirk (2006): Die Nordseeküste. Geschichte einer Landschaft. Heide.

Rheinheimer, Martin (2003): Mythos Sturmflut. Der Kampf gegen das Meer und die Suche nach Identität. In: Demokratische Geschichte 15, S. 9–58.

Ritter, Joachim (1974): Landschaft. Zur Funktion des Ästhetischen in der modernen Gesellschaft. In: Ders.: Subjektivität. Frankfurt a.M., S. 141–166.

Schama, Simon (1995): Landscape and Memory. London.

Sutton, Peter C. (1987): Introduction. In: Ders. (Hg.): Masters of 17th-Century Dutch Landscape Painting. Boston, S. 1–63.

Hansjörg Küster

Die Entwicklung der Küstenlandschaft an der Nordsee

Das Nordseebecken im Eiszeitalter

Zwischen den alten Gebirgen Skandinaviens und Mitteleuropas sinkt die Erdoberfläche seit vielen Millionen Jahren ab. Immer wieder drangen Meere in das sich dort bildende Becken vor. Auch die ausgedehnten Gletscher, die im Eiszeitalter über Nordeuropa entstanden, bewegten sich in die Senke hinein. Im Norden hatten sie die Landoberfläche abgehobelt; das erodierte Material führten sie in Form von Steinen, Sand und Ton mit sich. Als das Eis schmolz, blieb der Schutt liegen. Es kam immer wieder zu neuen Gletschervorstößen, ein großer Teil des eiszeitlichen Schutts wurde von den vorrückenden Eismassen zu Endmoränenwällen zusammen geschoben. Die Gletscher dehnten sich weit aus; in einigen sehr kalten Phasen drangen sie bis an den Rand der Mittelgebirge vor. In den letzten Eiszeiten bildeten sie, aus dem heutigen Ostseeraum kommend, auch einen von Nord nach Süd verlaufenden Schuttwall in der Mitte des Meeresbeckens: die jütische Halbinsel. Jütland und Schleswig-Holstein liegen seitdem als eine Barriere zwischen Nord- und Ostsee. Das Wasser der Nordsee wird mit dem anderer Weltmeere ausgetauscht. In die Ostsee dagegen dringt nur wenig Salzwasser vor; dieses Binnenmeer ist die weltweit größte Ansammlung von Brackwasser (Küster 2002).

Wenn in den Eiszeiten viel Wasser in den Gletschern in Form von Eis gebunden war, befand sich weniger Wasser in den Weltmeeren. Der Meeresspiegel sank in der letzten Eiszeit, der Würm- oder Weichseleiszeit, weltweit um 120 bis 130 Meter ab (Abb. 1). Damals fiel der größte Teil der flachen Nordsee trocken. Zum Höhepunkt der letzten Eiszeit vor etwa 20.000 bis 18.000 Jahren lag die Nordseeküste nördlich der Doggerbank, zwischen dem europäischen Festland und den Britischen Inseln existierte eine Landbrücke (Pott 2003).

Die Entstehung der heutigen Nordsee nach der letzten Eiszeit

Vor 18.000 Jahren ging die Weichseleiszeit zu Ende, und die durchschnittlichen Sommertemperaturen stiegen in den folgenden 10.000 Jahren um etwa 10°C an (Abb. 1). Der Auftauvorgang des Eises dauerte länger. Denn für den Schmelzvorgang wurde eine große Wärmeenergiemenge benötigt, und die über dem Land liegenden Eismassen wirkten wie ein großes Kälteaggregat:

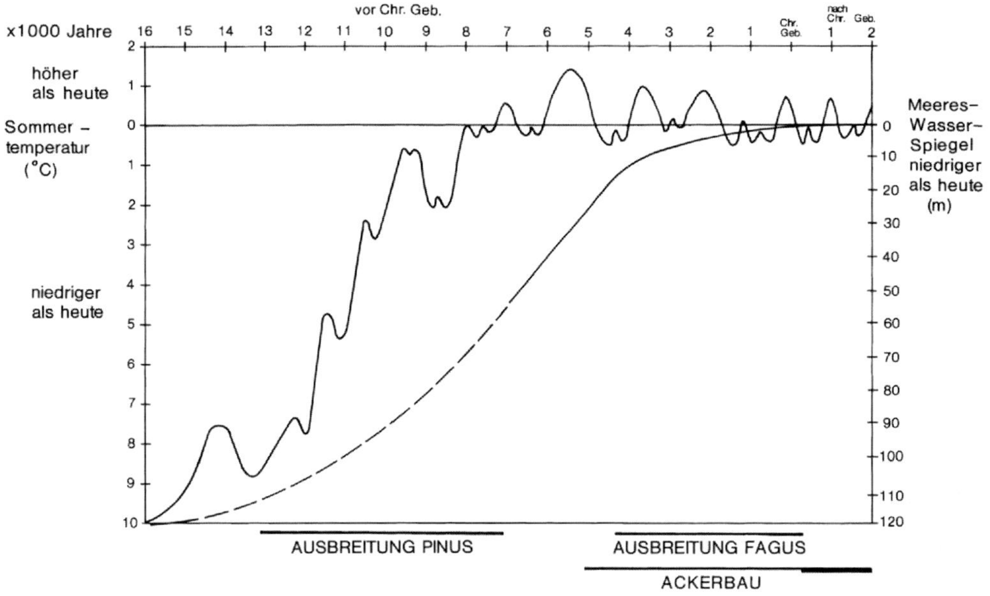

Abb. 1: Die Veränderungen der Temperatur und des Wasserstandes seit der letzten Eiszeit (aus Küster 2000).

Sie hielten die Temperaturen in Gletschernähe auf einem niedrigen Niveau, so dass die Eismasse länger erhalten blieb, als es aus klimatischen Gründen hätte der Fall sein müssen.

Allmählich dehnte sich die Nordsee nach Süden aus, und die Küstenlinien wandelten sich erheblich. Vor etwa 9.000 Jahren brach die Landverbindung zwischen dem europäischen Festland und den Britischen Inseln auf. Von diesem Zeitpunkt an gelangte ein Teil des Wassers aus dem Golfstrom direkt in die Nordsee.

Die letzten Überreste der Eismassen schmolzen erst vor wenigen Jahrtausenden oder gar erst Jahrhunderten; der Meeresspiegel stieg noch immer weiter an, wenn auch nicht mehr so deutlich wie vor etwa 5.000 bis 8.000 Jahren. Für die Lage der Nordseeküsten bekamen einige markante Geestbereiche eine besondere Bedeutung. Geest ist das trockene Land (von niederdeutsch »güst«), das in der vorletzten Eiszeit von den Gletschern abgelagert wurde und das in der letzten Eiszeit durch Winderosion seiner fruchtbaren Bodenbestandteile weitgehend beraubt worden war.

Vielerorts bis an die Geestkante stößt die Nordsee am Westrand Jütlands vor, auch an den Inseln Sylt, Amrum und Föhr. Eine ursprüngliche Geestküste gibt es in Deutschland außerdem nur noch an der Altenwalder Geest südlich von Cuxhaven und in den Niederlanden auf Texel. Texel, Altenwalder Geest und die nordfriesischen Geestinseln bzw. die südliche Steilküste der jütischen Geest bestimmen den heutigen Küstenverlauf der Nordsee ganz maßgeblich (Abb. 2).

Abb. 2: Steilküste der Geest mit vorgelagerten Salzwiesen: Emmerlev Klev an der Südwestküste von Jütland.

Nehrungen, Barriereinseln und Platen

In die Buchtenbereiche zwischen diesen Geestküsten wird eine große Menge an Sand und Ton eingetragen. Sie stammt nur zu einem Teil aus den Flüssen, die in die Deutsche Bucht münden (Elbe, Weser, Ems und andere), vor allem aber aus dem Rhein; mit einer von Südwest nach Ost verlaufenden Wasserströmung gelangen die feinen Gesteinspartikel in die Nordsee. In die Richtung der inneren Deutschen Bucht verfrachtet wird auch feines sandiges und toniges Material, das im Norden und im Westen der Nordsee von den Steilküsten abgetragen wird.

Während die Steine, die aus den Abbruchkanten der Steilküsten auf den Strand fallen, an Ort und Stelle liegen bleiben, werden feine Bestandteile, also Sand und Ton, vom Wasser küstenparallel transportiert. Das Material wird entlang der Uferlinie bewegt, weil die Wellen nicht frontal auf die Küsten zu laufen (sie könnten dann nicht wieder zurücklaufen). Wellen treffen schräg auf die Küste und weichen seitlich zurück. Wo sich Wellen treffen, lässt die Transportkraft des Wassers nach, und der Sand bleibt liegen. Dort entsteht ein parallel zur Uferlinie verlaufendes Sandriff. Ein Teil des Sandes wird von einer nachfolgenden Welle erneut in Bewegung gesetzt und zuerst schräg an die Uferlinie, dann seitlich weiter gespült. Der Sand macht im Spiel der Wellen eine Zickzack-Bewegung zwischen Strandlinie und Riff.

Wenn der Sand in einem Riff bis zur Wasseroberfläche aufgeschichtet ist, wird aus dem Sandriff eine Sandbank bzw. eine Nehrung, eine lange Sandzunge, die eine ganze Bucht abriegeln kann. Man findet Nehrungen an der dänischen und an der niederländischen Westküste, auch an der Ostsee. Nehrungen können sich nur dort ausbilden, wo der Tidenhub, also der tägliche Unterschied zwischen Hoch- und Niedrigwasser, nicht höher als etwa 150 cm ist (Behre 1991). Tritt ein höherer Tidenhub auf, gibt es stärkere Strömungen, vor allem, wenn das Wasser bei Ebbe abfließt. Die Ebbströmung führt zur Bildung von Gatts zwischen Sandbänken; das Wort »Gatt« ist mit dem englischen »gate« verwandt (für Tor) und dem dänischen »gade« für Straße. Mit beiden Erläuterungen kann der Charakter eines Gatts deutlich gemacht werden, einer Wasserbahn zwischen den Sandmassen, die von küstenparallelen Strömungen abgelagert wurden. Anstatt einer Nehrung bilden sich Ketten von Barriereinseln heraus. Sie bestehen bei einem Tidenhub zwischen 150 und etwa 300 cm. Barriereinseln sind die West- und Ostfriesischen Inseln. In Nordfriesland sind ähnliche Inselformen nur ansatzweise ausgebildet (zwischen Amrum und den durch Eindeichung mit dem Festland verbundenen Sandbänken von Westerhever und Sankt Peter im Westen der Halbinsel Eiderstedt, die eigentlich auch Inseln sind). Ist der Tidenhub noch höher, bilden sich zwischen den tiefen Prielen und Gatts so genannte Plateninseln aus annähernd runden Sandbänken. Man findet solche Inseln im Bereich der Elbe- und Wesermündungen, z.B. Neuwerk und Scharhörn. Auch Borkum in der Emsmündung weist viele Charakteristika einer Plateninsel auf, die aus zwei Inselkernen, zwei Platen, zusammengewachsen ist; in deren Mitte liegt der Bereich »Tüskendör«, der ohne Küstenschutzmaßnahmen immer wieder überflutet werden würde (Peters 1996; Pott 2003).

Die Küsten- und Inselformen bildeten sich also als Folge von Strömungsverhältnissen an den sandigen Meeresufern heraus. Man kann an den Inseln erkennen, wie hoch der Tidenhub ist. An den Formen von früheren Küstenlinien ist abzulesen, dass sich die Verteilung von Bereichen niedrigen und hohen Tidenhubs an der Nordsee in den letzten Jahrtausenden gewandelt hat. Vor allem in Dithmarschen, aber auch südlich der Altenwalder Geest entstanden lange Nehrungen, die sich heute im Landesinneren befinden. In Dithmarschen bezeichnet man sie als Donn. Die Donns waren für die Besiedlung des Landes sehr wichtig; bis heute liegen viele wichtige Siedlungen auf ihnen (Hochdonn, Sankt Michaelisdonn, Lunden), und Eisenbahn und Fernstraßen verlaufen dort. Bei dem derzeitigen hohen Tidenhub im Inneren der Deutschen Bucht hätten sich diese Nehrungen niemals bilden können. Zur Zeit ihrer Entstehung, vor einigen Jahrtausenden, kann es an der Elbmündung lediglich einen Tidenhub von unter 150 cm gegeben haben.

Wenn der Sand oberhalb der Wasserlinie abgelagert wird, trocknet er rasch ab und wird vom Wind in Bewegung gesetzt. Der Sand bleibt an Hindernissen liegen, und es kann zur Bildung einer Düneninitiale kommen. Auf ihr können sich Pflanzen ansiedeln, die den Sand festhalten. Die Sandmasse kann dadurch weiter anwachsen. Auf diese Weise bilden sich hohe Dünen (Abb. 3), die von Menschen dauerhaft besiedelt werden können. Siedlungen an der Flachküste befinden sich daher

Abb. 3: Dünen bei List auf Sylt: Pflanzenbewuchs hält die Dünen stabil.

1) auf dem lang gestreckten Dünengürtel im Westen der Niederlande und Belgiens, der für die Besiedlungsgeschichte der beiden Länder besondere Bedeutung bekam und wie ein Zaun das Land nach Westen hin abschließt; dabei ist zu bedenken, dass die Wortbildungen »Düne« und »Zaun« miteinander verwandt sind;
2) auf den Dünen der Barriereinseln, die allerdings vor allem von Westen her vom Wasser angenagt werden und deren Sand sich nach Osten verlagert;
3) im Westen der Nordfriesischen Inseln, wo sich ausgehend von den Kernen der Inseln Amrum, Sylt, Rømø und Fanø sandige Landzungen ausgebildet hatten;
4) auf den Dünen der Nehrungen zwischen den Steilküsten im Westen Jütlands.

Als Siedlungsgebiet hatten die Dünen im Westen größere Bedeutung, vor allem in den Niederlanden und auf den Barriereinseln. Noch besserer Siedlungsgrund in Jütland und auf den Nordfriesischen waren die stabileren Geestkerne, die in der Nähe der Dünen lagen. In den Niederlanden und in Ostfriesland liegen dagegen weite Senken zwischen den Sandablagerungen und der Geest: Wattenmeer, Marsch und Moor.

Watt und Salzwiese

Die Sandbänke mit den darauf liegenden Dünen schirmen einen großen Bereich der Küste vor den Meeresströmungen ab. Sie haben eine enorme Bedeutung für die Stabilität der Küsten. Unmittelbar hinter den Sandflächen ist das Wasser ruhig. Zahlreiche Algen und Tiere, die sich unter anderem von diesen Algen ernähren, leben im Wattenmeer, das sich hier ausbildet. Am Grund des Watts entstehen Ablagerungen aus feinem Ton. Teile des Watts sind stets überflutet, von sehr flachen Bereichen zieht sich bei Ebbe das Wasser zurück. Doch ein Film aus einzelligen Algen, der die feinkörnigen Ablagerungen bedeckt, hält große Teile des Watts auch bei Niedrigwasser feucht. So entsteht der sogenannte Schlick. An dem klebrigen Überzug des Watts bleiben bei der nächsten Überflutung weitere Tonteilchen hängen. Das Watt wird auf diese Weise aufgehöht. Auf den am höchsten gelegenen Wattbereichen breitet sich der Queller (Abb. 4) aus. An den Trieben des Quellers bleibt oft Tang hängen; zwischen den Tangfäden sammelt sich anorganisches und organisches Material an, das von den einzelligen Algen des Watts mit dem sandigen und tonigen Untergrund verklebt wird. Die kleinen Hügel im Watt, die sich auf diese Weise bilden, können, wenn sie nicht mehr täglich überflutet werden, von den Ausläufern des ausdauernden Andelgrases (Abb. 5) erreicht werden. Wenn sie

Abb. 4: Queller (Salicornia europaea) auf sommerlich trockenem Watt. Mehrere Pflanzen sind auf den Resten einer vorjährigen Pflanze aufgewachsen. Im Vorjahr starb die Mutterpflanze ab und wurde von Tang und Sand abgedeckt. Die diesjährigen Pflanzen keimten im Winter auf der Mutterpflanze und sind im Frühjahr emporgewachsen. Im trockenen Sommer ist ihr Wachstum bereits abgeschlossen.

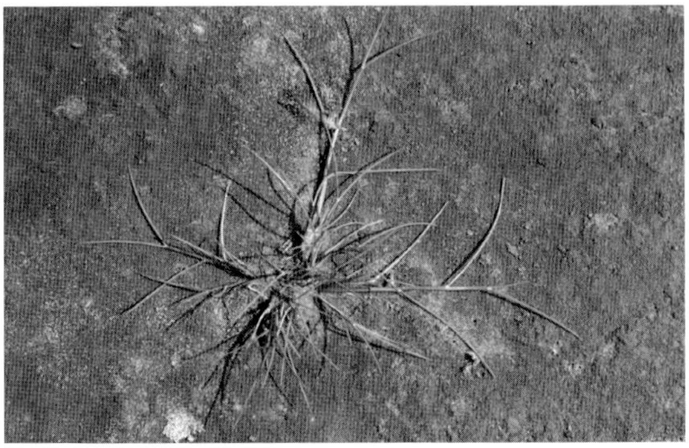

Abb. 5: Die Ausläufer des ausdauernden Andelgrases (Puccinellia maritima) wachsen im Boden an und festigen ihn.

Abb. 6: Priele werden vor allem bei Ebbe (ablaufendes Wasser) geformt. Sie sind dynamische Gebilde, die ihre Lage rasch verändern können: Initiale eines Priels auf Norderney.

anwachsen, beginnt die Entwicklung einer Salzwiese, die nur bei hohen Fluten von Meerwasser bedeckt wird. Das vom Wasser mitgeführte Material wird von den Andeltrieben festgehalten und neu überwachsen. Die Oberfläche der Salzwiese wächst in die Höhe; dieser Vorgang des Wachsens (engl. »to grow«) wurde von den Menschen erkannt, als sie diese Bereiche Groden nannten. Die Begriffe Salzwiese, Groden und unbedeichte Marsch können synonym benutzt werden.

Allerdings bildet sich nicht zwangläufig neues Land an der Nordseeküste. Das Neuland kann auf jeder Entwicklungsstufe auch wieder zerstört werden. Wenn im Watt ein Priel (Abb. 6) entsteht, reißt der Ebbstrom den Schlick und den darunter liegenden Sand mit sich. Quellerpflanzen, in denen Tang hängen geblieben ist, können zu einem Hindernis werden, an dem die zerstörende Wasserkraft ansetzt. Die Pflanzen können

Abb. 7: Regelmäßig überflutete Salzmarsch und Warft auf Hallig Oland.

von der Strömung aus dem Untergrund gerissen werden, oder es bildet sich hinter ihnen ein Kolk, eine Vertiefung im Watt, die durch den Einfluss der Strömungen zu einem ausgedehnten Wasserloch werden kann. Kräftige Ebbströme und die Brandung bei hohen Fluten können auch Teile der Salzwiese abreißen. Das Meer zerstört also und segnet, das weiß man an der Nordseeküste.

Weil es an der Nordseeküste nur selten Frost gibt, wächst der Andel fast das ganze Jahr über. Seine jungen Triebspitzen sind reich an Eiweiß; sie sind daher eine sehr gute Nahrungsquelle für etliche Tierarten. Besonders viele Triebspitzen vom Andel gibt es in frostfreien Winterperioden und im Frühjahr; dann halten sich an der Nordseeküste Tausende von Weißwangen- und Ringelgänsen auf, die vor allem Triebspitzen vom Andel fressen. Später im Jahr nimmt der für diese Tiere unverdauliche Zellulosegehalt des Andels zu; die Gänse verlassen dann das Nordseeküstengebiet und ziehen in weiter nördlich gelegene Regionen mit einem dann besseren Nahrungsangebot.

Die frühe Besiedlung der Marschen

Wächst die Oberfläche der Salzwiese weiter empor, übernimmt der Rotschwingel die Vorherrschaft vom Andel. Die seltenen Überflutungen der höheren Salzwiese erträgt dieses Gras ebenso wie zahlreiche andere Gewächse. Allerdings gibt es in Mitteleuropa keine Gehölzpflanzen, die eine auch nur gelegentliche Überflutung durch Salzwasser ertragen. Die Salzwiese ist daher eines der wenigen Gebiete in Mitteleuropa, die natürlicherweise völlig waldfrei sind. Die dort vorherrschenden Gräser sind, so wurde von den Menschen vor mehr als 2000 Jahren erkannt, eine exzellente Nahrungsquelle für Wiederkäuer: Rinder, Schafe und Ziegen.

Allerdings konnte man das Land an der Küste nur dann dauerhaft bewirtschaften, wenn man Mensch und Vieh bei hohen Fluten vor dem Ertrinken schützte; auch musste überall dort, wo Mensch und Tier sich aufhielten, stets Süßwasser zur Verfügung stehen. Einen guten Schutz bei Überflutung konnten die Dünen bieten, und zwar aus zweierlei Gründen: Sie ragen stets aus den Fluten empor, und es sammelt sich in ihnen Süßwasser. Denn das Regenwasser, das über den Dünen fällt, vermischt sich im Dünensand nicht mit dem Salzwasser; es entsteht im Sand ein so genanntes Süßwasserkissen über dem Salzwasser, das erst in tieferen Sandschichten anzutreffen ist.

Gute Süßwasserkissen entstehen nur unter sandigen Oberflächen, die nicht überflutet werden, aber nicht in den tonigen Ablagerungen der Salzwiese, in denen das Salz festgehalten wird. In den Marschen errichteten die Menschen daher künstliche Hügel, die in Nordfriesland Warft oder Warf, weiter südlich bzw. westlich Wurt (Wort) oder Wierde sowie in Westfriesland Terp genannt werden (Abb. 7).

Zum Bau der Hügel verwendete man das tonige Sediment der Marsch, den Marschenklei. In der Mitte der Hügel grub man einen Fething, eine Zisterne zum Sammeln von Regenwasser (Abb. 8).

Abb. 8: Fething auf Oland.

Menschen und Tiere konnten dann auch eine Überflutung der Marsch überdauern. Auf hoch gelegenen Teilen der unbedeichten Marsch konnte man sogar Kulturpflanzen anbauen: Die Gerste kann geringe Salzgehalte des Bodens ertragen, und sie wächst so rasch, dass man sie in der überflutungsarmen Sommerzeit ausbringen, in die Höhe wachsen und reifen lassen sowie anschließend ernten kann (Körber-Grohne 1967). Süßwasser und Nahrung standen den Bewohnern der Warften zur Verfügung. Der Fething ist bis heute das Zentrum jeder Warft; um sie herum stehen eng aneinander gedrängt die Häuser der Warft. In etlichen Fällen sind sie sogar aneinander gebaut, beispielsweise auf der Hamburger Hallig.

Doch völlig isoliert von der Umgebung konnten sie nicht existieren – und dies galt auch für viele Siedlungen auf den Dünen: In der Salzmarsch wuchsen keine Bäume, und auch auf den Dünen war der natürliche Gehölzbewuchs dürftig. Holz zum Bau von Häusern, zum Heizen und zur Nahrungszubereitung musste beispielsweise von der Geest importiert werden. Daher konnte die Marsch nur dann besiedelt werden, wenn eine Infrastruktur für die Holzversorgung bestand (Ellmers 1985). Dies war vor allem in der Römischen Kaiserzeit, in den ersten Jahrhunderten nach Christi Geburt, und vom frühen Mittelalter an der Fall, aber kaum in der Mitte des ersten Jahrtausends. Daher kennt man vor allem Wurten aus den ersten Jahrhunderten nach Christi Geburt und aus dem Mittelalter, in der dazwischen liegenden Phase dürfte das Marschland kaum besiedelt gewesen sein.

In den Prielen zwischen einzelnen Bereichen der Marsch entwickelte sich das Schifffahrtsnetz des friesischen Handels. Seine Stützpunkte waren vor allem die so genannten Langwurten, lang gestreckte Hügel, an denen man hinter jedem Haus das Boot auf das Gestade ziehen konnte (Emden, Nesse, Langwarden). Auf ähnliche Weise landete man an den Geestrandsiedlungen: Viele von ihnen haben Namen, die auf »-stede« enden, was sich auf die Lage am Gestade beziehen könnte. Von den Geestrandsiedlungen und den Langwurten aus kam man per Boot auch zu den bäuerlich besiedelten Rundwurten. Das wirtschaftliche System aus Geestrandsiedlungen, Lang- und Rundwurten konnte nur bestehen, wenn die Bewirtschaftung der Marsch Überschüsse abwarf: Fleisch, Milchprodukte und Fisch wurden am Geestrand gegen Holz getauscht.

Der Deichbau

Das Wirtschaftssystem in der Marsch erwies sich offensichtlich als sehr erfolgreich. Es sammelte sich Kapital in den Küstenregionen an. Man brauchte es, um das gesamte Wirtschaftssystem zu transformieren: Im hohen Mittelalter wurde die Marsch eingedeicht. Der Deichbau war allerdings nicht die einzige Maßnahme, mit der das gesamte Land und seine Wirtschaft umstrukturiert wurden. Die Wasserverhältnisse waren neu zu regeln, das auf der Schifffahrt beruhende Handelsnetz war durch ein Landverkehrsnetz zu ergänzen oder sogar zu ersetzen.

Die Vorteile des Deichbaus lagen auf der Hand: In der eingedeichten Marsch ließ sich die Viehhaltung intensivieren, auf den fruchtbaren Böden konnte man auch hohe Erträge beim Anbau von Getreide und anderen Kulturpflanzen erzielen. Doch man musste nun dafür sorgen, dass das Regenwasser aus der Marsch abfloss. Dafür brauchte man ein Netz von Gräben, und man konstruierte Siele im Deich: Ihre Tore öffneten sich bei Niedrigwasser, so dass Wasser aus der Marsch abfloss, aber bei hohen Fluten wurden sie vom Wasser zugedrückt, so dass kein Salzwasser in das bedeichte Land eindringen konnte.

Im eingedeichten Gebiet, das Koog oder Polder genannt wird, trocknet die Landoberfläche immer weiter ab. Daher sackt das Land in sich zusammen, und die Landober-

Abb. 9: Deich bei Friedrichskoog im Süden Dithmarschens: Die Oberfläche des eingedeichten Landes (rechts) liegt deutlich niedriger als die Salzwiese im Vorland (links).

fläche sinkt ab. Mit der Zeit wurde es immer problematischer, den Koog zu entwässern. Man schaffte dies durch Archimedische Schrauben, die von Windrädern oder Mühlen in Bewegung gesetzt wurden. Ganz tief liegende Marschgebiete eignen sich nicht für den Ackerbau, sondern nur für eine Grünlandwirtschaft (Abb. 9).

Eine sehr wesentliche Umstrukturierung des Landes ging aber auch davon aus, dass die meisten Geestrandsiedlungen und Wurten zwar weiter bestanden, aber nicht mehr per Boot vom Meer aus erreicht werden konnten. Nur einige Häfen in den Flussmündungen blieben am alten Ort erhalten, z.B. in Emden. Die Bedeutung anderer Häfen in den Flussmündungen wuchs (Stade, Hamburg, Bremen). Viele Häfen mussten im Mittelalter aufgegeben werden, und es entstanden neue Hafenanlagen. Wohl im Zusammenhang mit der Umstrukturierung des Schifffahrtsnetzes nahm auch die Größe der Schiffe zu (Ellmers 1998); man konnte sie nicht mehr aufs Gestade ziehen, sondern man legte an Molen an, und sie bekamen anstelle eines Seitenruders ein Heckruder. Häfen mit Molen konnten nur dicht an tiefen Fahrrinnen errichtet werden.

Die Häfen der Marsch entwickelten sich neu an den Sielen: Dort war das Wasser am tiefsten, denn dort floss das Wasser mit beständiger Strömung, die eine Neulandbildung behinderte und sogar Wattbereiche abriss, aus dem Hinterland ab. Prielverläufe vor den Sielen verbanden sich mit Gatts, und durch diese tiefen Wasserläufe konnten Schiffe, die an Molen anlegten, auch die Sielhäfen am Deich erreichen (Abb. 10). Sielhäfen haben

Abb. 10: Sielhafen Greetsiel.

bis heute große Bedeutung (z.B. Greetsiel, Neuharlingersiel, Bensersiel, Schlüttsiel, Delfzijl; vgl. Schultze 1962).

Vielerorts blieben die alten Wurtendörfer auch im eingedeichten Land bestehen, denn dort standen die Häuser auf trockenerem Grund als in der ebenen Marsch (Witzwort, Westerhever, Wöhrden, Rysum und andere Orte der Krummhörn, um nur einige besonders schöne Beispiele zu nennen). Sie wurden ausgebaut und erhielten sehr ansehnliche Kirchen, für deren Bau man weitere Güter importieren musste, z.B. Bauholz, kostbare Schnitzaltäre, Taufsteine aus der Eifel, Orgeln). Die Tatsache des Imports dieser Güter und Kunstwerke belegt den wirtschaftlichen Erfolg der Bauern in der Marsch.

Probleme und Katastrophen in der Marsch

In einigen Regionen verlief die Marschbesiedlung jahrhundertelang sehr günstig, z.B. in weiten Teilen Dithmarschens und in der Krummhörn. Andernorts kam es zu großen Problemen. Es wurde immer komplizierter, das absackende Land trocken zu halten. In einigen Gebieten hatte man dazu noch den Salztorf abgebaut, um Salz zu sieden und zu verkaufen. In den Abbauflächen lag die Landoberfläche noch niedriger als in den

Abb. 11: Auskolkung im Bereich einer früheren Deichbruchstelle, um die der neue Deich herumgeführt werden musste (Westfriese Zeedijk).

Sackungsgebieten. Viele Deiche waren auch technisch unzureichend; sie hielten den hohen Sturmfluten folgender Jahrhunderte nicht stand. Etliche Deiche brachen, und das Wasser ergoss sich in das dahinter liegende Marschland. Weil das Wasser aber nun nicht mehr – wie zuvor in der unbedeichten Marsch – überall bis zur Geestkante vorstoßen konnte, überflutete es das Land hinter gebrochenen Deichen um so höher. Bei der nachfolgenden Ebbe entwickelte sich zwischen den stehen gebliebenen Deichresten ein besonders kräftiger Ebbstrom, der eine tiefe Scharte in das Marschland riss. In vielen Fällen war es unmöglich, eine solche tiefe Stelle wieder aufzufüllen, so dass der Deich, wenn man ihn wieder aufbaute, um die tiefe Stelle herumgeführt werden musste (Abb. 11).

In einigen Gebieten stieß das Wasser bei mittelalterlichen Sturmfluten bis an den Geestrand vor. Einige dieser Bereiche wurden bis heute nicht wieder dem Meer »abgerungen«, zum Beispiel der Jadebusen und das Gebiet vor Husum bzw. Schobüll. Dort und in Dangast bei Varel bildeten sich weitere Bereiche heraus, an denen man von der Geestkante aus auf das offene Meer blicken kann. Andere Bereiche wurden aber nach mittelalterlichen Deichbrüchen wieder eingedeicht: Nordstrand und Eiderstedt, Teile Dithmarschens, die Harlebucht nördlich von Jever und große Teile der Krummhörn.

Insgesamt sind aber die meisten Grenzen zwischen Meer und Land an der Nordseeküste heute Menschenwerk. Es besteht Berechtigung, davon zu sprechen, dass Gott das Meer schuf, aber der Friese das Land. Im Bewusstsein vieler Menschen gelten Deich und die dahinter liegende Marsch aber als »Natur«; eine Einstellung, die völlig falsch ist. Auch das Aussehen des Landes vor dem Deich ist weitgehend durch die Tätigkeit des Menschen bestimmt. Dabei ist nicht nur an Maßnahmen des Küstenschutzes und der Neulandgewinnung zu denken, sondern auch an die Lage von Rinnen, durch die der Ebbstrom abfließt. In den nicht mehr eingedeichten ehemaligen Landflächen des Jadebusens und des Heverstromes in Nordfriesland bildeten sich tiefe Wasserbahnen, die nun als Fahrrinnen für große Schiffe genutzt werden können. Eine besonders brauchbare tiefe Fahrrinne entstand im »Flaschenhals« des Jadebusens. Sie wird seit der Mitte des 19. Jahrhunderts für Schiffe mit großem Tiefgang genutzt: zuerst Kriegsschiffe, dann Tankschiffe, in Zukunft auch große Containerschiffe, die in Wilhelmshaven anlegen.

Schluss

Die Beschäftigung mit der Geschichte der Küste und des Küstenlandes ist einerseits wichtig, um einen Rahmen für andere historische Forschungen zu schaffen. Auf der anderen Seite wird dadurch die Tatsache der Dynamik des Küstenraumes an einer Flachküste deutlich gemacht. Zu oft entsteht der Eindruck, einmal geschaffene Deiche, Entwässerungsanlagen, Siedlungen, Küstenschutzbauwerke, Fahrrinnen usw. seien stabil. Dies ist niemals der Fall. Auch wenn sich die Umweltverhältnisse nicht ändern, müssen neue Deiche gebaut werden, Entwässerungsanlagen verbessert werden, Siedlungen weiter befestigt oder aber aufgegeben werden, Küstenschutzbauwerke neu errichtet und Fahrrinnen neu ausgebaggert werden. Tut man all dieses nicht, setzt sich die natürliche Veränderung des Küstenraumes durch.

Sowohl die beständige natürliche Veränderung als auch die Anstrengungen, den Status quo der Küstenlandschaft zu erhalten, könnte man als Formen von Nachhaltigkeit ansehen. Doch die einzige Form von Nachhaltigkeit im Küstenraum, in die Menschen einbezogen sind, ist die Erhaltung und die stete Verbesserung der Küstenschutzbauwerke, der Buhnen und Deiche, der Entwässerungsanlagen. Es ist auch notwendig, den besten Ort an der Nordseeküste zu finden, an dem die größten Schiffe der Welt anlegen können. Dies scheint eher Wilhelmshaven als Hamburg zu sein; denn die Ausbaggerung der Elbe ist kein einmaliger Vorgang, sondern er muss ständig wiederholt werden, um neuerlich sich ablagernden Sand wieder zu entfernen.

Doch gerade im Zusammenhang mit dem Bau des Tiefwasserhafens in Wilhelmshaven wird die Bedeutung landschaftsgeschichtlicher Untersuchungen im Küstenraum klar: Über sie kann gezeigt werden, wie das Zusammenwirken von natürlichen und menschlichen Einflüssen zur Entstehung einer tiefen Wasserrinne an der Flachküste der Nordsee geführt haben, die sich nun unter neuen Vorzeichen nutzen lässt. Natürlicher Wandel und der Versuch der Menschen, eine nachhaltige Stabilität im Küstenraum zu erreichen, führen immer wieder zu neuen Konsequenzen für die Landschaftsentwicklung und zu Formen von Landschaften, die sich in neuartiger Weise nutzen lassen.

Literatur

Behre, Karl-Ernst (1991): Die Entwicklung der Nordseeküstenlandschaft aus geobotanischer Sicht. In: Berichte der Reinhold-Tüxen-Gesellschaft 3, S. 45–58.

Ellmers, Detlev (1985): Flößerei in Vorgeschichte, Römerzeit und Mittelalter. In: Keweloh, Hans-Walter (Hg.): Flößerei in Deutschland. Stuttgart, S. 12–33.

Ders. (1998): Wikingerschiffe, Koggen, Holken und Dreimaster. Menschen auf See im Mittelalter. In: Spindler, Konrad (Hg.): Mensch und Natur im mittelalterlichen Europa. Archäologische, historische und naturwissenschaftliche Befunde. Akten der Akademie Friesach »Stadt und Kultur im Mittelalter, Friesach (Kärnten), 1.–5. September 1997. Klagenfurt, S. 101–128. (= Schriftenreihe der Akademie Friesach, 4).

Körber-Grohne, Udelgard (1967): Geobotanische Untersuchungen auf der Feddersen Wierde. Wiesbaden.

Küster, Hansjörg (2000): Waldentwicklung in Süddeutschland. In: Rundgespräche der Kommission für Ökologie 18: Entwicklung der Umwelt seit der letzten Eiszeit. München, S. 91–102.

Ders. (2002): Die Ostsee. Eine Natur- und Kulturgeschichte. München.

Peters, Michael (1996): Vergleichende Vegetationskartierung der Insel Borkum und beispielhafte Erfassung der Veränderung von Landschaft und Vegetation einer Nordseeinsel. Stuttgart. (= Dissertationes Botanicae, 257).

Pott, Richard (2003): Die Nordsee. Eine Natur- und Kulturgeschichte. München.

Schultze, Arnold (1962): Die Sielhafenorte und das Problem des regionalen Typus im Bauplan der Kulturlandschaft. Göttingen. (= Göttinger Geographische Abhandlungen, 27).

Ludwig Fischer

Naturlandschaft, Kulturlandschaft – Zur Macht einer sozialen Konstruktion am Beispiel Nordseeküste

Dass ›Küste‹ immer zugleich ein physisches Phänomen – ein Grenzstreifen der Erdoberfläche im Zusammentreffen von Meer und Land – und ein mentales Konstrukt ist – ein mit historisch gewachsenen, sozio-kulturell verwurzelten Bildern und Zuschreibungen gefüllter Vorstellungsraum –, diese pauschale Aussage kann als erkenntnistheoretische Binsenweisheit gelten. Sie ist aber methodologisch durchaus ein ›vertracktes Ding‹. Das hängt unter anderem mit der Dialektik in unserem Naturverhältnis zusammen: dass wir immer zugleich ›Natur sind‹ (G. Böhme 1992) und Natur als Erkenntnisgegenstand ›uns gegenüber‹ wissen (vgl. Fischer 2004). Wie wir wahrnehmen, erkennen, untersuchen, wird von unserer Existenz als soziale Wesen bestimmt – auch dieser Satz ist wohlfeil. Nimmt man ihn als Prämisse wissenschaftlichen Nachdenkens ernst, muss das Folgen für das Reden über ein ›Phänomen Küste‹ nicht nur dort haben, wo Küste als ›Kulturraum‹ – das heißt: als Sphäre des Handelns von Menschen – verstanden wird. Auch der ›Naturraum Küste‹ ist, das lehrt uns nicht nur die ethnologische Einsicht, eine sozial und kulturell konstituierte Erscheinung, und zwar nicht erst, wenn wir uns nach den Standards neuzeitlich-westlicher Wissenschaft über ihn zu verständigen suchen.

Ich kann und will hier nur einen winzigen Lichtkegel der Beobachtung auf die ›soziale Konstruktion Küste‹ werfen, und zwar auf die – in meinen Augen unvermeidlichen – Auseinandersetzungen um die ›Deutungshoheit‹, die mit dem mentalen Konstrukt ganz konkreter Küstenräume beansprucht wird. Es geht, um es mit einem Begriff aus der Sozioanalyse Pierre Bourdieus zu belegen, um symbolische Kämpfe. Sie finden eben auch statt, wo eine bestimmte Vorstellung von Küste zur ›sozialen Tatsache‹ wird respektive werden soll, denn eine solche Vorstellung steht im realen gesellschaftlichen Raum nie ›für sich‹, sondern immer im spannungsreichen Verhältnis zu anderen.

›Symbolische Kämpfe‹ sind keineswegs bloße Sprachereignisse. ›Symbolische Kämpfe‹ im Sinne einer empirisch gesättigten Kultursoziologie des ›genetischen Strukturalismus‹ (vgl. Schwingel 1995: 30ff.) sind höchst reale Vorgänge im gesellschaftlichen Handeln unterschiedlicher Dimensionen, und sie können auch sehr handgreiflich werden, wie zum Beispiel die Prügelei um das Erstgeburtsrecht am ›Surrealistischen Manifest‹ zwischen André Breton und Yvan Goll oder auch, im größeren Maßstab, manche der sogenannten Glaubenskriege zeigen. Der Unterschied zu anderen gesellschaftlichen Auseinandersetzungen um Macht – ökonomische, politische, statusbezogene usw. – besteht vor allem darin, dass es bei den symbolischen Kämpfen im Kern um die »Macht der Benennung« (Bourdieu 1985: 19ff.) geht, das heißt: um die Markierung einer Macht, die über die ›richtige‹ Wahrnehmung, Deutung, Beschreibung, über die dann handlungsleitende Interpretation der Strukturen der sozialen Welt mit all ihren Praxisfeldern verfügt. Dieser ›Kampf um Definitionsmacht‹ findet zwar zum guten Teil, aber keineswegs ausschließlich mittels Sprache, in ›Diskursen‹ statt, und auch in der Sprache, in Texten etwa, ist dieser Kampf beileibe nicht an eine kriegerische Metaphorik gebunden. Zum Beispiel auch ›objektivistisch‹ formulierte Ausführungen wissenschaftlicher Art, wie Theorien der ›richtigen‹ ästhetischen Wahrnehmung von Natur, sind auf mehreren Ebenen Elemente symbolischer Kämpfe, und zwar nicht nur solcher um akademische Reputation oder um Schlüsselpositionen in den Organisationsformen von Wissenschaft.

Die symbolischen Kämpfe gehören also zu den Dynamiken der sozialen Positionierung in den Praxisfeldern, zu den Strategien, mit denen die allemal relationalen Stellungen der Akteure gemäß den jeweiligen Kräfteverhältnissen beansprucht, erstritten, bestätigt, verweigert, aufgekündigt, usurpiert werden (ebd.: 23ff.; Schwingel 1993). Das aber bedeutet unter anderem, dass der ›soziale Gehalt‹ symbolischer Kämpfe erst angemessen begriffen werden kann, wenn die Kräfteverhältnisse in den betrachteten Feldern und die Stellungen bzw. Laufbahnen der ins Auge gefassten Akteure rekonstruiert sind. Solche Rekonstruktionen sind in der Regel außerordentlich aufwendig (vgl. Bourdieu 1982). Wenn ich hier und jetzt einige Andeutungen über die symbolischen Kämpfe vortrage, die sich seit Jahrhunderten um die ›richtige‹, d.h. gesellschaftlich maßgebliche Sicht auf die deutsche Nordseeküste abspielen, dann muss ich die Analyse der sozialen Strukturen, die in der Logik dieser sozialen Kämpfe wirken, weitgehend schuldig bleiben. Ich kann sie zumeist nur als ein Desiderat markieren, indem ich hypothetisch auf einige Linien hinweise.

Ich benutze für meine freihändigen Skizzen – mehr kann ich hier nicht vorlegen – einige wenige Texte, die ich schon in früheren Studien herangezogen habe, tue dies aber nicht aus schierer Bequemlichkeit. Ich habe schon vor einigen Jahren an Texten zur ›Küstenwirklichkeit‹ des nordfriesischen Wattenmeers darzulegen gesucht, dass und wie unterschiedliche ›mentale Modelle‹ dieser Küstenformation sich nicht nur ablösen, sondern auch in Widerstreit geraten und nicht zuletzt ganz verschiedene kulturelle, politische, administrative Handlungsmaximen zeitigen (Fischer 2000; 2005). Solche Texte lese ich jetzt neu, denn seinerzeit hatte ich ganz darauf verzichtet, eben auf die Dimensionen der symbolischen Kämpfe einzugehen, von denen sie auch Zeugnis ablegen. Noch einmal: Was der Begriff der ›symbolischen Kämpfe‹ meint, darf keinesfalls mit manifesten Auseinandersetzungen etwa um eine Eindeichung (Allemeyer 2006), um die Art und Weise einer Landnutzung, um Jagd- oder Fischrechte (Garl 2004) gleichgesetzt werden. Es geht, ich wiederhole, um die Benennungsmacht für die Wirklichkeit der sozialen Welt, um den Anspruch auf eine maßgebliche Deutung der Kräfteverhältnisse und des Umgangs mit ihnen. Diese Deutung und der damit lancierte Anspruch verbergen sich oft in den manifesten Auseinandersetzungen. Sie werden, gerade in ambitionierten Texten, oft nur mittelbar formuliert und müssen also interpretativ erschlossen werden. Derlei ist nun mal das kulturwissenschaftliche Geschäft.

Ich beschränke mich jetzt auf Anmerkungen zu wenigen Texten, die stellvertretend für bedeutende historische Umbrüche in den ›mentalen Definitionen‹ der nordfriesischen Küste stehen. Der erste dieser Texte ist Eugen Traegers Denkschrift ›Die Halligen der Nordsee‹ von 1892. Sie stellt das zentrale Dokument der Bemühungen um einen effektiven Schutz für die unbedeichten, ständiger Flächenverminderung ausgesetzten Inseln dar.

Seinerzeit hatte ich pointierend behauptet, Traegers Argumentation gäbe einen markanten Beleg für ein Küstenverständnis ab, das mit dem Begriff des ›Unterwerfungswillens‹ benannt werden könne (Fischer 2005: 134f.): Das nordfriesische Wattenmeer sei gewissermaßen technisch zu überformen, insbesondere die Halligen müssten mit umfassenden, massiven Küstenschutzmaßnahmen gesichert werden, damit sie ihre Aufgabe als »Bollwerk« für die Festlandsküste auch weiterhin erfüllen könnten. Kulminationspunkt dieser Argumentation ist Traegers Satz »Die Erhaltung der Halligen ist eine der Grundbedingungen für die Rückeroberung der Husumer Wattenbucht!« (Traeger 1892: 341).

Die damit propagierte mentale Konstruktion Küste (für den Raum des Wattenmeers) ruht der alten Metaphorik des ›Kampfes mit der See‹ auf. Die regelrecht militärtechnische Forcierung dieser Metaphorik gehört in die Entwicklungsgeschichte der bürgerlichen ›technischen Rationalität‹ – eine genaue kultur- und mentalitätsgeschichtliche Untersuchung dazu steht trotz dem neuen Buch von Bernd Rieken immer noch aus (Rieken 2005). Das Konstrukt ›Kampf‹ für die Vorgänge an der Nordseeküste verbindet sich erst im 19. Jahrhundert mit der Heroisierung der ›Friesen‹ als der vorgeblichen ›Helden‹ eines kriegerischen Verhältnisses zwischen Naturgewalten und menschlichem Bestreben. Ihre propagandistische Überhöhung findet diese ideologische Chiffre mit der rassistischen und nationalistischen Inanspruchnahme durch die Nationalsozialisten, wie ich an Publikationen zum Wattenmeer aus jener Ära demonstrieren könnte (zum Film vgl. Segeberg 1997).

Für die Analyse von Traegers Argumentationen ist aber zu betonen, dass er – wenn man seine Schrift genau liest – erst in einem zweiten Schritt einen regelrecht militärstrategischen Rahmen für seine Forderungen aufspannt, in den dann auch ein Begriff wie die oben zitierte »Rückeroberung« platziert wird.

Zunächst benutzt er das andere Bedeutungsfeld der klassischen Kampf-Metaphorik für die Dynamik in der Nordseeküsten-Entwicklung, nämlich das Interpretament eines ›Kampfes der Naturelemente‹ untereinander: Nach diesem Deutungsmuster ›zerstört‹ eine unmissverständlich zum aggressiven Subjekt stilisierte See nicht nur und nicht primär Menschenwerke, sondern natürliche Bestandteile der Küstenformation – Salzwiesen, Dünen, Sände –, und so auch die ungeschützten Abbruchkanten der Halligen. Eine grotesk übersteigerte, pseudo-poetische Fassung dieser metaphorischen Konstruktion hatte bereits 1866 Christian Johansen mit seinem ›Halligenbuch‹ vorgelegt. Da heißt es etwa:

»Die Nordsee wird häufig von den Bewohnern ihrer Küsten eine Mordsee und diese Küste selbst eine Schiffbruchküste genannt, und nicht mit Unrecht. Denn die vom wilden Sturme gepeitschten, aus den kalten Tiefen der Nordsee herauffahrenden Wogen kennen kein Erbarmen und wissen nichts von Schonung. Sie schonen weder das Menschenleben noch die Werke von Menschenhand.
Nicht genug, daß die Nordsee diese nicht schont; vergreift sie sich doch an ihren eigenen Werken und Gebilden. Sie selbst zerstört und zerreißt die Sandbänke, die Watten und Marschen, die sie gebildet hat; denn Verderben und Zerstören, Auflösen und Verschwindenlassen scheint nun einmal ihr Leben und ihre Lust zu sein. [...]
Sie sagt: Wartet nur, ihr Dünen und ihr Marschen, ihr sollt mein werden; wo du Hirte deine Herde weidest, wo du Pflüger deine Furchen ziehst, – da, eben da soll der Seehund sich sonnen auf der abgeplatteten Sandbank, und mein Flut- und Ebbstrom soll dort den Boden furchen; denn bin ich erst fertig geworden mit dem Zerstören der Dünenwand, so wird mir auch das Abnagen des Rasens und das Auflösen und Fortschwemmen der Thonmassen gelingen, damit der Sand des Marschgrundes mir bleibe als mein unbestrittenes Eigentum« (Johansen 1866: 1ff.).

Traeger greift also ein etabliertes, wirkmächtiges mentales Schema auf, wenn er mit pathetischen Worten die »unbarmherzige [...] Zerstörungswut« der Nordsee vor Augen zu führen sucht (Traeger 1892: 259). Entscheidend für seine weitreichenden Vorschläge und Forderungen ist der rapide, kartographisch belegte Landverlust der Halligen, das heißt: ein in seinen Augen ›natürlicher‹ Vorgang (die menschliche Beeinflussung der natürlichen Dynamiken im nordfriesischen Wattenmeer seit dem Mittelalter konnte er in seine Betrachtung noch nicht aufnehmen). Die »Tragik« in diesem Prozess, von der er mehrfach spricht, liegt für ihn gerade darin, dass die Bewohner der Halligen seit vielen Generationen der Erosion ihrer Existenzgrundlage »unthätig« zugesehen hätten, also in die Naturdynamik nicht aktiv und energisch durch Schutzmaßnahmen eingegriffen hätten. Es sei nun »zu spät« dafür, dass die Bewohner »aus eigenen Mitteln ihren angestammten Besitz [...] sichern« könnten, deshalb müsse »die öffentliche Teilnahme und in letzter Instanz die preussische Staatsregierung sich der Halligen annehmen!« (Traeger 1892: 326; dazu Fischer 2000: 639ff.).

Wichtig ist nun zu erkennen, wie Traeger zunächst seine persönlichen Beweggründe als Initiator für eine »öffentliche Teilnahme« erläutert. Denn da herrscht erst einmal über weite Passagen der Schrift ein emotionaler Antrieb vor, fern jeder Kampf-Metaphorik: das »Mitgefühl«, das – als Grundlage jeder »Teilnahme« – seine bewegende Intensität erhalte, wenn man wie er durch viele, lange Aufenthalte auf den Halligen »Augenzeuge« des ›naturbedingten‹ Landverlustes werde, bei dem »Stück für Stück von dem Lande abbröckelt und sich langsam in ruhelos umhertreibende Atome auflöst« (Traeger 1892: 326).

Die affektive Erschütterung, die der Zentralbegriff »Mitgefühl« signalisiert, vermittelt Traeger in ausführlichen Abschnitten über die nicht nur »wehmütig stimmende[n]«, sondern »erschreckend[en]« Bilder, die das Wirken der »Fluten« biete, wo sie – nicht nur an exponierten Warften wie der Peterswarft auf Nordmarsch – an der »Vernichtung bis zum völligen Verschwinden weiterarbeiten« (ebd.: 258). Die pathosgeladenen Schilderungen schließen wiederum an eine damals breit etablierte, formelhafte Deutung der Halligformationen an. Es ist die vom unabwendbaren »Untergang« der Inseln. Johansens ›Halligenbuch‹ von 1866 trug den Untertitel ›Eine untergehende Inselwelt‹, und die Chiffre wird über Jahrzehnte stereotyp verwendet, auch nach dem Einsetzen massiver Schutzmaßnahmen, etwa bei Heinrich Schmids dem frühen Tourismus verdankten Büchlein ›Eine untergehende Welt. Streifzüge nach den Halligen Schleswig-Holsteins‹ (1912), bis hin zu Theodor Möllers programmatischem Band ›Die Welt der Halligen‹ (1924), auf den ich noch kurz zu sprechen komme.

Traeger greift, um »Teilnahme« hervorzurufen, ein Deutungsmuster auf, das die Halligformation mit ›Tragik‹ umflort. Es transportiert einen nicht nur ›naturgeschichtlichen Pessimismus‹ im Blick auf diese Küstenwirklichkeit, sondern auch einen durchaus kultur- und zivilisationsgeschichtlichen Pessimismus, wie er deutlicher noch dann in Möllers Halligen-Buch ausformuliert ist (Fischer 2000: 634ff.). Das konzeptionelle Zentrum von Möllers Deutung der Halligwelt ist indirekt, aber deutlich genug gegen Traegers offensives Konzept der Küstensicherung gerichtet, das in einem bemerkenswerten Spannungsverhältnis zu seinem emotiven Bezug auf dieses Küstenareal steht. Möller schrieb 1924, die bereits eingeleiteten Schutzmaßnahmen für die Halligen kommentierend:

> » […] sie sind dem Tode geweiht. Sollte es endlich gelingen, mit allen Mitteln einer hochstehenden Technik der fortschreitenden Zerstörung restlos zu gebieten, so werden, wenn dieses Werk gelungen ist, es nicht mehr die Halligen von gestern und heute sein. Sie werden ein ganz anderes Gesicht haben, und Wirtschaft und Kultur ihrer Bewohner werden sich nicht minder ändern und sich allmählich der auf den großen Marscheninseln und in der Festlandsmarsch angleichen. Die Rettung der kleinen Inselscholle bedeutet noch keineswegs die Rettung ›der Hallig‹, d.h. alles dessen, was wir heute mit dem Begriff dieses Wortes verbinden. Sie ist und bleibt eine ›sinkende Welt‹, sei es, daß die kleinen Inselbrocken von der Nordsee oder ihre Kulturwelt von der Flut der alles gleichmachenden Zivilisation verschlungen werden« (Möller 1931: 33).

Meine kultursoziologische Interpretation dieser affektiv geladenen Wahrnehmung der Halligwelt sieht einen Zusammenhang mit der gesellschaftlichen Position derjenigen, die dieses Interpretament stark zu machen suchen. Es sind durchweg Vertreter eines Bildungsbürgertums, das sich in den beschleunigten Modernisierungsprozessen des späten 19. und frühen 20. Jahrhunderts immer mehr als ›Verlierer‹ der sozialen und kulturellen Umstrukturierungen verstehen musste. Mit Bourdieu gesprochen: Diese Fraktion der »herrschenden Klasse« hatte – pauschal betrachtet – wenig mehr als ihr ›kulturelles Kapital‹ ins Spiel zu bringen, wo es um die Positionierungen in den gesellschaftlichen Kräfteverhältnissen ging, und so wurde sie immer deutlicher zur Fraktion der »beherrschten Herrschenden«, das heißt: ›beherrscht‹ im Hinblick auf die insgesamt dominante Macht aus Verfügung über ökonomisches Kapital, ›herrschend‹ im Hinblick auf die Felder, mit denen es gelang, aus dem kulturellen Kapital ›Definitionsmacht‹ zu sichern, am markantesten deswegen in den Feldern der institutionalisierten Bildung, vor allem aber der Kunst und der Literatur (vgl. Bourdieu 1982: 47ff.; 407ff.).

Diese extrem verkürzten Hinweise müssen hier als bloße Thesen stehen bleiben. Ich bin sicher, dass man die Entwicklung von Schutzbemühungen im 19. und 20. Jahrhundert für natürliche und gesellschaftliche Bereiche, die als ›gefährdet‹ wahrgenommen, d.h. definiert werden, angemessen nur begreifen kann, wenn man die Positionierungen der Akteure in ihren Feldern berücksichtigt. Das gilt nicht nur für das hier verhandelte Beispiel einer von außen kommenden ›Anteilnahme am Schicksal der Halligen‹, sondern in noch viel stärkerem Maße für die Heimatschutzbewegung bis zu ihrer aktuellen touristischen Pervertierung und vor allem für die immer noch nicht aufgearbeitete Sozialgeschichte des Naturschutzes, die noch seine gegenwärtigen Aporien mit bestimmt.

Beim Küstenschutz nun, von dem Traeger redet, überlagern sich die sozialstrategischen Imperative. Überdeutlich nimmt Traeger auf der einen Seite das bereits klassische bildungsbürgerliche Deutungsmuster für die nordfriesische Küstenformation auf, wenn er bei seinem Einsatz für die Halligen Bilder einer ›untergehenden Welt‹ entwirft. Mit einem unerlaubten Reduktionismus könnte ich darauf verweisen, dass der Anschluss an dieses mentale Konstrukt seiner sozio-kulturellen Position entspricht: Er war Bibliothekar der Handelskammer in Frankfurt am Main, ein starkes Indiz für eine sozusagen mustergültige bildungsbürgerliche Laufbahn. Viel aussagekräftiger ist aber die Art seines ›Engagements‹ für die Halligen, mit dem er zum posthum gefeierten »Vater des Halligschutzes« wurde (Möller 1931: 79f.): Seinen jahrelangen, wirklich rastlosen Einsatz trieb – neudeutsch würde man sagen: – der schiere Idealismus an, ohne Auftrag, ohne administrative oder politisch-strategische Unterstützung, ohne Fundus, ohne soziale Verankerung in der Region, ohne jede materielle oder symbolische ›Vorteilnahme‹ für sich, eben: aus ›selbstlosem Einsatz für die Sache selbst‹. Das entspricht, wieder nach Bourdieu, geradezu musterhaft der Legitimationsstrategie und dem Geltungsanspruch bildungsbürgerlicher Akteure, am reinsten ausgeprägt im ästhetischen Interesse. Kompetenz, d.h. Benennungsmacht als Möglichkeit der Positionierung speist sich dabei in der Selbstdefinition des Denkens und Handelns allein aus der ›zweckfreien Wirkungsabsicht‹, also aus dem vorgeblichen Absehen von jeglichen manifesten ›Gewinnen‹ jenseits der beanspruchten Legitimität für eben die kulturelle Kompetenz (Bourdieu 1982: 100ff.; Ders. 1999: 127ff., 228ff.).

Um das für Traeger präziser zu fassen, müsste man nicht nur seine Laufbahn genauer rekonstruieren, sondern auch die Feldkonstellationen, in denen er agierte. Seine Positionierung in den Clustern bildungsbürgerlicher Fraktionen ist unzweifelhaft. Aber um seine erkennbare Strategie in dem so ›selbstlosen‹ Einsatz für den Halligschutz wirklich interpretativ zu erschließen, wären Differenzierungen nötig, die derzeit gar nicht zu leisten sind. Deshalb bleibt es hier bei Entwürfen.

Aufschlussreich sind die Überlagerungen, Brüche und inneren Widersprüche in Traegers Argumentationen. Große Abschnitte seiner Schrift reihen sich in die klassischen bildungsbürgerlichen Muster einer Aneignung von Welt ein, vor allem in das in jener Zeit so starke ›volkskundliche‹ Interesse an den Resten vormoderner Lebensweisen (vgl. Lengsfeld 1998). So genau wie keiner zuvor, und als einer der ersten in einer ganzen Reihe von Sammlern, Ethnographen, Heimatkundlern dokumentiert Traeger Einzelheiten der Alltagspraxis, der Bräuche, Wirtschaftsformen auf den Halligen, bis hin zum seitenlangen Abdruck von Mehdebüchern, den unendlich komplizierten Berechnungen für die Nutzungsroutinen an den Grasflächen (Traeger 1892: 55ff.). Er illustriert seinen Text mit Bildern früher Halligfotografen, hauptsächlich Aufnahmen von Konrad Schensky, dem bald berühmten Helgoländer Fotografen. Auch darin ist er Vorgänger, nicht zuletzt für die Publikation von Renger-Patzsch, dem großen Fotografen der Neuen Sachlichkeit (Renger-Patzsch 1927).

Aber diese Einbindung in eine symptomatische, externe ›Anteilnahme an einer untergehenden Welt‹ ist eben nur die eine Komponente seiner Strategie. Die andere besteht in einer auffälligen Adaption ökonomischer und technologischer Logiken, die sozusagen quer zum bildungsbürgerlichen Legitimationsmuster stehen. Ich erwähne jetzt nur abbreviatorisch: Traeger stellt Wertberechnungen für neu zu gewinnende Köge an, die im Zuge der Schutzmaßnahmen entstehen könnten, und folgert aus der »Vorstellung der enormen Schätze«, die damit gehoben würden, »hier harren der preussischen Regierung noch Triumphe« (Traeger 1892: 312). Er prophezeit starke Anschlickungen im Zuge des vorgesehenen Lahnungs- und Buhnenbaus und damit Aussicht auf Landbildungen, »deren Wert sich nach vielen Millionen beziffern wird« (ebd.: 330). Er streicht, wie bereits angedeutet, die Bedeutung der Halligen als »Wellenbrecher« zur Sicherung der nordfriesischen Festlandsdeiche heraus.

Die viele Seiten langen Ausführungen, die durch Rückgriffe auf die zeitgenössische Wissenschaft abgesichert werden, müssen als Strategiewechsel gedeutet werden. Traeger war sich offenbar bewusst, dass er durch eine bloß auf »Mitgefühl« gegründete »öffentliche Teilnahme« seine Ziele nicht würde erreichen können – vielleicht spielte dafür eine Rolle, dass er in der Handelskammer den ökonomischen Logiken nahe war. Aber kultursoziologisch ist der Gehalt solchen Strategiewechsels klar: ›Erfolge‹ im Feld der politischen und ökonomischen Macht – also auch große öffentliche Investitionen – lassen sich in der Regel nur nach Maßgabe der darin gültigen Logik erreichen, und die ist eine der Akkumulation ökonomischen Kapitals, was unter anderem den Einsatz der dafür geeigneten Technologien einschließt.

Und eben mit solcher Übernahme einer seinem bildungsbürgerlichen Habitus eigentlich fremden Logik hatte Traeger Erfolg. Der Reichstag bewilligte den größten Teil der beantragten Gelder. Die gegenläufigen bzw. unterschiedlichen Logiken folgenden Argumentationslinien in Traegers Schrift machen also, kultursoziologisch entschlüsselt, im Bezug auf die divergierenden Wertigkeiten in verschiedenen Feldern ›Sinn‹. Aber sie erzeugen auch unvermeidlich Widersprüche. Denn nicht nur verschwindet Traegers von Empathie getragenes Interesse für die einzigartige, vormoderne Lebenswelt auf den Halligen völlig aus dem Blick, wo er den Maximen der politischen und ökonomischen Macht folgt. Sondern er realisiert offenbar gar nicht, dass die mittel- bis langfristige Wirkung eines Erfolgs, den er mit seinen Vorschlägen erzielt, das Verschwinden eben der Halligen erbringen würde – ihr Aufgehen in einer ›rückgewonnenen‹, ans Festland angeschlossenen Landfläche im nordfriesischen Wattenmeer. Auffällig ist, dass dieser von ihm an der Hamburger Hallig bereits beobachtete Prozess gar keine Bedeutung für sein Bild von den Halligen zu haben scheint.

Es ist, unterm kultursoziologischen Blick, nur konsequent, dass die Überkreuzung von Strategie-Imperativen aus verschiedenen Feldern bei ein und demselben Akteur Widersprüche in seinen Stellungnahmen erzeugt. Theodor Möller war da viel entschiedener und deshalb in gewisser Weise klarsichtiger: Er erlebte die meisten der Befestigungs- und Schutzmaßnahmen auf den Halligen mit und folgerte, dass damit der kulturgeschichtliche ›Untergang‹ der Halligwelt forciert und besiegelt werde (Fischer 2005: 140).

Mit dem modernisierungsgeschichtlichen Effekt, nicht mit seiner kulturpessimistischen Bewertung, hat Möller Recht behalten. Er blieb bei seinem ausschließlich auf den ›Kulturwert‹ dieser Küstenformation ausgerichteten, ganz durch die bildungsbürgerliche Kompetenz legitimierten Urteil. Dessen Macht bis in unsere Tage ist nicht zu unterschätzen, wie man etwa an Ausstellungen und Publikationen zum Wattenmeer und zur Halligwelt aufzeigen könnte, in denen nicht selten ein deutlich überhöhender, manchmal verklärender Blick auf das ›Untergegangene‹ an der spezifischen Hallig- und Küstenwirklichkeit fällt (vgl. Harth 1990).

Zum Schluss möchte ich noch einen flüchtigen Blick auf aktuelle symbolische Kämpfe um die Wattenmeerküste werfen. Wie gesagt, es geht dabei nicht einfach um die ›thematische Substanz‹ etwa der öffentlichen, vor allem politischen und administrativen Auseinandersetzungen, wie sie sich in aller Schärfe zum Beispiel um die Prioritäten zwischen Küstenschutz und Naturschutz abgespielt haben, stellenweise immer noch abspielen. Sondern mein Erkenntnisziel liegt auch hier in der sozialen (und kulturellen) Logik, die in dem freizulegenden Streit um ›Definitionsmacht‹ am Werke ist. Zur Debatte stehen also die Legitimierungsansprüche und Legitimierungsstrategien für argumentativ eingenommene Positionen. Die beanspruchte ›Macht‹ gibt sich weniger an den durchgesetzten Regelungen – etwa in Gesetzen oder Verwaltungsvorschriften, in amtlichen Befugnissen und Rechtstiteln – zu erkennen, sondern durch den Akt der Setzung in einer Äußerung selbst, durch die Zustimmung erheischende Äußerung, die ihre ›Rechtfertigung‹ auf nichts als ihre Behauptung gründet.

Die feldstrategische Nähe mancher Operationslinien des Naturschutzes nicht zuletzt an der Nordseeküste zu dem sozio-kulturellen ›Erbe‹, das Möller repräsentiert, und das ambivalente Verhältnis zu den Logiken des Machtfeldes beschäftigen mich seit langem. Das verweist auf Fragestellungen, die in den Naturschutzdebatten immer noch ziemlich tabuisiert sind.

Dazu am Ende wenigstens noch zwei Andeutungen. Man kann zeigen, dass aktuelle Naturschutz-Strategien von durchaus vergleichbaren Brüchen oder Widersprüchen durchzogen sind, wie ich sie an Traegers Bemühungen zu verdeutlichen suchte. Zum Beispiel greifen die Begründungen für die Einrichtung und die Fortentwicklung des Nationalparks Schleswig-Holsteinisches Wattenmeer in exponierter Weise auf Argumentationen zurück, die einer klassischen ästhetischen und kulturellen Kompetenz entstammen – im Unterschied zur ökosystemaren Legitimierung aus naturwissenschaftlichen Diskursen. Das heißt: Es wird eine ›Definitionsmacht‹ ins Spiel gebracht, die den traditionalen bildungsbürgerlichen Positionierungen zuzuordnen ist, wie sie – auf die zeitgeschichtliche Verfassung der kulturellen Felder bezogen – Traeger und Möller mit ihren Deutungen der Halligwelt angezeigt hatten.

Da findet sich etwa, wo die »Ziele des Naturschutzes im Schleswig-Holsteinischen Wattenmeer« formuliert werden, der Fundamentalsatz: »Dennoch wurzelt unsere Geschichte, unsere Kultur und Kunst, auch unsere Religion in ungezähmter Natur, die noch nicht dem Menschen untertan ist, auch wenn wir in Mitteleuropa schon weit davon entfernt sind« (Stock u.a. 1996: 355). Über die damit lancierte kulturgeschichtliche Interpretation kann man lange diskutieren; um sie geht es hier nicht. Vielmehr möchte ich auf den Setzungscharakter einer solchen Begründung hinweisen, der eben von ganz anderer Art ist als eine aus ›empirisch‹ abgesicherten, ökosystemaren Befunden abgeleitete Legitimierung. Der zitierte Satz beruft sich auf eine (unvermeidlich) normative Folgerung aus kulturhistorischer, ja anthropologischer Einsicht, die – darauf will ich hinaus – eine bestimmte sozio-kulturelle ›Benennungsmacht‹ beansprucht. Sie verdankt sich einem Interesse, das erklärtermaßen den Interessen, die im Machtfeld regieren, entgegensteht und das um seine relative Ohnmacht weiß. Denn der Absatz vor dem gerade zitierten lautet: »Deutschlandweit oder gar global betrachtet hat die Entwicklung langfristig ökologisch verträglicher Wirtschaftsformen, die mit dem Schutz von Kulturlandschaften untrennbar verbunden ist, fraglos eine weitaus größere Bedeutung als der Schutz ungestörter Naturvorgänge« (ebd.).

Beide Passagen zusammen markieren geradezu mustergültig eine Begründungsstrategie für Naturschutz, die der sozialanalytisch definierten Position der ›beherrschten Herrschenden‹, also der bildungsbürgerlichen, durch ihr ›zweckfreies Interesse‹ ausgewiesenen Fraktionen entspricht (dazu Fischer 2006). Folgerichtig werden die daraus abgeleiteten Begründungen neben den »rationale[n], wissenschaftliche[n]« stark gemacht, also eine »emotionale, spirituelle Begründung«: »Unbeeinflußte Natur zu erleben, das eigene Selbst der Erfahrung von Stille, Weite, ungezähmter Natur auszusetzen, ist unverzichtbar für unsere seelische Gesundheit. [...] Möglich ist das fast nur noch in Nationalparken. Erholung und Erbauung sind deshalb, soweit mit dem Schutzzweck vereinbar, ausdrückliche Ziele von Nationalparken« (Stock u.a. 1996: 356). Daneben tritt noch eine »ethisch-moralische, religiöse Begründung«:

> »Wo Naturschutz nicht rein zweckbestimmt nur dem menschlichen Wohlbefinden dienen soll, begründet er sich vor allem aus ethisch moralischen und religiösen Werten. Auch wenn es derzeit als unmodern gelten mag, ist doch die Vermittlung von Normen für unseren Umgang mit der Welt von großer Bedeutung.
>
> In allen Kulturen und in allen Zeiten hat es ›heilige Stätten‹ gegeben, Landschaften oder Landschaftsteile, die ›tabu‹ waren. [...] Landschaften, Tiere und Pflanzen in ihrer eigenen Entwicklung zu bewahren, Grenzen auch einmal nicht zu überschreiten, dieses Motiv ist Bestandteil unserer eigenen Kultur und Geschichte.
>
> Nationalparke dienen auch dem Erleben, Verstehen und Vermitteln von ethischen Normen« (ebd.: 356f.).

Die Behauptungen verweisen auf die inzwischen weit ausgreifenden naturethischen Debatten, deren Differenzierungen für fachlich nicht eingearbeitete ›Normalbürger‹ kaum noch nachvollziehbar sind (vgl. Birnbacher 1980; Ott 1994; v.d. Pforten 1996; Krebs 1997). Noch einmal: Nicht auf die Stichhaltigkeit der Argumentation im Rahmen der einschlägigen Diskurse richtet sich mein Blick, sondern auf den ›Rückverweis‹, den die Legitimierungsstrategie auf die Positionierung der Sprechenden erlaubt. Und da ist die Nebenbemerkung, dass ein Beharren auf der »Vermittlung von Normen« gegenwärtig »unmodern« sei, viel bedeutsamer als der kulturhistorisch fragwürdige Verweis auf ›heilige Stätten‹ als analoges Prinzip für Naturschutzgebiete. Übrigens hat sich, was nicht überrascht, an diesem ›Argument› in dem zitierten Synthesebericht heftigster Protest der Naturschutzgegner entzündet – man unterstellte, das Betretungsverbot für Schutzgebiete bzw. die rigide Einschränkung von Nutzungen sollten durch einen Rückgriff auf religiöse Traditionen gegen Kritik und Widerspruch sozusagen immunisiert werden.

Indem für die Begründung der Naturschutzvorhaben an der Nordseeküste auch in der politischen ›Arena‹ auf Legitimationsstrategien bildungsbürgerlicher Provenienz zurückgegriffen wird, tritt – nur dies will ich hier anmerken – die damit beanspruchte Kompetenz als Definitionsmacht in Spannung zu anderen, zunächst vor allem zu naturwissenschaftlich lancierten, die in einem durchaus unterschiedenen Verhältnis zur Logik des ›Machtfeldes‹ stehen. Das näher zu erläutern, muss hier unterbleiben (vgl. Bourdieu 1988: 132ff.). Es sollten ja nur die inneren Spannungen und Brüche kurz sichtbar werden, die moderne Naturschutzargumentationen – gerade für die Wattenmeerküste als einen Raum, in dem »die Naturlandschaft ursprünglicher erhalten blieb« als fast überall in Mitteleuropa (Stock u.a. 1996: 355) – in ähnlicher Weise durchziehen wie seinerzeit Traegers Eintreten für den Halligschutz.

Nun noch ein ganz unschuldiges Beispiel für das Auseinandertreten der spannungsreichen Legitimierungen, also für Stellungnahmen ein und desselben Akteurs zur gleichen Sache, aber in verschiedenen Feldern bzw. gemäß verschiedenen Logiken nach den ›Einsätzen‹ in den symbolischen Kämpfen. Martin Stock, einer der Hauptautoren für den ›Synthesebericht‹, aus dem ich eben zitiert habe, ist ›nebenher‹ ein begeisterter und ausgezeichneter Fotograf, der unter anderem das bemerkenswerte Fotografie-Projekt ›Watt im Wandel‹ konzipiert und organisiert hat (www.watt-im-wandel.de)

Er hat zusammen mit Hans-Joachim Augst den schönen Bildband ›Augenblicke im Wattenmeer‹ herausgebracht, dessen Texte, weil nicht in den Diskurszwang der wissenschaftlichen und administrativen Argumentationen eingespannt, deutlicher den sozialen Gehalt des (beinahe) ‹selbstlosen Engagements› für eine »Landschaft von überwältigender Schönheit und begeisterungsweckender Vielfalt« zu erkennen geben. (Augst/Stock 1999: 103) Damit will ich sagen, dass die klassische ästhetische Einstellung und Kompetenz, die damit in Anspruch genommen wird, in feldstrategisch durchaus konsequenter Weise abgespalten wird von den Kompetenzen, die für die mit dem Beruf zu berücksichtigenden wissenschaftlichen und politischen Felder zu veranschlagen sind.

Ein einziges Zitat muss hinreichen, um die kultursoziologische Fragerichtung anzudeuten. Da heißt es ziemlich zu Anfang des Buchs, das Wattenmeer gehöre zwar, den nationalstaatlichen Grenzziehungen nach, zu Dänemark, Deutschland und den Niederlanden:

> »Und dennoch gehört es nicht in erster Linie den Niederländern, den Deutschen oder den Dänen. Es gehört vielmehr den Kiesel- und Blaualgen, dem Queller und dem Strandflieder, den Strand- und Wattschnecken, den Herz- und Miesmuscheln, den Strandkrabben und Garnelen, den Butter- und Leierfischen, den Stinten und Stichlingen, den Seehunden und Kegelrobben, den Austernfischern und Alpenstrandläufern, den Ringelgänsen und Eiderenten, den Säbelschnäblern und Regenpfeifern, den Möwen und Seeschwalben« (ebd.: 16).

Solch ein Text stellt sich bewusst abseits vom wissenschaftlichen Begründungsdiskurs, aber er ist, wenn man ihn näher betrachtet, eine genaue Übersetzung der zentralen Imperative aus der wissenschaftlichen Legitimierung und der politisch-administrativen Rechtsetzung für den Nationalpark. Die Metaphorik eines fiktiven Eigentumsrechts der Kreaturen darf dabei nicht täuschen, sie ist auch gar nicht der kultursoziologisch interessante Springpunkt. Der liegt vielmehr in der Benennungsmacht, die mit der metaphorischen Figur beansprucht wird: Wer dekretiert hier, ›in bester und uneigennütziger Absicht‹, wem der Küstenraum des Wattenmeers ›eigentlich gehöre‹? Wer reklamiert hier Definitionsmacht in offenem, wenn auch ›gar nicht gemeintem‹ Widerspruch zu anderen Lebewesen in diesem Küstenraum, zum Beispiel zu den menschlichen Bewohnern? Auf welche Legitimation beruft sich ein solcher Anspruch sozialer Benennungsmacht? Um einem Missverständnis gleich vorzubeugen: Ich spiele mit diesen Fragen nicht auf die breiten naturethischen Erörterungen über ein ›Eigenrecht der Kreaturen‹ an, das durch Menschen stellvertretend deklariert und eingeklagt werden könne (vgl. Bosselmann 1992; Schneider/Karrer 1992; Nida-Rümelin/v.d. Pforten 1995; Precht 1997). Solch ein moralisch und juristisch umstrittenes Recht ist mit der metaphorischen Rede vom ›Eigentum‹ der Pflanzen und Tiere am Wattenmeer ja auch gar nicht gemeint. Es ist ein im doppelten Sinn symbolisches Sprechen, das ›Demut‹ vor den Lebewesen des Küstenraums und vor dem Naturgefüge insgesamt fordert – und das zugleich mit der ›uneigentlichen Rede‹ vom Eigentumsrecht der Kreaturen an ihrer Lebenswelt den relationalen Status derer markiert, die so sprechen. Denn sie formulieren eine Einsicht, die mit dem impliziten Anspruch der moralischen Überlegenheit – Proklamation eines ›höheren Rechts des Kreatürlichen‹ gegenüber dem Sozialen und Politischen – den Anspruch einer (vorgeblich stellvertretend wahrgenommenen) Benennungsmacht enthält.

Die sozio-kulturelle Brisanz einer scheinbar unschuldigen Metaphorik tritt schnell zu Tage, und auf sie reagieren die Küstenbewohner mit dem untrüglichen ›sozialen Sinn‹ für die Kräfteverhältnisse in den Feldern, in denen die Gesellschaft des Küstenraums strukturiert ist. Ich könnte das jetzt an zahllosen Texten aus den Kontroversen um den Nationalpark verdeutlichen. Zum Beispiel der schon stereotype Vorwurf an ›die Naturschützer‹, ihnen seien die Seeschwalben, die Klaffmuscheln und die Frösche ›mehr wert‹ als die Menschen, antwortet auf Haltungen und Positionsmarkierungen, wie sie auch jenseits der naturwissenschaftlichen Legitimierungen, so in der zitierten metaphorischen Passage, ›in ästhetischer Absicht‹ sichtbar werden. So liest der analytische Blick ›hinter‹ den manifesten Argumentationen, Stellungnahmen, Bildern, Erzählungen die leitenden Strategien und die feldbezogenen Operationen, die von verschiedenen Fraktionen entwickelt werden in jenen ›symbolischen Kämpfen‹, deren Realität auch für den Küstenraum ich kurz beleuchten wollte.

Literaturverzeichnis

Allemeyer, Marie Luisa (2006): »Kein Land ohne Deich ...!« Lebenswelten einer Küstengesellschaft in der Frühen Neuzeit. Göttingen.

Augst, Hans-Joachim/Stock, Martin (1999): Augenblicke im Nationalpark Wattenmeer. Heide.

Birnbacher, Dieter (Hg.) (1980): Ökologie und Ethik. Stuttgart.

Böhme, Gernot (1992): Natürlich Natur. Über Natur im Zeitalter ihrer technischen Reproduzierbarkeit. Frankfurt a.M.

Bosselmann, Klaus (1992): Im Namen der Natur. Der Weg zum ökologischen Rechtsstaat. Bern/München/Wien.

Bourdieu, Pierre (1982): Die feinen Unterschiede. Kritik der gesellschaftlichen Urteilskraft. Frankfurt a.M.

Ders. (1985): Sozialer Raum und ›Klassen‹. Leçon sur la leçon. Zwei Vorlesungen. Frankfurt a.M.

Ders. (1988): Homo academicus. Frankfurt a.M.

Ders. (1999): Die Regeln der Kunst. Genese und Struktur des literarischen Feldes. Frankfurt a.M.

Fischer, Ludwig (2000): Das Feste und das Flüssige. Zur Ideologie und Wahrnehmungsgeschichte des Wattenmeers und der Halligen. In: Busch, Bernd/Förster, Larissa (Red.): Wasser. Bonn, S. 624–652. (= Kunst- und Ausstellungshalle der Bundesrepublik Deutschland. Schriftenreihe Forum, 9).

Ders. (Hg.) (2004): Projektionsfläche Natur. Zum Zusammenhang von Naturbildern und gesellschaftlichen Verhältnissen. Hamburg.

Ders. (2005): Naturbilder und Naturverhältnisse: Deutungen der Küste im Wattenmeerraum als Herausforderungen für ›sustainable development‹. In: Glaeser, Bernhard (Hg.): Küste, Ökologie und Mensch. Integriertes Küstenmanagement als Instrument nachhaltiger Entwicklung. München, S.117–156.

Ders. (2006): Sprache und symbolische Macht im Naturschutz. In: Bundesverband beruflicher Naturschutz e.V. (Hg.): 27. Deutscher Naturschutztag 2006. Bonn (im Druck).

Garl, Daniela (2004): Konfliktdiskurse. Untersuchungen zu Jagdkonflikten in deutschen und französischen Printmedien. Frankfurt a.M.

Harth, Ulli (1990): Untergang der Halligen. Rendsburg.

Johansen, Christian (1866): Halligenbuch. Eine untergehende Inselwelt. Schleswig.
Krebs, Angelika (Hg.) (1997): Naturethik. Grundtexte der gegenwärtigen tier- und ökoethischen Diskussion. Frankfurt a.M.
Lengsfeld, Klaus (Hg.) (1998): Halligleben um 1900. Heide.
Möller, Theodor (1931): Die Welt der Halligen. Neumünster.
Nida-Rümelin, Julian/von der Pfordten, Dietmar (Hg.) (1995): Ökologische Ethik und Rechtstheorie. Baden-Baden.
Ott, Konrad (1994): Ökologie und Ethik. Ein Versuch praktischer Philosophie. Tübingen
von der Pfordten, Dietmar (1996): Ökologische Ethik. Zur Rechtfertigung menschlichen Verhaltens gegenüber der Natur. Reinbek bei Hamburg.
Precht, Richard David (1997): Noahs Erbe. Vom Recht der Tiere und den Grenzen des Menschen. Hamburg.
Renger-Patzsch, Alfred (1927): Die Halligen. Berlin.
Rieken, Bernd (2005): »Nordsee ist Mordsee«. Sturmfluten und ihre Bedeutung für die Mentalität der Friesen. Münster.
Schmid, Heinrich (1912): Eine untergehende Welt. Streifzüge nach den Halligen Schleswig-Holsteins. Basel.
Schneider, Manuel/Karrer, Andreas (Hg.) (1992): Die Natur ins Recht setzen. Ansätze für eine neue Gemeinschaft allen Lebens. Karlsruhe.
Schwingel, Markus (1993): Analytik der Kämpfe. Macht und Herrschaft in der Soziologie Bourdieus. Hamburg.
Ders. (1995): Bourdieu zur Einführung. Hamburg.
Segeberg, Harro (1997): Der Friese als ›Schimmelreiter‹? Zur Heroisierung der Marschenbewohner in Literatur und Film. In: Fischer, Ludwig (Hg.): Kulturlandschaft Nordseemarschen. Bredstedt/Westerhever, S. 233–251.
Stock, Martin u.a. (1996): Ökosystemforschung Wattenmeer. Synthesebericht. Grundlagen für einen Nationalparkplan. Heide. (= Landesamt für den Nationalpark Schleswig-Holsteinisches Wattenmeer. Schriftenreihe, 8).
Traeger, Eugen (1892): Die Halligen der Nordsee. Stuttgart.

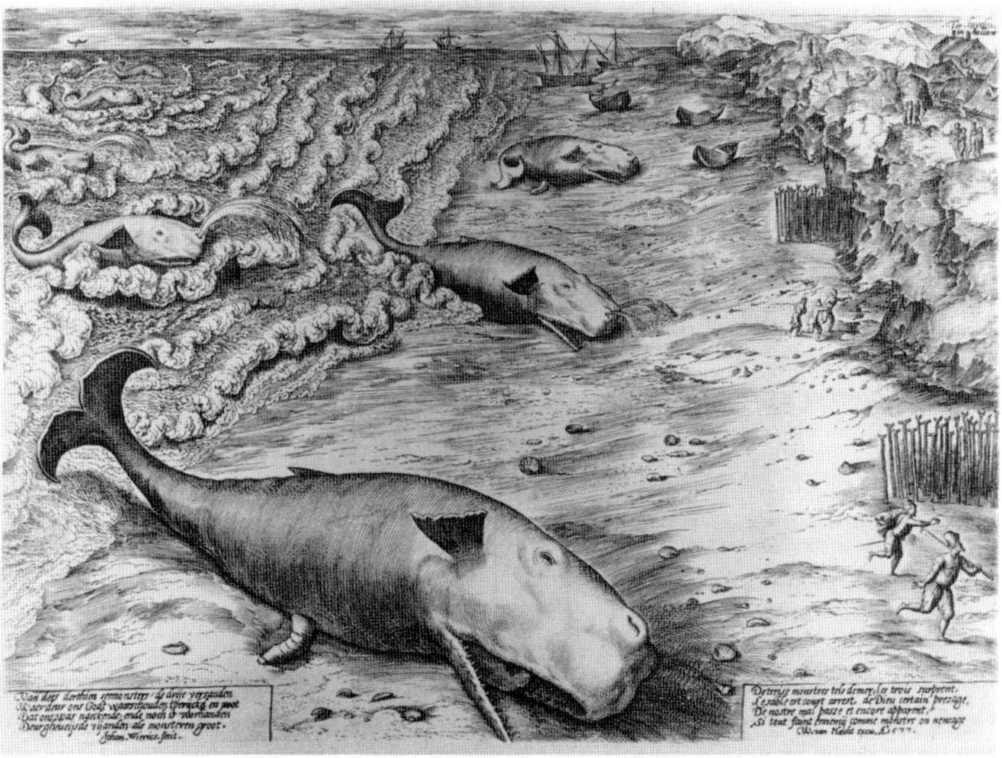

Abb. 1: Johan Wierix, Gestrandete Pottwale am Strand bei Ter Heijde (1577).

Susan Müller-Wusterwitz

Das Bild der Küste in der niederländischen Kunst des 16. und 17. Jahrhunderts. Facetten eines nationalen Motivs

»It is a sense of frontier,
of communal membrane,
that simultaneously incorporates
and excludes, that defines nations [...]«
(Schama 1987: 76)

Einleitung

Es scheint selbstverständlich, dass sich eine Küstenkultur wie die niederländische[1], deren Künstler das Genre Landschaft ›erfanden‹ (Büttner 2000; Ketelsen 1999), indem sie die fruchtbare aber unspektakuläre Nordseemarsch zum Bildthema machten, auch mit dem Grenzgebiet zwischen Wasser und Land künstlerisch auseinandersetzt. Anregungen dazu bot das tägliche Leben genug: Die Lage am Meer war Grundlage des Reichtums, den Fischfang und Seehandel einbrachten. Zugleich war die Küste aber auch gefährdetes und umkämpftes Gebiet. Immer wieder wurde sie von schweren Sturmfluten verwüstet, Deiche und Dämme mussten zum Schutz des Hinterlandes errichtet und erhalten werden. Doch ungeachtet der großen sozialen, wirtschaftlichen und politischen Bedeutung der Küste für die Niederlande, gehörten Strand und Dünen zunächst nicht zu den Motiven niederländische Landschaftsbilder. Die Maler bevorzugten das städtische Umland, schilderten idyllisch anmutende Dörfer und einförmiges Bauernland, »plotless places« (Schama 1987: 69), die nur von wenigen, meist winzig klein dargestellten Menschen belebt sind. Die Ästhetisierung der heimischen Landschaft in der Malerei machte am Dünenrand Halt.

Zeichner und Stecher dagegen entdeckten schon um 1570 die Nordseeküste als Bildthema. Allerdings verarbeiteten sie ihre Eindrücke nicht zu ›reinen‹ Landschaften. Vielmehr schilderten sie außergewöhnliche Ereignisse am holländischen Strand. Auffällig

1 Im Folgenden werden unter der Bezeichnung ›Niederlande‹ die sieben nördlichen Provinzen der Niederlande zusammengefasst, die sich von Spanien lossagten und 1579 die Union von Utrecht bildeten, aus der schließlich die Republik der Vereinigten Niederlande hervorging. In diesem Verbund nahm die Provinz Holland und insbesondere die Stadt Amsterdam aufgrund der hier versammelten ökonomischen Kraft, aber auch als Sitz des Hauses Oranien eine dominierende Rolle ein (Burke 1993: 66). In den holländischen Städten Amsterdam, Haarlem und Delft entstanden – nicht zuletzt dank der aus dem katholischen Flandern zugezogenen Künstler – wichtige Zentren der Malerei und Druckgraphik.

ist die große Zahl der Darstellungen von Walstrandungen in der Zeit der Erhebung der Vereinigten Provinzen der Niederlande gegen die spanisch-habsburgische Besatzungsmacht. In diesen Bildern wurde das geomorphologische Erscheinungsbild der Küste so in Szene gesetzt, dass es Auskunft über die politische und kulturelle Verfassung der jungen Republik gab.

Die gleiche Aufgabe hatten – unter gewandelten politischen Bedingungen – offenbar auch die im 17. Jahrhundert aufkommenden Küstenbilder der niederländischen Landschaftsmaler, nachdem die Republik im Waffenstillstand von 1609 faktisch von Spanien als souveräner Staat anerkannt worden war. Um 1620 werden Strandbilder populär, die Edelleute, Bürger und Fischer am Meer zeigen. Die Mitglieder verschiedener gesellschaftlicher Gruppen begegnen in diesen Bildern einander auf gleicher Augenhöhe und stets bei Sonnenschein. Schlechtes Wetter und Katastrophen wie Schiffbruch oder Sturmflut werden hier nur selten gezeigt. Vor heimischer Kulisse entfaltet sich die Idee einer horizontal gegliederten, prosperierenden Gesellschaft, welche durch die Landschaftsschilderung mit der Republik der Vereinigten Niederlande verknüpft ist.

Die Feststellung, dass Landschaftsmotive häufig dann zu einem Gegenstand der Kunst werden, wenn sie politisches Gewicht bekommen (Warnke 1992: 20), bildet den Ausgangspunkt dieser Untersuchung. Sie widmet sich den Inszenierungen der Küste in der Zeit von 1570 bis 1650, als die nördlichen Provinzen der Niederlande sich von Spanien lösten und in einem allmählichen, von inneren und äußeren Konflikten begleiteten Prozess zur Republik der Vereinigten Niederlande zusammenwuchsen. Die Lossagung von der spanisch-habsburgischen Monarchie erforderte die Entwicklung eines neuen nationalen Selbstbildes, das die durch starke Partikularinteressen geprägten Provinzen nach außen und innen einte und half, die Kräfte im Kampf gegen den äußeren Feind zu bündeln. Die Küste, sichtbare und feststehende Außengrenze des niederländischen Territoriums, wird in dieser Krisenzeit Projektionsfläche eines idealisierten Selbstbildes der Republik.

Diese Studie bezieht die große Gruppe der Sturm- und Schiffbruchbilder ein, deren Szenen vor felsigen, also nicht-holländischen Küsten spielen und die in der Forschung bisher abgetrennt vom niederländischen Strandbild behandelt wurden. Zu Unrecht, denn sie sind, wie darzulegen sein wird, gewissermaßen die andere Seite ein- und derselben Medaille der nationalen Identität.

Die Untersuchung knüpft an neuere Forschungen zur Rolle der Landschaftsmalerei in der Formung eines nationalen Selbstbildes der niederländischen Republik an (Michalsky 2004; Hedinger 2001; Gibson 2000; Levesque 1998; Adams 1994; Schama 1987; Sutton 1987). Im Zentrum steht die Frage nach den künstlerischen Mitteln, »[die] es ermöglichen, die Natur als national zu inszenieren und zu überhöhen« (Michalsky 2003: 337). Repräsentationen der Küste wurden in diesem Zusammenhang bislang zu wenig berücksichtigt.[2]

2 Mein Dank für Hilfe, vielfältige Anregungen und konstruktive Kritik gilt vor allem Dr. Peter Sympher, Bonn. Dr. Gia Toussaint, Hamburg, danke ich herzlich für die kritische Durchsicht des Manuskripts. Ein besonderer Dank gebührt Mechthild Baumeister (Objects Conservation, The Metropolitan Museum of Art, New York) und Eileen Sullivan (Image Library, The Metropolitan Museum of Art, New York), die mir außerordentlich kurzfristig Bildmaterial zur Verfügung stellten.

Die Küste als Bollwerk

Im November 1577 verirrte sich ein Rudel von dreizehn Pottwalen in flache Gewässer vor der holländischen Küste, drei der Tiere wurden an Land gespült und verendeten am Strand. Adriaen Coenen, Strandvogt der Grafschaft Holland und Fischauktionator, schildert das Ereignis in seinem in den Jahren 1577–1578 entstandenen, handschriftlich verfassten Visboek[3], einer Sammlung von Phänomenen der Meeresfauna, welche der Verfasser aus der Literatur oder aus eigener Anschauung kannte. Der Bericht über die Walstrandung bei Ter Heijde füllt mehrere Seiten und ist mit zwei Wasserfarbzeichnungen von Coenen illustriert.

Coenen machte sich am Sonntag nach der Strandung auf den Weg an die Küste, um die drei Wale zu sehen. Die Nachricht über das nächtliche Ereignis hatte sich bereits verbreitet, Städter aus Den Haag, Delft und Leiden nutzten ihren Sonntagsausflug, um Zeugen dieser Sensation zu werden.[4] In der Stadt war kein Wagen mehr zu bekommen, und Coenen musste den Weg durch die Dünen zu Fuß zurücklegen. Nachdem die Wale drei Tage auf dem Strand gelegen hatten und verendet waren, wurden sie zerlegt, um vom Rentmeister des Grafen von Holland versteigert zu werden. Vom Erlös gingen 12 Gulden an die Armen Ter Heijdes. Walstrandungen, nach einem Volksglauben ein böses Omen, hatten also – so Coenen – auch ihr Gutes: dem Grundeigentümer, dem das Strandgut zustand, brachten sie ein gutes Geschäft, den schaulustigen Städtern boten sie eine Attraktion und den Dörflern unerwarteten Segen.[5]

Ganz anders stellt der niederländische Stecher Johan Wierix dasselbe Ereignis in einem Stich dar, der im selben Jahr durch den Verleger Willem van Haecht als Flugblatt herausgegeben wurde (Abb. 1). Ein Horrorszenario ist zu sehen: Der Strand ist ein wüster Streifen Landes, auf dem riesige sterbende Tiere liegen. Von links rauscht die Brandung heran, in welcher weitere Wale, hohe Doppelfontänen ausstoßend, auf die Küste zuschwimmen. Strandgänger, auffallend klein im Vergleich zu den Walen, fliehen in panischem Schrecken. Nach rechts wird der Strand durch eine mit zackigen Spitzen bewehrte Dünenkette begrenzt. Am Fuß der Dünen sind Zäune eingeschlagen. Sie sind höher als normale Buhnen und vermitteln damit den Eindruck, dass hier, auch im übertragenen Sinne, das Land zum Wasser hin verteidigt wird.[6] Einige Hütten und die Inschrift *Ter heyden / in hollant* deuten eine Siedlung an.

3 Adriaen Coenen, Visboek (1578). Den Haag, Koninklijke Bibliotheek, Inv. Nr.: Handschrift 78 E 54. Verfügbar unter: http://www.kb.nl/galerie/visboek/index.html (12. Juli 2006).

4 Coenen 1578: »Ende ic sach daer veel volcx henegaen ende rijden ende varen« (zit. aus Egmond 1997: 60).

5 Man sicherte die Wale als kostbares Strandgut möglichst schnell mit Tauen am Strand, so dass sie nicht von der Flut fortgerissen wurden. Diese Situation zeigt ein Kupferstich aus dem Jahr 1598 (Cambridge/Mass., MIT Museum): Ein gestrandeter Pottwal wird von Männern mit Seilen auf dem Strand gehalten (Abb. s. Barthelmeß/Münzing 1991, 2: 107).

6 Die höchst empfindliche Struktur der Dünen ist von Flut und Wind ständig bedroht; eine Stabilisierung des Dünenfußes und Anpflanzungen sind notwendig, um Erosionen aufzuhalten. Diese Maßnahmen, die einer Verteidigung des Landes gleichkommen, zählen in den Nordseeanrainerstaaten zu den nationalen Aufgaben (s. den Beitrag von Marie Luisa Allemeyer in diesem Band).

Der nahezu senkrecht ins Bild geführte Strand verleiht der Landschaftsdarstellung einen starken, dramatisierenden Tiefenzug. Am unteren Bildrand scheint er in die reale Sphäre zu münden, so dass der vorderste Wal mit aufgesperrtem Maul dem Betrachter bedrohlich nahe zu kommen scheint. Der Blickwinkel ist so gewählt, dass das Geländerelief gut sichtbar ist. Der flache Strand endet abrupt an den schroff daraus emporsteigenden Dünen. Wasser und Dünen erscheinen gleichermaßen wild bewegt, dazwischen liegt kontrastierend eine Zone, aus der das Leben flieht. Der Strand wirkt wie eine Demarkationslinie zwischen Wasser und Land, die von den Walen durchbrochen wird.

Um den Eindruck von Furcht und Schrecken noch zu steigern, stattet Wierix die Wale mit fächerförmigen Brustflossen wie Drachenflügel aus, ähnlich den Meeresungeheuern, welche auf frühen Seekarten die Ozeane bevölkerten. Der Stecher stilisiert die Wale zu Monstern, die in ihrer Präsenz am Strand überzeugend wirken. Das künstlerische Verfahren wird sichtbar anhand der Verknüpfung realistisch geschilderter Details wie die bezahnten Unterkiefer mit den Phantasieelementen. Hier stellt sich die Frage nach dem Sinn dieser ambivalenten Bildlösung.

Angst vor dem Meer und geheimnisvoll erscheinende Naturphänomene wie Ebbe und Flut führten in Küstenkulturen zu verschiedenen Erklärungsmustern, mit denen das Walten der Naturkräfte eingeordnet und mental verarbeitet werden konnte (Jakubowski-Tiessen 2003). Das Meer galt als Wohnstatt unheilvoller Mächte, die den Menschen selbst noch an Land bedrohten.[7] Nach biblischem Zeugnis hauste dort der Leviathan, der Herrscher alles Bösen.[8] Der schwedische Geistliche und Kartograph Olaus Magnus zeigt die Nordmeere angefüllt mit schiffeverschlingenden Drachen.[9] Auch der Wal zählte zu den gefürchteten Meeresungeheuern und galt zugleich als Strafinstrument Gottes.[10]

Wierix schöpft seine Bilderfindung aus dieser von Ängsten und Phantasien gespeisten Gedankenwelt, die er in seinen Bericht über das aktuelle Ereignis einflicht. Eine weitere Verquickung zwischen authentischem Bericht und Symbolisierung findet sich in der Darstellung der Landschaft. Durch die Inschrift »Ter heyden in hollant« ist die Landschaftsdarstellung und das Invasionsszenario mit der Provinz Holland verbunden. Die auf den Dünen stehenden Zuschauer, die auf das Geschehen am Strand weisen,

7 Delumeau 1985: 55: »... das Meer [wurde] über Jahrtausende hinweg in seiner plumpen Größe, Macht, Unberechenbarkeit, Tiefe und Finsternis als Anti-Element angesehen, als negative Dimension und Ort der Verdammnis schlechthin« (s. a. Knottnerus 1997 und den Beitrag dess. in diesem Band).

8 Ps 104,26 und Jes 27,1.

9 Olaus Magnus, Carta Marina Et Descriptio Septemtrionalium Terrarum Ac Mirabilium Rerum In Eis Contentarum Diligentissime Elaborata Anno Dni 1539. München, Bayerische Staatsbibliothek, Signatur: Mapp.VII,I. Seeungeheuer blieben bis ins 17. Jahrhundert feste Bestandteile von Seekarten. Von dort übernahmen niederländische Marinemaler sie in ihre Gemälde (Russell 1983: 50f.).

10 Sein aufgesperrter Rachen versinnbildlicht in spätmittelalterlichen Weltgerichtsdarstellungen den Höllenschlund, der die Sünder verschlingt. Die Staatenbijbel übersetzt den Begriff ›Meerungeheuer‹ in der Klage des Hiob (Job 7,12): »Bin ich denn das Meer oder ein Meerungeheuer, dass eine Wache du aufstellst gegen mich?« mit ›walvisch‹ (Knottnerus 1997: 148, Anm. 24). Der Wal wird somit den Mächten des Chaos zugeordnet, die ständig bewacht werden müssen, damit sie kein Unheil stiften.

scheinen die Authentizität der Schilderung zu bezeugen. Die Dünen jedoch sind in ihrer Steilheit und Geschlossenheit derart überzeichnet, dass sie wie ein Bollwerk wirken.

Im Stich verbinden sich Erlebnisbericht und symbolisierende Landschaftsdarstellung zu einem Kommentar über die politische Lage der aufständischen Provinzen, deren antispanische Ausrichtung unterstrichen wird durch die Verse: »Van dees derthien seemonsters de drije versanden / Waer deut ons Godt waerschouden t'perijckel en noot / Dat ons was naeckende ende noch is voorhanden / Deur gheueijsde vijanden – als monsteren grot«.[11]

Der Hinweis auf ›gewisse Feinde so groß wie Ungeheuer‹ zeigt, dass sich der Sinn des Stichs nicht darin erschöpft, das Ereignis am Strand vor Ter Heijde zu dokumentieren.

Wierix' Stich ist ein frühes Beispiel des allegorischen Strandungsbildes, das in der zweiten Hälfte des 16. Jahrhunderts in der niederländischen Druckgraphik aufkam. Den historischen Kontext bildete die politische und militärische Situation, in der sich die aufständischen Provinzen und insbesondere die Grafschaft Holland in dieser Zeit befanden: Spanisches Militär hinterließ zwischen 1572 und 1577 eine Spur der Verwüstung im Land. Städte wie Mechelen und Antwerpen wurden eingenommen und zur Plünderung freigegeben, um die Söldner zu entlohnen. In der Provinz Holland fiel Haarlem in die Hände der Spanier; die Städte Alkmaar und Leiden litten durch die Belagerung Not, die Geuzenstadt Oudewater wurde dem Erdboden gleichgemacht. Der Städtekrieg und die damit verbundenen Grausamkeiten des spanischen Besatzung waren zentrales Thema antispanischer Propagandaschriften (dazu Müller 2001: 46-68), deren Ziel es war, die Bevölkerung der niederländischen Provinzen im Kampf gegen Spanien zu einen.

Das Blatt von Wierix, das als Flugschrift verbreitet wurde, gehört in diesen Kontext.[12] Walstrandungen, die sich seit jeher an der holländischen Küste ereigneten (Van Deinse 1918), wurden mit dem Beginn der Revolte gegen Spanien in politischen Flugschriften thematisiert. Die fremdartigen Tiere, welche das Meer, ihren angestammten Lebensraum, verließen und auf niederländischen Boden vordrangen, wurden zu einem Symbol der Invasion niederländischer Provinzen durch spanische Truppen umgedeutet (Schama 1988: 137f.).[13] Strand und Dünen bildeten eine sichtbare, in der Krisenzeit

11 Von diesen dreizehn See-Untieren strandeten drei, wodurch Gott uns warnt(e) vor Gefahr und Not, die uns drohte und immer noch droht durch gewisse Feinde so groß wie Ungeheuer. Die französischen Zeilen lauten: »De treise monstres tels demer, les trois surprent,/Le sable est court arrest de Dieu certain presage,/De nostre mal passe et encore apparent,/Si tout faint ennemij comme monstre on nencage« (Übersetzung nach Barthelmeß/Münzig 1991, 2: 82).

12 Der Verleger Willem van Haecht verwendete Wierix' Stich für einen Folgedruck, aus dem er die Vierzeiler und die Ortsangabe »Ter heyden in hollant« tilgte. Der Darstellung wurde ein längerer typografischer Text hinzugefügt, in welchem die Wale nicht als unheilvolle Zeichen, sondern als Naturphänomene beschrieben und ihr Verhalten als Symbol der Nächstenliebe interpretiert werden (vgl. Barthelmeß/Münzig 1991, 2: 84f.). Müller (2001: 11) weist mit Recht darauf hin, dass sich der Stich durch die am Strand verbliebenen Flüchtenden gegen diese positive Umdeutung sperrt.

13 Münkler/Ladwig (1997: 7ff.) unterscheiden zwei Bedeutungen des Begriffs ›Fremdheit‹: Fremdheit als ›Nichtzugehörigkeit‹ im Sinn von sozialer Fremdheit und Fremdheit als ›Unvertrautheit‹ im Sinn kultureller Fremdheit. Für die Analyse niederländischer Küstendarstellungen, der heimischen und der fremden, sind beide Bedeutungen relevant.

politisch besonders bedeutsame Grenze des Territoriums der niederländischen Provinzen und werden daher zu einem Motiv der politischen Druckgraphik.[14]

Hinter dem Ereignisbericht von Wierix wird eine weitere Bedeutungsschicht erkennbar, in der die Grenzüberschreitung der Pottwale gleichgesetzt wird mit den militärischen Operationen der spanischen Truppen in der Provinz Holland, die im Stich durch die Inschrift »Ter heyden in hollant« ausdrücklich genannt wird. Die im Relief gezeigte Küstenlandschaft stellt der Walstrandung nicht nur ein authentisch wirkendes Terrain zur Verfügung, sondern sie ist selbst Bedeutungsträger. Die mächtigen Dünen erscheinen wie ein natürlicher Schutzwall, der sich den monströsen Invasoren entgegenstellt und ihnen ebenbürtig ist. Ihre zum Meer hin zackig ausgezogene Oberfläche erinnert an Krallen, mit denen sich das Land verteidigt. In dieser Lesart wird die Landschaft zu einem patriotischen Zeichensystem und die Walstrandung zu einer Parabel über den einfallenden Feind, der gleichsam durch das Land selbst zur Strecke gebracht wird. Die Schutz- und Abwehrfunktion, welche die Küstenlandschaft in Bezug auf das Meer schon immer hatte (dazu Allemeyer in diesem Band), richtet sich nun auch gegen den fremden Eindringling.

Eine subtilere Aufrüstung der niederländischen Küstenlandschaft findet sich in einem Blatt von Hendrick Goltzius, eines Künstlers, der unter dem Druck der spanischen Herrschaft aus den südlichen Niederlanden nach Haarlem zog (Abb. I im Farbteil, S. 65). Die lavierte Federzeichnung des 1598 an den Strand bei Berkhey gespülten Pottwals wurde Vorbild für viele nachfolgende Strandungsbilder.[15] Goltzius gehörte offenbar zu den Schaulustigen, die im Februar 1598 von Nah und Fern zum Strand des Fischerdorfs Berkhey kamen, um den Wal zu sehen.[16] Seine Zeichnung erfasst die Gestalt des Tieres so detailliert, dass er ihn mit eigenen Augen gesehen haben muss.[17]

Schon auf den ersten Blick wird deutlich, dass Goltzius' Strandszene einer naturalistischeren Landschaftsauffassung als der Wierix-Stich verpflichtet ist. Der Betrachter schaut von einem leicht erhöhten Standpunkt in ein weit ausgreifendes Landschaftspanorama, das sich vom rechten Bildrand bis in weite Ferne erstreckt. Die Küstenlinie schwingt in einem natürlich wirkenden Bogen nach rechts, das Wasser nimmt nur einen kleinen Teil der Bildfläche ein. Der Strand ist angefüllt mit Spaziergängern, Reitern, Wagen und Zelten. Neugierige streben in kleinen Gruppen auf den Wal zu, andere stehen schon nahe

14 Auf dieses Phänomen in der frühen Landschaftsmalerei weist Warnke hin: »Offensichtlich werden in der Landschaftsmalerei Motive prominent, deren objektive Bedeutung zunehmendes politisches Gewicht gewannen; Straßen und Wege als Medien erobernder, handelnder, verbindender und erschließender Aktivität treten den Landschaftsmalern als markante Motive vor Augen.« (Warnke 1992: 20) Das gilt auch für die niederländische Nordseeküste als Grenzmarkierung und trennendes Medium.

15 Dazu Barthelmeß/Münzing (1991, 1: 37–39).

16 In der Beischrift des ebenfalls 1598 entstandenen Kupferstichs von Hendrick Hondius zur Walstrandung bei Berkhey heißt es, dass Schaulustige in großer Zahl aus Amsterdam, Leiden, Haarlem, Den Haag, Delft, Rotterdam, Dordrecht, Alkmar und anderen Orten an den Strand kamen, um den Wal zu sehen (vgl. Barthelmeß/Münzing 1991, 2: 94).

17 Die Zeichnung ist die erste exakte Studie eines Pottwals überhaupt. Lediglich die Brustflosse, die wie eine gewaltige Ohrmuschel dargestellt ist, weicht von der tatsächlichen Gestalt ab (s. Barthelmeß/Münzing 1991, 1: 38).

bei ihm. Der riesige Wal liegt parallel zum unteren Bildrand im Vordergrund des Bildes; die Länge seines Leibes füllt fast die gesamte Breite des Blattes aus. Auf diese Weise ist das Motiv kompositionell in die Bildfläche eingespannt und wirkt im Vergleich zu den Walen des Kupferstichs von Wierix fixiert und seiner Bedrohlichkeit beraubt. Die Figuren der Strandgänger, die sich in seiner unmittelbaren Nähe befinden, zeigen die ungeheure Größe des Tieres, von der auf seine Körperkraft geschlossen werden kann. Die Männer, die den Körper des Wals bereits erklommen haben oder ihn vermessen, lassen jedoch erkennen, dass von dem Riesen keine Gefahr mehr ausgeht. Der tote Wal ist zu einem Gegenstand der Schaulust, der wissenschaftlichen Neugier und zu einem begehrten Wirtschaftsgut geworden: Er wird bestaunt, vermessen und schließlich zerteilt und verkauft.

Goltzius bettet seine genaue Tierstudie in einen Landschaftsausschnitt, dessen Wirkung kalkuliert ist. Darüber hinaus fügt er der Szenerie eine Vielzahl von genrehaften Staffagefiguren hinzu, die den Strand beleben oder als innerbildliche Betrachter des Spektakels fungieren. Damit wird die Zeichnung zu einem bildmäßig durchkomponierten Werk, in dem naturalistische Elemente mit imaginären vermischt sind.

Der Betrachter scheint, wie der Zeichner selbst, Zeuge eines bestimmten Augenblicks am Strand zu sein. Gerade erklimmt ein Mann den Wal, wobei er den Ansatz des riesigen Penis wie eine Treppenstufe benutzt; die Kleidung der Spaziergänger weht in der frischen Brise, eine elegant gekleidete Dame hält sich mit ihrem Taschentuch die Nase zu. Gleichwohl ist die Zeichnung keine authentische Momentaufnahme, sondern ein sorgfältig komponiertes Konstrukt, dessen Elemente sich gegenseitig kommentieren und zugleich über die Grenzen des Dargestellten hinaus verweisen. So enthält das Motiv der am Strand Spazierenden einen Hinweis auf die wohlhabende holländische Gesellschaft, deren Bürger sich Freizeitvergnügen leisten können. Die Vermessung des Tieres und nicht zuletzt dessen genaue Darstellung durch den Zeichner deuten auf eine moderne, empirisch ausgerichtete Wissenschaft, die gerade im Begriff ist, die traditionelle, auf Bibelexegese basierende Deutung der Naturphänomene abzulösen.[18]

Auch die Landschaft ist in Szene gesetzt. Goltzius wählte den Standort des Betrachters so, dass die Dünen Teil des Landschaftsausschnitts sind.[19] Die Kette der dicht gestaffelten Sandberge schließt den Bildraum nach hinten ab. Durch den niedrig angesetzten Augenpunkt erscheinen die Dünen so hoch wie Mittelgebirge. In der Ferne der Hügellandschaft ist eine Siedlung sichtbar. Das Landesinnere ist jedoch vollkommen verborgen.

18 Das Interesse an den empirisch forschenden Naturwissenschaften beschränkte sich nicht auf den engen Zirkel der Gelehrten im Umfeld der Universitäten. Burke (1993: 115–120), stellt in seiner Studie zur Kulturgeschichte Amsterdams im Zeitraum 1580–1720 fest, dass Patrizier der Stadt umfangreiche Bibliotheken mit naturwissenschaftlichen Werken besaßen. Im 17. Jahrhundert sei die Verknüpfung von Rationalismus, Protestantismus, Kapitalismus und Naturwissenschaften ein verbreitetes Phänomen gewesen. Zu Goltzius' Zeichnung im Kontext der wissenschaftlicher Naturerkenntnis s. Melion/Küchler (1991: 19ff.) Zur Allianz zwischen beschreibender Kunst und empirisch geprägter Wissenschaft in den Niederlanden s. Alpers (1998), im weiteren auch Stafford (1984) und Freedberg (2002).

19 Die Rolle des Landschaftsausschnitt als sinnstiftendes Mittel in der holländischen Malerei betont Michalsky (2003: 92f.).

Die formalen Analogien, mit denen Goltzius die Naturphänomene Dünen und Wal verknüpft, zeigen, dass es sich nicht um eine »naturalistically observed dunescape of the North Sea shore« (Schama 1988: 132) handelt.[20] Die konkav gewölbte Kontur des Tierleibes wird von der Geländeformation im Hintergrund aufgenommen und vervielfacht. Die enorme Höhe und Massivität, die Goltzius den Dünen andichtet, wird dem Betrachter anhand der miniaturhaft wirkenden Siedlung und den winzigen Menschlein auf dem Strand verdeutlicht. Die Dünen sind kompositionell zum Wal in Beziehung gesetzt, wobei sie den Wal an Monumentalität noch übertreffen. In der Zeichnung klingt das Spannungsverhältnis zwischen dem Pottwal, der auf dem holländischen Strand ein Fremdling ist, und der Küstenlandschaft, die das Hinterland abschirmt, nur leise an. Erst Nachstiche und zahlreiche freiere Adaptionen dieser Vorlage lassen das politische Potential der Darstellung deutlicher hervortreten.

Noch im Entstehungsjahr wurde die Zeichnung durch Jacob Matham in Kupfer gestochen und in verschiedenen, die Zeichnung seitenverkehrt wiedergebenden Versionen gedruckt (Abb. 2). Ein in Rotterdam bewahrtes Blatt zeigt den Stich kommentiert durch Verse des Humanisten Theodor Schrevelius und Karel van Manders.[21] Während van Mander den Wal als »Wunderwerk Gottes« bestaunt, beschreibt Schrevelius die Strandung als unheilbringende Konfrontation eines aus den Tiefen des Atlantiks stammenden Ungeheuers mit der holländischen Küste. Die Umdeutung des Strandes von Berkhey zum »Gestade der Katten« soll an den – von Tacitus und anderen antiken Autoren überlieferten – Freiheitskampf der germanischen Stämme der Bataver und Chatten gegen römische Herrschaft im ersten nachchristlichen Jahrhundert erinnern. Nachdem sich die niederländischen Provinzen von Spanien gelöst hatten und sich erst allmählich und mühsam zu einer Republik formten, benötigten sie ein gemeinsames Identifikationsmodell, das die Kräfte der durch starke Partikularinteressen geprägten Provinzen bündelte.[22] In dieser Zeit entdeckten die Holländer die nach Freiheit strebenden Bataver und Chatten als ihre Vorfahren, deren Revolte gegen die römischen Unterdrücker eine Parallele zum eigenen Kampf gegen die als Fremdherrschaft empfundene Macht der spanisch-habsburgischen Monarchie zu sein schien.[23] Der Bataver-Mythos wurde zu einem Gründungsmythos der niederländischen Republik, der zur Verteidigung des Vaterlandes aufrief.[24]

20 Schamas Einschätzung bezieht sich auf den Nachstich der Goltziuszeichnung durch Jacob Matham.

21 »Ein ungeheurer Wal, aus blauen Wassern geworfen (Ihr Götter, wendet ab die bedrohlichen Vorzeichen), geriet ans Gestade der Katten. Welch Schrecken der atlantischen Tiefe ist der Wal, wenn er vom Sturm und durch eigene Kraft an den Saum des Landes getrieben wird und auf trockenem Sande gefangen liegt. Ihn bringen wir auf's Papier und zu Nachruhm, und dem Volk zum Gerede.« (Übersetzung nach Barthelmeß/Münzing 1991, 2: 102).

22 Zum Problem des Lokalismus und Partikularismus in den Provinzen s. Schama (1988: 50–68); Sutton (1984: 348); Huizinga (1977: 33f.).

23 S. Münkler (1989: 71ff.) zur Germania des Tacitus und der Ableitung nationaler Tugenden sowie gesellschaftlicher Ideale von der Beschreibung der germanischen Volksstämme.

24 Zum Batavermythos als Gründungsmythos der niederländischen Republik s. Schama (1988: 72–83). Zur kollektiven Sinnstiftung durch Mythen in Gesellschaften der Frühen Neuzeit s. Mörke (1996).

Abb. 2: Jacob Matham, Gestrandeter Pottwal bei Berkhey (1598).

Schrevelius knüpft an das nationale Geschichtskonstrukt an. Der Wal wird von ihm zu einem Fremdling stilisiert, der in ein Terrain eindringt, das sich gleichsam seit Urzeiten im Besitz der Holländer befindet. Das Motiv der Abwehr fremder Macht findet im Stich einen visuellen Rückhalt: Die Dünen wachsen zu einem undurchdringlichen nationalen Schutzwall zusammen, vor dem der Invasor zum Erliegen kommt. Der Darstellung eines an der holländischen Küste gestrandeten Wals und seiner wissenschaftlichen und wirtschaftlichen Verfügbarkeit ist eine politische Bedeutungsebene unterlegt, die im bewusst gewählten Landschaftsausschnitt zum Ausdruck kommt.

Die Inszenierung der holländischen Küste als Wall, der sich schützend um das Land legt, erinnert an ein anderes prominentes nationales Symbol der Einhegung, Abgrenzung und Sicherung des Territoriums der vereinigten Provinzen: das Bildzeichen des *Hollandse tuin*. Dieser Bezug zwischen Landschaft und Nationalsymbol wird in einem Stich von Jan Saenredam aus dem Jahr 1602 vom Besuch des Grafen Ernst Kasimir von Nassau anlässlich einer Walstrandung am Strand bei Beverwijk greifbar (Abb. 3).[25] Das komplex angelegte Bild, dem am unteren Blattrand ein Gedicht von Theodor Schrevelius

25 Alle Inschriften in Barthelmeß/Münzig (1991, 2: 112–114).

hinzugefügt ist, zeigt als Hauptmotiv einen im Dezember 1601 gestrandeten männlichen Pottwal. Saenredam übernahm bestimmte Bildelemente aus Mathams Vorlage, die bereits exemplarisch für das Thema geworden war. Der Wal liegt planparallel im Vordergrund, davor sind Schaulustige gruppiert, mehrere Männer haben den Kadaver erklommen. Die Landschaft mit dem mächtigen Dünenwall als Abschluss ist bogenförmig in die Tiefe des Bildraums gelegt, ganz hinten deutet ein Bauwerk auf eine Siedlung in den Hügeln. Auf dem Strand im Hintergrund bewegen sich Menschenmassen zu Fuß, zu Pferd und mit Wagen. Die Strandgänger sind in Zügen zusammengefasst, die in militärisch anmutender Ordnung am Wasser entlang marschieren.[26] Ganz im Vordergrund, durch den Wal vom restlichen Geschehen auf dem Strand abgetrennt, stehen auffallend elegant gekleidete Personen, von denen sich einige dem Wal zuwenden. In der Mitte des Blattes ist Graf Ernst von Nassau, der Neffe des Prinzen Moritz und General der niederländischen Armee, als Rückenfigur mit Federhut und Taschentuch in der Hand dargestellt. Eine Inschrift zu seinen Füßen vermerkt, dass es sich um ein ›lebendiges Bildnis‹ des Grafen (»Ernesti Comitis Naßovy viva effigies«) handele. Links von ihm arbeitet ein Zeichner an einer großen Skizze des Wals; es ist Saenredam. Die Signatur auf dem Blatt gibt seine Identität und das Entstehungsjahr des Stiches preis.[27]

Anders als Matham macht Saenredam den Betrachter auf die Künstlichkeit seiner Darstellung aufmerksam. Er zieht eine zweite Erzählebene in die Schilderung ein, indem er dem Landschaftsausschnitt einen Architekturrahmen vorblendet, den er als Bildträger nutzt. Hier präsentiert er weitere Darstellungen des Wals, die das Tier – an das Blatt eines Skizzenblocks erinnernd – aus zwei verschiedenen Perspektiven beschreiben: In der linken Blattecke wird der Kopf des Tieres gezeigt; das mittig im Körper sitzende Blasloch und das geöffnete Maul mit dem bezahnten Unterkiefer sind sichtbar. Auf der rechten Seite des Blendrahmens ist die Rückenpartie des Wals wiedergegeben. Der Körper ist auf Höhe des Schwanzflossenansatzes geborsten, aus der Öffnung quellen Eingeweide hervor.[28] Saenredam legt hier eine mehransichtige, naturwissenschaftlich anmutende Tierstudie vor, die nicht allein die Gestalt des Pottwalbullen detailgenau beschreibt, sondern auch den Prozess der Verwesung dokumentiert, sichtbar an dem durch Fäulnisgase verursachten Aufplatzen des Kadavers.[29]

26 Der Eindruck eines militärischen Aufmarsches wird von einer am rechten Bildrand auf den Wal zustrebenden Gruppe verstärkt, über deren Köpfen Stangen oder Gewehrläufe ragen.

27 Das auf dem Blatt im Schriftzug *Joannes Saenredam, invt. et sculptor An.o 1602.* angegebene Jahr bezieht sich offenbar nicht auf die Zeichnung, sondern auf den Stich.

28 Schrevelius erwähnt in seinem Gedicht, dass der Wal durch die Last seines eigenes Gewicht geborsten sei: »Et lateri incumbens, immami pondere, dextro / Rumpitur, horrificio sonitu coelum omne remugit« (s. Barthelmeß/ Münzing 1991, 2: 114).

29 Saenredam verweist in der Legende am unteren Bildrand auf die Exaktheit seiner Tierstudie: »Genaueste Abzeichnung des im Jahre 1601, am 20. Dezember spätabends an den Strand südlich von Beverwijk in Holland geworfenen, außergewöhnlichen Ungeheuers des Neptun; seine Länge erreichte 60 Fuß, seine Höhe 14, sein Leibesumfang 36, sein Schwanz 14 und seine Maulöffnung 12 Fuß Länge, gemessen anhand der geometrischen Proportionen der Muskeln und Glieder« (Übersetzung nach Barthelmeß/ Münzing 1991, 2: 112).

Abb. 3: Jan Saenredam, Gestrandeter Pottwal bei Beverwijk (1602), dritter Druckzustand von 1618.

Die Studien sind von allegorischen Figuren und Symbolen umgeben, deren Bedeutung Schrevelius in einem Gedicht erläutert. Es handelt sich um Hinweise auf Naturphänomene, Sonnen- bzw. Mondfinsternis und ein Erdbeben (»*Terra motus*«), die sich kurz nach der Walstrandung in Holland ereigneten.[30] Für Schrevelius sind es, wie das Erscheinen des Wals an der holländischen Küste, böse Omen und Künder kommenden Unheils.[31] In der Mittelachse des Bildes, durch die spiegelsymmetrische Anlage der Architektur kompositionell hervorgehoben, befindet sich das Bildzeichen des *Hollandse tuin* (Abb. 4). Im Rund des durch einen Flechtzaun abgegrenzten Gartens steht der niederländische Löwe. Mit erhobenem Schwert verteidigt er das Terrain

30 Aus dem Gedicht von Schrevelius: »Wieviel Unheil und Tod (nämlich soviel bedeuten diese Zeichen!) folgten nicht dem ominösen Untier am Gestade der Catten? Als ein für die armen Sterblichen nicht minder schreckliches Zeichen sahen wir das von Dunkelheit verhüllte Antlitz der Sonne, den von Finsternis entstellten Tag, die Mühsal des Mondes und die schwankenden Klimazonen der unter Beben sich windenden Erde« (Übersetzung nach Barthelmeß/Münzing 1991, 2: 114; s. a. Schama 1988: 138; Müller 2001: 22f.).

31 Die am linken Bildrand von Pfeilen des Todes getroffene fallende Frau, die durch das Wappenschild als Personifikation der Stadt Amsterdams gekennzeichnet ist, versinnbildlicht den Ausbruch der Pest im Jahr 1602. Bei diesem Motiv, dessen Anlass durch Schrevelius nicht erwähnt wird, handelt es sich um eine spätere Ergänzung des Stichs.

Abb. 4: Jan Saenredam, Gestrandeter Pottwal bei Beverwijk (1602) dritter Druckzustand von 1618, Detail: Der niederländische Löwe verteidigt den Hollandse tuin.

der Vereinigten Provinzen der Niederlande, die im Pfeilbündel in seiner Pranke versinnbildlicht sind.

Über dem Nationalsymbol ist die Kartusche mit dem Widmungstext Saenredams platziert. Er huldigt darin Ernst von Nassau als »tapfersten Helden und tatkräftigsten Beschützer der niederländischen Freiheit«.[32] Die unmittelbare Nähe von Heldenlob und Nationalsymbol lässt den niederländischen Löwen, der den holländischen Garten verteidigt, als Allusion des Nassauers erscheinen, dessen Figur in der Verlängerung der Bildachse am unteren Bildrand dargestellt ist. Auf diese Weise ist die Mittelachse des Bildes mit Hinweisen auf die nationale Verteidigungskraft besetzt, welche die Person des Heeresführers repräsentiert. Diesem Motivkomplex stehen Unglückszeichen gegenüber, welche dem zeitgenössischen Betrachter die noch bestehende Gefährdung des Vaterlandes durch äußere Feinde, im Bild verkörpert durch den ›spanischen‹ Wal, deutlich machen.[33] Doch der monströse Eindringling verendet am Strand und zerfällt unter Freisetzung fürchterlichen Gestanks. Seine vollkommene Niederlage wird durch einen vornehm gekleideten Herrn veranschaulicht, der sich auf dem Kadaver stehend auf sein Schwert lehnt, während zwei Kinder den Wal wie einen der Hügel erklimmen.

Die auch hier wiederum gewaltig überzeichnete Dünenlandschaft, die das Land nach außen abgrenzt, korrespondiert formal und inhaltlich mit dem Motiv des Zauns, der den holländischen Garten (*Hollandse tuin*) umgibt. Auf der symbolischen Argumentationsebene des Bildes, die sich in den Bildern auf dem Architekturrahmen entfaltet, steht

32 Der Widmungstext lautet: »Dem berühmten, edelgeborenen Grafen Ernst von Nassau, dem tapfersten Helden und tatkräftigsten Beschützer der niederländischen Freiheit, seinem mildtätigsten Herrn gibt, schenkt und widmet Saenredam dieses frisch gedruckte [Abbild] eines selbst für unser monströses Zeitalter noch ungeheuren Monsters« (Übersetzung nach Barthelmeß/Münzing 1991, 2: 112).

33 S. Müller (2001: 17–20) zur Identifikation der Spanier mit Walen in niederländischen Propagandaschriften aus der Zeit um 1600. Mit Bezug auf Wale am holländischen Strand wird Spanien als großes, grausames und blutdurstiges Tier charakterisiert, dessen moralische Verderbtheit sich in seiner Verwesung offenbart.

der intakte, geschlossene und durch den Löwen wohlbehütete holländische Staatskörper dem zerborstenen, sich in Auflösung befindenden Leib des unheimlichen Fremdlings gegenüber. Im Ereignisbild darunter materialisiert sich diese Idee in der Landschaftsformation: Vor dem geschlossenen Dünengürtel, der die schützende Außengrenze des Staates markiert, verendet der Wal.[34]

Saenredam visualisiert in seinem Strandungsbild den Zusammenhang der Worte *duin* und *tuin*, die nicht nur über ihre ähnliche Lautgestalt, sondern auch über ihre Schutz- und Abgrenzungsfunktion miteinander verbunden sind (s. den Beitrag von Hansjörg Küster in diesem Band). *Tuin*, das niederländische Wort für Garten, ist etymologisch mit dem Wort Zaun verbunden. *Tuin* bedeutete zunächst die Einzäunung, die ein Gebiet umschließt, und veränderte im Laufe der Zeit seine Bedeutung, indem es nun das eingehegte kultivierte oder bebaute Gebiet (engl. *town*) selbst bezeichnete (De Vries/De Tollenaere 1991: 121, 384). Die Beziehung zu dem Wort *duin* lässt sich vermutlich über die Endung *-dûnum* in keltisch geprägten Stadtnamen (Lugdûnum/Lyon) schließen, die soviel wie Burg bzw. befestigte Stadt bedeutet und damit ebenfalls auf eine schützende und abgrenzende Umwallung eines besiedelten Gebiets verweist. Hierauf lassen sich auch die auf *-donn* endenden Ortsnamen an der schleswig-holsteinischen Nordseeküste (Hochdonn, Sankt Michaelisdonn) zurückführen.[35] Donns sind ehemalige Strandwälle (Binnendünen), welche die Marsch durchziehen (Müller 1999) und auf denen Siedlungen angelegt wurden.

Indem Saenredam das nationale Signet des *Hollandse tuin* in das Strandungsbild einfügt, regt er zu einer Lesart an, in der die Dünen, die das Land schützen und nach außen abgrenzen, zu einem Synonym des Zauns werden, der den *Hollandse tuin* umgibt. Auf diese Weise wird die Küste als nationale Landschaft inszeniert, in der die wesentlichen Aspekte des niederländischen Selbstbildes gefasst sind, die auch im *Hollandse tuin* präsent sind: die Standhaftigkeit der nach außen hin abgeschlossenen und nach innen geeinten niederländischen Republik.

Die Küste als Bühne der Republik

Mit dem Untergang der spanischen Armada im Jahr 1588 begann für die in der Union von Utrecht zusammengeschlossenen Nordprovinzen der Niederlande eine Phase militärischer und wirtschaftlicher Konsolidierung, in deren Verlauf die Republik der Vereinigten Niederlande entstand. Das durch militärische Auseinandersetzungen mit England

34 Der gestrandete Wal als Allegorie der militärischen Landnahme konnte auch für Erfolge der niederländischen Partei in Anspruch genommen werden. Müller (2001: 24f.) verweist auf eine antispanische Flugschrift von 1600, die mit dem Bild einer Walstrandung den gelungenen Feldzug der niederländischen Streitkräfte in der Nähe des flandrischen Küstenorts Nieuwpoort feiert.

35 Ich danke Hansjörg Küster für diesen freundlichen Hinweis.

und Frankreich geschwächte Spanien willigte 1609 in einen zwölfjährigen Waffenstillstand ein. Mit der Unterzeichnung des Abkommens erkannte die Spanische Krone faktisch die staatliche Souveränität der Republik an. Während der neu entstandene Staat militärisch nach außen gesichert war und der Fernhandel erstarkte, entflammten schwere innenpolitische Konflikte, welche die Republik bis an den Rand eines Bürgerkrieges führten. Nach der endgültigen Loslösung von Spanien war die zukünftige Rolle der Statthalter, welche die spanisch-habsburgische Monarchie in den niederländischen Provinzen vertreten hatten, umstritten. Moritz von Nassau, seit 1589 alleiniger Statthalter in den verbündeten Provinzen, musste um den Einfluss des Hauses Oranien fürchten. Er schloss sich der Partei der calvinistischen Orthodoxie an, die sich kompromisslos gegen den Katholizismus im Land stellte und die Rückeroberung der südniederländischen Provinzen von Spanien verlangte. Die Stände, vor allem Patriziat und Landadel, die durch den holländischen Landesadvokaten Johan von Oldenbarnevelt repräsentiert wurden, verfolgten im Interesse des Handels einen gemäßigten Kurs, und zwar sowohl in politischer Hinsicht als auch in der Religionsfrage.

Es liegt auf der Hand, dass unter diesen Umständen der Vertrag mit Spanien zwischen beiden Gruppen höchst umstritten war. Während die antispanische Partei erhöhte Verteidigungsbereitschaft mit der Begründung verlangte, Spanien werde während der Zeit der Waffenruhe seine militärische Schlagkraft wieder aufbauen, um die Republik erneut anzugreifen, wollten die Stände der einflussreichen Provinzen Holland und Seeland die Friedenszeit nutzen, um den Handel auszubauen. Die äußerst vielschichtigen inneren Konflikte um Politik, Religion und Machtanspruch fanden ihren Höhepunkt in der Verurteilung Oldenbarnevelts durch Moritz von Nassau und dessen Hinrichtung am 13. Mai 1619. Nach dem Ende der Waffenruhe 1621 wurde der Kampf gegen Spanien unter der Führung von Moritz von Nassau wieder aufgenommen. Nach dem Tod Moritz' (1625) übernahm dessen jüngerer Bruder Friedrich Heinrich die Statthalterschaft. Seine militärischen Erfolge verschafften der Republik eine günstige Verhandlungsposition gegenüber der spanischen Krone, mit deren Vertretern seit 1632 über einen Friedensschluss verhandelt wurde (Schäfer 2004). Erst 1648 sollte der 80 Jahre währende Krieg zwischen Spanien und den Vereinigten Provinzen der Niederlande im Frieden zu Münster beendet werden.

Etwa zur gleichen Zeit, als der Waffenstillstand mit Spanien geschlossen wurde, widmen sich auch Maler der niederländischen Nordseeküste. Gegenüber den älteren druckgraphischen Darstellungen lässt sich eine veränderte Wahrnehmung des Landstrichs am Meer beobachten. Die Inszenierung der Nordseeküste als undurchdringliches nationales Bollwerk hatte weitgehend ausgedient. An ihre Stelle tritt der Strand als Projektionsfläche des Idealbildes einer innerlich geeinten und nach außen gefestigten Nation, zunächst allerdings noch ein bloßer Wunschtraum. Die Maler nehmen andere Standorte ein und entwickeln neue Perspektiven, mit denen sie die Küstenlandschaft darstellen. Der Blick gleitet nicht mehr an der Vorderkante eines geschlossenen Dünengürtels entlang, sondern wird – gleichsam um 90° gewendet – in die Dünen hinein- bzw. aus ihnen heraus-

Abb. 5: Salomon van Ruysdael, Weg zum Strand (datiert 1637).

geführt. Landschaftsmaler wie Esaias van de Velde, Salomon van Ruysdael und Jan van Goyen setzen für ihre Dünenbilder diagonal angelegte Kompositionsschemata ein, die den Blick über Wege und Landschaftseinschnitte von den Dünen ans Meer lenken. In Salomon van Ruysdaels Dünendarstellung von 1637 (Abb. 5) ist im Vordergrund ein Pfad nach rechts angelegt, der einen Reiter zum nächsten Dorf führt. Nach links geht es die Dünen hinab zum Strand, an dem Fischerboote liegen. Der durch den Landschaftseinschnitt ermöglichte Blick in die Ferne wird durch einige Rückenfiguren vorgegeben, Städter, die auf einer Dünenkuppe im Mittelgrund stehen und Richtung Meer schauen. Während Wierix, Goltzius und Saenredam die Dünen von See her als unpassierbare Barriere darstellten, werden nun die Wege in und durch die Dünen zu markanten Motiven. Eindrucksvoll setzt Hendrick Anthonissen einen Düneneinschnitt bei Scheveningen in Szene, der von den Fischern als bequemer Zuweg zum Strand genutzt wird (Abb. 6). In diesem um 1635 entstandenen Strandbild, dem Stich von Wierix (Abb. 1) hinsichtlich der kompositorischen Anlage mit fast senkrecht in den Bildraum geführter Küstenlinie durchaus vergleichbar, ist die Landschaft so ausgeleuchtet, dass der Dünendurchbruch durch starke Hell-Dunkel-Kontraste zu einem Hauptmotiv der Darstellung wird.[36]

36 Durchbrüche in der ersten Dünenkette, die bei Sturmfluten durch den Einbruch von Meerwasser entstehen können, bedeuten einerseits Überschwemmungsgefahr für das Binnenland, bieten jedoch andererseits infrastrukturelle Vorteile, indem sie sich als Verkehrswege und zum Verbringen von Booten und Arbeitszeug anbieten (Van Dam 1999: 228; Schoorl 1990: 103). So könnten die Sandfangzäune, die Anthonissen

Abb. 6: Hendrick van Anthonissen, Strand bei Scheveningen (um 1635).

Simon de Vlieger stellt die Situation aus einem anderen Blickwinkel dar (Abb. 7). Der Betrachterstandort liegt etwas südwestlich von Scheveningen, so dass der in die Dünen führende Weg deutlich zu sehen ist. Formal schließt De Vliegers Komposition an den Dünenprospekt in Mathams Walstrandungsbild (Abb. 2) an. Der Horizont ist zugunsten einer natürlich wirkenden Perspektive nach unten verlegt, die von Dünen gesäumte Küstenlinie schwingt wie bei Matham in einem weiten Bogen in die Tiefe des Bildraums. Der Blick wird von den Staffagefiguren im Vordergrund über die schräg auf den Strand zulaufenden niedrigen Wellen in Richtung eines hell ausgeleuchteten Terrains geführt, das sich unmittelbar vor dem Düneneinschnitt befindet. Von hier aus kann der Betrachter den Fußgängern auf dem Weg durch die Dünen folgen. Anders als Anthonissen rückt De Vlieger den Küstenort Scheveningen etwas weiter in den Hintergrund, platziert ihn in einer Mulde hinter der ersten Dünenreihe. Aber die Darstellung des breiten Wegs macht deutlich, dass die Küste nicht vollkommen vom besiedelten Hinterland abgetrennt ist und die Dünen passierbar sind.

Der Strand ist nicht mehr Schauplatz außergewöhnlicher Ereignisse, sondern liegt friedlich unter einem meist weit ausgespannten Himmel. Jan van Goyen rückt in seinem Strandbild von 1632 die Häuser von Scheveningen unmittelbar an den Strand (Abb. 8).

an der Südseite des Einschnitts darstellt, durchaus auch dazu gedient haben, den lebensnotwendigen Zuweg zum Wasser von Flugsand freizuhalten (für diesen Hinweis danke ich Hansjörg Küster und Guus J. Borger). In dem hier verhandelten Kontext ist es jedoch bemerkenswert, dass Anthonissen den Einschnitt in den Dünen überhaupt darstellt, um ihn kompositorisch zur Belebung seines Strandbildes zu nutzen.

Abb. 7: Simon de Vlieger, Strand bei Scheveningen (um 1646).

Abb. 8: Jan van Goyen, Ansicht von Scheveningen (1632).

Vom Meer scheint keine Gefahr auszugehen, es ist auf dem Bild kaum zu sehen. Auch den Dünen, nur mehr als flache Hügel am linken Bildrand dargestellt, räumt der Maler wenig Platz ein. Das Hauptmotiv bildet eine Figurengruppe aus Dörflern und elegant gekleideten Bürgern im Mittelgrund, die sich den am Strand ausgebreiteten Fang eines Fischers anschauen oder sich unterhalten. Die Menschen stehen ruhig und gelassen beieinander, es ist kaum Bewegung spürbar, selbst der Wimpel des Kahns am linken Bildrand hängt schlaff herunter. Spuren von einem Pferdefuhrwerk im Sand und die beschauliche Stimmung laden den Betrachter zu einem Spaziergang am Strand ein.[37] Van Goyens Gemälde wirkt wie ein authentischer Ausschnitt des Alltagslebens am Meer. Doch handelt es sich auch in diesem Fall um eine im Atelier entstandene Komposition, deren Versatzstücke so miteinander verwoben sind, dass sie einen möglichst realistischen Eindruck beim Betrachter hinterlassen.

Die niederländischen Strandbilder des 17. Jahrhunderts bieten »plausible fictions« (Sutton 1987: 23), in denen die Landschaftsschilderung einer gewandelten Auffassung von der gesellschaftlichen Situation in der Republik Ausdruck gibt. Statt eines hoch aufgetürmten Dünengürtels, hinter dem die bedrohte Gemeinschaft Schutz findet, präsentieren sie eine offene, bis in die Ferne reichende Landschaft unter hohem Himmel, mit gelassen wirkenden, sich frei und ungezwungen bewegenden Figuren darin. Es ist ein selbstgewisses Land, das keine Schutzwälle mehr nötig hat.

Der flache Strand bot den Malern eine gleichsam natürliche Plattform, auf der sich das Ideal einer horizontal gegliederten Gesellschaft inszenieren ließ. Ein frühes Beispiel dafür liefert Claes Jansz. Visschers Kompositkarte *Comitatus Hollandiae* aus dem Jahr 1610 (Abb. II, S. 66). Die Karte ist dem Statthalter Moritz von Nassau gewidmet, der in der Legende als »Verteidiger des Vaterlandes« gewürdigt wird. Das zentrale Bildfeld zeigt das Gebiet der Grafschaft Holland als Kartenausschnitt, der in die Form des Belgischen Löwen eingeschrieben ist. Das Wappentier, das einen Säbel mit der Devise *PATRIAE DEFENSIO* trägt, verweist auf die besondere Rolle der Provinz Holland und des Hauses Oraniens im Kampf gegen die spanische Krone. Hinter dem Löwen eröffnet sich ein meerwärts gerichteter Ausblick über eine mit Staffagefiguren belebte Dünenlandschaft bei Egmond aan Zee.

Im Bilderfries am oberen Rand der Karte wird der Strand ein zweites Mal thematisiert. Bauern, städtische Kaufleute und Adlige repräsentieren die verschiedenen Klassen

37 Der Standort ist so gewählt, dass der Betrachter meint, in die fiktive Landschaft eintreten zu können. Darüber hinaus regen die Spuren des Karrens im Sand, die unmittelbar neben dem eigenen Standort vorbeizuführen scheinen, die Imagination zu einem gedanklichen Spaziergang am Strand an.
Sutton (1987: 11f.) geht auf das Motiv des Spaziergangs bei Karel van Mander und seinen Zeitgenossen ein. Zu Beginn des 17. Jahrhunderts entdeckten wohlhabende Bürger die stadtnahe Landschaft als Erholungsort. Im populären ›Hofdicht‹ (Lob des Landhauslebens) findet sich häufig das Motiv des fiktiven Spaziergangs, auf dem der Erzähler seinen Landbesitz detailliert beschreibt. Das erholsame Landleben wird hier als positives Gegenbild zum hektischen Stadtleben entfaltet. Van Goyens stimmungsvolles Strandbild, das dem Betrachter einen ›angenehmen Platz‹ am Meer vor Augen führt, verfolgt eine ähnliche Strategie. Durch den Realismus der Darstellung und die kompositorischen Mittel suggeriert er, dass die Landschaft betretbar sei und dem Betrachter für einen erholsamen Gang zur Verfügung stehe.

Abb. I: Hendrick Goltzius, Gestrandeter Pottwal bei Berkhey (1598).

Abb. II: Claes Jansz Visscher, Karte der Grafschaft Holland (1610).

Abb. III: Adam Willaerts, Der Strand an der Maasmündung bei Den Briel (1633).

Abb. IV: Simon de Vlieger, Der Strand bei Scheveningen (1633).

Abb. V: Adam Willaerts, Seesturm mit Schiffbruch (dat. 1633).

Abb. VI: Hendrick Cornelisz Vroom, Handelsschiffe im Osten (1614).

Abb. VII: Adam Willaerts, Wildziegenjagd (1620).

Abb. VIII: Roelandt Savary, Felsstudie (um 1607).

der holländischen Gesellschaft. Die Figuren stehen in Gruppen oder Paaren, der Adel beim Tanz, die Bauern mit ihrem Arbeitsgerät, aber alle in gleicher Größe und in einer Raumschicht nebeneinander auf sandigem Boden. Im Hintergrund vergegenwärtigen Eissegler auf der winterlichen Flusslandschaft und der berühmte Segelwagen Moritz von Nassaus holländische Freizeitvergnügen und zugleich technische Innovationen. Aus dieser Zusammenschau von Bauer, Bürger und Adel, Stadt und Land entsteht ein Idealbild einer Gesellschaft, deren Stände trotz sichtbarer sozialer Differenzierung in Eintracht, Freiheit und Wohlstand zusammenleben. Kein Herrscher, sondern die Bevölkerung und das Land selbst repräsentieren die Nation.[38]

Dieses Gesellschaftsideal ist offenbar auch vielen Strandbildern unterlegt, die um 1630 populär wurden. Das mehr als drei Meter breite Bild des Utrechter Malers Adam Willaerts aus dem Jahr 1633 (Abb. III, S. 67) zeigt einen panoramaartigen Blick über den belebten Strand an der Maasmündung bei Den Briel. Die Sonne scheint, Wolken ziehen über den Himmel, und es weht ein leichter Wind. Einfache wie vornehme Bürger sind aus der Stadt an den Strand gekommen, Liebespaare vergnügen sich am Wasser, ein Gasthaus lädt zum Umtrunk und zum Verzehr des eben am Strand gekauften Fisches ein. Im Mittelgrund verrichten Strandfischer ihre Arbeit. Weiter links sieht man Fischer in braunem Arbeitszeug und bunten Mützen, die ihren Fang in Körben anlanden oder mit ihren Booten hantieren. Auf dem Wasser liegt ein großes, mit Kanonen bewehrtes Frachtschiff, eine *Fluit* unter holländischer Flagge, dessen Vormastsegel back gehalten wird, um das Schiff auf Position zu halten. Reisende lassen sich mit Schaluppen an Bord bringen. Weitere kleinere und größere Fahrzeuge segeln bei leichter Briese vor der Küste, an ihren Masten weht die Flagge der Vereinigten Provinzen.

Mit Fischfang und Seehandel sind im Bild zwei der wichtigsten Grundlagen des holländischen Wohlstands dargestellt. Das leicht bewegte Meer wird zu einer Demonstrationsfläche der Nutzung und Beherrschung des Wassers durch die seefahrende Nation. Die *Hollandse Fluit*, ein 1595 in Hoorn entwickelter seetauglicher Schiffstyp, ist ein Hinweis auf den innovativen Schiffsbau, der den holländischen Handelsgesellschaften durch größere Ladekapazität bei geringerer Mannschaftsstärke wirtschaftliche Vorteile verschaffte, die ausgefahrenen Kanonen deuten auf die Verteidigungsbereitschaft des Schiffes. Entlang der Küstenlinie reihen sich Feuerbaken, die den Schiffen zur Orientierung in küstennahen Gewässern dienen. Zeichenhaft verweisen sie auf eine gut entwickelte Infrastruktur, die es den Holländern erlaubt, das Meer zu ihrem Vorteil zu nutzen.

Willaerts präsentiert in seinem Bild keine Momentaufnahme des Alltags an der See, sondern stellt Motive zusammen, welche die gesellschaftlichen Ideale der Republik sowie den Wohlstand und die Leistungsfähigkeit des Volkes widerspiegeln. Der Strand wird zur

38 Die Repräsentation der niederländischen Nation durch die Bewohner des Landes untersucht Levesque anhand von Titelblättern einiger in den Jahren 1567 bis 1614 erschienener Ausgaben von Lodovico Guicciardini, Descrittione si M. Lodovico Guicciardini, patrio Fiorentino, di tutti i Paesi Bassi (Levesque 1998: 234–239).

Bühne der Republik, auf der die verschiedenen Glieder der holländischen Gesellschaft, einfache und vornehme Bürger, Fischer und Seeleute – jeder auf seine Art – in Harmonie miteinander leben. Diese friedliche Koexistenz wiederholt sich in der Landschaftskomposition: Mit der Silhouette der Stadt Den Briel im Hintergrund werden Stadt und Land ineinander geblendet, in der Realität bestehende Gegensätze oder Interessenkonflikte aufgehoben.[39] Die Flagge der Vereinigten Provinzen an den Masten der Schiffe lädt den Betrachter zur Identifikation mit den nationalen Werten ein, die in das Strandbild eingewoben sind. Sowohl der Krieg mit Spanien als auch die inneren Auseinandersetzungen zwischen den rivalisierenden religiösen Gruppen sind ausgeblendet.

Simon de Vliegers im gleichen Jahr entstandenes Gemälde der Küste bei Scheveningen (Abb. IV, S. 68) setzt kompositorisch, stilistisch und ästhetisch andere Akzente. Der Betrachterstandort ist niedrig angelegt, die Sphäre des Betrachters scheint in den Bildraum überzugehen. Der Blick wird entlang der fast senkrecht in die Bildfläche gelegten Küstenlinie in die Tiefe des Bildraumes geführt. Über dem langen, niedrig angelegten Horizont spannt sich ein hoher blauer Himmel mit mächtigen, nach rechts aus dem Bild ziehenden Wolken. Drei Segelschiffe in der Ferne am linken Bildrand verstärken den Eindruck von enormer räumlicher Weite. Die Staffagefiguren, ernst und statuarisch wirkende Fischer und Dörfler sowie ein elegant gekleidetes Reiterpaar mit Hund, sind zu wenigen Gruppen zusammengezogen und als einzelne, sich nicht überschneidende Elemente auf der Bildfläche verteilt; viel Raum liegt zwischen ihnen.

Im Vergleich zu Willaerts räumt De Vlieger der Küstenlandschaft und der Schilderung atmosphärischer und meteorologischer Phänomene viel größeren Raum ein. Er reduziert die Farbigkeit der Darstellung auf blaugraue und sandfarbene Töne, mit wenigen Rotakzenten in der Kleidung der Figuren im Vordergrund, und bietet dem Betrachter eine realistisch wirkende Darstellung des holländischen Strandes an, der für einen Spaziergang offen zu stehen scheint. Die genrehaften Motive jedoch, die den Strand als Erholungsort der Städter und als Lebens- und Arbeitsraum der Fischer und den unbefangenen Umgang von Vertretern verschiedener Gesellschaftsschichten miteinander schildern, folgen einer Bildkonvention, in der auch die Darstellung Adam Willaerts steht. De Vlieger betont die am Strand herrschende friedliche, ruhige Stimmung. Bis auf die kabbeligen Wellen am linken Bildrand und die abziehenden dunklen Wolken, die an vergangenes Schlechtwetter erinnern, gibt es keine Anzeichen von Bedrohung, weder durch Naturgewalten noch durch Feinde. Der Strand liegt offen und frei da. Die Kirche von Scheveningen im Hintergrund hat der Maler direkt über einer sich nach Fisch bückenden Frau platziert; sie symbolisiert die Frömmigkeit der Fischer und Dörfler, die durch reichlichen Fang von Gott gesegnet werden.[40]

39 Zum rivalisierenden Verhältnis von Stadt und Land s. Adams (1994: 58).

40 Simon Schama (1987: 76f.) verweist auf die mythische Verklärung der Fischer in der populären zeitgenössischen Dichtung, die den genügsamen, frommen und fleißigen Fischer und seine dörfliche Lebensgemeinschaft zu einem exemplum virtutes der ganzen Nation stilisiert.

Das wie ein authentischer Ausblick auf den holländischen Strand wirkende Gemälde De Vliegers ist eine sorgfältig komponierte Inszenierung einer Ideallandschaft, in der Genremotive, Raumeindruck und Stimmung zentrale Werte der niederländischen Republik, Frieden, Freiheit und Frömmigkeit, zum Ausdruck bringen. Die Darstellung lädt den Betrachter ein, daran teilzuhaben, indem er den Bildraum gedanklich betritt und sich als Teil der in Einklang und Wohlstand lebenden Gesellschaft fühlt.

Die Küste als Ort von Schiffskatastrophen

Schiffbrüche vor heimischer Küste dagegen werden in der niederländischen Malerei des 17. Jahrhunderts kaum dargestellt. In die Idealvorstellung der niederländischen Küste als Bollwerk gegen fremde Eindringlinge bzw. als Bühne einer miteinander in Harmonie lebenden Gesellschaft passen offenbar keine Darstellungen von Katastrophen. Dabei zählten die küstennahen niederländischen Gewässer aufgrund der Untiefen zu den gefährlichsten Europas. William Temple, der englische Gesandte am Haager Hof, hielt beispielsweise die Einfahrt in die Zuiderzee bei Texel für riskanter als die gesamte Fahrt von dort nach Spanien (Temple 1673: 186). Das im Emblembuch von Jacob Cats überlieferte Sprichwort »Een ship op sant is een baken in zee«, das vor falschen Lebensentscheidungen warnt, fußt auf der Alltagserfahrung gestrandeter Schiffe (Cats 1632). Der Anblick von Havaristen war insbesondere den Holländern vertraut, und dramatische Schiffsuntergänge interessierten Maler und kaufendes Publikum gleichermaßen. Schiffbruchdarstellungen bilden daher eine große Gruppe innerhalb der niederländischen Marinemalerei (Goedde 1989). Doch weil das Bild der holländischen Küste im vaterländischen Sinne positiv besetzt war, hatten in der Malerei Schiffskatastrophen offenbar nicht am eigenen Strand, sondern anderenorts stattzufinden. Die Küsten, vor der Schiffe in Not geraten, sind namenlose Felsküsten in der Fremde, und an diesen herrscht – glaubt man der Mehrzahl der Bilder – meistens Sturm und Schiffbruch.

Ein Gemälde Adam Willaerts, das einen Seesturm mit Schiffbruch an felsiger Küste zeigt (Abb. V, S. 69), ist ein frühes Beispiel dieses Bildtyps. Das Gemälde bietet keinen gleichmäßig durchkomponierten Bildraum, Wasser und Land grenzen unvermittelt aneinander. Mehr als die Hälfte der Bildfläche nimmt ein Himmel mit dramatisch anmutendem Wolkenbild ein. Darunter schließt sich die vom Sturm aufgepeitschte See an, auf der einige Schiffe mit Wind und Wogen kämpfen. Im äußersten Vordergrund schiebt sich von links ein kulissenhaft flaches Stück Festland ins Bild. Hier positioniert Adam Willaerts einen mächtigen Felsblock, den er mit kräftigem Schräglicht dramatisch ausleuchtet. Für die Schiffe bedeutet der Fels größte Gefahr. Sie kämpfen gegen die Wellen, um von dem gefährlichen Ufer freizukommen. Für die Schiffbrüchigen, die im Vordergrund an ein Stück Holz geklammert im Wasser schwimmen, verkündet das Land dagegen Hoffnung auf Rettung. Ein im Bildvordergrund kniender Schäfer, der seine Hände zum Gebet erhoben hat, erinnert den Betrachter daran, dass der Mensch in der Auseinandersetzung mit den Naturgewalten auf Gottes Hilfe angewiesen ist.[41] Abgesehen von den sich abzeichnenden religiösen und allegorischen Bedeutungsebenen (Goedde 1989: 36–39) ist hier der Schauplatz von Interesse: Der Ort wird durch kaum mehr als ein mächtiges Felsmassiv beschrieben, auf dem Palmen eine südländische Vegetation andeuten. Weitere Informationen über die Lage des Ortes bekommt der Betrachter nicht. Willaerts fügte zwar einen Segler unter holländischer Flagge und eine Fischerpinck in die Komposition ein, doch signalisieren die Felsen und Palmen, dass es sich um ein Drama handelt, das fern der Heimat stattfindet.

Die Vielzahl ähnlicher Bilder zeigt, wie beliebt dieses Thema beim Publikum war. Die starke emotionale Ansprache durch die entfesselten Naturgewalten und das Schicksal, das die Menschen meist als Kollektiv einer Schiffsmannschaft erlitten, vermittelte einen Nervenkitzel, dem man sich in der angenehmen häuslichen Atmosphäre offenbar gerne hingab. Umso bezeichnender ist es für die Wahrnehmung der Küste, dass der Schiffbruch fast nie am heimischen Gestade inszeniert, sondern hier vielmehr vermieden und in die Ferne verlagert wurde.[42]

Die Küste als Projektion der Fremde

Von den Holländern hieß es zu Beginn des 17. Jahrhunderts, sie pflügten aus Mangel an Land die See (Sutton 1984: 349). Der Kontakt mit fremden Ländern war für die Vereinigten Niederlande lebenswichtig, der Erfolg ihrer Unternehmungen so groß, dass Sir William Temple die Republik als das Warenlager Europas und die Seeleute Hollands als die Transporteure der Welt bezeichnete (Temple 1673: 186). Holländische Seefahrer, Kaufleute und auch manche Maler sammelten auf Reisen vielfältige Erfahrungen mit anderen Ländern und Kulturen. Daher ist es erstaunlich, dass niederländische Gemälde des 17. Jahrhunderts, die sich mit der Seefahrt in fremden Gewässern beschäftigen, nur ein ganz beschränktes Repertoire an Themen und Motiven aufweisen, mit denen die Maler ihre Küstenlandschaften gestalteten (Goedde 1989: 16).[43]

Hendrick Cornelisz Vrooms Panoramaansicht einer Bucht mit Landungsstelle aus dem Jahr 1614 (Abb. VI, S. 70) zeigt, mit welchen Bildmitteln die Fremde repräsentiert

41 Das Motiv wird durch die kniende Figur auf der Insel wiederholt. Der kleine Bau mit dem Dachreiter und der Betende davor, der ein langes braunes Gewand zu tragen scheint, könnten auf eine Mönchsklause hinweisen. Utrecht, Willaerts Heimatstadt, war auch nach dem Verbot des katholischen Gottesdienstes im Jahr 1580 noch stark vom Katholizismus geprägt.

42 Goeddes Einschätzung, dass das Thema Schiffbruch vor der niederländischen Küste nicht populär wurde, weil es nicht den Sehgewohnheiten des Publikums entsprach, geht am Kern des Problems vorbei (Goedde 1989: 88). Vielmehr handelt es sich um eine Vermeidungsstrategie, die den positiv besetzten heimischen Strand von negativen Imaginationen freihielt.

43 Goedde verweist darauf, dass es sich bei der Beschränkung auf wenige Darstellungsvarianten um eine Eigenart der niederländischen Landschaftsmalerei insgesamt handelt.

wurde. Von einem erhöhten Ort blickt der Betrachter auf eine von Felsen umstandene Bucht. Am linken Bildrand sieht man eine in den Felsen eingelassene Festung. In der Bucht kreuzen drei Frachtsegler, seitlich segeln einige kleinere Boote. Neben Schiffen unter holländischer Flagge finden sich ein englischer Dreimaster und eine spanische Galeone, die im friedlichen Nebeneinander den gleichen Handelsplatz nutzen. Im Vordergrund ist ein Quai mit europäisch und fernöstlich gekleideten Figuren zu sehen. Waren liegen dort, und eine Gruppe Reisender, die sich mit Schirmen vor der Sonne schützt, erwartet die Überfahrt auf einem der Schiffe.

Vroom, der zwar zur See fuhr, aber nie fernöstliche Gegenden bereiste, entwirft mit Hilfe von Felsen, deren Formen sich in der diesigen Luft auflösen, einer Festungsarchitektur und Staffagefiguren in exotischen Kostümen die Vorstellung eines fernen Winkels der Welt, mit dem Holland Handel treibt. Das Bild gibt keine Auskunft über die genaue geographische Lage des Landschaftsausschnitts, aber der Dunst in der Luft und Sonnenschirme lassen den Betrachter das feuchte heiße Klima Ostasiens nachempfinden. Einige der Elemente seiner phantastischen Landschaftskomposition konnte Vroom aus dem Fundus der flämischen Malerei des 16. Jahrhunderts sowie aus Italien übernehmen.[44] Um das Bild der Fremde – zumindest in diesen Teilen – für den Betrachter überprüfbar erscheinen zu lassen und um der aus Versatzstücken komponierten Landschaft größere Glaubwürdigkeit zu verleihen, fügt er Genreszenen mit zeitgenössisch gekleideten holländischen Kaufleuten und detailgetreu dargestellte nationale Schiffstypen hinzu.[45]

Das 1620 von Adam Willaerts geschaffene Gemälde »Wildziegenjagd an der Küste« (Abb. VII, S. 71) zeigt ein im Vergleich zu Vroom motivisch reduziertes Verfahren, die Fremde in Szene zu setzen. Exotische Architekturen oder Turbanträger fehlen, doch verweisen Felsformationen im Wasser und am schmalen Strand darauf, dass es sich um eine fremde Küste handelt, vor welcher die Handelsschiffe mit holländischer Flagge ankern. Die Szene im Vordergrund zeigt einen Teil der Mannschaft bei der Jagd auf Wildziegen im zerklüfteten Felsmassiv. Die Darstellung bezieht ihre Überzeugungskraft zunächst aus der nahsichtig geschilderten Jagdszene, deren Figuren groß genug sind, um die verschiedenen Tätigkeiten beobachten zu können. Der Betrachter wird zum Augenzeugen, dessen Gegenwart durch einen der Schützen, der aus dem Bild herausschaut, bestätigt wird. Weiter gesteigert wird dieser Eindruck durch das minutiös geschilderte Felsmassiv am rechten Bildrand, dessen erodierte Oberfläche vom Maler genau beobachtet worden zu sein scheint. Tatsächlich entspringt die Beschreibung der Felsen dem Naturstudium eines anderen Malers. Joaneath Spicer hat nachgewiesen, dass Willaerts, der mit dem Maler und Zeichner Roelandt Savary eng befreundet war,

44 Nach Karel van Manders Lebensbeschreibung reiste Vroom mehrmals per Schiff um die iberische Halbinsel und erlitt schließlich Schiffbruch vor der portugiesischen Küste (Mander 1604). Daher könnten die Felsmotive auch aus Vrooms eigener Anschauung stammen.

45 Die behauptete Authentizität des Geschilderten geht so weit, dass im Vordergrund eine holländische Pinck mit Seitenschwertern dargestellt ist.

dessen im böhmischen Gebirge angefertigte Felsstudien (Abb. VIII, S. 72) zur motivischen Ausstattung seiner imaginierten Landschaftsdarstellungen benutzte (Spicer 1998: 28). Willaerts griff auf die Vorlagen Savarys zurück, um den Wirklichkeitsgrad seiner Darstellung als Garant für die Authentizität der durch ihn inszenierten Fremde zu erhöhen. Der bizarr geformte, nur Tieren zugängliche Stein vermittelt einen Eindruck chaotischer, urwüchsiger Wildnis, welche die Betrachtung des Bildes gleichsam zu einem Abenteuer werden lässt.

Seitdem die Schiffe der Vereinigten Niederlande alle Weltmeere befuhren und die Nation durch Seefahrt und Fernhandel zur dominierenden europäischen Wirtschaftsmacht geworden war, strahlten Schilderungen der Fremde eine große Faszination auf das heimische Publikum aus. Um 1600 wurden illustrierte Reiseberichte meist holländischer Seefahrer aus der Neuen Welt und Ostindien populär und wurden u. a. von der Familie De Bry und von Levinus Hulsius in vielbändigen Reihen ediert (Steffen-Schrade 2004). Nicht zuletzt diese neue Literaturgattung prägte die Vorstellungen von der Fremde und die Erwartungen, die das heimische Publikum mit ihr verband. Im Vorwort des neunten Bandes der Sammlung »Westindischer Reisen« preisen die Verleger De Bry die Lektüre mit den Worten an: »Dann in diesen Historien kan einer in seinem Bett oder seiner Schreibstuben gleichsam als in Indien herumbspatzieren, sintemal er nicht allein die vollkommene Beschreibung lesen, sondern auch die Stätte, Inseln, vnd alles was er daselbst zu sehen gleichsam laibhafftig vnd lebendig abgemahlet vnd zugegen haben«.[46] Levinus Hulsius fügte über die »nutz und lustigkeit« seiner illustrierten Reisebeschreibungen hinzu, dass der Leser »solche gefährliche(n) und sehr grossen Reysen von Ort zu ort nachsuchen und gleich in den Sinn nach reysen kann«.[47]

Die von ihren Verfassern oft abenteuerlich ausgeschmückten Reiseberichte ließen die daheim Gebliebenen an den Erlebnissen ihrer Landsleute teilhaben und vermittelten dem Publikum einen Eindruck von den fernen Ländern, ohne dass es selbst das Risiko einer Seereise auf sich nehmen musste.[48] Die Kupferstiche, welche die Verleger den Berichten hinzufügten, sollten die Aufmerksamkeit des Publikums fesseln, indem sie Unbekanntes und Erstaunliches visualisierten. Neben der bildhaften Darstellung der indigenen Bewohner Amerikas, Afrikas und Asiens, ihrer andersartigen äußeren Gestalt und Kleidung, ihrer kulturellen und religiösen Praktiken, diente auch die Charakterisierung der exotischen Landschaft dazu, eine möglichst eindrucksvolle Vorstellung der Fremde zu entwerfen. Jedoch beruhten die Stiche nicht auf Augenzeugen-

46 Bry/Bry (1601), aus dem Vorwort, zitiert nach Steffen-Schrade (2004: 166); s.a. Burghartz (2004: 7).

47 Levinus Hulsius: Sammlung von Sechsundzwanzig Schiffahrten in verschiedene Länder durch Lev. Hulsius und einige andere, aus dem Holländischen ins Deutsche übersetzt und mit allerhand Anmerkungen versehen. (1598–1650), zitiert nach Steffen-Schrade (2004: 167).

48 S. Schama zur erzählerischen Ausschmückung von Reiseberichten, hier zum Reisetagebuch von Willem Ysbrantsz Bontekoe auf der Fahrt nach Ostindien: »In the long chronology of this kind of semi-oracular epics it sits halfway between the Argonauts of antiquity and Hollywood's *Poseidon Adventure*, and like them was targeted at an audience that expected good fortune to be struck by retributive calamity from which only the virtuous and heroic might escape« (Schama 1988: 29).

Abb. 9: Aus dem Titelkupfer des Reiseberichts Sebald de Weerts (Bry/Bry 1601).

schaft, sondern entsprangen weitgehend der Imagination der Stecher und ihrer inneren Bildvorräte.[49]

Eine Illustration zum Reisebericht des Hauptmanns Sebald de Weert (Abb. 9), der kurz vor 1600 die Magellanstraße befuhr und dabei auf »Feuerländer« stieß, berichtet von der Landung und der Gefangennahme einer Frau mit zwei Kindern. Die Frau, die im Vordergrund dargestellt ist, wird dem Leser als Repräsentantin ihres Volkes genauer beschrieben: Neben der äußeren Gestalt, der fehlenden Kleidung, dem indigenen Schmuck und den kurzen Haaren wird mit Abscheu auf ihre Esskultur eingegangen. Sie habe keine Nahrung von den Holländern angenommen, sondern einen Vogel roh gegessen, dessen Blut aus ihrem Mund tropfte. Mit dieser Erfahrung größtmöglicher Unkultiviertheit und Wildheit korrespondiert die im Hintergrund entfaltete Landschaft mit ihren schroffen, steil aufragenden Felsnadeln.

49 Nach Greenblatt war die Imagination auch für schriftliche Reiseberichte eine wichtige Quelle: »Es geht [in den europäischen Reaktionen auf die Neue Welt] nicht um die Erkenntnis des Anderen, sondern um eine Praxis, die den Anderen zum Gegenstand hat; und das wichtigste intellektuelle Vermögen, das an der Herstellung dieser Repräsentationen teilhat, ist [...] nicht die Vernunft, sondern die Einbildungskraft.« (Greenblatt 1994: 26).

Abb. 10: Kleidung der Mannspersonen (Bry/Bry 1597).

Bizarre Felsformationen finden sich auch in den Kostümbildern De Brys als Stereotype, die dem Betrachter die Fremdartigkeit des Geschilderten ins Bewusstsein ruft. Darstellungen von Männern und Frauen, die sich mit der Kleidung der Einwohner des Kongo befassen (Abb. 10), werden vor Landschaftshintergründen präsentiert, welche im Horizont durch eine Kette phantastisch geformter Berge abgeschlossen sind. Die Darstellung der Landschaft informiert nicht über das tatsächliche geologische Relief des Kongo, denn der Stecher hat das Land nie gesehen. Vielmehr kam der Landschaft die Aufgabe zu, dem Betrachter zeichenhaft die weitgehende Andersartigkeit der Kultur, deren Repräsentanten im Vordergrund abgebildet sind, visuell zu vermitteln.

Stecher fanden in Gemälden flämischer Maler des 15. und 16. Jahrhunderts Anregungen für die Aufgabe, fremde oder entlegene Orte darzustellen. Joachim Patinir, dessen Landschaftshintergründe oft kopiert wurden, stattete seine um 1515 entstandenen biblischen Szenen mit phantastischen Felsformationen aus, um den fremdartigen Charakter des Heiligen Landes oder die Wildnis zu kennzeichnen, in die sich Büßer und Eremiten zurückziehen.[50]

Die ersten wirklichkeitsnah wiedergegebenen Gebirgslandschaften der nordalpinen Kunst konnten niederländische Künstler anhand der Alpenlandschaften Pieter Bruegels d.Ä. studieren. Bruegel, der die Alpen auf seinem Weg nach Italien überquerte (Wied 2003: 74), schuf nach seiner Rückkehr um 1555 Zeichnungen, die durch den Antwerpener Verleger Hieronymus Cock nachgestochen und als Druckgraphiken einem breiten Publikum zugänglich gemacht wurden.[51] In seinem Lehrgedicht empfiehlt

50 Joachim Patinir, Landschaft mit der Flucht nach Ägypten (vor 1515). Antwerpen, Koninklijk Museum voor Schone Kunsten (Abb. in Seipel 2003: 47, hier weitere Beispiele); ders, Felslandschaft mit dem Heiligen Hieronymus. London, National Gallery (Abb. ebd.: 53). Patinir stammt aus Dinant in den Ardennen, wo er die Möglichkeit hatte, Felsformationen anhand der über 100 Meter emporsteigenden Kalksteinfelsen des Maastals zu studieren (Schama 1996: 448).

51 Bruegels durch eigene Alpenüberquerungen inspirierte Gebirgslandschaften dienten dem Antwerpener Verleger Hieronymus Cock als Vorlagen für Stiche, die in der Serie der Großen Landschaften in den Jahren 1555–1556 erschienen (Wied 2003: 74f., Abb. 83 u. 87).

Karel van Mander jungen Malern, die Alpenbilder Bruegels zu studieren, um anhand dieser Vorbilder eigene Landschaften zu erfinden, die aufgrund ihrer sonderbaren Morphologie und Vegetation faszinierten (Von Mander 1604).[52] Die Darstellungen sollten möglichst realistisch wirken und den Betrachter dazu anregen, die sich in den Bildern manifestierende Bergerfahrung gedanklich nachzuvollziehen, die steilen Klippen zu ersteigen und in schwindelerregende Täler hinabzublicken. Die Wirkung des »grauenhaften Gesteins«[53] ließ sich durch die Zugabe schlechten Wetters noch steigern. So riet Samuel van Hoogstraeten in seinem Malerei-Traktat von 1678: »Aber wollt ihr das Auge stieren machen und verwundern, stellt einen Sturm dar, mit Wetterleuchten und Donner; Und eine unheimlich Ansicht des Schweizer Gebirges, das mit seinem Gipfel, Winden und Unwetter quält«.[54]

Landschafts- und Wetterphänomene sind wichtige Bildmittel in niederländischen Schiffbruchbildern, welche die Schaulust des Publikums und sein Verlangen nach aufregenden Schilderungen befriedigten. Die Bedeutung der felsigen, sturmgepeitschten Küsten, vor denen Schiffe in Not geraten, erschöpft sich jedoch nicht darin, den Betrachter emotional zu berühren und ihm ein angenehmes Grauen zu vermitteln. Vielmehr unterliegt diesen Gemälden eine Sinnschicht, die den Betrachter der Integrität seiner eigenen Existenz versichert: Die radikal reduzierte Landschaftsschilderung, nur mehr durch einzelne Felsen symbolisiert, signalisiert, dass sich die im Bild geschilderten Katastrophen in weiter Ferne ereigneten. Die felsigen Landschaften in den Stichen der Reiseberichte statten den fesselnden Stoff nicht nur mit einer exotisch wirkenden Kulisse aus, sondern verweisen zugleich auf die kulturelle Unterlegenheit der Anderen und distanzieren das Fremde vom Eigenen.[55] Eine vergleichbare Doppelfunktion hat die obligatorische Felsküste in den niederländischen Schiffbruchbildern. Aus dem Wasser ragender Stein steigert die Dramatik der Sturmszenen und verweist zugleich das drohende Scheitern in eine Gegend, die sich außerhalb des Vaterlandes befindet. Die fremde Küste, in der Bildformel Fels komprimiert, wird zur Projektionsfläche für das Bedrohliche, Ungeordnete und Unzivilisierte, das nicht Teil der eigenen Kultur oder der eigenen Gesellschaft sein soll und daher gedanklich abgewehrt wird.

52 »Neffens dese mocht ik noch rommen trootsich / Op de welverwigh' en constighe stellingh / Der stucken, en printen van Brueghel bootsich / Daer hy, als in de hoornigh' Alpes rootsich / Ons leert te maken, sonder groote quellingh / Het diep afsien in een swijmende dellingh / Steyle clippen, wolck-cussende Pijnboomen / Verre verschietens, en ruysschende stroomen.« (Van Mander 1604: Kap. 8, V. 25).

53 Ebd.: Kap. 8, Vers 34.

54 Hoogstraeten (1678: 232): »Maer wilt gy't oog doen staeren en verwonderen,/ Verbeelt een storm, met weerlichten en donderen:/ Een naer gezicht in't Zwitsersche gebergt,/ Dat met zijn kruin en wind en onweer tergt« (zitiert nach Bartilla 2000: 115).

55 Zu Kategorisierung und Distanzierung des Fremden durch die Verwendung von Stereotypen und Symbolen in Beschreibungen der Neuen Welt s. Burghartz (2004: 3f.).

Schluss

Die Küste als sichtbare territoriale Grenze, als Trennlinie zwischen Land und Meer, Innen und Außen, dem Eigenen und dem Fremden, war ein wichtiges Bildthema in der niederländischen Kunst. Das Interesse an Repräsentationen der heimischen Küste war zunächst nicht ästhetisch motiviert. Der Strand, an dem man dem Einfluss von Wind und Wetter schutzlos ausgeliefert war, zählte nicht zu den »angenehmen Plätzen«, die das an Kunst interessierte städtische Publikum in Gedanken gerne aufsuchte. Im Zuge der politischen Auseinandersetzung mit der spanischen Fremdherrschaft wurde die – zeichnerisch überhöhte – geomorphologische Gestalt der Landschaft am Meer und das Naturphänomen strandender Wale zu einer Allegorie des niederländischen Freiheitskampfes.

Mit dem Ende der spanischen Fremdherrschaft veränderte sich die Wahrnehmung und die bildliche Repräsentation der Landschaft: Der Dünengürtel erscheint im Strandbild jetzt flach und passierbar, oder er wurde sogar ganz ausgeblendet. Strand, Himmel, Sonne und prächtige Wolkenbilder rücken in den Fokus der Malerei. Das Strandbild übernimmt die Aufgabe, das niederländische Ideal einer miteinander in Freiheit, Gleichheit und Harmonie lebenden Gesellschaft darzustellen und zugleich die Schönheit des eigenen Landes zu feiern. Schilderungen von Schiffskatastrophen, die in diese positiv besetzte Vorstellung der holländischen Küste nicht hineinpassten, werden in »unholländische« Gestade mit hoch aufragenden Felsen verlegt, wie denn überhaupt die felsige Küste zur Chiffre für das Fremde wird.

Literatur

Adams, Ann Jensen (1994): Competing Communities in the ›Great Bog of Europe‹. Identity and Seventeenth-Century Dutch Landscape Painting. Chicago/London.

Alpers 1998: Kunst als Beschreibung. Holländische Malerei des 17. Jahrhunderts. Köln (zuerst Chicago 1983).

Barthelmeß, Klaus/Münzing, Joachim (1991): Monstrum Horrendum. Wale und Walstrandungen in der Druckgraphik des 16. Jahrhunderts und ihr motivkundlicher Einfluß. 3 Bde., Hamburg.

Bartilla, Stefan (2000): Die Wildnis: visuelle Neugier in der Landschaftsmalerei. Eine ikonologische Untersuchung der niederländischen Berg- und Waldlandschaften und ihres Naturbegriffs um 1600. Freiburg i.Br.

Bol, Laurens J. (1973): Die holländische Marinemalerei des 17. Jahrhunderts. Braunschweig.

Burghartz, Susanna (2004): Aneignung des Fremden. Staunen, Stereotype und Zirkulation um 1600. In: Huwiler, Elke/Wachter, Nicole (Hg.): Integration des Widerläufigen. Hamburg, S. 109–137. (http://www.hist.net/debry/widerspenstiges.pdf; letzter Zugriff 24.11.2006).

Burke, Peter (1993): Venedig und Amsterdam im 17. Jahrhundert. Aus dem Englischen von Robin Cackett. Göttingen 1993 (zuerst London 1974).

Büttner, Nils (2000): Die Erfindung der Landschaft. Kosmographie und Landschaftskunst im Zeitalter Bruegels. Göttingen.

Cats, Jacob (1632): Spiegel van den ouden ende nieuwen tijdt. Den Haag.

Coenen, Adriaen (1578): Visboek. Den Haag. (http://www.kb.nl/galerie/visboek/index.html; letzter Zugriff 12.07.2006).

Corbin, Alain (1988): Meereslust. Das Abendland und die Entdeckung der Küste. Frankfurt a.M.

Dam, Petra van (1999): Stuivend zand en stormende golven: de vorming van de Hollandse kust in de Middeleeuwen. In: Madoc, Bd. 13/4, S. 224–233.

Bry, Johann Israel de/Bry Johann Theodor de (1597): India Orientalis. Bd I., Frankfurt a.M.

Dies. (1601): America. Bd. IX., Frankfurt a.M.

Delumeau, Jean (1985): Angst im Abendland. Die Geschichte kollektiver Ängste im Europa des 14. bis 18. Jahrhunderts. 2 Bde., Reinbek bei Hamburg.

Egmond, Florike (1997): Een bekende Scheveninger: Adriaen Coenen en zijn Visboeck van 1578. Den Haag.

Freedberg, David (2002): The eye of the Lynx: Galileo, his friends, and the beginnings of modern natural history. Chicago.

Frübis, Hildegard (1995): Die Wirklichkeit des Fremden. Die Darstellung der neuen Welt im 16. Jahrhundert. Berlin.

Gibson, Walter (2000): Pleasant Places: The Rustic Landscape from Bruegel to Ruisdael. Berkely/Los Angeles.

Giepmans, Sabine E./Kos, Anton/Van't Zelfde, Reinier (Hg.) (2004): Hollandse stranden in de Gouden Eeuw. Katwijk.

Giltaij, Jeroen/Kelch, Jan (Hg.) (1997): Herren der Meere – Meister der Kunst. Das holländische Seebild im 17. Jahrhundert. Rotterdam.

Goedde, Lawrence Otto (1989): Tempest and Shipwreck in Dutch and Flemish Art. London.

Greenblatt, Stephen (1994): Wunderbare Besitztümer. Die Erfindung des Fremden: Reisende und Entdecker. Darmstadt.

Groh, Dieter/Groh, Ruth (1991): Von den schrecklichen zu den erhabenen Bergen. Zur Entstehung ästhetischer Naturerfahrung. In: Dies. (Hg.): Weltbild und Naturaneignung. Zur Kulturgeschichte der Natur. 2. Aufl., Frankfurt a.M., S. 92–149.

Hedinger, Bärbel (2001): Wirklichkeit und Erfindung in der holländischen Landschaftsmalerei. In: Budde, Michael (Hg.): Die ›Kleine Eiszeit‹. Holländische Landschaftsmalerei im 17. Jahrhundert. Berlin, S. 11–25.

Hoogstraeten, Samuel van (1678): Inleyding tot de Hooge Schoole der Schilderkonst. Rotterdam.

Huizinga, Johan (1977): Holländische Kultur im siebzehnten Jahrhundert, übersetzt von Werner Kaegi. Fassung letzter Hand, mit Fragmenten von 1932 und einem Nachwort von Horst Gerson. Frankfurt a.M. (zuerst Jena 1933).

Jakubowski-Tiessen, Manfred (2003): Gotteszorn und Meereswüten. Deutungen von Sturmfluten vom 16. bis 19. Jahrhundert. In: Groh, Dieter/Kempe, Michael/Mauelshagen, Franz (Hg.): Naturkatastrophen. Zu ihrer Wahrnehmung, Deutung und Darstellung von der Antike bis ins 20. Jahrhundert. Tübingen, S. 101–118.

Ketelsen, Thomas (1999): Böhmen liegt am Meer. Die Erfindung der Landschaft um 1600. Hamburg.

Knottnerus, Otto S. (1997): Die Angst vor dem Meer. Der Wandel kultureller Muster an der niederländischen Nordseeküste (1500–1800). In: Fischer, Ludwig (Hg.): Kulturlandschaft Nordseemarschen. Westerhever, S. 145–174.

Levesque, Catherine (1998): Landscape, Politics, and the Prosperous Peace. In: Falkenburg, Reindert/De Jong, Jan (Hg.): Natuur en landschap in de Nederlandse kunst 1500–1850. Zwolle, S. 222–257. (= Nederlands Kunsthistorisch Jaarboek, 48)

Mander, Karel van (1604): Het Schilder-Boeck. Den Grondt der Edel vry Schilder-const: Waer in haer ghestalt, aerdt ende wesen, der eler-lustighe Jeught in verscheyden Deelen in Rijm-dicht wort voor Ghedraghen. Haarlem. Verfügbar unter: http://www.dbnl.nl/tekst/mand001schi01_01/index.htm (15.10.2006).

Melion, Walter/Küchler, Susanne (1991): Introduction. Memory, Cognition, and Image Production. In: Dies. (Hg.): Images of Memory. On Remembering and Representation. Washington, S. 1–46.

Michalsky, Tanja (2003): Landschaft beleben. Zur Inszenierung des Wetters im Dienst des holländischen Realismus. In: Hülsen-Esch, Andrea von (Hg.): Bilderzählungen – Zeitlichkeit im Bild. Köln, S. 85–105.

Dies. (2004): Die Natur der Nation. Überlegungen zur ›Landschaft‹ als Ausdruck nationaler Identität. In: Bußmann, Klaus/Werner, Elke Anna (Hg.): Europa im 17. Jahrhundert. Ein politischer Mythos und seine Bilder. Stuttgart, S. 333–354.

Mörke, Olaf (1996): Batavier, Eidgenossen und Goten. Gründungs- und Begründungsmythen in den Niederlanden, der Schweiz und Schweden in der Frühen Neuzeit. In: Berding, Helmut (Hg.): Mythos und Nation. Studien zur Entwicklung des kollektiven Bewußtseins in der Neuzeit. Frankfurt a.M., S. 104–132.

Müller, Karsten (2001): Grenzmarkierungen. Argumentationsstrategien und Identitätskonstruktionen in der politischen Druckgraphik der Niederlande zwischen 1570 und 1625. Hamburg.

Müller, Manfred J. (1999): Genese und Entwicklung schleswig-holsteinischer Binnendünen. In: Berichte zur deutschen Landeskunde 37, Heft 2/3, S. 129–150.

Münkler, Herfried (1989): Nation als politische Idee im frühneuzeitlichen Europa. In: Garber, Klaus (Hg.): Nation und Literatur im Europa der Frühen Neuzeit. Tübingen, S. 56–86.

Ders./Ladwig, Bernd (1997): Furcht und Faszination. Facetten der Fremdheit. Berlin.

Russell, Margarita (1983): Visions of the Sea. Hendrick C. Vroom and the Origins of the Dutch Marine Painting. Leiden.

Schäfer, Christoph (2004): Die Geburt der Republik der Vereinigten Niederlande aus der Unmöglichkeit eines Kompromisses. (http://www.uni-muenster.deHausDerNieder-

lande/Zentrum/Projekte/NiederlandeNet/NL-Info/20/geburt_der_republik.html; letzter Zugriff 14.09.2006).
Schama, Simon (1987): Dutch Landscapes: Culture as Foreground. In: Sutton, Peter (Hg.): Masters of 17th-Century Dutch Landscape Painting. Boston, S. 64–83.
Ders. (1988): The Embarrassment of Riches. An Interpretation of Dutch Culture in the Golden Age. London.
Ders. (1996): Der Traum von der Wildnis. Natur als Imagination. München.
Schoorl, Henk (1990): Kust en kaart: Artikelen over het kartbeeld van het Noordhollandse kustgebied. Pirola.
Seipel, Wilfried (Hg.) (2003): Die Flämische Landschaft: 1520–1700. Lingen.
Sievernich, Gereon (Hg.) (1990): America de Bry, 1590–1634. Amerika oder die Neue Welt. Die ›Entdeckung‹ eines Kontinents. Berlin/Casablanca.
Spicer, Joaneath Ann (1998): A Pictorial Vocabulary of Otherness. Roelandt Saverij, Adam Willarts, and the Representation of Foreign Coasts. In: Falkenburg, Reindert/De Jong, Jan (Hg.): Natuur en landschap in de Nederlandse kunst 1500–1850. Zwolle, S. 23–51. (= Nederlands Kunsthistorisch Jaarboek, 48)
Stafford, Barbara Maria (1984): Voyage into Substance. Art, Science, Nature and the Illustrated Travel Account 1760–1840. Cambridge/Mass.
Stechow, Wolfgang (1966): Dutch Landscape Painting of the Seventeenth Century. London.
Steffen-Schrade, Jutta (2004): Ethnographische Illustrationen zwischen Propaganda und Unterhaltung. Ein Vergleich der Reisesammlungen von de Bry und Hulsius. In: Burghartz, Susanna (Hg.): Inszenierte Welten. Die west- und ostindischen Reisen der Verleger de Bry, 1590–1630. Basel, S. 157–195.
Sutton, Peter (1984): Anmerkungen zu Kultur und Alltag in Hollands ›Goldenem Zeitalter‹. In: Ders. (Hg.): Von Frans Hals bis Vermeer. Berlin, S. 348–357.
Ders. (1987): Introduction. In: Ders. (Hg.): Masters of 17th-century Dutch landscape painting. Boston, S. 1–63.
Temple, William (1673): Observations upon the United Provinces of the Netherlands. London (zuerst Farnborough 1671).
Van Deinse, A. B. (1918): Over de potvissen in Nederland gestrand tusschen de jaren 1531–1788. In: Zoölogische Mededeelingen 4, S. 22–50.
Vries Jan de/Tollenaere, Felix de (1991): Etymologisch Woordenboek. Utrecht.
Warnke, Martin (1992): Politische Landschaft. Zur Kunstgeschichte der Natur. München.
Wied, Alexander (2003): Pieter Bruegel d.Ä. – Druckgraphik. In: Seipel, Wilfried (Hg.): Die flämische Landschaft 1520–1700. Lingen, S. 72–95.
Wiemann, Elsbeth/Gaschke, Jenny/Stocker, Mona (Hg.) (2005): Die Entdeckung der Landschaft: Meisterwerke der niederländischen Kunst des 16. und 17. Jahrhunderts. Köln.

Marie Luisa Allemeyer

›... dass man dem grausam Toben des Meeres nicht etwa kann Widerstand thun mit Gewalt‹ Kontroversen um den Küstenschutz im 17. und 18. Jahrhundert

»Wer nicht will deichen, muss weichen« – gewissermaßen das Lemma der norddeutschen Küstenregion, drückt aus, was auch ein Blick über die ost- und nordfriesischen Marschen bestätigt: Die Marschlandschaft, die die norddeutsche Küste säumt, ist ein Gebiet, das ohne Maßnahmen zum Küstenschutz nicht oder zumindest nicht in dieser Form bestehen würde. Zwar liegt der Beginn der friesischen Siedlungsgeschichte weit vor dem Beginn der Bedeichungsgeschichte, gesiedelt wurde zunächst aber nur auf den höher gelegenen Bereichen oder den künstlich aufgeworfenen Warften. Niedrige, vom winterlichen Hochwasser überspülte Deiche bewahrten das Weideland lediglich im Sommer vor Überschwemmung. So genannte Winterdeiche, die das eingeschlossene Land ganzjährig vor Überflutungen schützten und einen erheblich höheren Arbeitsaufwand forderten, wurden im nordfriesischen Bereich hingegen erst seit Beginn des 12. Jahrhunderts vermehrt errichtet. Sie waren meistens an eine Warft angelehnt, die nach wie vor als Refugium für Menschen, Tiere und Erntevorräte diente und den bestmöglichen Schutz gegenüber Sturmfluten bot. Im Zuge der sukzessiven Eindeichung angrenzender Flächen weiteten sich diese Deichanlagen immer weiter aus, und sie umgaben durch den Zusammenschluss mit benachbarten Anlagen bald mehrere Siedlungskerne und die dazugehörigen Acker- und Weideflächen (Bantelmann 1966; Brandt 1992; Hoffmann 1992; Kühn 1992; Ders. 1997; Ders./Panten 1995; Meier 1992; Ders. 1997).

Seither ist die geschlossene Deichanlage prägendes Element der norddeutschen Küstenregion. Augenfällig sind dabei nicht nur die sogenannten »Haupt-« oder »Seedeiche«, die das Land vom Wattenmeer trennen, sondern auch die heute weit im Binnenland befindlichen »Mittel-« oder »Schlafdeiche«, die durch immer wieder neue, ihnen vorgelagerte Eindeichungen weit von der Küstenlinie abrückten und die Landschaft wie ein Netz durchziehen und strukturieren. Die besondere kulturgeschichtliche Bedeutung der Deichanlagen liegt darin, dass sie den anthropogen hervorgerufenen Wandel von der Naturlandschaft zur Kulturlandschaft der Nordseemarschen einläuteten. Während die Besiedlung und insbesondere die Nutzung der Marschen als Weidefläche zuvor auf Bereiche beschränkt gewesen war, die aufgrund ihrer naturräumlichen Gegebenheiten besonders günstige Siedlungsbedingungen boten, markiert die Errichtung geschlossener Deichanlagen den Beginn einer neuen Phase in der Besiedlungsgeschichte der Marsch, in der der Mensch begann, zunehmenden Einfluss auf die zuvor allein durch die Natur bestimmte Morphologie der Küstenlandschaft auszuüben. Nun versuchten die Marschenbewohner, auch ungünstige naturgegebene Bedingungen des Siedlungsraumes zu verändern, indem sie Flächen, die bis dahin regelmäßig überschwemmt wurden, eindeichten und entwässerten. Nachdem die Bedeichungs- und Entwässerungsmaßnahmen zunächst lediglich dazu dienten, bereits bestehendes Land intensiver nutzbar zu machen, wurde das Siedlungsgebiet auf diese Weise später systematisch erweitert (Bantelmann 1966: 18f., 41; Meier 1997: 45f., 57).

Die Notwendigkeit, die besiedelte Marschregion durch Maßnahmen des Küstenschutzes vor Überschwemmungen zu schützen, wurde im Verlauf der fast tausendjährigen Bedeichungsgeschichte der Nordseemarschen – zumindest bis in das vergangene Jahrhundert hinein – nie grundsätzlich in Frage gestellt.[1] Sehr wohl zeugen aber bereits Texte aus dem 17. Jahrhundert davon, dass die Frage, *wie* der Mensch am besten das von ihm besiedelte Land gegen Überschwemmung und Landverlust schützen könne, seit vielen Jahrhunderten virulent war und sie die Deichbaugeschichte vermutlich schon seit ihren Anfängen begleitete. Die in Theodor Storms Novelle »Der Schimmelreiter« zentrale Kontroverse zwischen dem nach Modernisierung strebenden, an Euklids Werken geschulten Deichgrafen und den am Überkommenen festhaltenden, rückwärtsgewandten Marschbewohnern hat zwar das Prinzip der flach auslaufenden Deichböschung weithin bekannt gemacht. Mit dem Streit um die effektivste Deichbaumethode greift Theodor Storm in seiner Ende des 19. Jahrhunderts verfassten und im 18. Jahrhundert angesiedelten Novelle aber ein Motiv auf, das zweifellos nicht erst in dieser Zeit in Erscheinung trat.

Aus nachvollziehbaren Gründen wurde die Frage nach der besseren oder besten Methoden des Küstenschutzes im Verlauf der Deichbaugeschichte in unzähligen Variationen und Zusammenhängen gestellt. Schließlich stellte der Deich in der küstennahen Lebenswelt die Voraussetzung für die Besiedlung und Vergrößerung der Marschregion dar. Gleichzeitig war er in vielfacher Weise mit der sozialen, politischen und religiösen Verfassung und Entwicklung der Küstengesellschaft verwoben. Weil die Errichtung von Deichen und ihre Reparatur, die Verteilung der anfallenden Arbeiten, die Ursachensuche bei Deichbrüchen und nicht zuletzt das Reden über den Deich Prozesse sozialer Interaktion waren, flossen in jedes Handeln am Deich und in jedes Denken über den Deich vielgestaltige Auffassungen, Konzepte, Prägungen und Deutungsmuster der Marschenbewohner ein.

Gerade weil der Küstenschutz lebensnotwendig für die Bewohner der Küstenregion und gleichzeitig das Produkt intensiver sozialer Interaktion war, entbrannten in seinem Zusammenhang häufig vehemente Auseinandersetzungen, die ein mitunter sehr beredtes Zeugnis von den unterschiedlichen Auffassungen und Positionen der historischen Akteure geben. Interessiert man sich dafür, wie die Bewohner der Marschregion die

1 Erst die aus ökologischen Gründen erwogenen Rückdeichungsmaßnahmen bilden hier einen gewissen Bruch. In Kreisen meist einheimischer Gegner dieser Maßnahmen wurden diese als fundamentale Bedrohung der küstennahen Lebenswelt wahrgenommen und vehement bekämpft.

küstennahe Lebenswelt wahrnahmen, welche Handlungsmöglichkeiten sie im Hinblick auf ihren Schutz vor dem Meer zu haben glaubten, wovor sie Angst hatten, und wofür sie sich einsetzten, gewährt die Auseinandersetzung der historischen Akteure mit der Frage des Küstenschutzes interessante Einblicke in ihr Weltbild und bringt die ansonsten ›schweigsamen‹ Marschenbewohner gewissermaßen ›zum Sprechen‹.[2]

Insbesondere in Texten aus dem 17. und 18. Jahrhundert wurden im Zusammenhang mit der Frage nach der besseren oder besten Methode, um sich gegen die vom Meer ausgehende Gefahr zu schützen, häufig auch die Frage gestellt, ob der Mensch überhaupt in der Lage sei, sich mittels von ihm ergriffener Maßnahmen gegen die Kräfte der Natur zu schützen und wenn ja, ob es dann nicht besser sei, dabei die Natur zu imitieren und *mit ihr* statt *gegen sie* zu agieren. Von derartigen Überlegungen aus ist es nur ein kurzer Schritt zu der sehr grundsätzlichen und das Weltbild der historischen Akteure betreffenden Frage, ob der Mensch, selbst wenn er dazu in der Lage ist, denn auch *berechtigt* sei, in die Natur einzugreifen. Es sollen im Folgenden einige exemplarisch ausgewählte Schriften vorgestellt werden, in denen die Fragen nach der Methode und der Rechtmäßigkeit des Küstenschutzes verhandelt wurden. Besonders aufschlussreich sind dabei Texte, in denen der Deich, als ein von Menschenhand zum Schutz gegenüber der Natur errichtetes Bauwerk, und die Dünen, als natürlicher Schutz gegen das Meer, einander gegenübergestellt wurden. Insbesondere in dieser Gegenüberstellung zeigen sich nämlich interessante Wertschätzungen des natürlichen und des künstlich errichteten Küstenschutzes, die Einblicke in das Weltbild der Küstenbewohner und ihre Selbst- und Umweltwahrnehmung gewähren.

Ein unbekannter Autor entwarf in der Mitte des 17. Jahrhunderts ein sehr eindrückliches Bild davon, wie sich die an der Küste aufeinander treffenden Kräfte aus seiner Perspektive darstellten. In seinem im Oktober 1650 dem ostfriesischen Landtag vorgelegten Bericht beschrieb der Verfasser den derzeitigen Zustand der ostfriesischen Inseln (Bartels 1880)[3]. Obwohl weder der Grund noch der Anlass für diesen Report bekannt ist, lässt sich aus dem Inhalt leicht schließen, dass der Landtag offenbar über die Geomorphologie, Vegetation und die Bewohner der Inseln, insbesondere aber über ihre Standfestigkeit gegenüber dem Meer und den Zustand der Dünen informiert werden wollte, die den einzigen Küstenschutz auf den Inseln darstellten.

Der Bericht geht auf die Inseln Borkum, Juist, Bandt, Bu(i)se, Norderney und Baltrum (Baltering) ein. Über Borkum berichtet der Verfasser, dass die Insel zwar einige kleine Dünen habe, etliche von ihnen seien aber in den letzten Jahren abgebrochen und die Insel nehme von Jahr zu Jahr »merklich ab« (ebd.: 36). Auch die Dünen auf Juist schrumpften jährlich um bis zu 20 Meter. Über Buise berichtet der Autor, dass es »vor

2 Das »willkommene Ereignis Deichkonflikt« bildet den Ausgangspunkt der Dissertation der Verfasserin, in der um den Deich entzündete Auseinandersetzungen innerhalb der Küstengesellschaft aus sozial-, politik- und mentalitätsgeschichtlichen, aber auch wirtschafts-, rechts-, religions- und umweltgeschichtlichen Perspektiven untersucht werden (Allemeyer 2006: hier bes. 21–28).

3 Vgl. R. Thilo: Bilanzbericht über den Inselschutz auf den ostfriesischen Inseln, aufgestellt am 29. November 1953 (Wasser- und Schifffahrtsamt Emden).

15 Jahren [...] 3 mahl so gross gewesen alss itzo« (ebd.: 38) und gibt seiner Befürchtung Ausdruck, dass das Eiland »in wenig Jahren wohl gar weggerissen und vom Meer abgespühlet werden möchte.« (Ebd.: 39)[4] Auf Norderney seien noch mehrere große Dünen vorhanden; zu ihrem Schutz hätten die dortigen Bewohner sie allerdings an einigen Stellen mit Gräsern bepflanzt. Diese Maßnahme empfiehlt der Autor auch für Baltrum, da die größte Düne dort bereits in den vergangenen 10 Jahren um 120 Meter abgenommen habe (ebd.).

Während der erste Teil des Berichtes eher aufzählend informativ gehalten ist, schließt der Verfasser im letzten Teil mit einer eindringlichen Empfehlung. Gerade weil die »Eylanden [...] dieser Grafschafft eine Brustwehr« seien, hinge von der Erhaltung der Inseln letztlich auch der Schutz des Festlandes ab. Um sie zu erhalten, seien allerdings die Dünen von unschätzbarer Bedeutung, da sie allein, und nicht etwa von Menschenhand errichtete Bauwerke, die Inseln vor einer Zerstörung durch das Meer schützen könnten. »[Es ist] andeme, dass man dem grausamen toben des Meers nicht etwa kann Widerstand thun mit Gewalt alsz schlahung grosser Holtzungen oder andern sumptunusen Mittelen, so gar, wenn man gleich Babylonische Mauern davor auffziehen wolte, so könte man dennoch dardurch demselben den Riegel nicht vorlegen; [...]« (ebd.: 41).

Anstatt zu versuchen, der Kraft des Wassers mit künstlichen Bauwerken, das heißt durch die Errichtung von Deichen, zu begegnen, empfiehlt es sich nach Ansicht des Autors, die Dünen, so wie es bereits auf Norderney getan werde, mit Gräsern und Büschen zu bepflanzen um dadurch ihrer Erosion entgegenzuwirken und ihre Funktion als natürliche Bollwerke gegen das Meer zu erhalten. Deutlich zeigt sich hier die Unterscheidung zwischen künstlichem und natürlichem Küstenschutz und insbesondere deren unterschiedliche Wertschätzung durch den Berichtenden.

Mit der Frage, wie bei einem geplanten Bedeichungsprojekt die Kräfte der Natur einzuschätzen seien und wie man ihnen am besten begegnen solle, beschäftigte sich auch der Husumer Bürgermeister Harro Feddersen in einem 1685 verfassten »Bedenken«. Feddersens Bericht ist ein eindringliches Plädoyer dafür, eine bereits einmal zuvor gescheiterte Eindeichung in der Bredstedter Bucht erneut in Angriff zu nehmen.[5] Er führt dabei zahlreiche Argumente an, die für die Wiederaufnahme des Projektes sprächen, und nennt etliche Gründe, weshalb nun, 64 Jahre nach dem Scheitern des letzten Bedeichungsversuches, die Aussichten auf einen erfolgreichen Ausgang des Vorhabens ausgesprochen gut seien.

Feddersen beginnt seine Erörterungen mit einer alten Überlieferung, der zufolge sich alle sieben Jahre ein Schatz aus dem Meer erhebe. Rhetorisch geschickt verweist er diese Überlieferung zwar in den Bereich des Sagenhaften, macht aber im Gegenzug auf den tatsächlich im Meer verborgenen Schatz aufmerksam, der sich zwischen Ockholm und dem Hattstedter Koog befinde und sich »nicht alle 7 Jahr einmal, sondern alle 24 stun-

4 Tatsächlich verschwand Buise gegen Ende des 17. Jahrhunderts durch Erosion der Dünen gänzlich (Kramer 1992: 143).

5 Die Schrift befindet sich in der Universitätsbibliothek Kiel (Cod. MS, SH 106 C, III: 139–164).

den zweymahl« dem Menschen zeige.[6] Seinen Aufruf, diesen Schatz zu bergen, das heißt die Bredstedter Bedeichung wieder aufzunehmen, untermauert Feddersen, indem er seine Zeitgenossen auffordert, die leicht zu realisierende Eindeichung als ein Geschenk anzusehen, das die Natur dem Menschen anbiete. Feddersen schreibt: »Wann man an dem Ohrte stehet und gegenwärtig, die hierzu bequemme gelegenheit, den überauß großen nutzen, und die dagegen zu rechnen gar geringe kosten betrachtet, ist eben alß wen die Natur dazu wincket und locket, ja mir ist es wohl ehemallen vorgekommen, alß wenn sie schreiet und schilt um daß Menschenkinder ihre angebohtne güter und gaben nicht bemercken und sich zu Nutzen machen wollen.«[7]

Bezüglich des konkreten Vorgehens setzt sich Feddersen dafür ein, zunächst das durch den zukünftigen Koog laufende Tief zu überdeichen und den restlichen Deich erst ein oder zwei Jahre später zu errichten.[8] Er begründet seinen Vorschlag damit, dass man auf diese Weise nicht gegen die Natur arbeite, sondern sie sich zu Nutze mache: »Reitzet man ja die Natur ohne Noht nicht wieder sich, sondern nimmpt, so viel immer thunlich ist, sie zu hüllfe, soll anders ein werck mit leichter mühe zum guten Ende gedeyen.«[9]

Es ist bemerkenswert, dass sich Harro Feddersen ausgerechnet in einem Plädoyer für die Durchführung eines großen Bedeichungsprojektes dafür ausspricht, sich nicht gegen die Kräfte der Natur zu stemmen, sondern sie zu nutzen. In seinen Augen war es offenbar tatsächlich möglich, eine Eindeichung im Einklang mit der Natur vorzunehmen. Bei dem zuvor gescheiterten Eindeichungsversuch sei aber eben dieses Gebot missachtet worden, weshalb das Projekt unweigerlich habe scheitern müssen. Feddersen empfiehlt, die Vorteile, die die Natur den Menschen anbietet, zu nutzen, warnt aber gleichzeitig vor einem ›falschen‹ Umgang mit ihr. Aus seiner Perspektive ist der Mensch nicht nur in der Lage, sondern auch geradezu dazu verpflichtet, die Natur zu seinen Gunsten zu verändern, indem er sich ihrer eigenen Kraft bedient. Ebenso wie der Verfasser des oben genannten Berichts für den ostfriesischen Landtag sieht Feddersen es jedoch als ein sinnloses Unterfangen an, mit Gewalt gegen die Natur vorzugehen.

Eine ähnliche Position lässt sich auch unter einigen Einwohnern des im Westen der Halbinsel Eiderstedt gelegenen Kirchspiels Ording beobachten. Die Eingesessenen gerieten in den 1770er Jahren in Konflikt mit der so genannten »Landschaftsversammlung«, einem Organ landschaftlicher Selbstverwaltung, dem Gesandte aller 18 Eiderstedter Kirchspiele und der Städte Tönning und Garding angehörten (Jessen-Klingenberg 2000: 206). Im Mittelpunkt des Streites stand die Frage, ob es notwendig sei, den nordwestlichsten Küstenstreifen Eiderstedts, der zum Kirchspiel Ording gehörte, durch einen Deich zu sichern oder ob die dort befindlichen Dünen einen ausreichenden Schutz gegen das Meer darstellten.

6 Ebd.: 141.
7 Ebd.: 150.
8 Ebd.: 151, 153f.
9 Ebd.: 158f.

Die Kirchspielsleute, die als direkte Anlieger des neuen Deiches den größten Teil der Baukosten hätten tragen müssen, wandten sich mit einer Bittschrift an den König und versuchten darin, das Vorhaben als sinn- und nutzlos darzustellen. Besonders bemerkenswert ist in diesem Zusammenhang die strikte, von den Bittstellern vorgenommene Trennung zwischen dem Küstenschutz, den die Dünen gewährleisteten, und dem der Deiche. So seien »die zu Westen der Landschaft Eiderstedt belegenen Sand Dühnen eine natürliche glückliche Schutz Wehr vor dem Anlauf der aufgetriebenen See jederzeit gewesen […] und eine wohlfeile natürliche Beschützung.«[10] Zwar müsse man seit einigen Jahren eine Abnahme der Dünen verzeichnen; dieser Entwicklung habe man allerdings gelernt, etwas entgegen zu setzen, indem man »die abnehmende natürliche Beschützung der Sand-Dühnen durch Werke der Kunst«[11] verbesserte. Gemeint sind Sandfänge und andere Maßnahmen, die dazu dienten, die Erosion der Dünen zu verhindern.

Anstatt aber weitere Anstrengungen zur Erhaltung der gefährdeten Dünen zu unternehmen, hätten sich die Vertreter der Landschaftsversammlung jetzt entschieden, an der äußersten Nordspitze Eiderstedts einen Deich zu errichten. Gegen diesen Beschluss protestierten die Ordinger und konstatierten: »Die Dühnen sind für die nachgelegenen Kirchspiele und der gantzen Landschaft Schutz und Sicherheit genug […]. Es ist die Natur eine viel wohlfeilere viel sichere Beschützung als die Kunst. Die Dühnen haben nie etwas gekostet, und haben mehr gesichert als die besten Teiche. Es ist dahero sehr gefährlich die Natur zu verlassen und die Kunst aufzusuchen.«[12] Die Schlussfolgerung, die die Ordinger aus ihrer Auffassung zogen, ist nur folgerichtig und so fuhren sie fort: »Wir sind deßhalben des dafürhaltens, man muß der Natur zu Hülfe kommen, man muß Werke anlegen, die die natürliche Beschützung der Dünen conserviren und vergrößern, anstatt man die Natur gäntzlich aufzuopfern und schwache kostbahre käufliche Mitteln zu substituiren willens ist.«[13]

Um den von der Landschaft gefassten Beschluss zur Errichtung eines Deiches an der Nordspitze Eiderstedts zu verhindern, baten sie den König um Intervention, damit nicht der geplante Deich gebaut werde, sondern man stattdessen mit geringeren Kosten die Erhaltung der Dünen unterstütze. Noch einmal auf das ökonomische Argument verweisend, schlossen die Ordinger ihre Bittschrift mit den Worten, es sei auch noch »ungewiß, ob von Rechtswegen nicht Werke zur Conservation der Dünen hätten angelegt werden sollen, anstatt man die Dünen den Meer aufgeopfert und an einem wenigern haltsahmen Teich großes Geld verwendet. […] so wie die Sand Dühnen sich verlieren, wofür man allmählich mehrern Sorge haben muß, wann man sie durch äußere Werke nicht zu conserviren sucht, wird man uns immer mehrern Teichs-Lasten aufbürden.«[14]

10 Kreisarchiv Nordfriesland: Husum A2 Ksp. Ording, 59.
11 Ebd.
12 Ebd.
13 Ebd.
14 Ebd.

Es ist sicherlich einzuräumen, dass die Supplik der Eingesessenen von Ording ein zentrales und die gesamte Schrift bestimmendes Ziel verfolgte: schließlich ging es den Verfassern darum, das aus ihrer Sicht abzulehnende Deichbauprojekt, das von den Vertretern der Landschaft beschlossen worden war, gewissermaßen in letzter Sekunde zu vereiteln. Es steht daher außer Zweifel, dass sich die Ordinger nicht um ein ausgewogenes Bild bemühten, sondern dass sie versuchten, den Landesherrn durch ihre Darstellung des Sachverhaltes dazu zu bringen, in ihrem Sinne zu intervenieren. Die Zweckgebundenheit der Schrift mindert aber durchaus nicht ihren Aussagewert; man muss ihn nur kritisch beurteilen. So spielt es im Grunde keine Rolle, ob die Ordinger das, was sie schrieben, auch tatsächlich glaubten. Entscheidender ist vielmehr, dass sie glaubten, mit den von ihnen angeführten Argumenten den Landesherrn auf ihre Seite ziehen zu können.

Der inhaltlich bemerkenswerteste und zentrale Aspekt der Ordinger Bittschrift liegt darin, dass ihre Verfasser zwischen »der Natur« einerseits und »der Kunst« andererseits unterschieden, wobei diese eigentlich sehr umfassenden Begriffe ganz konkret auf der einen Seite für die Dünen und auf der anderen Seite für die Deiche standen. Zunächst wiesen die Supplikanten auf die ökonomischen Vorteile der Dünen hin, die »nie etwas gekostet« und doch »mehr gesichert haben als die besten Deiche«. Nach den rationalökonomisch fundierten Argumenten folgt eine wertende Charakterisierung der Natur, das heißt der Dünen, die auf einer ganz anderen – nämlich moralischen – Ebene angesiedelt ist. Anstatt die von den Verfassern empfohlenen Maßnahmen zum Schutz der Dünen zu ergreifen, würde man nach dem Willen der Landschaftsversammlung die Natur »aufopfern« und sie durch »käufliche Mittel« ersetzen.

Es zeigt sich in dieser Passage eine sehr interessante Wertung der Natur. Sie basiert auf der qualitativen Unterscheidung zwischen Dünen und Deich entsprechend ihrer Attribute, käuflich oder eben nicht käuflich zu sein. Durch diese Zuschreibung wird den Dünen in gewisser Weise eine eigene Würde zugesprochen, die sie von den künstlich errichteten Bauwerken unterscheidet. Das Attribut, »nicht käuflich« zu sein, hat in diesem Zusammenhang mehrere Bedeutungsebenen. Zum einen – und diese Ebene dürfte den Ordingern besonders wichtig sein – bedeutet nicht käuflich zu sein eben auch nichts zu kosten. Zum anderen unterscheiden sich die nicht käuflichen Dünen von den käuflichen Deichen aber auch dadurch, dass erstere nicht von Menschenhand, sondern von Gott geschaffen wurden. Als Teil der göttlichen Schöpfung erhalten die Dünen einen Stellenwert zugesprochen, der weit über dem der Deiche liegt. Offenbar hofften die Einwohner von Ording, durch diese Zuschreibung ihrem Plädoyer für die Pflege der Dünen noch mehr Nachdruck verleihen zu können.

Auffällig ist, dass die Verfasser der Supplik die Begriffe Natur und Dünen synonym verwendeten, wohingegen das Meer aus ihrer Perspektive nicht in diesen Zusammenhang gehörte. Es war nicht »natürlich«, sondern »aufgetrieben« und gefährlich. Gegenüber diesem Meer boten sich die Menschen und die Dünen gewissermaßen gegenseitigen Schutz, indem die Dünen den Menschen dienten, die Menschen aber gleichsam durch ihre Schutzbauten verhinderten, dass die Dünen dem Meer »aufgeopfert« wurden.

Fragt man danach, auf welche Weise die Verfasser der Ordinger Bittschrift ihre Lebenswelt und insbesondere das Verhältnis zwischen sich selbst und ihrer Umwelt wahrnahmen, so lässt sich in ihrer Schrift eine gewisse, allerdings sehr partielle Wertschätzung der Natur erkennen. Der durchaus in der Supplik enthaltene positive Naturbezug bezieht sich nämlich ausschließlich auf die Elemente der natürlichen Umwelt, die den Menschen Schutz bieten, zugleich aber auch ihres Schutzes bedürfen. Die bedrohlichen Elemente der Natur, wie z.B. das Meer, sind hingegen aus der Perspektive der Ordinger nicht »natürlich«. Die deutlich formulierte Wertschätzung der Natur basiert somit auf ihrer äußerst selektiven Wahrnehmung.

Eine ähnliche Position wie die der Ordinger findet sich in dem 1792 vom Altländer Oberdeichgräfen Georg Benzler verfassten »Lexikon der beym Deich- und Wasserbau, auch beym Deich- und Dammrecht vorkommenden fremden und einheimischen Kunstwörter und Ausdrücke«. Unter dem Stichwort Dünen ist dort zu lesen: »Da wo keine Felsen sind, dienen Dünen, auf die vortheilhafteste und sicherste Art zu natürlichen Deichen und Dämmen des Meeres.« (Benzler 1792, 1: 125f.) Wiederum werden die Dünen als Teil der Natur in einen Gegensatz zum künstlich errichteten Deich gestellt, und wiederum wird ihnen attestiert, den vorteilhaftesten und sichersten Schutz gegen das Meer zu bieten.

Von den ansonsten eher nüchternen Erläuterungen des Lexikons abweichend fährt Benzler fort: »Es scheint auch wirklich beym ersten Anblick nicht anders als wenn sie [die Dünen] Deiche selbst vor Sündfluthen seyn sollen, und als habe der Finger des Allmächtigen in ihrem Sande dem Meere vorgeschrieben: bis hierher sollst du kommen und nicht weiter!« (Ebd.) Indem Benzler für die den Menschen bedrohende Sturmflut den Begriff der »Sündfluth« verwendet, bewegt er sich in einer religiösen Deutungstradition, die bis in das 18. Jahrhundert hinein den üblichen Rahmen für die Wahrnehmung und Interpretation von Sturmfluten bildete (Angel 1996: 651-711; Jakubowski-Tiessen 1992: 88f.; ders. 2003; Leube 1924: 148ff.). Sein Text belegt beispielhaft, dass dieses Deutungsmuster auch Ende des 18. Jahrhunderts durchaus nicht obsolet war. Allerdings traten in dieser Epoche bereits säkulare und metaphysische Deutungsansätze nebeneinander auf und konnten sich zum Teil überlagern (Jakubowski-Tiessen/Lehmann 2003; Jakubowski-Tiessen 2002; Groh/Groh 1996: 7).

Ähnlich wie die Ordinger nimmt Benzler eine Trennung zwischen den Elementen des von ihm beschriebenen Szenarios vor und unterscheidet zwischen Gott, den Dünen und dem Meer. In der von ihm dargestellten Konstellation steht Gott auf Seiten der Menschen und lässt sie durch die Dünen vor dem Meer schützen. Bemerkenswert und in gewisser Weise paradox erscheint allerdings, dass Benzler das Wirken des Meeres, dem Gott doch Einhalt bieten kann, gleichzeitig als Sündflut bezeichnete. Gott verhängt die Flut also als Strafmaßnahme, schützt die Menschen aber zugleich vor ihrer Wirkung, indem er dem Meer befiehlt, die Dünen nicht zu überspülen. Offensichtlich zeigt sich hier Benzlers Bemühen, das Verhältnis zwischen dem Menschen, Gott und der Natur in einer für ihn plausiblen Weise in Einklang zu bringen.

Dass die Dünen und sogar explizit die Ordinger Dünen durchaus nicht nur positiv wahrgenommen und wertgeschätzt wurden, illustriert hingegen eine Passage aus den

1788 von Nikolaus Tetens[15] verfassten »Reisen in die Marschländer«. Dort berichtet der Mathematiker und Populärphilosoph seinen Lesern, die Dünen an der Nordwestküste Eiderstedts seien der einzige Grund, aus dem man sich in diesen entlegenen Winkel begeben sollte, »aber länger hier zu verweilen, als der Eindruck der Neuheit dauert, ist eben nicht angenehm.« (Tetens 1788: 71) Obwohl die Dünenkette, die zwischen den Orten St. Peter und Ording an der Westküste Eiderstedts liegt, einzigartig auf dem Festland der schleswig-holsteinischen Westküste ist, vermag sich Tetens dennoch nicht so recht für sie zu begeistern. Er findet sie äußerst unwirtlich und fühlt sich bei ihrem Anblick, »als ward ich auf einmal inmitten den Winter versetzt« (ebd.): »Der Wind wehete kalt und stark und fegte den feinen Flugsand als im Winter dem Schnee über dem Eise. Wo sich Gräser halten, sehen die Dünen aus wie beschneite Berge, deren höhere Gräser und Buschwerk über dem gefallenen Schnee hervorstehen« (ebd.).

Tetens denkt ökonomisch genug, um den Wert der Dünen zu erkennen, schließlich ersparen sie dort, wo sie eine ausreichende Höhe haben, den Bau von Deichen und senken somit die Kosten des Küstenschutzes. Der Flugsand, den der Wind von den Dünen auf die dahinter liegenden Äcker wehe, begrabe aber das Land unter einer Sandüberschwemmung, die »zwar nur langsam fortgehet, aber schwerer aufzuhalten und verderblicher ist, als eine Überschwemmung von Wasser.« (Ebd.: 72f.) Tetens' Urteil vermag zu verwundern. Die verheerende Weihnachtsflut des Jahres 1717, die weite Teile der nordfriesischen Küste überschwemmt und große Landflächen weggerissen hat (Jakubowski-Tiessen 1992), liegt nur eben siebzig Jahre zurück; eine offenbar ausreichende Zeit um die Landverluste zumindest in diesem Zusammenhang relativieren zu können.

Eindrücklicher scheinen auf ihn die in den Dünen verschütteten Reste der ehemaligen Kirche von Ording gewirkt zu haben. Die nach Osten vorrückende Düne begrub das ehemalige Gotteshaus unter sich, nachdem die Eingepfarrten jahrelang den Zugang zur Kirche vom Sand freigeschaufelt hatten, der sich aber bald bis auf Fensterhöhe und darüber hinaus auftürmte. 1725 gaben die Ordinger ihre Bemühungen auf und errichteten eine neue Kirche weiter im Landesinneren (ebd.: 80). Angesichts dieser zerstörerischen Macht der Düne räsoniert Tetens: »Ob man nicht auch die hohen Dünen lieber ganz wegwünschen mögte, ist eine andere Frage?« (Ebd.: 72f.) »Aber die Frage ist vergeblich« so fährt er fort, »wir haben sie nun einmal und können sie nicht in die See zurückschicken.« (Ebd.: 83)

Deutlicher kann Tetens seine geringe Wertschätzung der Dünen kaum ausdrücken. Berücksichtigt man allerdings den Zusammenhang, in dem er diese Worte schrieb, ist sein geringes Interesse an ihnen nachvollziehbar: Seine »Reisen in die Marschländer« sind gewissermaßen das Nebenprodukt einer Informationsreise, die Tetens in die Marschregion

15 Johann Nikolaus Tetens wurde 1736 in Tetenbüll geboren, besuchte die Stadtschule in Tönning, studierte in Rostock und Kopenhagen, wurde 1763 ordentlicher Professor für Physik an der Universität Bützow und lehrte ab 1776 Physik, Philosophie und Mathematik an der Universität Kiel. 1789 nahm er eine Stellung als Assessor des Finanzkollegiums und später als Finanzkassendirektor in Kopenhagen an, wo er 1791 zum Etatsrat und Deputierten im Finanzkollegium ernannt wurde (Voigt 1976; Kordes 1797; Hauser 1991; Liepmann 1894).

unternahm, weil er von der dänischen Regierung den Auftrag erhalten hatte, eine Erhebung über den Zustand des Deichwesens in den Herzogtümern durchzuführen. Die Ergebnisse seiner Recherchen teilte er der Regierung in zwei Denkschriften mit, der Öffentlichkeit machte er sie in den »Reisen in die Marschländer« zugänglich. Anders als der eingangs erwähnte Bericht, der 1650 den Landtag in Aurich über die Situation der Dünen auf den ostfriesischen Inseln informierte, bestand Tetens' Aufgabe darin, mögliche Mängel der Deiche und des Deichwesens und ihre Ursachen zu eruieren. Im Vergleich zu den mehrere hundert Kilometer langen Deichen, über deren mangelhaften Zustand sich die Kopenhagener Regierung besorgt zeigte, spielten die einzigen in seinem Erhebungsgebiet vorhandenen Dünen daher für Tetens keine Rolle. Aus seiner Perspektive war der Küstenschutz ein Synonym für das Deich- (und Entwässerungs-) wesen, und gerade hier sah er größte und gefährliche Desiderate (Allemeyer 2006: 215–221, 356ff.).

Ebenso wie in Nikolaus Tetens' Bericht über das Deichwesen in Nordfriesland stand der Deich auch im Mittelpunkt des 1754 vom jeverschen Deichbaumeister und Deichrichter Albert Brahms verfassten Buches »Anfangs-Gründe der Deich- und Wasser-Baukunst« (Brahms 1989). Brahms stellt darin die von ihm an der Küste beobachteten Phänomene und Kräfte rein naturwissenschaftlich dar und erklärt sie ausschließlich kausalmechanisch, wohingegen er metaphysischen Deutungsmustern praktisch keinen Platz einräumt.

Besonders deutlich wird Brahms' rationale Sicht auf die vom Meer ausgehende Gefahr wie auch auf die hydrotechnischen Maßnahmen, mit denen diese Gefahr zu bannen sei, an den Stellen, an denen er eine größere Bereitschaft zur Investition in die Deiche einfordert. Brahms Auffassung nach war prinzipiell jede auf die Deiche einwirkende Kraft messbar und damit auch die Stärke, die ein Deich aufweisen musste, um ihr zu widerstehen, exakt zu ermitteln. Er schreibt: »Es ist aus der Erfahrung mehr als zu bekannt, wie oftermalen bald hier, bald dort Einbrüche vom Wasser geschehen, wobey man jedoch keines weges gedenken muß, als ob selbige allemal ganz und gar unvermeidlich gewesen wären.« (Ebd.: 33f.) Die verheerenden Sturmflutschäden der Vergangenheit, so urteilt Brahms, wären also durchaus abwendbar gewesen, wenn man die Gesetze der Hydraulik berücksichtigt hätte, die besagen »daß das Wasser doch nur eine abgemessene und determinirte Kraft habe.« (Ebd.) Im Wissen um diese Gesetze und in Kenntnis des höchsten bisher gemessenen Wasserstandes, hätte man daher auch in der Vergangenheit vor jeder verheerenden Sturmflut wissen können, »durch welche Verstaerkung der Deiche einem solchen Gewaesser haette Widerstand geschehen koennen und moegen.« (Ebd.) Allein durch hydraulische Berechnungen und die Umsetzung der mit ihrer Hilfe erlangten Ergebnisse sei es daher möglich, gegen »jede Gewalt des Wassers« einen hinlänglichen Deich zu bauen, »wodurch derselben genugsamer Einhalt geschiehet.« (Ebd.)

Brahms' Werk ist ein Buch zur Deichbautechnik und so überrascht es kaum, dass es in erster Linie von einem ausgeprägten Technikoptimismus bestimmt ist. Besonders interessant ist allerdings, dass selbst Brahms das religiöse Deutungsmuster nicht völlig außer Acht lassen kann, sondern sich – wiewohl in geringerem Umfang – auch mit diesem Thema beschäftigt. Deutlich zeigt sich sein Versuch, die Ausführungen über die

Beherrschbarkeit des Meeres auch mit dem Glauben an die Allmacht Gottes und dessen Einfluss auf das Geschehen in Einklang zu bringen. Hierzu weist Brahms zunächst darauf hin, dass die Strafgerichtsdeutung im Allgemeinen meistens dann ins Feld geführt werde, wenn die Menschen versuchten, sich gegen eine ihnen aufgetragene Deichverstärkung zur Wehr zu setzen. Um nicht in die Pflicht genommen zu werden, sagten die Betroffenen, so Brahms: »Wenn also Gott beschlossen haette, einem Lande auf diese Art seinen Zorn empfinden zu lassen, so waere es wol vergeblich, sich wider die goettliche Allmacht prospiciren und verschanzen zu wollen.« (Ebd.)

Obwohl Brahms sich zunächst gar nicht mit diesem Einwand habe befassen wollen, hält er es nun doch für notwendig sich ihm zu widmen, weil »selbiger nicht nur von gemeinen, sondern auch wol von Leuten von groesserm Ansehen gemacht wuerde.« Auf diese Weise gewissermaßen zu einer Stellungnahme genötigt schreibt er: »Ich diene aber hierauf zur Antwort, daß es wol – freylich – eine thoerigte Einbildung seyn wuerde, wenn man meynete, sich der goettlichen Allmacht widersetzen zu koennen.« Der Techniker bekennt sich also zunächst einmal zum Glauben an die göttliche Allmacht, stellt dieser grundsätzlichen Erklärung anschließend allerdings sofort entgegen, dass es allerdings ebenso unvernünftig sei, »wenn man sich einbilden wolle: es bringe der goettliche Rathschluß mit sich, die Allmacht dazu zu gebrauchen, daß alle menschliche Sorgfalt und Bemuehung, sich wider eine gewisse Wasserfluth in Sicherheit zustellen, umsonst und vergeblich seyn solle.« (Ebd.)

Zwischen der Anerkennung der göttlichen Allmacht einerseits und dem Auftrag, sich nicht tatenlos der vom Meer ausgehenden Gefahr auszusetzen, vermittelt Brahms, indem er die Sturmflut als ein naturwissenschaftliches Phänomen bezeichnet und sie damit aus dem religiösen Zusammenhang herauslöst: »Es ist eine Wasserfluth nicht ein Wunderwerk, sondern hat ihre in der Natur gegruendete Ursachen, wie ja wol keiner leugnen wird, der erkennet, was es fuer eine Eigenschaft in GOTT sey, die wir die Weisheit nennen, so kann ihr, weil der HERR der Natur keine unendliche, sondern nur eine endliche Kraft beygeleget hat, auch durch eine endliche Kraft, dergleichen der Menschen ist, wol widerstanden werden; mithin die Bemuehung, sich dawider Sicherheit zu verschaffen, ihren gewuenschten Endzweck erreichen.« (Ebd.: 36f.)

Brahms betont, dass die von ihm empfohlenen Maßnahmen zur Verbesserung des Deichbaus keineswegs darauf ausgerichtet seien, sich der (auch von ihm nicht angezweifelten) Allmacht Gottes zu widersetzen. Gleichzeitig weist er aber darauf hin, dass Gott seine Macht nicht dazu nutzen würde, die Bemühungen des Menschen um die Sicherung ihres Lebens zu vereiteln. Im Gegenteil habe Gott die Natur – und damit auch die natürlichen (und nicht wundersamen) Sturmfluten – lediglich mit einer begrenzten Kraft ausgestattet, *damit* der Mensch sich gegen sie zur Wehr setzten könne. Seiner Auffassung nach war der Mensch also sehr wohl in der Lage und im Sinne der göttlichen Weltordnung sogar geradezu dazu verpflichtet, das ihm an die Hand gegebene Werkzeug zu nutzen, um damit das von Gott geschenkte Leben vor den Gefahren des Meeres zu schützen.

Brahms und die Einwohner von Ording sind einander vermutlich nie begegnet. Anders als die Ordinger, die meinten, es sei gefährlich, »die Natur zu verlassen und die

Kunst aufzusuchen«, vertrat Brahms die Auffassung, dass der Mensch seines Glückes eigener Schmied sei. Er müsse lediglich die ihm von Gott gegebenen Möglichkeiten nutzen, um die ihn von Seiten der Natur drohende Gefahr abzuwehren. Brahms' Schrift kann hier stellvertretend für eine im Zuge der Aufklärung stattgefundene Entwicklung stehen, in deren Verlauf die Frage, *ob* der Mensch berechtigt ist, in die Natur einzugreifen, allmählich in den Hintergrund geriet und die Frage, *wie* der Mensch in die Natur eingreifen kann, an ihre Stelle trat.

Ebenfalls aus der Mitte des 18. Jahrhunderts stammt ein Text, den der Gardinger Propst Petrus Petrejus[16] verfasst hat (Petrejus 1993). Geradezu diametral zu Brahms' Auffassung vertrat der Probst die Ansicht, dass es verhängnisvoll sei, wenn die Marschenbewohner glaubten, durch den von ihnen errichteten Deich vor Fluten sicher zu sein: »Wann die Einwohner dieser Länder nach glücklich voll brachter Beteichung an statt der Danksagung an Gott sich [au]f ihre Arbeit verlaßen, und dem Meer vermeßentlicher und thörigter weise trotz biethen, was wunder, dass der Herr ihnen den Harnisch, darauf sie sich verlassen, nimmt, und dadurch an zeiget, dass er allein der König sey, dem alle Elemente, Waßer Lufft Feur und Erde auf einen Winck pariren müssen?« (Ebd.: 323) Anstatt sich auf die vermeintliche Sicherheit zu verlassen, die ihnen der eigenhändig errichtete Deich angeblich biete, sollten sich die Menschen nach Ansicht des Predigers ihrer Verletzlichkeit und Machtlosigkeit bewusst sein und sich einem gottgefälligen Leben zuwenden.

An anderer Stelle geht Petrejus in seinen Überlegungen sogar noch weiter und stellt in Frage, ob der Mensch überhaupt berechtigt sei, Deiche zu errichten oder ob er damit nicht einen unzulässigen Eingriff in die von Gott geschaffene Welt vornehme. Seiner Auffassung nach müsse man sich fragen, »ob nicht das Unternehmen, durch Haff-Teiche einen Strich Landes der See zu entreißen, überhaupt bedencklich sey?« (Ebd.: 209)

Auf diese sehr grundsätzlichen Zweifel an der Rechtmäßigkeit des Deichbaus reagiert Petrejus in zwei Schritten. In jetziger Situation könne man nicht behaupten, dass die Errichtung von Deichen und die Entwässerung des dahinter liegenden Landes »bedenkliche« Handlungen seien, sondern der Notwendigkeit entspräche, da nur durch diese Maßnahmen das bereits bestehende Land vom Regenwasser befreit und gegen Überschwemmung geschützt werden könne (ebd.).

Anders verhalte es sich allerdings, wenn man die Frage in einen größeren Kontext stelle: Wenn man »die Sache von ihrem ersten Grund und Uhrsprunge herleitet«, so müsse man sich nämlich fragen, ob es nicht besser gewesen wäre, wenn die Vorfahren »bey der ersten Beschaffenheit und Einrichtung des Landes geblieben wären, und sich nicht durch muhsahmste Verfertigung See- und Haff-Teiche in das tieffste Labyrinth unzehlicher Sorgen ohne noht dringliche Uhrsachen verwickelt hätten.« (Ebd.) Als »erste Beschaffenheit« des Landes beschreibt Petrejus einen Zustand, der dem bibli-

16 Petrus Petrejus wurde 1695 in Deezbüll (Amt Tondern) geboren, bekleidete ab 1719 das dortige Pastorenamt, war ab 1737 Pastor in Garding (Eiderstedt) und wurde dort im Jahr 1742 zum Probst gewählt. Er starb 1745 (Petrejus 1997: 7).

schen Paradies entspricht. Durch die Veränderung dieses Zustandes, sprich durch die Bedeichung der Marschen, vollzieht sich der menschliche Sündenfall. (Ebd.) Nachdem sich die ersten Siedler der Marschregion zunächst mit den natürlichen Gegebenheiten abgefunden hatten und »bey Treibung des Fisch-Fanges und andern Geschäfften den Seegen von Gott in gelaßener Ruhe erwarten können«, hätten sie sich mit der Zeit »gelusten laßen, ihr niedrig gelegenes Land mit mehr Abnutzung zu gebrauchen, haben sie anfangen müßen, kleine Dämme, oder Sommer-Teiche hin und wieder zu verfertigen, damit sie dadurch, wenigstens zur Sommer Zeit von den überlauffenden Waßer mögten befreyet seyn.« (Ebd.: 223) Durch diese erste Bedeichung seien sie jedoch der »Glückseeligkeit [...] guten theils beraubet worden« (Ebd.: 209); denn dies sei »gleich sahm der erste Krieg gewesen, den sie dem Meer angekündiget, so ihnen aber nachhero gnug zu schaffen gemacht.« (Ebd.: 223)

Nach der Einschätzung des Gardinger Propstes hatten die frühen Marschbewohner mit der Bedeichung ihres Siedlungsgebietes ein Vorhaben in Angriff genommen, das ihr Vermögen bei weitem überstieg und sie ins Unglück führte. Geradezu lakonisch beendete Petrus Petrejus seine Darlegungen mit den Worten: »Ob aber unsere Vorfahren nicht wieder die Regeln der Vernunfft gehandelt, dass sie es mit einem Gegenstand der ihnen viel zu mächtig gewesen, von freyen stücken aufgenommen, und sich mit ihren Nachkommen in das Meer unergründlicher Sorgen bey den ungewißeten Ausgang gestürtzet haben, solches laßen wir andere beurteilen. Es hat ihnen indeßen so beliebet.« (Ebd.: 229)

Obschon Petrejus vorgab, sich kein Urteil darüber anzumaßen, ob die ersten Bewohner der Marschregion recht gehandelt hatten, als sie das Küstengebiet besiedelten und den Kampf mit den widrigen Gegebenheiten der Natur aufnahmen, kommt seine Position doch klar zum Ausdruck. Zwar stellt er die Berechtigung der Menschen, vormals unfruchtbares Land zu ihren Gunsten zu verwandeln, nicht grundsätzlich in Zweifel. Die Besiedlung der Marschregion stellte jedoch in den Augen des Gardinger Propstes einen Akt der Selbstüberschätzung dar, dessen schwerwiegende Folgen die heutigen Bewohner der Region zu tragen hätten.

Auch in diesem Text kann die verfolgte Schreibintention die vertretene Position in weiten Teilen erklären: schließlich war es das Anliegen des Geistlichen, Sorge dafür zu tragen, dass die Marschenbewohner einen christlichen Lebenswandel führten und nicht aus den Augen verloren, dass allein Gott über das irdische Geschehen bestimme. Petrejus Darlegungen dienten insofern dazu, seinen Lesern die von ihm schon allein qua Amt vertretene Weltsicht nahe zu bringen. Auch in diesem Fall mindert die Schreibintention aber nicht die Aussagekraft des Textes.

Eine scharfe Gegenposition zu Petrus Petrejus nahm der bereits weiter oben erwähnte, von der Aufklärung geprägte Johann Nikolaus Tetens ein, der den Text des Gardinger Probstes rund fünfzig Jahre, nachdem ihn Petrejus verfasst hatte, mit geradezu vernichtender Kritik überzog. Tetens benutzte die Schrift – ohne den Verfasser allerdings namentlich zu nennen – als Aufhänger für einen Vortrag, den er 1787 vor den Mitgliedern der Schleswig-Holsteinischen Patriotischen Gesellschaft hielt, und der noch im selben

Jahr in den Schleswig-Holsteinischen Provinzialberichten abgedruckt wurde (Tetens 1787).[17]

Die Beschäftigung des »ungenannten« Autors mit der Frage, »ob nicht das Eindeichen des Landes an der See bedenklich und verwerflich sei?« (Ebd.: 647) bezeichnete Tetens als »eine winselnde Deklamation« und konstatierte, dass sie »nicht mehr Aufmerksamkeit verdient, als sie wirklich erhalten hat.« (Ebd.: 646) Die Bedenken des Autors, ob die Vorfahren mit der Bedeichung der Marschen nicht versucht hätten, »dem von Gott einmal gesetzten Grund der Natur durch ihre Deiche Gewalt anzuthun?«, kommentierte Tetens abschätzig: »Man sieht, der Mann lehrt eine Weisheit, die jenes Ministerium in Spanien äusserte, als ein Plan zur Vereinigung zweier Flüsse mittels eines zu grabenden Kanals eingegeben war. Es urtheilte, wenn Gott die beiden Flüsse hätte vereinigt wissen wollen, er selbst es auch würde bewerkstelligt haben.« (Ebd.: 647) In diesem Seitenhieb auf die spanische Regierung, die einen technischen Fortschritt vereitelt habe, weil sie ihn als einen unzulässigen menschlichen Eingriff in die von Gott geschaffene Ordnung auf Erden interpretierte, tritt Tetens' Kritik an einer in seinen Augen religiös-fatalistischen Haltung deutlich zutage. Bezeichnenderweise betrachtete er die angeführte Andeutung bereits als aussagekräftig genug, weshalb er es nicht für notwendig erachtete, seinen Zuhörern näher zu erläutern, um welches Bauprojekt es sich handelte und aus welchem Grund er Anstoß am Verhalten derjenigen nahm, die sich der Realisation des Projekts entgegenstellten. Indem er Petrejus' Überlegungen zur Rechtmäßigkeit von Deichbauten mit diesem Vorgehen der Spanier gleichsetzte, diskreditierte er die Grundeinstellung des Pastors, ohne ihn eines weiteren Wortes zu würdigen.

Die – wenn auch nicht explizit ausgetragene – Kontroverse zwischen Petrus Petrejus und Johann Nikolaus Tetens basierte zweifellos zu einem Teil auf den unterschiedlichen Perspektiven, die der Gardinger Probst und der dänische Regierungsrat allein aufgrund ihrer jeweiligen Biographie und gesellschaftlichen Stellung einnahmen. Es greift deshalb zu kurz, den Unterschied zwischen den beiden Stellungnahmen allein durch den zeitlichen Kontext, in dem sie entstanden sind, zu erklären. Dennoch bezeugt Tetens' spöttische Abwertung von Petrejus' Position deutlich seine von der Aufklärung geprägte Geisteshaltung. Sie verweist auf die bereits oben erwähnte Entwicklung, in deren Verlauf die generelle Frage nach der Berechtigung des Menschen, in die Natur einzugreifen, allmählich von der Frage verdrängt wurde, *wie* der Mensch die von ihm vorgefundene Natur zu seinen Gunsten verändern kann.

Die hier vorgestellten Quellen vermitteln Einblicke in das breite Spektrum unterschiedlicher Wahrnehmungen und Wertschätzungen der Natur im Allgemeinen und der Deiche

17 Die von Tetens angeführten Zitate belegen, dass es sich bei der Schrift um den 1757 im Druck erschienenen Ausschnitt aus der »Historische[n] Nachricht vom Teich-Wesen« des Gardinger Probstes Petrus Petrejus handelte. Es ist unklar, ob Tetens den Verfasser der »Nachricht Eines Ungenannten« tatsächlich nicht kannte, oder ob er ihn nicht nannte, um dadurch seiner Geringschätzung noch größeren Nachdruck zu verleihen. Zur Gegenüberstellung der Texte siehe Allemeyer (2006: 347–352, 368f.).

und Dünen im Besonderen in der norddeutschen Marschregion des 17. und 18. Jahrhunderts. Die genannten Beispiele geben von dem gesamten Spektrum sicherlich nur einen Bruchteil wieder. Auch sind sie nur in begrenztem Ausmaß miteinander zu kontrastieren. So sahen der Deichbautechniker, die von hohen Deichbaukosten bedrohten Ordinger, der reisende Mathematiker und der Probst zweifellos aus vollkommen unterschiedlichen Perspektiven auf die Materie und verfolgten in ihren Schriften vollkommen unterschiedliche Ziele. Gewollt oder ungewollt enthalten aber alle ihre Texte Deutungsmuster und einzelne Aspekte ihrer Weltsicht und können uns daher neue Kenntnisse über Varianten frühneuzeitlicher Selbst- und Umweltwahrnehmungen vermitteln.

Es soll zum Abschluss ein Ausblick auf das 19. und 20. Jahrhundert unternommen werden, und zwar mit einigen Worten, die in gewisser Weise ein Pendant zu den eingangs zitierten Ansichten von Nikolaus Tetens bilden. Sie stammen aus der 1846 von Johann Georg Kohl publizierten Schrift »Die Marschen und Inseln der Herzogtümer Schleswig und Holstein«. Dort schreibt Kohl: »Die Friesen [...] fordern den Reisenden häufig auf, ihre Dünen [...] zu besichtigen und fragen ihn oft, ob er die Dünen schon besucht habe, wie die Schweizer sich erkundigen, ob er ihre Alpen und Gletscher schon kenne.« (Kohl 1846, Bd. 2: 29f.) »Von einem etwas hohen Alpenstandpuncte aus« – so Kohl – sei man »fast geneigt, sie auszulachen, wenn man zum ersten Male in diese trostlose Dünenwüstenei hineinblickt und darin nichts als mehr oder weniger unregelmäßig gestaltete, kleine und große Sandhaufen sieht.« Diese Ansicht zeuge aber nur von Unkenntnis, die man erst nach längerem Aufenthalt in dieser Gegend überwinden könne und an deren Stelle dann eine angemessene Wertschätzung der Besonderheiten der Region treten würde: »Wohnte ich lange ich den Dünen, ich glaube, ich könnte dahin kommen, sie anderen Gebirgen vorzuziehen.« (Ebd.: 113)

Kohls Begeisterung für die Dünen, denen er fast 100 Seiten seines Werkes widmet, richtet sich zum einen auf ihre geologische Beschaffenheit, zum anderen aber auch auf ihren hohen Wert als Schutzwall gegenüber dem Meer. Er führt aus: »[Sie] bergen nicht nur das ihnen, wie das Fleisch den Rippen, zunächst anliegende Land, die Inseln, sondern sie schützen auch, so wie die Rippen Lunge und Herz vertheidigen, das weiter einwärts liegende Land, die Binnenmarschen, indem sie gleichsam wie eine friesische Avantgarde, die Hauptmacht des Oceans brechen.« (Ebd.: 114) Wenn man den »künstlichen Seedeich« »den goldenen Saum des Landes nennt«, sollten »die Dünenreihen, die sich als zweite Wehr um das Land ziehen [...] daher wenigstens der Silbersaum genannt werden.« (Ebd.)

Erst gegen Ende des 18. und zu Beginn des 19. Jahrhunderts schlug sich diese ökonomisch begründete Wertschätzung der Dünen in allgemeinen Regelungen und Maßnahmen zum Schutz derselben nieder[18] – mehrere Jahrhunderte übrigens, nachdem der Schutz der Deiche schon längst rechtlich verankert war und seine Beschädigung oft mit drakonischen Strafen verfolgt wurde (Allemeyer 2006: 82ff., 89–114). Ein Mandat zum

18 Eine Ausnahme bildet hier Osterlandföhr, wo bereits in der Mitte des 17. Jahrhunderts das Abpflücken von Grashalmen auf den zur Küstensicherung dienenden Dünen mit schweren Leibesstrafen bis hin zur Todesstrafe geahndet wurde (Faltings 1990–1992: Nr. 81; 1301; 1376).

Dünenschutz wurde für Nordfriesland hingegen erst 1827 erlassen.[19] Zuvor hatte man allerdings die Dünen von St. Peter durch einen Landmesser begutachten lassen. Auf seinen alarmierenden Befund hin ließ man sie mit Gras bepflanzen, um auf diese Weise ihre Erosion zu verringern (Hintze 1933: 4). Gerade der Bewuchs der Dünen scheint aber unter den Bewohnern der Umgebung sehr begehrt gewesen zu sein. Um die Wirksamkeit der zum Dünenschutz ergriffenen Maßnahmen zu gewährleisten, wurde deshalb 1825 ein schleswigsches Militärkommando in den Dünen von St. Peter stationiert, das dafür Sorge zu tragen hatte, dass niemand das zur Dünenbefestigung gesäte Gras abpflückte. Es bestand immerhin aus einem Unteroffizier und acht Soldaten.[20] Beeindruckend ist das Strafmaß, das Personen drohte, die dennoch beim Abpflücken des Dünengrases ertappt wurden: Bei erstmaliger Festnahme mussten sie mit einer Strafe zwischen zweimal fünf bis achtmal fünf Tage Gefängnis bei Wasser und Brot rechnen. Im Wiederholungsfall konnte eine halbjährige bis zweijährige Zuchthausstrafe verhängt werden. Bei einer weiteren Wiederholung drohte eine zwei- bis fünfjährige Zuchthausstrafe. Das Militärkommando wurde 1832 durch einen mit denselben Aufgaben betreuten Dünenaufseher ersetzt (ebd: 12).

Ein knappes Jahrhundert später folgte eine erneute obrigkeitliche Maßnahme zum Schutz der Dünen: 1923 wurde das gesamte Dünengebiet des sogenannten Listlandes auf Sylt und die südlich daran anschließenden Kampener Dünen unter Naturschutz gestellt (Luck 1986: 35). Anders als hundert Jahre zuvor, gründete sich die Wertschätzung der Dünen jetzt aber nicht mehr in erster Linie auf ihre Funktion als natürlicher, wirkungsvoller und eben vergleichsweise preiswerter Küstenschutz. Erstes wenn auch nicht einziges Motiv für ihre Unterschutzstellung war jetzt die herausragende Bedeutung als Brutgebiet für Seevögel, die man den Sandwällen beimaß (Hünemörder 2006: 116–122).

Eine weitere Veränderung dürfte die Wertschätzung der Dünen in den folgenden Jahren erfahren haben, als man begann, ihren touristischen Wert zu erkennen und zu schätzen. So richtet sich der Dünen- und Inselschutz heute in erster Linie darauf, die Bade- und Kureinrichtungen physisch und in ihrer Attraktivität zu erhalten: »Zum massiven Schutz der Inseln mit Sandstränden und Dünen [zwang] ihre Entwicklung zu Badeorten im 19. Jahrhundert.« (Kramer 1992: 144f.) Maßnahmen zum Schutz der Dünen scheinen aus heutiger Sicht vor allem dadurch gerechtfertigt zu sein, dass diese als Hochwasserschutz »für die Inselorte mit ihren Kur- und Badeeinrichtungen« dienen und zudem den Strand schützen, der wiederum »als Fußsicherung des Inselsockels und für den Badebetrieb« von Bedeutung ist (ebd.).

Ebenso wie für die Frühe Neuzeit lässt sich folglich auch für die späteren Jahrhunderte festhalten, dass anhand der Wertschätzung, die die Dünen und Deiche im Verlauf der Zeit erfuhren, aufschlussreiche Einblicke in die sie wertschätzende Gesellschaft zu erlangen sind.

19 Landesarchiv Schleswig-Holstein: Schleswig Abt. 65.2/2463 II: Patent König Friedrichs VI. betreffend die Bestrafung von Contraventionen, die auf die Dünen von St. Peter-Ording und deren Erhaltung Bezug haben, 1827.

20 Kreisarchiv Nordfriesland: Husum A2 Deichband / 196: Stationierung und Unterhaltung des zur Aufsicht über die Dünen bei St. Peter bestimmten Militärkommandos, 1826–1832.

Literaturverzeichnis

Allemeyer, Marie Luisa (2006): »Kein Land ohne Deich ...!« Lebenswelten einer Küstengesellschaft in der Frühen Neuzeit. Göttingen.

Angel, Hans-Ferdinand (1996): Der religiöse Mensch in Katastrophenzeiten. Religionspädagogische Perspektiven kollektiver Elendsphänomene. Frankfurt a.M. u.a. (= Regensburger Studien zur Theologie, 48)

Bantelmann, Albert (1966): Die Landschaftsentwicklung an der schleswig-holsteinischen Westküste, dargestellt am Beispiel Nordfriesland. Eine Funktionschronik durch fünf Jahrtausende. In: Die Küste. Archiv für Forschung und Technik an der Nord- und Ostsee 14, H. 2, S. 5–99.

[Bartels (1880)]: Eigentliche Beschreibung der vor diesser Grafschaft zur See hinaus belegener Eylanden mit angeheffter Erinnerung. Mitgetheilt von General-Superintendent [Petrus] Bartels. In: Jahrbuch der Gesellschaft für bildende Kunst und vaterländische Altertümer zu Emden 4, H. 1, S. 35–42.

Benzler, Georg Samuel (1792): Lexikon der beym Deich- und Wasserbau, auch beym Deich- und Dammrecht vorkommenden fremden und einheimischen Kunstwoerter und Ausdruecke wobey der Gebrauch der Sachen selbst erkläret und zugleich Anleitung zum praktischen Deich- und Wasserbau gegeben wird mit dazu nöthigen Kupfern. 2 Bde., Leipzig.

Brahms, Albert (1989): Anfangs-Gründe der Deich- und Wasser-Baukunst. 2 Bde., 2. Auflage, Aurich 1767/73. Neudruck Leer.

Brandt, Klaus (1992): Besiedlungsgeschichte der Nord- und Ostseeküste bis zum Beginn des Deichbaues. In: Historischer Küstenschutz. Deichbau, Inselschutz und Binnenentwässerung an Nord- und Ostsee, hg. vom Deutschen Verband für Wasserwirtschaft und Kulturbau e.V., bearbeitet von Johann Kramer und Hans Rohde. Stuttgart, S. 17–37.

Faltings, Volkert F. (1990–1992): Die Dingprotokolle der Westerharde Foehr und Amrum 1658–1671. 3 Bde., Neumünster. (= Quellen und Forschungen zur Geschichte Schleswig-Holsteins, 95; 99).

Groh, Dieter/Groh, Ruth (1996): Weltbild und Naturaneignung. Zur Kulturgeschichte der Natur. 2. Auflage, Frankfurt a.M.

Hauser, Christian (1991): Art. »Johann Nikolaus Tetens«. In: Killy, Walther (Hg.): Literaturlexikon. Autoren und Werke deutscher Sprache. Bd. 11, München, S. 322–323.

Hintze, Otto (1933): Die Bepflanzung und Aufforstung des Dünengeländes von St. Peter und Ording. Garding.

Hoffmann, Dietrich (1992): Erdgeschichtliche Entwicklung der Küstengebiete an Nord- und Ostsee. In: Historischer Küstenschutz. Deichbau, Inselschutz und Binnenentwässerung an Nord- und Ostsee, hg. vom Deutschen Verband für Wasserwirtschaft und Kulturbau e.V., bearbeitet von Johann Kramer und Hans Rohde. Stuttgart, S. 1–16.

Hünemörder, Kai F. (2006): Vom »Pritzelkram« zur »europäischen Umweltpolitik«: Schlüsselperioden des deutschen Naturschutzes vom Kaiserreich bis zur umweltpolitischen Wende am Beispiel Schleswig-Holsteins (1906–2004). In: Bosbach, Franz/Engels, Jens Ivo/Watson, Fiona (Hg.): Umwelt und Geschichte in Deutschland und Großbritannien. München, S. 11–132. (= Prinz-Albert-Studien, 24).

Jakubowski-Tiessen, Manfred (1992): Sturmflut 1717. Die Bewältigung einer Naturkatastrophe in der Frühen Neuzeit. München (= Ancien Régime, Aufklärung und Revolution, 24).

Ders. (2002): Gotteszorn und Meereswüten. Deutungen von Sturmfluten vom 16. bis 19. Jahrhundert. In: Groh, Dieter/Kempe, Michael/Mauelshagen, Franz (Hg.): Naturkatastrophen. Zu ihrer Wahrnehmung, Deutung und Darstellung von der Antike bis zum 20. Jahrhundert. Tübingen, S. 101–118.

Ders. (2003): »Erschreckliche und unerhörte Wasserflut«. Wahrnehmung und Deutung der Flutkatastrophe von 1634. In: Ders./Lehmann, Hartmut (Hg.): Um Himmels Willen. Religion in Katastrophenzeiten. Göttingen, S. 179–200.

Ders./Lehmann, Hartmut (Hg.) (2003): Um Himmels Willen. Religion in Katastrophenzeiten. Göttingen.

Jessen-Klingenberg, Manfred (2000): »Kleine Republiken«. Selbstverwaltung in Nordfriesland. In: Steensen, Thomas (Hg.): Das große Nordfriesland-Buch. Hamburg, S. 206–211.

Knaut, Andreas (1994): Die Anfänge des staatlichen Naturschutzes. Die frühe regierungsamtliche Organisation des Natur- und Landschaftsschutzes in Preußen, Bayern und Württemberg. In: Abelshauser, Werner (Hg.): Umweltgeschichte. Umweltverträgliches Wirtschaften in historischer Perspektive, acht Beiträge. Göttingen, S. 142–162. (= Geschichte und Gesellschaft, Sonderheft 15).

Kohl, Johann Georg (1846): Die Marschen und Inseln der Herzogthümer Schleswig und Holstein. 2 Bde., Dresden/Leipzig.

Kordes, Berend (1797): Art. »Tetens, Johann Nikolaus«. In: Lexikon der jetztlebenden schleswig-holsteinischen und eutinischen Schriftsteller. Schleswig.

Kramer, Johann (1992): Schutz der sandigen Küsten an der Nordsee. In: Historischer Küstenschutz. Deichbau, Inselschutz und Binnenentwässerung an Nord- und Ostsee, hg. vom Deutschen Verband für Wasserwirtschaft und Kulturbau e.V., bearbeitet von Johann Kramer und Hans Rohde. Stuttgart, S. 139–182.

Kühn, Hans Joachim (1992): Die Anfänge des Deichbaus in Schleswig-Holstein. Heide/Holst.

Ders./Panten, Albert (Hg.) (1995): Der frühe Deichbau in Nordfriesland. Archäologisch-historische Untersuchungen. 2. Auflage, Bräist/Bredstedt.

Ders. (1997): Das Watt im Norderheverbereich als untergegangene Kulturlandschaft. In: Fischer, Ludwig (Hg.): Kulturlandschaft Nordseemarschen. Bräist/Bredstedt/Westerhever, S. 67–76. (= Nordfriisk Instituut, 129).

Leube, Hans (1924): Die Reformideen in der Deutschen Lutherischen Kirche zur Zeit der Orthodoxie. Leipzig.

Liepmann, H. (1894): Art. »Joh. Nikolaus Tetens«. In: Allgemeine Deutsche Biographie. Bd. 37, Leipzig, S. 588–590.

Luck, Günter (1986): Historische Entwicklung des Schutzes sandiger Küsten der deutschen Bucht. In: Küsteningenieurwesen im Wandel der Zeit: Kurzfassung der Vorträge auf der Tagung in Stade 12. bis 14. September 1985. Stade, S. 35–39. (= Veröffentlichungen aus dem Stadtarchiv Stade, 5).

Meier, Dirk (1992): Frühe Deiche in Eiderstedt. In: Steensen, Thomas (Hg.): Deichbau und Sturmfluten in den Frieslanden. Bräist/Bredstedt, S. 20–31.

Ders. (1997): Frühe Besiedlungsmuster und der Wandel des Naturraumes zur Kulturlandschaft in Eiderstedt und Dithmarschen. In: Fischer, Ludwig (Hg.): Kulturlandschaft Nordseemarschen Bräist/Bredstedt/Westerhever, S. 45–66. (= Nordfriisk Instituut, 129)

Petrejus, Petrus (1993): Von der Stadt und dem Amt Tondern und vom Deichwesen. Hg. von Albert Panten und Heinz Sandelmann. Bräist/Bredstedt. (= Nordfriisk Instituut, 120).

Ders. (1997): Historische Nachricht von den Stallern in Eyderstedt, Everschop und Utholm. Hg. von Ehrhart Körting und Albert Panten. Bräist/Bredstedt. (= Nordfriisk Instituut, 120e).

Tetens, Johann Nicolaus (1787): Über den eingedeichten Zustand der Marschländer, und die demselben anklebende Gefahr vor Überschwemmungen, eine Vorlesung, gehalten in der Versammlung der schleswig-holsteinischen patriotischen Gesellschaft den 31ten October 1787. In: Schleswig-Holsteinische Provinzial-Berichte, S. 641–665.

Ders. (1788): Reisen in die Marschländer an der Nordsee zur Beobachtung des Deichbaus in Briefen. Leipzig.

Voigt, Karl-Heinz (1976): Art. »Tetens, Johann Nicolaus«. In: Schleswig-Holsteinisches Biographisches Lexikon. Bd. 4, Neumünster, S. 213–215.

Otto S. Knottnerus

Eine gefahrvolle Existenz: Zur inhärenten Ambivalenz der frühneuzeitlichen Küstengesellschaft

Der wagemutige Marschbauer

Im Juni 1610 ließ sich Jan Cornelis Femmes, Marschbauer aus Vrouwenparochie in der Nähe von Leeuwarden, auf der entlegenen Sandbank Kamperzand im Tidestrom zwischen den Inseln Terschelling und Ameland nieder. Der Grund für diese ungewöhnliche Tat war eine Wette mit dem Bauern Thomas Thomas, dem er einige Pflüge und Erntewagen für einen außergewöhnlich hohen Preis verkauft hatte. Um sein Geld zu bekommen, verpflichtete sich Jan, ein Jahr ohne Hilfe in der Wildnis des Wattenmeeres auszuharren. Wenn sein Plan fehlschlug, sollte Thomas die Ware umsonst bekommen. Als Jan Femmes auf Kampersand eingetroffen war, baute er eine Pfahlhütte, die, wie das Dach eines Vierrutenberges, mittels einer Hubspindel angehoben werden konnte. Auf dem Dachboden der Hütte lagerte er seine Lebensmittel.[1]

Der tollkühne Bauer hatte trotz seines Einfallsreichtums durch Winterstürme und Frühjahrsüberflutungen eine sehr schwere Zeit. Nachdem die Hubspindel vom Wasser weggerissen worden war, wurde die Hütte von Wellen fast zertrümmert. Jan meinte, ertrinken zu müssen. Er band sich an die Dachsparren, damit seine Leiche an Land geschwemmt würde und er auf diese Weise ein ehrliches Begräbnis bekäme. Denn man vermied es, Fremde in geweihtem Boden zu beerdigen. Vielmehr wurden sie in einer entfernten Ecke oder jenseits des Friedhofs zur Ruhe gelegt. Manchmal wurden sie auch am Strand, im Deichkörper oder unter dem Galgen im Deichvorland verscharrt, wie man mit es mit toten Tieren, Ketzern, Homosexuellen und Zauberern hielt.[2]

Doch Jan Femmes' Hütte blieb weitgehend verschont, und er überstand die Mutprobe. Doch war die lange Zeit der Einsamkeit nur schwer für ihn zu ertragen. Oftmals konnte er wegen anhaltenden Nebels oder Dunkelheit nicht einmal die Kirchtürme am Festland sehen, die einzigen für ihn sichtbaren Zeichen der Zivilisation. Er erzählte später seinen Enkeln, dass ihn ständig böse Geister, die in der Nordsee wohnten, heim-

1 Winsemius 1622: 897; van der Meer/Harts 1837; Sannes 1968: 186f.; Buursma 1994; die Geschichte wurde zu einem Roman verarbeitet (Visser 1996). Zur geographischen Lage vgl. Oost 1995: 145.

2 Zander 2005; für das 19. Jahrhundert: N. Fischer 2005. Ein Beispiel von vielen: Ehrhardt 2003: 421–423. Zur Gleichstellung von ungetauften Kindern, Tieren und Heiden im altfriesischen Recht: Vries 1994.

Abb. 1: Galgen auf dem Grasbrook vor Hamburg, 1572.

gesucht hätten. Schon deshalb wollte er das Abenteuer um keinen Preis wiederholen (Bekker 1693/1997: 2, 4.5.15). Welche Gestalt diese bösen Geister hatten, ist nicht überliefert. Spätmittelalterliche Handschriften zeigen Gespenster als dunkle Nebelschleier, die durch die geöffneten Münder ihrer Opfer in die Körper hineinkriechen, um sie in Besitz zu nehmen. Noch im 19. Jahrhundert erzählte man sich in Westfriesland, wie zwei über die Deiche landeinwärts treibende Fieberwölkchen planten, jemanden auf diese Weise zu unterwerfen. Es hieß, dass Fischer, die sich am Sonntagmorgen in das Butjadinger Watt begaben, riskierten, vom Malariafieber angesteckt zu werden (Dykstra 1970, 2: 177; Strackerjan 1909, 1: 306; Bächtold-Stäubli (Hg.) 2000, 6: 688f., 988f.; Alsheimer 1974: Nr. 141, 266).

Jan Femmes verbrachte einige Wochen des Winters in Angst. Mit dem Frühling aber kam Leben ins Watt. Die Sandbank wurde von verschiedenen Schiffsmannschaften und Robbenjägern der benachbarten Inseln besucht. Femmes konnte einige Kühe und Pferde aus dem Wasser bergen. Er fing Fische in seinen Stellnetzen, besonders Butt, Flunder, Scharben und Aale. Hin und wieder verirrte sich auch ein Kabeljau in die Netze, dazu riesige Mengen Stinte. Die Möwenschwärme, die sie begleiteten, kündigten aufkommende Gewitter oder Sturmwind an. Der Kadaver eines jungen Seehundes, der auf den Strand gespült wurde, stimmte Femmes dagegen traurig. Mehr als alles andere beeindruckte ihn ein Seeadler, der grausame König des Meeres, der zahlreiche Wasservögel fing. Manchmal kam Jan ihm zuvor, nahm ihm die Beute ab und verzehrte sie selber. Auch wenn er den Adler, Symbol der ungebändigten Natur, nicht beherrschen konnte, trug er wenigstens einen Teilsieg über diesen vermeintlich skrupellosen Räuber davon, der seine Opfer – wie man meinte – lebendig verspeiste.[3]

Den westfriesischen Behörden missfiel das Abenteuer von Jan Femmes. Sie verlangten die Beseitigung der Hütte im Watt, da sie Schiffer in die Irre führen würde. Da viele einflussreiche Personen eine Wette auf den Ausgang des Abenteuers abgeschlossen hatten und auf Fortsetzung des Experiments beharrten, gaben die Behörden dem Druck der Öffentlichkeit nach. Offensichtlich stieß Jans Versuch, den Naturgewalten zu trotzen, auf allgemeines Interesse, das charakteristisch für die Zeit der Spätrenaissance war, als man versuchte, die Kräfte der Natur mit Hilfe der menschlichen Vernunft zu bändigen.[4] Die Reaktion der Behörden war dagegen bereits vom aufkommenden Calvinismus und der Vorstellung bestimmt, dass der Mensch das Böse nicht herausfordern dürfe. Von diesem Gedanken blieb auch Jan selbst nicht verschont, als er im Winter zum Opfer seiner eigenen Ängste wurde.[5]

Darüber hinaus spiegelt der behördliche Tadel und die Faszination des Publikums eine allgemeine Grundhaltung gegenüber den Grenzen der Zivilisation wider. Der Rückzug in die Einsamkeit des Watts war ein ungewöhnlicher und beunruhigender Vorgang, denn man hielt die Weite jenseits der Deiche für gefährlich. Bisweilen betrachtete man selbst die Inselbewohner als unzivilisiert und gewalttätig, weil diese sich nicht an die sozialpolitischen Arrangements der Festlandsgesellschaft hielten (s. unten). Das uneingedeichte Vorland war ein Ort, wo böse Geister herrschten. Hier wurde den Verstoßenen der Gesellschaft ein unehrliches Begräbnis zuteil.

In Sommer hielten die weitläufigen Wattflächen ein reiches Angebot für Fischer, Eiersammler, Robben- und Gänsejäger bereit. Im Frühjahr wurden die Priele mit Pricken und Tonnen markiert, um die Wattenfahrt zu sichern. Im Winter dagegen lag das Watt – abgesehen von einigen Strandräubern und schlecht beratenen Schiffern – verlassen da.

Am Rande der Welt

Die Küsten des Wattenmeeres sind seit Jahrtausenden von Menschen bewohnt (Meier 2006; Knottnerus 2005; Ders. 2001 a). Dennoch betrachtete sich der Mensch dort nicht als Teil des natürlichen Lebensraums. Besonders im Spätmittelalter und in der Frühen Neuzeit wurde die Natur häufig als Gegensatz zur Zivilisation verstanden, im besten Falle als eine Art von Gegenzivilisation mit eigenen Regeln und Eigentümlichkeiten, häufiger sogar als ein potentieller Gegner, der herausgefordert und besiegt werden

3 Zur früheren Artenvielfalt im Wattenmeer: Lotze/Reise/Worm u.a. 2005. Zur negativen Bewertung der Seeadler: Bächtold-Stäubli (Hg.) 2000,1: 174–190 (Adler); Müllenhoff 1976: Nr. 335: Hexen verwandelt in Adler, hier wohl Seeadler; Teenstra 1843/1973: 73.

4 Zum kulturellen Umfeld, an dem Jan Cornelis Femmes teilhatte: Knottnerus 2004 a.

5 Exemplarisch zum Eindringen des Calvinismus: Frijhoff 1995.

musste. Erst seit der Aufklärung und der Romantik begann man, die Natur an sich zu würdigen, zu schätzen und ihre Phänomene zu studieren. Ungeachtet dessen hielt sich die alte Vorstellung, die Natur stehe im Gegensatz zur Zivilisation, bis in unsere Zeit. Dies wird insbesondere im Umgang mit Katastrophen (vor allem Sturmfluten), Krankheiten und allgemeinem Zerfall sichtbar, aber auch in der Verherrlichung der ›reinen‹ Natur, die noch nicht durch menschliches Eingreifen korrumpiert sei, ein Gedanke, der in den sechziger Jahren des 20. Jahrhunderts aufkam und sich bis heute behauptet (Groh/Groh 1996; L. Fischer 1997).

Rückblickend könnte man meinen, dass die Küste seit jeher ein Freiraum war, in dem die alltäglichen Beschränkungen der Zivilisation durch die unbegrenzte Weite des Meeres aufgehoben wurden. »Meeresluft macht frei«, hieß es bereits im Mittelalter, als sich zahlreiche Leibeigene des westfälischen Hinterlandes eine neue Existenz in den friesischen Küstenstädten schufen (Schmidt 2003). Aus heutiger Sicht könnte man vermuten, dass die privilegierten Einwohner der frühmodernen Küstenbezirke ihre vermeintliche Freiheit den anscheinend unbegrenzten Möglichkeiten verdankten, welche die Nähe des Meeres bot. Offenbar wurden die Bewohner des Küstengebiets durch das Leben am Meer zu freiheitsliebenden Individualisten (Slicher van Bath 1948/1978).

Doch muss man sich vor Anachronismen hüten. Die Chancen, die die Küste bot, waren mit dem Risiko einer ungesicherten Existenz verbunden, einem Leben in einer von Gefahren bedrohten Umwelt, in der man nur im Schutz der Gemeinschaft bestehen konnte. Es ist ein weit verbreitetes Missverständnis, dass jene, die sich alltäglich großen Gefahren aussetzen mussten, leichtsinnig oder gar todesverachtend waren. Dieses Vorurteil gegenüber Küstenanwohnern und Seeleuten findet sich häufig im mittelalterlichen und frühneuzeitlichen Abendland. Wer sich eine Existenz hinter von Sturmfluten gefährdeten Deichen aufbaute und sich aufs Meer hinauswagte, wird leicht als Repräsentant einer modernen Mentalität angesehen, die sich durch besondere Unternehmungslust und Risikobereitschaft deutlich von den traditionsbewussten Bewohnern des Binnenlands unterschied.

Das ist jedoch eine voreilige Schlussfolgerung. Die abendländische Kultur empfand, ebenso wie ihre tribalen und imperialen Vorgänger, großes Misstrauen gegenüber den ungebändigten Kräften der Natur, denen die Errungenschaften des menschlichen Zusammenlebens offenbar gleichgültig waren.[6] Dabei ist zu bedenken, dass die frühmodernen Küstengesellschaften in West- und Mitteleuropa im Grunde genommen keine maritime Zivilisation hervorbrachten, wie etwa ihre polynesischen oder nordatlantischen Gegenstücke. Vielmehr behielten sie das kontinentale Muster in der neuen Umgebung bei: Es handelt sich um eine bäuerlich geprägte Zivilisation, die sich allmählich von den fruchtbaren Ackergebieten West- und Zentraleuropas bis in die entferntesten Wälder, Sümpfe, Steppe, Hochgebirge und Felsenküsten ausbreitete (Mann 1988). Im spätmittelalterlichen und frühmodernen Europa war das Leben in der Nähe des Meeres keineswegs selbstverständlich. Es gab abweichende Siedlungsformen in mehr oder weni-

6 Grundlegend: Gurjewitsch 1989.

ger verstädterten Landschaften, die aus zahlreichen Handelsniederlassungen und Häfen bestanden.[7] Sie waren durch gemeinsame Interessen und wirtschaftliche Beziehungen verbunden und bildeten ein weitgespanntes Netz, das sich entlang der Flussufer und Gebirgspässe tief ins Hinterland ausdehnte. Dennoch waren die Grundlagen der europäischen Zivilisation in erster Linie agrarisch und kontinental.

Die Küstenbewohner waren sich, wie die Seeleute, ihrer prekären Lage wohl bewusst. Die tägliche Auseinandersetzung mit einer Umwelt, die reich an Möglichkeiten, aber auch voller Gefahren war, führte zur verschiedenen Verhaltensweisen, die das vorhandene Risiko begrenzen und ihre lähmenden psychologischen Auswirkungen vermindern sollten. Es sind zahlreiche Verhaltensregeln für das Leben in der Nähe des Meeres überliefert, welche Strategien anbieten, mit denen das vom Wasser kommende Übel gebannt werden sollte. Das Leben an der Küste war, wie in vielen anderen »extremen Landschaften« am Rande der damals bekannten Welt (vgl. Meier 2003), immer in Frage gestellt und umstritten, es war – wie die Kulturanthropologen sagen – ›betwixt and between‹, halb und halb. Es musste sich in einer ambivalenten Lage, die dauernd neue Widersprüche hervorrief, behaupten.[8]

Es war ein Leben, das materiell versorgt, aber nicht gesichert war. Die Küstenbewohner achteten genau darauf, ob die Grenzen der Gemeinschaft unversehrt und deren innere Solidarität unangetastet blieben. Nicht der Hang zum Abenteuer und das Streben nach individuellem Erfolg waren allgegenwärtig, sondern vielmehr das Bestreben, sowohl die individuelle als auch die kollektive Integrität aufrecht zu erhalten. Fremde und Neuankömmlinge bekamen nur selten Zutritt zur Gemeinschaft; statt sie als gleichberechtigte Mitbürger aufzunehmen, wurde ihnen ein Sonderstatus eingeräumt (vgl. etwa Tomásson 1980).

Erst im Verlauf von Spätrenaissance, zweiter Reformation und Frühaufklärung änderte sich – wie Alain Corbin es in seinem Buch zur Entdeckung der Küste dargelegt hat – diese traditionelle gruppenbezogene Mentalität. Dies geschah jedoch nicht schlagartig, nicht überall zur gleichen Zeit und nicht ohne beträchtliche Rückschläge und Widersprüchlichkeiten (Corbin 1990). Die kulturellen Gegensätze zwischen dem vorwiegend evangelisch-lutherischen Norddeutschland und den religiös-pluriformen Niederlanden sind – meiner Ansicht nach – zum Teil auf Ungleichzeitigkeiten und innere Widersprüche in der Entwicklung zurückzuführen. Der englische Landjunker Fynes Moryson machte am Ende des 16. Jahrhunderts folgende Beobachtung: Während auf den hanseatischen Schiffen häufig Psalmen gesungen wurden, das Fluchen verboten war und der Name des Teufels nicht ausgesprochen werden durfte, herrschte auf den holländischen Kauffahrteischiffen eine anscheinend gelassene Atmosphäre, durch das Fehlen jeglicher Religionsäußerungen gekennzeichnet. Die autoritätsfeindliche und individualistisch anmutende Einstellung der Holländer hob sich, so kann man aus Morysons Beobachtungen

7 Fox 1972. Vgl. Knottnerus 1996. Zum Kontrast zwischen maritim und kontinental ausgerichteter Küstenkultur auch: Holm 1991.

8 Knottnerus 1997; Cabantous 1990. Grundsätzlich: Delumeau 1985: 49–63; N. Fischer 2006.

schließen, auffallend von den gruppenbezogenen und herrschaftsorientierten Verhaltensweisen ab, die ihm in Norddeutschland begegneten (Moryson 1907/1908, 4: 19f.). Ein ähnlicher Unterschied tritt bei der Auseinandersetzung mit Sturmfluten zutage. In den norddeutschen Küstenprovinzen – und zunächst auch im benachbarten Groningerland – führte man das Unglück auf das Wirken übernatürlicher Mächte und göttliches Eingreifen zurück. Ein lokaler Chronikschreiber meinte, dass die grausame Wasserflut von 1570 der biblischen Sintflut gleiche. Das Wasser brause wie am Tag des jüngsten Gerichts und künde – so wird hier impliziert – den baldigen Weltuntergang an. Andere Autoren sprachen die gleiche Warnung aus: Gott schicke das salzige Wasser immer öfter, weil Sünde und Bosheit sich häuften und vermehrten. Unschuldige müssten leiden, da Gott die Überlebenden kollektiv einschüchtern und sie dazu bringen wolle, ihr Leben zu bessern (Feith (Hg.) 1852/1853, 1: 347; Knutsen 1588/1989: 47). Man fragte sich, ob nicht eher Satan und seine Unholde die Schuld trugen, weil sie das Land mit Zauberwerk verwüsteten? Oder war der Teufel lediglich Mitverursacher der Katastrophe, die Gott den Menschen geschickt hatte? Die Sektiererin Anna Ovena Hoyers aus Eiderstedt meinte jedenfalls, das Ende der Zeiten wäre nun angebrochen: »Seit daß die Welt gestanden, / Ist nie gewest so groß, / Die Sünd in allen landen, / Der Teufel ist jetzt loß« (Hoyer 1650/1986: 289; Hinrichs 1985 a; Ders. (1985 b: 88); Jakubowski-Tiessen 2003 a und b).

Solche theologisch geprägten Erklärungsmuster, die auch im 17. Jahrhundert noch üblich waren, fanden sich in Holland nur selten. Hier herrschte bereits um die Mitte des 16. Jahrhunderts zu Deichbrüchen eine sachlich-juristische Einstellung, für die private Haftung und Schadensersatz im Mittelpunkt des Interesses standen. Die Flut von 1570, die in katholischen Kreisen als Strafe Gottes und der Heiligen für den Bildersturm galt, war in den Augen der holländischen Reformierten ein Naturereignis wie jede andere Flut und allenfalls ein Fingerzeig Gottes auf jene Dinge, die noch zu erwarten waren.[9]

Die Beobachtungen Morysons, die zum Teil mit denen anderer Reisender übereinstimmen, mögen zwar zutreffend gewesen sein. Man darf daraus aber nicht schließen, dass das Verhältnis der Holländer zum Meer immer so selbstverständlich war, wie es um die Wende zum 17. Jahrhundert schien. Die holländische Landschaftsmalerei hat zwar zum ersten Mal in der europäischen Geschichte die öden Landschaften am Meer, Strand und Dünen ästhetisch gewürdigt und zum Gegenstand der Kunst gemacht. Dennoch war diese anscheinend neutrale Haltung, wie Simon Schama in seinen Ausführungen über die Widersprüchlichkeiten der niederländischen Kultur wohl mit Recht betont, immer ambivalent. Die Holländer waren erpicht auf Reinlichkeit, sie hatten das tiefe Bedürfnis, die Grenzen, welche die menschliche Zivilisation von ihrem amphibischen Umfeld abhoben, immer wieder hervorzuheben. Das Leben am Meeresrand war – wie eine Seereise – voller schrecklicher Gefahren, sobald man das ewige Scheuern und Pumpen vernachlässigen würde. In dieser Vorstellungswelt bildete nicht das Wasser an sich, sondern vielmehr die Verlockung durch Sinneslust und Faulheit die schwerste Bedrohung, der man mit Selbstdisziplin begegnen musste. Hinter den anscheinend

9 Egmond 1997: 120ff.; Eßer 1997; Ders. 2001. Einwände bei Jakubowski-Tiessen 2003 b.

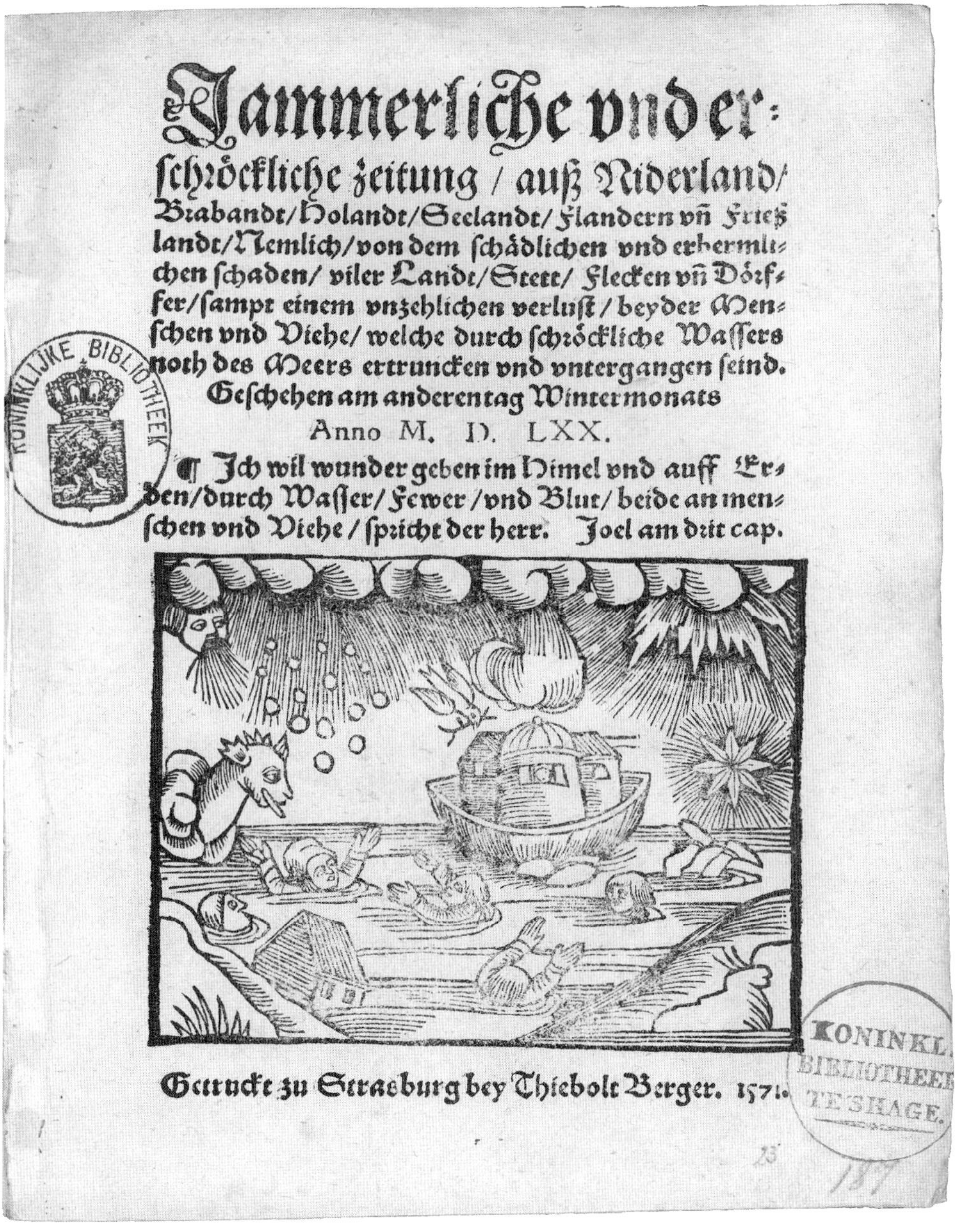

Jammerliche vnd er-
schröckliche zeitung / auß Niderland/
Brabandt/Holandt/Seelandt/Flandern vñ Fries
landt/Nemlich/von dem schädlichen vnd erbermli-
chen schaden/ viler Landt/Stett/ Flecken vñ Dörf-
fer/sampt einem vnzehlichen verlust / beyder Men-
schen vnd Viehe/ welche durch schröckliche Wassers
noth des Meers ertruncken vnd vntergangen seind.
Geschehen am anderentag Wintermonats
Anno M. D. LXX.

¶ Ich wil wunder geben im Himel vnd auff Er-
den/durch Wasser/Fewer /vnd Blut/ beide an men-
schen vnd Viehe / spricht der herr. Joel am drit cap.

Getruckt zu Straßburg bey Thiebolt Berger. 1571.

Abb. 2: Flugschrift zur Allerheiligenflut von 1570, vermarktet durch einen Verleger aus Straßburg.

Abb. 3: Buchillustrationen wie die Holzschnitte von Virgil Solis zur Ovids Metamorphoses (1563) waren maßgebend für die Vorstellungen, die man sich von den Sturmfluten machte.
Oben: Neptun, Herr der Meere, verursacht die Sintflut.
Unten: Sintflut mit Deucalions Arche.

Abb. 4: Wiederherstellung des St. Anthonisdeiches bei Amsterdam nach der Sturmflut am 5. März 1651. Ausschnitt aus einer Radierung von Pieter Nolpe (n. einer Zeichnung von Jan Esselens). Die Abbildung ist ein Beispiel der technisch-realistischen Sichtweise, die sich im 17. Jahrhundert in Holland durchsetzte.

ungezwungenen Umgangsformen steckte eine verbindliche Moral, die, auf den Einzelnen bezogen, nicht weniger Auswirkungen hatte als ihre kontinentalen Gegenstücke (Schama 1988; Bleeker 1975: 178f.).

Dieses Thema findet sich vor allem in der Marinemalerei, die die Schrecken des Meeres und das Unglück der Schiffbrüchigen bis in kleinste Details quasi-realistisch abbildete. Die typischen melodramatischen Seestücke, die in vielen Bürgerhäusern zu finden waren, thematisierten weniger das Böse im Meer, sondern präsentierten eine religiöse Metapher, die den Betrachter ermahnte, dass sich Glück und Wohlstand leicht ins Gegenteil verkehren konnten. Da Leben und Gut vergänglich waren, sollte man sich lieber um sein Seelenheil kümmern. Die traditionelle christlich-nautische Meeressymbolik besaß zwar, wie die Kunsthistorikerin Gerlinde de Beer betont, eine uneingeschränkte Gültigkeit (de Beer 1996: 1710). Doch verbanden sich klassische Schicksalsmotive und calvinistische Moral zu einem neuen, auf das Individuum bezogenen Weltbild, in dem nicht die kollektive Schuldtilgung, sondern die persönliche Verantwortung eine zentrale Rolle spielte. Die sozial bedingten Ängste vor dem Meer wurden demnach auf individueller Ebene sublimiert. Der Wunsch, dieses Weltbild anderen zu vermitteln, erfolgte eher aus einem verinnerlichten Pflichtgefühl heraus, als durch kollektiven Zwang.

Innerhalb der Generalstaaten gab es immer wieder Gegenbewegungen, die versuchten, die alten Gegensätze zwischen Gut und Böse auf intellektueller und kirchenpolitischer Ebene wiederherzustellen. Das oben erwähnte Experiment des Jan Femmes ist ein Beispiel dafür. In den Spukgeschichten, mit denen der erblindete Greis seine Enkel zum Schaudern brachte, klingt nicht nur mittelalterlicher Geisterglauben nach. Sie entstammen einer neuen Ära, in der nicht die Bändigung der äußeren Natur, sondern die Disziplinierung der eigenen Affekte im Mittelpunkt stand. Der Kampf zwischen Gut und Böse hatte sich von der Auseinandersetzung mit der Außenwelt ins Innere des Menschen verlagert: Man sollte das Böse nicht herausfordern, solange man sich nicht der Gnade Gottes sicher war. Die calvinistische Lehre der Prädestination war tief im Bewusstsein der Gläubigen verankert. Damit wurde die Außenwelt zu einem neutralen Handlungsraum, dessen Vorteile Seeleute und Abenteurer, die weniger Skrupel als der Landwirt Jan Femmes hatten, nutzten, ohne sich vor den bösen Mächten der Natur zu fürchten. Aufgrund dieses anscheinend unvoreingenommenen Verhaltens galten die Niederländer bisweilen als gefährliche Freigeister, von denen es hieß, dass sie – wie der sagenhafte fliegende Holländer des 19. Jahrhunderts – ihre Seele an jene Mächte verkauften, vor denen sich ihre Zeitgenossen noch fürchteten.[10] Es ist kein Zufall, dass die Spukgeschichten von Femmes erst durch den Frühaufklärer Balthasar Bekker überliefert wurden. Dieser war schon als Kind beeindruckt von der Geschichte, die Jan ihm selber erzählt hat. Bekker, der viele Belege für Geisterglauben gesammelt hat, kam zu dem Schluss, dass der Glaube an Zauberei und Gespenster lediglich eine Folge fehlenden Gottesvertrauens sei. Jan Femmes, so Bekker, hätte sich nicht in die gefährliche Situation im Watt bringen dürfen, weil er damit seinen Glauben an die göttliche Vorsehung und seine Seele in Gefahr gebracht habe. Bekkers Meinung verärgerte viele Zeitgenossen, weil er das offenkundige Wirken des Teufels nicht ernst nahm. Vor allem in pietistischen Kreisen führte man sich die christliche Zivilisation vor Augen, die durch das aufkommende Übel bedroht wurde (Bekker 1693/1997; Fix 1999; van Lieburg 2000; Ders. 2003).

Trutz nun, blanker Hans!

Sturmfluten und Malariaepidemien waren die schwerwiegende Gründe für die Furcht vor dem Meer. Die Folgen der einheimischen Malaria wurden jedoch häufig unterschätzt. Die mittelalterliche Vorstellung von den bösen Dämpfen, die von der Küste landeinwärts trieben, wurden von neueren medizinischen Erkenntnissen und theologischen Modellen abgelöst. In den holländischen und englischen Marschen glaubte man stattdessen einer neuen Krankheit verfallen zu sein, dem so genannten Landskorbut, die für eine Variante des Seeskorbuts gehalten wurde. Für diese Krankheit machte man den Mangel an Selbstdisziplin sowie Faulheit und Unmäßigkeit verantwortlich. Trotz der hohen Sterbequoten hielt man die häufig auftretenden Malariafieber für relativ unschädlich und erklärte deren verheerende Nachwirkungen als Folge des Skorbuts (Harcken 2004; Knottnerus 1999).

Darüber hinaus empfand man in Holland die saisonalen Überschwemmungen und Herbststürme zunehmend als weniger bedrohlich. Die meisten niederländischen Küstenprovinzen hatten nach der Allerheiligenflut von 1570 ihre Seedeiche so weit erhöht,

10 Eine beispielhafte Geschichte bei Henning Eichberg (1989: 407).

dass diese nur noch selten brachen. Die Sturmfluten gehörten nicht mehr, wie früher, zur alltäglichen Realität. Sie waren außergewöhnliche Katastrophen, deren Folgen sich nicht mit den gewohnten mentalen Konstrukten verarbeiten ließen. Die traditionelle Verteufelung des Meeres, die der stetige Kampf mit dem Wasser hervorrief, wurde durch eine neue Sichtweise abgelöst, in der die Sturmwinde und Meereswellen Werkzeuge Gottes statt entfesselte Teufelsgewalt waren.[11] In der zeitgenössischen Graphik machten Schilderungen des göttlichen Strafgerichts realistischeren Darstellungen von Deichschäden und Reparaturarbeiten Platz. Blätter deutscher Verleger verbreiteten dagegen eher traditionelle Vorstellungen von den holländischen Verhältnissen. Eine Ausnahme bilden jene melodramatischen Beschreibungen, die sich, wie die oben erwähnten Seestücke, auf das individuelle Schicksal konzentrierten.[12]

Die Entwicklung hin zu einer rationaleren Auffassung hat sich in Norddeutschland offenbar später durchgesetzt als in den Niederlanden, obgleich Ansätze davon auch dort vorhanden waren (Hagen 2005). Die holländischen Deichbautechniken gehörten zu den fortschrittlichsten der Frühen Neuzeit und wurden nach und nach in Deutschland übernommen. Darüber hinaus konnten die für den Deichbau verantwortlichen Instanzen sich in den Niederlanden besser durchsetzen als in Norddeutschland, wo die Verwaltung bis ins 18. Jahrhundert häufig mit Geldnot und Korruption kämpfte (Knottnerus 2004 b).

Die norddeutschen Theologen, die sich mit den Folgen der großen Sturmflut von 1634 auseinandersetzten, standen trotz ihrer Einwände einer Vorstellungswelt gegenüber, die von der Idee des Bösen, das im Meer allgegenwärtig war, geprägt war. Das lässt sich anhand eines Zitats aus der 1666 verfassten Nordfriesischen Chronik von Anton Heimreich (1626–1685), Halligpastor auf Nordstrandischmoor, veranschaulichen:

> »[...] dass Gott der Herr durch Auslassung der Wasser das Land könne umkehren, solches haben diese Nordfriesischen Landschaften nebst allen an der Westsee liegenden Marschländern am Tage Burchardi (so am Sonntage fällig) im 1634en Jahr besonders müssen erfahren, und zwar dazumal, wie man am sichersten gewesen, und die Deiche so wohl gestanden, dass Ocke Levesen in unserm Nordstrande sich vernehmen lassen, dass man nun einen eisernen Deich hätte, und Iven Acksen zu Rödemis gesaget, man könnte nun sicher hinten den Deichen schlafen, ja man [hat] auch wol auf denselben getrotzet, wie der Deichgraf in Risummohr, nach verfertigtem Deiche den Spaten auf den Deich gesetzet, und vermeintlich gesaget: »Trotz nun blanke Hans!« Und Knut Boyng in der Hattstedtermarsch hernachmals schmerzlich hat bereuet, dass er sich hiebevor hat bedünken lassen, dass man nun den Heiliglandern Trotz bieten könnte.« (Heimreich 1819, 2: 134f.)

11 Demgemäß fehlen den Niederlanden neuere Sturmflutstudien weitgehend. Vgl. de Vries/Winsemius 1970; Gottschalk 1971–1977. Für Norddeutschland maßgebend: Jakubowski-Tiessen 1992; Ders. 2001: 129.

12 Beispiele von Druckgraphik bei Keikes 1977–1978; vgl. de Beer 1996: 1277.

Der Passus enthält Auffassungen, die uns nur schwer verständlich erscheinen. Zunächst ist da der Ausruf »Trutz nun, blanker Hans!« Angeblich handelt es sich um einen gewagten Scherz, ganz im Geschmack der Spätrenaissance. Er stammt vom Deichgrafen von Risummohr, der namentlich nicht genannt wird, aber die übrigen Anwesenden hinsichtlich seiner Bildung und seines sozialen Ansehens weit überragte. Vermutlich handelt es sich um den wohlhabenden Patrizier Johann Clausen aus Tondern (1591–1655). Dieser war seit 1621 Deichgraf des gleichnamigen Amts, zu dem auch Risum und die anderen Dörfer der Bökingharde gehörten. Er war ebenfalls Kornschreiber, später Amtsschreiber, beteiligte sich finanziell an dem neu eingedeichten Brunottenkoog, pachtete seit 1629 das herzogliche Gut Solwig und später beträchtliche Ländereien im Gotteskoog. Schon als junger Mann galt er als Fachmann des Deichwesens: Zusammen mit dem holländischen Ingenieur Abraham de Mol und dem Großbauern Folquart Michels aus Koldenbüttel wurde er 1615 vom Herzog mit einem Gutachten über die Wiederherstellung der bedrohten Deiche auf Nordstrand beauftragt. In seiner Funktion als Deichgraf hat er mindestens dreimal (1623, 1625 und 1630) wichtige Deichreparaturen im Risummoor geleitet. Nach der großen Flut zog er sich aus seinen Ämtern zurück und wurde 1635 zum Ratsmitglied in Tondern gewählt. Clausen gehörte zu jenen Kreisen, die ungeachtet der verheerenden Folgen der Flut ihren Reichtum durch freundschaftliche Beziehungen und landesherrliche Protektion konsolidieren konnten.[13] Das gleiche gilt vermutlich für zwei andere namentlich bekannte Frevler. Der Nordstrander Landeshauptmann Ocke Levesen, der bereits vor der Flut riesige Flächen im Deichvorland erworben hatte, profitierte vom Elend anderer Inselbauern, indem er ihre brachliegenden Ländereien für wenig Geld erwarb (von Chamisso 1986: 55, 59, 107, 285). Der Stiftsvogt in Rödemis, Iven Axen (1574–1663), war seinerzeit einer der führenden Deichbeamten im herzoglichen Teil Schleswig-Holsteins. Nach 1634 hatte er vor allem in der Südermarsch Besitz, nachdem seine Ländereien in der Lundenbergerharde größtenteils verloren gegangen waren (Kellenbenz 1960: 338.) Den Namen des Deichgrafen lässt Heimreich vermutlich deshalb unerwähnt, da Clausens angesehene Stellung seine öffentliche Denunziation verbot.

Der Deichgraf, so Heimreich, habe das Meer verhöhnt, indem er es aufforderte, das Land wieder einzunehmen. Die Nordsee wird hier als »Blanker Hans« und damit als Person angesprochen, bei der man die Deichschuld beglich oder es jedenfalls behauptete. Sollte der Blanke Hans damit nicht einverstanden sein, dann hätte er – nach altem Spatenrecht – sofort den Spaten selber aufnehmen und das Land wieder in Besitz nehmen müssen.[14] Da er das aber nicht tat, verlor er seinen Anspruch.

13 Andresen 1937: 120, 137ff., 189, 227; Ders. 1910/11: 59; Ders. 1939/40: 137, 149; Ders./Stephan 1928, 2: 380f., 400; Volquardsen 1965: 36; Sax 1983–1988, 2: 131; Müller/Fischer 1936: 86, 153; Sandelmann 1997: 26; Pauls 1931. Es ist in diesen Jahren kein anderer Deichgraf im Amt Tondern bekannt. Vgl. dennoch den erfahrenen Deichbaumeister Jens Lafrensen aus Risummohr, der 1614 und 1617 auf Nordstrand tätig war: Heimreich 1819, 2: 101; Boethius 1940: 116.

14 Feikes 1937, 1, 154–164; Grimm/Grimm 1854–1971, 22: 1105, 1115–1135. Ich danke für diesen Hinweis Fiete Pingel.

Heimreich betont, dass der Deichgraf das Böse im Meer als Person angesprochen und es damit der Lächerlichkeit preis gegeben habe. Sämtliche Einwohner der Gegend seien durch Clausens Scherz zu Schaden gekommen, denn das Meer habe, von Gott beauftragt, riesige Landstriche zurückgenommen und damit die kollektive Schuld beglichen. Der Mensch, so Heimreich, solle Gott nicht mit unbedachten Scherzen verärgern, sondern die Deichordnung befolgen: »Welche Ordnung denn nothwendig muß gehalten und beobachtet werden, wo man nicht den Heiligländern, so sich oft ungenöthiget einstellen, Thüre und Thore will eröffnen« (Heimreich 1819, 2: 134f.).

Wir kommen auf die Bedeutung der Heiligländer, wie Heimreich die Sturmflut umschreibt, später noch zurück. Bereits als Junge hatte der Autor den Untergang seines Heimatortes Trindermarsch miterlebt. Nach seinen Studienjahren, die er teilweise in Holland verbrachte, führte er ein Leben als Halligpastor auf Nordstrandischmoor, einem ehemaligen Marschendorf, dessen Deiche der Flut von 1634 nicht standhielten und verschwanden (Lohmeier 1976: 86; Hansen 1903/1904). Heimreich hatte wenig Verständnis für die alte Bildersprache der Renaissance; die lutherische Orthodoxie war ihm vermutlich vertrauter. In seinen Augen waren die ritualisierten Gegensätze zwischen Deichgemeinschaft und Meeresgewalt endgültig überholt. Stattdessen konzentrierte er sich auf die moralischen Schwächen der Küstenbewohner, einschließlich ihres Aberglaubens. Seiner Meinung nach waren es vor allem Eigennutz und Selbstüberschätzung, die dazu führten, dass man die Deiche nicht rechtzeitig erhöhte. Sowohl Deichbeamte als auch Großbauern hatten ihre sozialen und moralischen Verpflichtungen vernachlässigt und damit Gottes Strafe ausgelöst.

Es fragt sich, ob Heimreich in seiner Episode Volkstümliches aufgriff, ältere Berichte fälschlich wiedergab oder diese Berichte lediglich in einem gelehrten theologischen Zusammenhang forcierte. Einiges spricht für letztere Annahme: Die Bezeichnung »Blanker Hans« begegnet uns in keiner anderen Quelle. Überhaupt waren derartige Personifizierungen des Meeres ungebräuchlich. Bekannt ist der Dollart, dessen Name aber erst Ende des 15. Jahrhunderts auftaucht und vermutlich ›Grube‹ oder vielleicht auch ›Totengrube‹ bedeutet, nicht aber – wie Ubbo Emmius meinte – ›toller Art‹. Die volkstümliche Andeutung ›Olle Tjoart‹ begegnet uns erst in jüngerer Zeit. Es ist unwahrscheinlich, dass mit dem Blanken Hans ein Wassergeist gemeint war. Der Glaube an Wassergeister hat sich vorwiegend auf die an Flüssen und Tümpeln gelegenen Gegenden im Binnenland beschränkt; vereinzelte Belege aus dem Küstenbereich – wie die Sage von Ekke Nekkepenn auf Sylt – sind größtenteils literarische Erfindungen des 19. Jahrhunderts (Muller 1918; de Haan 1974: 42ff.; Krogmann (Hg.) 1966: 17, 30–33).

Am ehesten könnten die sonderbaren Meermänner oder Seefrauen gemeint sein, die gelegentlich in der zeitgenössischen Publizistik erscheinen. In der Literatur der Renaissance finden sich hin und wieder Berichte über eine unterseeische Parallelwelt, deren Angehörige sich manchmal an die Oberfläche verirrten. Diese Erzählungen wurden in den gelehrten theologischen Diskursen des 17. Jahrhunderts in der Regel für wahr gehalten, da auch die klassischen Autoren diese zu bestätigen schienen (Moser-Rath 1964: 46, 48–51). In verschiedenen Büchern und Flugschriften konnte man sich an Darstellungen von Seemönchen, Meerbischöfen und Seeweibern ergötzen, so wie sie bereits Conrad Gessner in seinem Fisch-Buch (1558) zeigte. Ältere Handschriften boten zudem eine reiche Auswahl an Ungeheuern und Seeteufeln, deren Existenz zwar nicht befriedigend erklärt und eingeordnet werden konnte, deren Gestalt man aber in aller vermuteter Hässlichkeit zur Schau stellte. Es gab Berichte über boshafte Seetrolle und andere teuflische Kreaturen, die angeblich die nördlichen Meere bevölkerten. Die Carta Marina von Olaus Magnus (1539) bietet einen Katalog, der dem Publikum sämtliche Übel des nördlichen Atlantiks vor Augen führte. Bücherkultur und Verlagswesen, Predigten und Volksglaube beeinflussten einander gegenseitig. Dadurch haben Bilder und Gedanken, die zunächst nur wenigen bekannt waren, sich allmählich über ganz Westeuropa verbreitet (Gessner 1670; Egmond 2005; Röhrich 1999: 192; Olaus Magnus 1539).

Dennoch mag mit dem Blanken Hans letztlich kein Meereswesen, sondern eher eine menschliche Gestalt bezeichnet worden sein: ein armer Schlucker, ein Hanswurst oder Schmalhans, ein versoffener Kerl, dessen schlichter Name darauf verweist, dass er in den weit verzweigten Familienkreisen der friesischen Marschbauern ein Außenseiter war.[15] Die Bezeichnung »blank« wird hier im negativen Sinn verwendet und bedeutet so viel wie ›unverteidigt, schutzlos‹ oder auch ›überschwemmt‹. Letzteres ist vermutlich verwandt mit dem altfriesisch-altniederländischen Blek oder Blink, was so viel wie ›Anschwemmung, Schlick, überschwemmtes Land‹ bedeutet, das wiederum dem niederdeutschen blecken, blicken ›entblößen, sich ausziehen‹ entspricht.[16] Die landschaftliche Bedeutung ›uneingedeicht‹ tritt aber hinter die soziale Herabwürdigung zurück. Blank ist weitgehend gleichbedeutend mit dem altfriesischen blât ›arm, nackt‹ und werelâs ›schutzlos‹ sowie dem mittelniederländischen bloot oder cale, calu ›nackt, unbedeckt, ärmlich‹ und dem niederdeutschen plotern ›armselig, schlecht‹. Letzteres umschrieb einen ärmlichen Deich, dem die Grasnabe fehlte. Als Blâta (›Hintersassen‹), Blâtman (›Wehrlose‹) oder Kalissen (›Bettler, Umläufer‹) wurden diejenigen Leute bezeichnet, die in der spätmittelalterlichen Fehdegesellschaft ihr Recht nicht verteidigen konnten, weil ihnen dafür die finanziellen Mittel und die entsprechenden Verwandtschaftsbeziehungen fehlten.[17] Der Blanke Hans geht leer aus, weil ihm niemand helfen kann. Als Schlussakt seines Debakels treibt der Deichgraf, der die gesellschaftliche Verantwortung für den Deich trug, den Spaten in den Deich. Damit werden Nachbarn und Verwandte noch einmal aufgefordert, im Sinne des Beispruchsrechts ihre Ansprüche geltend zu machen und das Land mit den damit verbundenen Verpflichtungen in Besitz zu nehmen. Da jedoch niemand den Spaten aufnimmt, sind Land und Deich der Landesherrschaft zugeschlagen.

15 Grimm/Grimm (1854–1971, 10: 457–462 (Hans); de Vries/te Winkel 1882ff., 5 [1900]: 210-214 (Hans); Hansen 1905/1906. Grundsätzlich zu den ›Ungesippten‹ in der Fehdegesellschaft: Stoob 1959: 272, 276.

16 de Vries/te Winkel 1882ff., 2.2 [1903]: 2781–2785 (blank), 2846 (blik); Schönfeld 1949; Philippa 2003: 324, 332; Schiller/Lübben 1875–1881, 1: 351 (blank), 353 (blecken, blicken).

17 Pingel 1998. Kalis soll allerdings nicht von calu ›kahl‹, sondern von Calé ›Roma, Zigeuner‹ abgeleitet worden sein. de Vries/te Winkel 1882ff., 2.2 [1903]: 2918–2922 (bloot); 7.1 [1926]: 965–970 (kalis). von Richthofen 1840/1970; 652, 1141. Neocorus 1827, 1: 431, 595 (plotern).

Über den Anlass der Worte des Deichgrafen ist nichts Näheres bekannt. Der Scherz hat den umstehenden Personen – vermutlich Deichvorsteher und Arbeitsvolk – wegen seiner Mehrdeutigkeit sicher große Freude bereitet, sonst hätte man ihn nicht weitererzählt. Ganz im Sinne des Zeitgeistes wurde die Natur scherzhaft allegorisiert, wodurch sich die von alltäglichen Ängsten hervorgerufenen psychischen Spannungen im Gelächter entladen konnten (vgl. Rieken 2005). Zugleich wurden jene Kleinbauern verspottet, die sich am Deichbau nicht beteiligt hatten und jetzt von fremden Investoren aus dem großbürgerlichen Umfeld des Deichgrafen abhängig wurden. Aus Sicht der evangelisch-lutherischen Orthodoxie war der Spruch Clausens riskant. Die Rede von der gebändigten Natur, die ihre Rechte an den Menschen abtreten muss, forderte in den Augen vieler den Teufel auf, sein Recht in Anspruch zu nehmen. Die Gleichsetzung des Meeres mit dem Blanken Hans, einer ohnmächtigen Spottfigur, war für Lutheraner, die das Böse im Meer einem einheitlichen Teufelsbegriff angliederten, unakzeptabel.

Animam quaeri

Die Ausführungen Heimreichs klingen in einer zweiten Erzählung nach, die ein junger ostfriesischer Pietist nach der Weihnachtsflut von 1717 aufzeichnete. Direkt oder indirekt mag er sich an Heimreich orientiert haben, doch fügt der Erzähler weitere Einzelheiten hinzu:

> »Die Sicherheit unter den Leuten ist sehr groß gewesen. Sie haben sich nimmermehr eingebildet, dass ein solche erschreckliche Fluth sie betreffen könnte. Sie haben auff die wenige Erde oder auf ihre Teiche und Dämme recht getrotzet, einige freche Menschen, die nahe an der See gewohnet, haben dem Meer einige Schimpffnahmen gegeben, und wenn es gebrauset, wie dan der liebe Gott schon offtmals vorher zur Warnung das Wasser so hoch als die Teiche aufschwellen und toben lassen, so haben sie wol zum Spott gesagt: ›Hört! er pollert einmal‹ (das Meer verstehende). Ja, nicht lange vor der Fluth, als das Wasser so hoch gewesen, dass es mit den Teichen gleich gestanden und, wenn die Wellen angetrieben gekommen, offtmals das Wasser über die Teiche herüber aufs Land, geschlagen und gesprützet, so hat ein verwegner Mensch eine Katze todt geschlägen, ist damit nahe an den Teich gegangen, hat auch solche Katze über den Teich in die auffgeschwollene See geworffen und hat sich gegen dem Meer eines gewißen Schimpff-Namens bedienet und gesagt: ›Da friß wieder etwas, du hast bisher genug ausgespien‹, damit er das Wasser gemeinet, welches die See gleichsam über die Teiche und Dämme herübergespien hatte.« (Weiske 1927: 31).

Auch in diesem Fall könnte man einen gelehrten Scherz vermuten. Die Vorstellung, dass eine Deichlücke sich durch ein Opfer schließen ließe, war jedoch weit verbreitet. Um

1600 verweist der Dithmarscher Chronikschreiber und Dorflehrer Neocorus auf den Ursprung dieses Motivs, indem er »die Alten« in lateinischer Sprache zitiert:

> »Und hadden de delver sich mit groten unkosten an holt, balken, struk daran versocht, den ort to dempen, konden nicht; de Olden seden: animam quaeri, men scholde ein Kat edder Hunt darin drenken, alß dißer gebleven, wert it mit der Lichte thogeschlagen.«[18]

> [Und hatten die Deicharbeiter mit großem Aufwand an Holz, Balken, Busch versucht, die Lücke zu schließen, aber konnten es nicht; die Alten sagten, dass man eine Seele (ein lebendiges Wesen) suchen müsse, man solle eine Katze oder einen Hund darin ertränken; wenn diese darin blieben, würde sich der Durchbruch leicht schließen lassen].

Neocorus greift auf eine durch Livius überlieferte Begebenheit zurück. In der römischen Volkssage opferte sich der Soldat Marcus Curtius den Göttern, indem er sich mit seinem Pferd und seinen Waffen in einen klaffenden Erdspalt auf dem Forum Romanum stürzte, damit dieser wieder geschlossen werden konnte. Im 16. Jahrhundert galt die Heldentat als Exempel individueller Opferbereitschaft für die Gemeinschaft. Lucas Cranach d.Ä. schuf 1506/07 einen Holzschnitt zu diesem Thema. Die Szene erschien 1518 auf dem Titelblatt der Plinius-Ausgabe von Thomas Anselmus von Baden und wurde 1586 in die populäre römische Heldenserie von Hendrick Goltzius aufgenommen. Über holländische Fliesen wurde der Entwurf von Goltzius vermutlich auch in Norddeutschland bekannt. Das antike Opfermotiv findet sich häufig auf frühmodernen Majolika-Tellern, Kachelöfen und Wandgemälden. [19] Es findet sich auch auf einer Schenkschieve, einem repräsentativen Schrank aus Pellworm, die inschriftlich auf das Jahr 1656 datiert ist. [20] Sicherlich war das Opfer des Marcus Curtius, wie viele andere Episoden aus der antiken Literatur, den gebildeten Großbauern der Nordseemarschen geläufig.[21] Die Schlucht,

18 Neocorus 1827, 2: 340. Weitere Hintergründe bei Lüdtke 1992.

19 Titus Livius: Ab urbe condita, Buch 7, Kap. 6; Richardson 1992: 229–230; Hollstein 1960: Nr. 106; C. Plynii Secundi: Naturae historiarum libri XXXVII, Hagenau 1518. Siehe etwa Bildindex der Kunst und Architektur des Bildarchivs Foto Marburg, Ikonographie 98 B (Curtius, Marcus) (http: //www.bildindex.de; letzter Zugriff 15.11.2006). Gierveld/Pluis 2005: 106. Ich danke Piet Bakker für den Hinweis. Vergleichbare Belege aus etwas späterer Zeit: Stupperich 1984; Reznicek 1961, 2: 74, Nr. K 142. Curtius als Vorbild: Die autobiographischen Aufzeichnungen Hermann Weinbergs, 27.12.1595 (http://www.weinsberg.uni-bonn.de; letzter Zugriff 15.11.2006). Nicht zugänglich war mir Radasztics 1991.

20 von Chamisso 1986: 58f. Freundlicher Hinweis von Ulrich Schneider, Schleswig-holsteinische Landesmuseen Schloss Gottorf, Schleswig. Redlefsen 1983: 14, 29; Müller 2000: 445f.; Nissen 1976. Dagegen traten im bremischen Raum die klassischen Motive weitgehend hinter die biblischen zurück: Horbas 1994: 48, 188f.

21 Zur Rezeption der gebildeten Buchkultur in Westfriesland um 1600: Knottnerus 2004 a; Bergsma 1988. Zur Tiefenwirkung der Renaissancekultur: Balestracci 1999.

Abb. 5: Der Sturz von Marcus Curtius in einen klaffenden Erdspalt im Forum Romanum. Die Radierung von Hendrick Goltzius (1586) stand Modell für die Bemalung eines repräsentativen Schrankes von der Insel Pellworm, die inschriftlich mit 1656 datiert ist.

aus der die tödlichen Dämpfe aufstiegen, galt den Küstenbewohnern als Metapher für die Lücken in ihren Deichen sowie für die Krankheiten, die auf jede Sturmflut folgten.

In Ovids Erzählung von König Laomedon von Troja wird dem Meeresungeheuer Ketos eine Jungfrau geopfert, nachdem Neptun das Land überschwemmt hat, weil man seine Arbeit an den Stadtmauern unbezahlt ließ. Die mythologischen Berichte von Meeresmächten, denen Menschen geopfert werden mussten, ließen sich leicht auf die Sturmfluten übertragen, welche die Küstenbezirke trafen: Der Meeresgott forderte seinen Tribut für den Deichbau und schickte, wenn man ihn nicht bezahlte, seinen teuflischen Gehilfen, den schrecklichen Seedrachen, der sich nur durch ein Menschenopfer besänftigen ließ. Zu allem Übel sandte Apollo eine Seuche. Ähnlich heißt es über die schöne Andromeda, dass sie einem Seedrachen geopfert werden sollte, um den Hochmut ihrer Eltern zu sühnen. Die Andromedasage gehörte – nicht zuletzt wegen ihres erotischen Gehalts – zum Kanon der Renaissancekunst.[22] Bisweilen stellte man das Ungeheuer auch als Seelöwe oder großen Fisch dar, wie in einem Stich von Jacob Matham von 1597, der nach einem Entwurf von Hendrick Goltzius angefertigt

22 Publius Ovidius Naso: Metamorphoses, IV: 670–733, XI: 199–215. Huber-Rebenich 2001: 159f.

wurde.[23] Man findet diesen Mythos beispielsweise in einem 1653 verfassten Lobgedicht auf den holländischen Vize-Admiral Jacob van Wassenaar. Es feiert den Seehelden als Hüter des göttlichen Schwertes, mit dem das Meeresungeheuer erschlagen wurde, das die holländische Andromeda zu verschlingen drohte.[24] Diese säkularisierte Bildsprache, die in Holland ganz selbstverständlich zur großbürgerlichen Stadtkultur gehörte, galt in den norddeutschen Küstenbezirken vermutlich als arrogant und leichtsinnig. Gleichwohl ist anzunehmen, dass die antiken Mythen in der großbäuerlichen Honoratiorenschicht der Küstengesellschaft durchaus rezipiert und verarbeitet wurden.

Hinter dem lateinischen Zitat von Neocorus mag sich noch eine andere Erfahrung verbergen. Danach soll sich ein Mann – trotz der Gefahr – lieber am Meeresrand inmitten der Schlangen zur Ruhe legen, als dem Feind zu vertrauen, der nach seiner Seele trachtet (»quaerit animam«). Der Spruch stammt aus dem altindischen Buch der Weisheit (Pantchatantra), einer Sammlung von Tierfabeln, die seit etwa 1480 durch die Übersetzung von Johannes von Capua in Westeuropa bekannt wurde. Eine weitere Parabel aus dieser Sammlung handelt von einem Wasservogel, der gemeinsam mit seinen Freunden dem Herrscher des Meeres den Kampf ansagte, weil das Wasser ihm seine Jungen nahm. Der Meeresfürst gab angesichts des massiven Widerstands nach und schickte die Jungen heim.[25] Offenbar meinte Neocorus, dass der Menschenhunger des Meeres nicht zu stillen ist. Zwar behaupteten die Vorfahren, man könne die Wut mit einem Opfer besänftigen, wie Marcus Curtius es tat, doch solle man sich besser auf Deichbau und Gottes Hilfe verlassen.

Die Opfergabe an das Böse im Meer findet sich bereits um 1530 bei dem ostfriesischen Gelehrten Henricus Ubbius. Dieser berichtete seinen italienischen Freunden, dass seine Landesleute einen Deichabschnitt aufgrund ihrer häufigen Fehden so vernachlässigten, dass sie »alle Weiden außerhalb der neuen Deichflucht in Stich lassen und gewissermaßen Neptun opfern« mussten (Ritter 1913/1914: 97, zit. n. Ohling 1933: 9). Der Meeresgott Neptun erscheint hier allerdings als Metapher, noch ganz im Sinne des frühen Humanismus, dessen Einfluss auf weite Bevölkerungsschichten im Laufe des 16. Jahrhunderts zunahm.

Das Motiv begegnet uns auch im weit verbreiteten Volksglauben. Allgemein bekannt war die Sage der verdammten Seelen und bösen Geister, die, in ein Gewässer verbannt, an bestimmten Tagen ein menschliches Opfer forderten. Häufig hörte man vorher den Ruf: »Die Stunde ist da, aber der Mann nicht ». Es handelt sich hier zwar um eine moralisch-didaktische Sage, welche die Sünder zur Besserung mahnte, bevor das Böse Besitz

23 Hendrick Goltzius, Perseus und Andromeda, 1597, Zeichnung, The Royal Collection, London, 26.1 x 37.6 cm. Abgebildet in: Roberts (Hg.) 2002. Reznicek 1961, 2: 285, Nr. K 106. Jacob Matham nach Hendrick Goltzius, Perseus und Andromeda, 1597, Kupferstich, Universitätsbibl. Tartu, 27.1 x 37,6 cm.

24 »[...] om ›t Zeebeest te verdelgen, / Dat altoos heeft getracht om Holland in te zwelgen [...]« (Coster 1883: 615).

25 »Si iaceret homo in litore maris prope aquam et super colubrem, tutius posset ibi dormire, quam confidere de inimico, qui suam quaerit animam«. Bidpai 2006: C5v-D1r, D5r-D6v. Vgl. 1. Sam. 20,1 und 2. Sam. 16,11.

von ihnen nahm, und um eine rationelle Erklärung für Selbstmord und schmachvollen Ertrinkungstod. Doch viele Zeitgenossen glaubten dieser Sage. Eines der bekanntesten dieser Gewässer war die Nobiskuhle bei Altenesch (Lkr. Wesermarsch), in der man einen Frevler, der den Deich durchstochen hatte, hingerichtet haben soll.[26]

Bekannt ist die Sage von der Leiche im Deich, auch ihr hing ein weit verbreiteter Glaube an. Angeblich warfen Deicharbeiter ein lebendiges Wesen in eine Deichlücke, um sie endlich schließen zu können. Trotz Einwände der Deichbehörden habe man an diesem Brauch festgehalten. Oft soll es sich um Säuglinge gehandelt haben, die lebendig im Deich begraben wurden. Ein stichhaltiger Beweis für diese Praxis fehlt, aber die Überlieferung hielt sich hartnäckig. 1703 notierte der Pastor von Herzhorn (Kr. Pinneberg) den Bericht einer armen Frau, dass achtzehn Jahre zuvor zwei Deputierte aus Brunsbüttel ihren kleinen Sohn kaufen wollten. Nur durch das Einschreiten eines Bekannten sei dieser Handel verhindert worden. Die Einwohner des Ortes widersprachen dieser Darstellung, aber der Deichgraf bestätigte sie.[27] Ähnliche Berichte gibt es, wenn auch mangelhaft dokumentiert, aus anderen Küstenregionen. Der älteste Hinweis handelt von einem Bettler, den man 1468 im Fundament der Weichselbrücke bei Marienburg (Malbork) versenkt haben soll. Später ist immer wieder von (ungetauften) Zigeunerkindern die Rede, die geopfert wurden. In einigen Fällen, wie am Ellenser Damm 1615 oder an Steinhausersiel 1717 (Lkr. Friesland), soll es tatsächlich zum Kindermord gekommen sein. In anderen Fällen blieb es beim Vorhaben (Mariensiel 1717) oder man begnügte sich mit einem Hund, wie es noch zu Beginn des 20. Jahrhunderts in Ostfriesland gehalten wurde.[28]

Tieropfer waren bis in die Frühe Neuzeit üblich und lassen sich anhand zahlreicher Skelettfunde in Fundamenten sowie historischer Quellen belegen.[29] Sagen aus unterschiedlichen Landstrichen behaupten, dass manchmal auch Menschen geopfert wurden. Es heißt, dass Säuglinge, Bettler oder Frauen eingemauert oder in einem Loch versenkt wurden, damit der Bau von Kirchen, Burgen und Brücken zu einem guten Ende geführt werden konnte. Jedoch sind historische Belege dafür selten, und die wenigen archäologischen Funde lassen keine eindeutigen Schlussfolgerungen zu.[30] Möglicherweise handelt es sich bei den Überlieferungen um einen literarischen Nachklang von älteren Bräuchen. Und doch glaubte man an die Wirksamkeit des Opfers, das in den Augen der frühmodernen Landbewohner durchaus Sinn ergab.

Im Zentrum dieser Opfergeschichten steht ein didaktisches Motiv, das – wie bereits bei Heimreich – dazu diente, Leser und Zuhörer zum Schaudern zu bringen und sie von

26 Wildhaber 1958; Strackerjan 1909: 1: 287; 2: 374; Dykstra 1970, 1: 158.

27 Detlefsen 1976, 2: 432f., nach Chronik von Glückstadt 1886.

28 Müllenhoff 1976: 539; Strackerjan 1909, 1: 127f., 2: 374; Siemens 1935: 119; Jansen 1722: 326; Sundermann 1867: 20; Woebcken 1924: 203f.; Noosten 1957: 17 (»vor 40 Jahren«). Niederländische Fassungen der Sage sind mir nicht bekannt geworden.

29 Bächtold-Stäubli (Hg.) 2000, 1: 962ff. (Bauopfer), 3: 151 (Hausbau), 6: 1016f. (Neubau), 8: 908 (Tieropfer). Legant-Garau 1990; Gärtner 2005.

30 Beilke-Voigt 2003; Talos 1981; Ders. 1999. Bächtold-Stäubli (Hg.) 2000, 2: 712f. (einmauern), 4: 1361–1364 (Kinderopfer), 5: 956ff. (lebendig Begraben). de Vries 1927.

unchristlichen Praktiken abzuhalten. Neocorus zitiert zwar die Antike, doch prangert er damit die vermeintlich grausamen Sitten einer Zeitgenossen an. Die antiken Quellen – Tacitus an erster Stelle – geben nur selten Hinweis auf Opferrituale in der eigenen Gesellschaft. Die vermeintlichen Opfersitten der Germanen und anderer Nachbarvölker wurden dagegen häufiger zur Sprache gebracht und als barbarisch verurteilt.[31] Die wiederentdeckte Germania von Tacitus bildete sozusagen eine negative Schablone, die es ermöglichte, heidnische Relikte zu kritisieren (bloß zu stellen) und dem Publikum auf diesem Wege eine Lektion zu erteilen.

Deichfrevel

Die wichtigsten Quellen der Deichopfererzählungen finden sich nicht im Volksglauben, sondern im Deichrecht des Renaissancezeitalters. Seit der ersten Hälfte des 16. Jahrhunderts wird, unter der zunehmenden Macht der Landesherren, gelegentlich das Ertränken, Pfählen oder lebendig Begraben als Strafe für Deichfrevler erwähnt. Die Geschichte dieses Rechtsbrauchs ist jedoch noch weitgehend unerforscht. Man findet ihn vermutlich zum ersten Mal in einem Gerichtsurteil aus den Lüneburger Elbmarschen 1537 (von Gierke 1901/1917, 2: 678–685.). Sehr prägnant heißt es in einer Rechtshandschrift der Groninger Ommelanden, wohl aus der gleichen Zeit:

> »Waersoe een man delft off graft in den dyck, end dat solte water in loept, soe hoenet hy beyde hilligen end heeren, end alle luiden; end dat sulve gadt dat hy dulven end graven heft, daer hoertmen hem in to leggen, end dat gadt myt hem toe stoppen end toe dammen.«

> »Wenn ein Mann den Deich angräbt, und das salzige Wasser hindurchläuft, so beleidigt er sowohl die Heiligen als auch den Landesherrn sowie alle Leute; dafür soll man ihn in jene Öffnung, die er selber gegraben hat, legen, und sie mit ihm stopfen und abdichten.« (von Richthofen 1840/1960: 39 Anm.).

Die Bestimmung, dass Deichfrevler getötet werden sollen, ist dem Codex Justitianus (534) entlehnt. Dieser wurde im späten Mittelalter häufig zu Rate gezogen, um die Inkonsequenzen des Gewohnheitsrechtes auszugleichen und die Gewalt der Landesherrn zu stärken. Es heißt hier, dass Leute, welche die Deiche des Nils schädigen und sich, entgegen der überlieferten Gebräuche und alten Gewohnheiten, das Vorland aneignen, an Ort und Stelle ihrer Tat auf dem Scheiterhaufen verbrannt werden sollen. Diese Bestimmung taucht zuerst zu Beginn des 14. Jahrhunderts in einer holländischen Handschrift

31 Frenschowski/Röhrich 2002: 295. Vereinzeltes Beispiel in der Literatur: Titus Livius: Ab urbe condita, Buch 22, Kap. 57.

des Sachsenspiegels auf und wurde später in vielen juristischen Handbüchern übernommen.[32] In den Küstenbezirken wurde sie mit älteren volksrechtlichen Bestimmungen verbunden, die das Hinrichten von Ketzern, Frauenschändern, Homosexuellen und Landesverrätern sowie die Beseitigung ihrer Leichen betrafen. Nach Stedinger Deichrecht sollen Deichfrevler mit Pfählen am Deichkörper festgerammt werden, womit man angeblich die Rückkehr ihrer boshaften Seelen verhindern wollte. Die oben erwähnten Hinrichtungen in der Nobiskuhle waren demnach im frühneuzeitlichen Deich- und Landrecht begründet. Laut Eiderstedter Landrecht (1595) sollte der Deichfrevler gehängt worden, was offensichtlich in Deichnähe geschah.[33] Den Ehebrechern und Ehebrecherinnen drohte dagegen die Beerdigung bei lebendigem Leibe oder das Ertränken.[34] An den zerstörten Deichen der Dollartmarschen richtete man 1427 zunächst einen Galgen auf, bevor man mit der Wiederherstellung der Deiche begann (Friedländer (Hg.) 1968: Nr. 367). Doch konnte man auch auf einen Rechtssatz zurückgreifen, der bereits im 11. Jahrhundert bezeugt ist:

> »Thene witherstridega and thene hera sunder erum ursancma. [...] Sa thi sceltat halat fon sascha merkum thene haga helm and thene ridder, mon slait, hus barn, sa ach man hine to feran in thet northeff.«

> »Den Aufrührer und den ehrlosen Herrn ertränkt man. [...] Wenn ein Skeltata [Gerichtsbeamter] aus den sächsischen Gebieten den hohen Helm und den Ritter holt, Männer erschlägt und Häuser niederbrennt, so soll man ihn ins Nordmeer führen.« (Buma/Ebel 1972: 163, 172 [Nr. XVI, Art. 25 und 73]).

Es würde hier zu weit führen, die Geschichte dieser Bestimmung darzustellen, die ihre Wurzel bereits im Lex Frisionum des frühen 9. Jahrhunderts hatte. Wichtig in diesem Zusammenhang ist, dass die Todesstrafe im Laufe des 16. Jahrhunderts unter Einwirkung der Landesherren in vielen Deichordnungen aufgenommen wurde. Ob sie tatsächlich ausgeführt wurde, ist aber auch deshalb fraglich, weil die Täter ihre Strafen häufig abkaufen konnten.

Rituelle Bestrafungen wie diese, konnte man – nicht allein ihres Ursprungs halber – leicht als Sühneopfer der Gegenpartei auffassen. Gerade weil man den Übeltäter als Gehilfen des Teufels ansah, wurde seine Hinrichtung als ein Teilsieg im langjährigen Kampf mit den teuflischen Mächten gefeiert. Dieser Kampf wurde wiederum weitgehend aus dem Blick der mittelalterlichen Fehdeterminologie wahrgenommen. Man

32 »De nili aggeribus non rumpendis. [...] Si quis posthac per Aegyptum intra duodecimum cubitum fluminis nili ulla fluenta de propriis ac vetustis usibus praeter fas praeterque morem antiquitatis usurpaverit, flammis eo loco consumatur, in quo vetustatis reverentiam et propemodum ipsius imperii appetierit securitatem«. Codex Justitianus, Kap. 9, Art. 38, nach Krueger (Hg.) 1954, 2: 11; Streefkerk 1991: 29.

33 Dazu Feucht 1967; Feikes 1937: 181f., 200.

34 Wohlhaupter 1940: 136; Koehn 1961: 191. Das Ertrinken geschwängerter Mädchen in Dithmarschen wird eher auf die spezifische Problematik der agnatischen Geschlechterverfassung zurückzuführen sein.

muss dabei beachten, dass sich das mittelalterliche Fehdewesen in den Küstengegenden bis weit ins 16. Jahrhundert gehalten hat. Nur ausnahmsweise wurden gewalttätige Konflikte durch direktes Eingreifen der Landesherrschaft beendet; selten wurden Verbrecher direkt bestraft. Meistens akzeptierten die Geschädigten Kompensationszahlungen und symbolische Sühneleistung, wodurch eine Eskalation verhindert wurde. Auch die Landesherrschaft betrachtete widerspenstige Untertanen bisweilen als potentielle Fehdegegner, deren Angehörige sich nur durch hohe Sühnezahlungen der obrigkeitlichen Rache entziehen konnten.[35] Es war daher naheliegend, dass man die Begegnung mit der Meeresgewalt vom Fehdewesen ausgehend interpretierte. In der Terminologie des Fehderechts war die erlittene Kränkung – hier der Deichbruch – eine offene Wunde, die sich erst schließen ließ, nachdem sie gerächt worden war (Grönbech 1937 1: 31, 50, 62.). Ein Opfer zu fordern, ergab dann Sinn, wenn man die ständige Auseinandersetzung zwischen Menschen und Natur als gemeinschaftlichen Kampf zwischen Gut und Böse betrachtete.

In der Regel wird den üblichen Bauopfern in der Volkskunde eine magische Bedeutung zugemessen: Durch die Opferung habe man versucht, die Lebenskraft des getöteten Wesens auf das Bauwerk zu übertragen. Diese Argumentation trifft hier aber nicht zu. Auch die Annahme, dass man »ein Ersatzopfer für einen Angehörigen der eigenen Gemeinschaft« bringen wollte, womit sich – laut Leander Petzoldt – »das dämonische Wesen versöhnen und von schädlichen Wirken abhalten« ließe, geht fehl (Petzoldt 1989: 169). Grundsätzlich geht es nicht darum, ein Opfer zu bringen, sondern eines zu empfangen. Es wird kein eigenes Fleisch und Blut geopfert, sondern fremdes Leben, das dem Feind abgerungen wurde. Nicht ohne Grund hieß es, man sollte das Opfer für Geld erwerben oder sogar entführen.

Dessen ungeachtet hat man sich bereits im 16. Jahrhundert durch die klassische Lektüre, in der behauptet wurde, man opfere lediglich den Göttern, in die Irre führen lassen. Es stellte sich die Frage, inwieweit ein Rechtshandel mit dem Meer überhaupt möglich sei. Konnte man die Forderungen des Meeres mit einem Sühneopfer begleichen oder musste man den Kampf mit dem Bösen bis zum Ende führen? Sollte man sich – gewissermaßen im Namen des Teufels – mit der Natur verständigen oder sich ausschließlich auf Gottes Hilfe verlassen? In den gebildeten Kreisen war man sich in diesen und ähnlichen Fragen nicht sicher, umso weniger, da die Naturkräfte in gelehrten Büchern und repräsentativen Bildern zunehmend in Form mythologischer Sinnbilder dargestellt wurden, wodurch ihre negativen Eigenschaften hinter der ästhetischen Gestalt zurücktraten. Man traute sich selbst nicht mehr – und Anderen noch weniger, weil man annahm, dass viele Ungebildete bereit wären, einen Pakt mit dem Teufel einzugehen. Traditionelles Fehdewesen, intellektueller Scherz und ein von Ängsten geprägter

35 Wiebalck 1911/1912; Stoob 1959; Schubert 2005; Noomen 1999. Zusammenfassend zum bäuerlichen Fehdewesen: Phillpotts 1913; Reinle 2003.

36 Schmidt 1995; Steensma 1983: 199, 219f. Viele Beispiele in Dänemark: Den Synliggjorte Djævel. Fremstillingen af djævelen i de danske kalkmalerien (http://www.sognekirke.dk/devils/; letzter Zugriff 15.11.2006).

Volksglaube waren eng miteinander verflochten, beeinflussten einander und konnten leicht zu Missverständnissen führen.

Die Verurteilung eines falsch verstandenen Brauches konnte die Küstenbevölkerung jedoch nicht von der Opferpraxis abhalten – oder davon, sie zumindest in Erwägung zu ziehen. Alte Bräuche und mündliche Überlieferungen, die aus dem hohen Mittelalter oder sogar aus heidnischer Vorzeit stammten, wurden problemlos in das neuzeitliche Weltbild eingepasst. Hin und wieder wurde berichtet, man habe den Teufel betrügen wollen, indem man ihm etwas aus dem eigenem Topf – etwas Ungetauftes – gegeben habe. Dazu zählten nicht nur Hunde und Katzen, sondern auch Zigeunerkinder, Behinderte und Bettler, die nur bedingt zur menschlichen Zivilisation gerechnet wurden. Daher konnte man sie ohne Skrupel opfern, um die Gemeinschaft zu retten. Magisches Denken verdrängte allmählich den Racheakt: Das Opfer wurde zu einem Instrument, mit dem sich das Konfliktpotential abbauen ließ. Man rechtfertigte die als authentisch geltenden Opferpraktiken mit dem Hinweis, dass die Heiden seit jeher Menschen im Interesse der Gemeinschaft geopfert hätten. So lesen wir bei Heimreich, dass eine Gruppe von Zigeunern im Jahr 1607 »ein altes Weib, so nicht länger vermochte mit ihnen fortzureisen, an dem alten Kirchhofe in Pellworm lebendig begraben« hat, »welches dan weiland bei den Wendischen Ländern ein ehrlicher und löblicher Gebrauch ist gewesen«. (Heimreich 1819, 2: 86; Müllenhoff 1976: Nr. 112).

Der Gedanke, dass ein lebendiges Opfer die entfesselten Mächte des Wassers entweder abschreckte oder versöhnte, war den Leuten vertraut. Manche Küstengeschichten lassen sich in diesem Sinne deuten. Und auch umgekehrt: wann jemand im Wasser den Tod fand, meinte man, er wäre ein Opfer des Teufels, der lediglich geholt hätte, was ihm laut göttlicher Weisung zustand. Als 1546 eine Frau bei den Eindeichungsarbeiten in Eiderstedt in der Deichöffnung ertrank, wurde dieser Vorfall vermutlich als Sühneopfer für Fehltritte verstanden, die man der Frau nachsagte. Die Chronikschreiber berichteten daraufhin, dass die Lücke im nächsten Jahr mit Erfolg geschlossen wurde (von Rinteln 1746/1989: 65; Jasper 1977: 65). Ob und wie oft es wirklich zu Opferhandlungen gekommen ist, bleibt unklar. Der Pastor von Deezbüll in der Bökingharde notierte um 1640, dass man vor vierzig Jahre zuvor jemanden absichtlich aus einem Schiff geworfen hat, um auf diese Weise die Wellen zu beruhigen. Als das Opfer sich am Schiffsrand festhielt, schlug man ihm die beiden Hände ab. Diese Tat wurde bekannt, als die verstümmelte Leiche gefunden wurde. Angeblich empfanden die Gefährten des Opfers dessen Anwesenheit auf dem Schiff als eine Bedrohung für die ganze Mannschaft, da der Mann Ehebruch begangen hatte. Daher meinte man, dass der Teufel, mit dem sich das Opfer eingelassen habe, durch den Sturm seinen Anteil fordere (Petrejus 1995–1998, 1: 114). Diese Argumentation mag in der gebildeten Oberschicht Abscheu hervorgerufen haben, vor allem weil die Schiffsbesatzung offenbar einen Handel mit dem Teufel eingegangen war. Sie spiegelt aber einen weit verbreiteten Volksglauben wider. Der Nordstrander Pastor Johannes Petreus überliefert eine ähnliche Geschichte, die sich 1565 abspielte: Ein reicher Mann warf seine ehemalige Konkubine zusammen mit ihrem vierjährigen Sohn über Bord und schlug der Schwangeren, als sie sich am Boot festhielt, beide Hände ab. Der Mann behauptete, er habe sich dabei nicht vom Teufel verführen lassen, sondern lediglich Gottes Weisung befolgt. Vielleicht handelte es sich um einen Fall von Selbstjustiz, indem der Täter die Frau als Ehebrecherin bestrafen wollte. Vielleicht verdächtigte er sie der Zauberei und unterwarf sie deshalb der Wasserprobe: Falls die Ertrinkende nicht in den Fluten versank, war der Teufel im Spiel. Dennoch schien es den Zeitgenossen, als wenn hier Täter und Opfer verwechselt wurden. Der Mörder wurde wegen Zauberei verurteilt und zusammen mit einer jungen Frau, die ihn übel beraten hatte, hingerichtet (Hansen (Hg.) 1974: 41–44; Heimreich 1819, 2: 31f.).

Viele der maritimen Opfermotive wurzeln in der biblischen Szene von Jona, der dem schrecklichen Wal geopfert wurde, um das tobende Meer zu besänftigen. Die Legende wird in zahlreichen spätmittelalterlichen Handschriften dargestellt und findet sich in verschiedenen Erzählungen, Märchen und Ritterromanen (Röhrich 1999; Ders. 1963), wie auch in Wandmalereien, auf Krügen, Fliesen und Majolika-Tellern des 16. Jahrhunderts. In der Emblemkunst entwickelte sich aus dieser Szene, die als Metapher der geistlichen Wiedergeburt galt, schließlich ein säkularisiertes Motiv: Man solle dem gefährlichen Wal ein Opfer in Form einer Tonne zuwerfen, damit er das Schiff unversehrt lasse (Schama 1988: 147f.; Mohr 1935: 389f.; Schenda 1963: 424f.; Rowland 1974: 20; Zedler 1733: 175). Der Wal blieb bis in die Frühe Neuzeit Symbol für alles Böse, das sich im Meer aufhielt. »Dieses Monstrum hält man aufgrund antiker Beispiele für ein sicheres Zeichen göttlichen Zorns«, meinte Martin Luther noch 1522, als bei Haarlem ein großer Meeressäuger angespült wurde (Barthelmeß/Münzing 1991: 49 Anm.; Timm 1961). Man wunderte sich über die Treulosigkeit des Meeres, indem es sogar seine eigene Trabanten opferte. So urteilte auch der Neocorus, der seine Leser 1599 anlässlich einer Walstrandung vor den Risiken der Seefahrt warnte:

»Deß Merß Macht unnd große Wagen [= Wellen]
Han den Walvisch uffs Land geschlagen.
Ein jeder Minsche merk hirbi,
Dat dem Mer nicht to truwen si:
Vorschontß doch nicht der eigen sein
Unnd Minschen im Schiff woln sicher sein.« (Neocorus 1827, 2: 363)

Die Jagd auf den Wal und das Zerteilen des Kadavers galt als Sieg über das Böse an sich. In mittelalterlichen Kirchenmalereien, aber auch in frühneuzeitlichen Flugschriften, wurde der Eingang der Hölle häufig als Maul eines Wals (anstatt des Wolfs, wie im Binnenland) dargestellt: ein Meeresungeheuer, das die Sünder fraß, wie er versehentlich auch Jona gefressen hätte.[36] Jeder Seemann wusste, dass sein Beruf gefährlich war, aber die Holländer entwickelten im frühen 17. Jahrhundert einen pragmatischen Blick auf den Wal, dessen Fang die Beutel füllte (Barthelmeß/Münzing 1991: 12; Egmond/Mason 1992; Dies/Lankester (Hg.) 2003).

Das ritualisierte Verhalten dem Meer gegenüber war in hohem Maße ambivalent. Die Wirkung der (vermeintlichen) Opferhandlungen, die darauf abzielte, sich mit der Naturgewalt auszusöhnen, konnten, sobald das Gleichgewicht zwischen Mensch und Natur ins Schwanken geriet, sich leicht ins Gegenteil verkehren. Was in einer Situation Sühneopfer war, galt in einem anderen Kontext als Pakt mit dem Teufel. So wurde eine Pellwormerin, die im Jahr 1617 die Meeresgewalt mit Hilfe von Zaubersprüchen zu lenken versuchte, von ihren Dorfgenossen für das Scheitern sämtlicher Deicharbeiten verantwortlich gemacht. Lediglich das Eingreifen einiger angesehener und gebildeter Personen konnte verhindern, dass sie gefoltert wurde. Eine arme Frau aus Tetenbüll, die 1581 der Zauberei bezichtigt wurde, erlag der Folter, worauf man ihren Sarg ins Deichvorland brachte, so dass der Eiderstrom ihn ins Meer schleppte (Boethius 1940: 212; Hansen 1895: 196).

Wirklichkeit und Legende waren oft untrennbar miteinander verknüpft. So wurde erzählt, dass man die Leiche des Großbauern Benno Nummesen auf Nordstrand, der wegen Wucher und der Landspekulation in Verruf gekommen war, im Schlick vor Husum beerdigte, nachdem sich der Teufel am Grab gezeigt habe. Gleichwohl man diesen ausgetrieben hat, wurde sicherheitshalber ein Pfahl durch die Leiche gerammt, um die Rückkehr seiner Seele zu verhindern. Diese – wohl erfundene – Geschichte wurde nach der Flut von 1634 erneut erzählt, weil der gleichnamige Enkel ebenfalls mit Land spekulierte und sich überdies die Kirchenschätze seines in der Sturmflut versunkenen Kirchspiels aneignete. Ältere Leute behaupteten, sie hätten die Überreste seines Grabkreuzes noch gesehen: der buntbemalte Pfahl hätte »aufrecht wie ein Schelm« (hier wohl mit sexueller Nebenbedeutung) im Watt gestanden. Es wurden ehrverletzende Schwänke erzählt, und der Enkel wurde schließlich mit dem Spottnamen Benneke Büttendick behaftet.[37] Die Auffassung, dass man jene Spekulanten, die sich das Vorland aneigneten, als Landesverräter hinrichten solle, war – wie oben gezeigt wurde – unter den Gebildeten durchaus vertreten. Sie ging nicht allein auf den Codex Justinianus zurück, sondern auch auf landesherrliche Bestimmungen gegen »Kornwormen und Landschnider«, die den Wucher aufs schärfste verurteilten.[38] In diesem Sinne ist zu vermuten, dass Neocorus' schlichte Bemerkung ›animam quaeri‹ nicht allein mit dem Volksglauben, gelehrten Wissen und der kirchlichen Morallehre in Verbindung stand, sondern darüber hinaus einen sozialkritischen Hintergrund hatte.

Den Heiligländern trotzen

Der Blick auf die Natur ist niemals selbstverständlich, sondern ist immer kulturell geprägt. Das galt im 16. und frühen 17. Jahrhundert mehr noch als in unserem Zeitalter, in dem das Leben nicht mehr direkt von den landschaftlichen Gegebenheiten abhängig

37 »Dirr dä stör aß an Schialm!«, wohl in der Bedeutung von ›Schelm, Aas, verworfener Person‹. Handelmann 1861: 143f., nach einer Handschrift von Matz Paisen, Oldesloe 1659. Zuletzt: van der Kooi 1994: 97f.; von Chamisso 1986: 55, 59, 112, 118, 144. Andresen/Stephan 1928, 2: 245; Schmidt-Eppendorf 1984: 133f.

38 Jürgens 1914: 14; Hansen 1974: 234; Neocorus 1827, 2: 127, 140, 290–294, 372. Zum Aufkommen der Großbauern in Dithmarschen und Nordfriesland auch: Knottnerus 2004 c: 167f., 174f.

ist. Die ungebändigte Natur – Meer, Watt und Schlick – hatte für die frühmodernen Küstenbewohner etwas Bedrohliches an sich, gegen das man sich ständig zur Wehr setzen musste. Dutzende von Gerichtstätten und Galgenfeldern wurden am Deichvorland in der Hoffnung eingerichtet, dass dadurch potentielle Feinde, einschließlich der geheimnisvollen Mächte der Natur, abgeschreckt wurden. Neuankömmlinge sollten wissen, dass das Land innerhalb der Deiche unter Schutz und Schirm des Landesherrn stand. Schiffer, die im 16. und 17. Jahrhundert von Antwerpen nach Hamburg reisten, fuhren an einer fast ununterbrochenen Reihe von Galgen und Rädern vorbei, an denen Skelettteile und verwesende Körper hingen.[39] Von den unehrlichen Begräbnissen im Deichvorland war bereits die Rede. Deich und Vorland bildeten demnach eine kritische Scheidelinie, eine Grenzzone, die das Kulturland von der gefährlichen Außenwelt trennte. Wurde diese Scheidelinie durchbrochen oder begab man sich in dieses gefährdete Gebiet, musste man sich mit den Mächten des Bösen verständigen und ihnen ein symbolisches Opfer bringen. Unter den norddeutschen Fährleuten scheint es im 16. Jahrhundert üblich gewesen zu sein, die Überfahrt dem Teufel zu widmen. Es wurde an mehreren Orten erzählt, dass ein betrunkener Schiffer, der die Überfahrt »na der gottlosen vehrluden wiese« »in duvels nahmen« offerierte, mitsamt seinen Passagieren dem Meer zum Opfer fiel (Beninga 1961/1964, 2: 739; Hansen 1974: 215f.). Allerdings ist unklar, ob es sich wirklich so ereignet hat oder ob es sich bei der Geschichte um eine spätere Deutung eines Schiffsunglücks handelt.

Ein Begriff ist jedoch noch zu klären: Anton Heimreich verweist auf die ›Heiligländer‹ als Repräsentanten der Sturmflut. Man könnte meinen, dass es sich um eine Anspielung auf die Bewohner Helgolands handelt. Es gibt jedoch eine zweite Quelle, die sich derselben Metapher bedient. Petreus bezeichnete 1597 seine Insel Nordstrand als Land, das »vom water und meers ungestümigheit alle ethmal dach unde nacht tho twienmahlen von den vienden des hilgen landes [...] angelopen und gestormet wert« (Hansen 1974: 75). Den Bewohnern des eingedeichten Kulturlandes erschien die Region außerhalb der Deiche, in der beispielsweise die Inselbewohner lebten, als eine gefährliche Wüste. Die Inselbewohner galten ihnen als roh und unzivilisiert. Sie kümmerten sich nicht um das Strandrecht, beraubten die an den Strand geschwemmten Toten und fürchteten sich angeblich nicht davor, in ungeweihter Erde begraben zu werden. »Eß ist aber nicht genugsam zu beschreiben, waß Zancksüchtige, und animalia suspicacia [argwöhnische Geschöpfe], diese Leute sein«, berichtet der Eiderstedter Chronist Peter Sax über die Helgoländer, die sich, seiner Ansicht nach, kaum von ihrer heidnischen Vergangenheit gelöst hätten.[40] Das Gleiche behauptete man von den Halligbewohnern und ihren Nachbarn. Jene seien »faule, müßige und nachleßige Gesellen«, die nichts lieber taten, als zu plaudern und zu zechen. Die stolzen Bauern der Wiedingharde, deren

39 Jelgersma 1978: 37, 45–51, 60, 69; Mol 2006; Wiechmann 2001. Einige Beispiele von vielen: Meinema 1991: 36; Houtrouw 1974, 1: 355f., 2: 209; Harms 1990: 29, 33; Bormann 1983, 1: 86f.; Siemens 1935: 80; Mohrmann 1977: 34; Karff 1968: 269.

40 Sax 1983–1988, 1: 15, nach einem Text des Landvogts Georg von Bruyck (1587).

Land erst vor kurzem eingedeicht worden war, kümmerten sich kaum um ihre schadhaften Deiche: »die Einwohnere sein muthwillige, freche und ungehaltene Leute und ob ihnen woll das Heubt oft und vielmalß vom saltzen Waßer gewaschen worden, haben sie doch ihre Leben nicht gebeßert«. Unter den Friesen gebe es aber »kein gröber, unhöflicher und ungehöfelter Volck« als die Bewohner der Insel Föhr, meinte der gleiche Chronist. Und auch Anton Heimreich wusste zu berichten, dass die frühere Verehrung heidnischer Götter bei den Insulanern noch nachklang. Ähnliches schrieb er übrigens über die Wiedingharde. »Hadden de Widinger nicht argen Dick, So queme ehrer nener int Himmelrick«, war sein schroffes Urteil, dass er, vermutlich wegen der ehrverletzenden Tendenz, in der zweiten Auflage seines Buches ausließ (Sax 1983–1988, 3: 14, 42f., 139; Heimreich 1819, 1: 120). Aus Ostfriesland überlieferte der Stedesdorfer Pastor Johannes Cadovius Müller in den 1680er Jahren eine Reihe von negativen Stereotypen über die Inselbewohner:

> »Ein Wrangeroger Eylander, ging in der Demmerung am Strande, und meinete einem Wihm [Wiemen] mit Fleisch erbeutet zu haben, wie er aber dass Fleisch von den Wihm nehmen wolte, siehe, da wahr es ein umbgeweheter Galge mit einem Dieb: Da sprach er: Nein, solch Fleisch haben wier hier selbst genug.« (Cadovius-Müller 1911: 66)

Der gelehrte Pastor fügte dieser Bemerkung auf Latein hinzu: »insulani enim ferme omnes, rapiunt, et furantur navigra[n]gia« – »Denn die fast alle Inselbewohner berauben und bestehlen die Schiffbrüchigen« (ebd.). Man sieht hier wohl, dass man in der ständig bedrohten Kulturlandschaft der Marschen stereotype Feindbilder brauchte, um das empfindliche Konstrukt der am Rande der Zivilisation lebenden Gesellschaft zu festigen.

Der alte Mythos vom Bösen im Meer

Die Küstengesellschaft war eine von Deichen umschlossene Gemeinschaft. Ihre Mitglieder hatten die Pflicht, diesen Schutzwall in Stand zu halten; wer dabei versagte, wurde aus der Gemeinschaft ausgeschlossen; wer andere dabei behinderte, schwer bestraft. Die zirkulierenden Schilderungen einer vor den Deichen gelegenen bösartigen Außenwelt vergegenwärtigten eindrucksvoll die ständige Bedrohung des Lebens am Meeresrand. Sie dienten dazu, die kollektiven Kräfte zu stärken, und förderten die individuelle Bereitschaft, sich für die Gemeinschaftsziele einzusetzen. In ihnen entfaltete sich eine glaubhaft wirkende Welt, in der gelehrtes Wissen und volkstümliche Vorstellungen sich gegenseitig bestärkten. Der Ursprung dieser Bilder lag aber zeitlich weit zurück. Eine aufschlussreiche westfriesische Sage, die vermutlich im späten 14. Jahrhundert entstand, erzählt, wie Karl der Große zwölf friesische Richter dazu zwingen wollte, ihre alten Gesetze schriftlich festzulegen. Als diese den Auftrag ablehnten, wurden sie vor die

Abb. 6: Die Sage der zwölf friesischen Richter, die durch Christus gerettet wurden, ist auf dem Siegel der Stadt Medemblik um 1550 abgebildet.

Wahl gestellt, entweder enthauptet oder in die Sklaverei geführt (bzw. lebendig begraben) zu werden, oder in einem Boot ohne Ruder und Segel auf dem Meer ausgesetzt zu werden, um dort zu ertrinken. Sie wählten Letzteres. Doch sobald das Schiffchen vom Ebbstrom auf das Meer hinausgeführt wurde, bereuten sie ihre Entscheidung und flehten Gott an, ihnen zu helfen. Hatten sie Angst, von dem schrecklichen Mahlstrom verschlungen zu werden, von dem man meinte, er verursache Ebbe und Flut? Wir wissen es nicht. Ein Unbekannter kam an Bord und steuerte das Schiffchen mit Hilfe einer goldenen Axt ans Land. Dort, wo die Axt den Boden berührte, entsprang eine Süßwasserquelle und entstand ein Feuer, das zukünftigen Schiffern als Bake diente. Am Ufer angekommen, lehrte sie der Unbekannte, der Christus war, wie gute Christen zu werden, und verschwand. Später hieß es, dass der Teufel die Quelle vergiftet habe, während die Bake von Strandräubern dazu missbraucht wurde, Schiffe stranden zu lassen.[41]

Diese Sage hat zweifellos ältere Wurzeln. Verschiedentlich wurde auf die Parallele mit dem heidnischen Gott Forseti hingewiesen, der bei den heiligen Quellen auf Helgoland sowie in Uppsala verehrt wurde (Krogmann 1967; Schwartz 1973: 6–16). Wichtiger in diesem Zusammenhang ist jedoch der in der Sage enthaltene Gedanke, dass jede christliche Gesellschaft Richter braucht, die ihre Deichgesetze und Sielverordnungen bewahren. Das Schiff ohne Ruder oder Segel ist eine Metapher einer Deichgemeinschaft, der es an Forken und Spaten für den Deichunterhalt fehlt. Die Süßwasserquelle und das brennende Feuer symbolisieren die Errungenschaften der Zivilisation inmitten einer öden Marschengegend, die ohne diese unbewohnbar wäre. Die Vorstellung, dass die Gesellschaft sich vom Guten abwendet und sich durch Strandraub den Mächten des Bösen hingibt, ist ebenfalls darin angedeutet. In einigen Erzählungen ist das Boot zu einem Spukschiff geworden, das vom heidnischen Heerführer Radbod gesteuert wurde, der sieben Richter verschleppte und sie zwang, ihn zum König zu wählen. Hier begegnet uns wiederum eine ältere Tradition, die anscheinend nicht in den erstgenannten

41 van der Kooi 1994: 279f.; Buma/Gerbenzon (Hg.) 1977, 1: 128ff.; de Haan 1974: 7–10. Zum Ursprung und Alter der Handschrift: Noomen 2001. Zur Lokalisierung der Sage auch: Knottnerus 2005 b: 9f., 56f.. Zur Ikonographie: Noordeloos 1959.

Zusammenhang passt, aber als Spukgeschichte weiterlebte (van Zeeburgh 1873: 48f., 74ff.). Der Deichbau führte zu völlig neuen Verhältnissen in den Küstenmarschen. Die Verfassungshistoriker des 19. Jahrhundert würdigten dieses als Ergebnis der Gemeinschaftsarbeit in der Küstengesellschaft. So stellt es beispielsweise noch der Rechtshistoriker Joachim Goldbech in seiner Münsteraner Dissertation von 1991 dar (Goldbech 1991). Ich möchte diese Argumentation aber umkehren: Erst der Deichbau hat im Zuge der Kirchspielgründungen und Landfriedensbewegung zu einer Art von Vergemeinschaftung geführt. Sobald ein Deich begonnen worden war, konnte man ihn nicht mehr zurückbauen, ohne sämtlichen Gemeinschaftsmitgliedern zu schaden. Geistliche beteiligten sich als ideologische Entrepreneurs. Sie förderten den Mythos vom bösen Meer, gewissermaßen ein Gegenstück zum Mythos der friesischen Freiheit, um die Einwohner des Marschenlandes zur Zusammenarbeit zu bewegen.[42]

Die altfriesischen Gesetze aus dem 11. Jahrhundert fassen das Meer bereits als eine personalisierte Entität auf, die bis zu einem gewissen Grade der Gewalt der heidnischen Wikinger entsprach. Das Meer ist hier vor allem ein Feind, der besiegt werden muss. Die Friesen, so heißt es in den sogenannten Siebzehn Küren, hätten ihr Land »vor dem salzen See und dem in Norden gerüstetem Ritter und vor dem hohen Helm und dem roten Schilde und vor dem nordischen Heere [zu] schützen«. Sie mussten »bei Tag und bei Nacht das Meerufer vor dem nordischen König und dem wilden Wiking und der täglichen Flut mit fünf Waffen: mit Schwert, mit Schild, mit Spaten, mit Gabel und mit der Speerspitze schützen« (Buma/Ebel (Hg.) 1972: 35, 57).

Das ist jedoch nicht als Bezug auf die heidnische Vorzeit zu verstehen, sondern als ein Abrücken von der eigenen Vergangenheit, die im Rückblick wie eine nur unvollkommen geglückte Christianisierung wirkte. Die Erinnerung an eine Zeit, in der es noch keine wirkungsvollen Deiche gab, war noch frisch. Man wollte die Scham über seine frühere Ohnmacht und Zanksucht verdecken. Die angesprochenen Feinde aus dem Norden waren freilich nicht alle Heiden. Die letzten Wikinger, derer man sich erinnerte, waren zum Teil bereits Christen und kamen vermutlich mit den friesischen Fernkaufleuten gut aus (Wilts 1992; Besteman 1999; Samplonius 1998). Die neuen Gesetze sollten sich jedoch von einer früheren Kulturstufe, in der es keine Kooperation mit Wikingern gab, abheben.

Damals schon fanden auf dem Deichvorland Hinrichtungen von Dieben und Landverrätern statt. Der Dieb sollte an der »northhalde tree«, an »dem nach dem Norden gerichteten Baum« gehängt werden (Buma/Ebel 1972: 39). Der Deich wurde damit zum wichtigsten Symbol der Außengrenze der Gesellschaft. Der Deichgürtel wurde als ein goldener Ring gewürdigt, ihm kam fast sakrale Bedeutung zu. Er bildete einen Festungswall, eine Seeburg, die – so heißt es in einer Handschrift von 1570 – mit reinem Gold nicht zu bezahlen ist (Arps 1951/1952: 481). Dagegen wurde die Berührung mit

42 Schmidt 1972; Ders. 1987; Salomon 2000. Leider fehlen entsprechende Studien aus Nordfriesland. Vgl. Panten 2004. Zur Terminologie der Vergemeinschaftung: de Swaan 1993: Kap. 1. Zur Weiterentwicklung des Küstenmythos bis ins 20 Jahrhundert: Rheinheimer 2003.

Wasser oder Schlick tabuisiert, weil man sich von der bösen Außenwelt fernhalten sollte. Jemanden absichtlich zu beschmutzen (sogenannter Swarta Sweng) oder ins Wasser hineinzudrängen (Wapel- oder Quabeltrank), galt nicht nur in den friesischen Küstenbezirken, sondern auch in Dithmarschen und den Elbmarschen als besonders ehrverletzend. Eine Person zu beschmutzen, bedeutete auf symbolischer Ebene, ihr die Teilhabe an der Gemeinschaft zu verweigern und sie ins Meer (d. h. zum Teufel) zu wünschen. Eine derartige Beleidigung wurde schwer bestraft (His 1920/1935, 1: 184ff., 2: 104ff.).

Viele der negativen Bilder über das Böse im Meer stammen bereits aus dem frühen Mittelalter. Die Menschen befanden sich damals unter dem Einfluss eines magischen Weltbildes, in dem die Naturkräfte weitgehend personalisiert wahrgenommen wurden. Die tribalen Strukturen, in denen man lebte, spiegelten sich als Negativform in der äußeren Natur wider. Angelsächsische Texte – wie der Beowulf, Der Seefahrer und Der Wal – zeigen die Gefahren, die man im Meer vermutete, weitgehend in grotesker menschlicher Gestalt: Ihre Zuhörer glaubten, die Marschen und Moore seien »durch den üblen Saat Kains« bevölkert worden (Newton 1993: 143).

Im Lex Frisionum findet sich das Gesetz, dass Tempelfrevler – wie später Landverräter – im Flutbereich verstümmelt und den Göttern geopfert werden sollen. Die Vita Vulframni berichtet über ein Gottesurteil am Hof des Friesenkönigs Aldgisl: Zwei Knaben wurden in der aufkommenden Flut festgebunden, um herauszufinden, ob die Meeresgötter das Opfer annehmen würden. Als die Gebete christlicher Missionare eine Verschonung erwirkten, wurden die Kinder wieder freigelassen. Viele, so berichtet der Chronist, hätten sich daraufhin dem siegreichen Christus zugewandt (Eckhardt/Eckhardt (Hg.) 1982: 102; Siems: 1980: 334f., 338–350, 369; Halbertsma 2000: 242f.). Heiden und Christen teilten sich eine Welt mit den kämpferischen Göttern. Während die Christen diese Mächte verteufelten, war in den Augen der Heiden der Ausgang des Kampfes offen.

Angelsächsische Heilige wie St. Guthlac und St. Cuthbert zogen sich im 7. Jahrhundert in die Einsamkeit der Marschinseln zurück. Niemand hatte es wegen der vielen bösen Geister bislang gewagt, sich in der Einöde niederzulassen. Es war jedoch gerade Absicht der Heiligen, an diesen scheinbar gottverlassenen Orten dem Teufel die Stirn zu bieten. Einer der Klosterbrüder beobachtete, wie Cuthbert sich von den heranrollenden Wellen überspülen ließ. Das Wasser stand ihm bereits bis zum Hals, als endlich die Ebbe einsetzte, wofür er Gott dankte. Der Meeresgewalt zu widerstehen, im salzigen Wasser unterzutauchen, war eine weit verbreitete Glaubensprobe, die auch für einige keltische Heilige bezeugt ist. Bei St. Colomba findet man die Vorstellung, dass das Böse sich als dunkle Wolke vom Meer über das Land ausbreitete (Colgrave (Hg.) 1956; Ders. (Hg.) 1969; Anderson/Anderson (Hg.) 1991; Borsje 1996).

Die Ambivalenz der frühneuzeitlichen Küstengesellschaft hatte Wurzeln, die weit in die Frühgeschichte Westeuropas zurückreichen. Die abergläubischen Rituale, welche die Gebildeten im 16. und 17. Jahrhundert bereits ablehnten, entstammten einer christlich geprägten Gedankenwelt, in der Gut und Böse Mächte von hohem Realitätsgehalt waren. Dieses Weltbild geriet im 16. Jahrhundert ins Wanken. Neugier und Disziplin, üppige Renaissancekultur und starrsinnige Sittenstrenge standen in Konkurrenz. Aus dieser geistigen Krise zogen die holländischen Wiedertäufer die schärfsten Konsequenzen, indem sie sich absichtlich mit ungeweihtem Wasser tauften und einander gelegentlich in ungeweihtem Boden (Deiche, Gärten und Wegekreuzungen) beerdigten (Knottnerus 2001 b: 23). Damit sprengten sie die mittelalterliche Weltanschauung und trugen entscheidend zur Verinnerlichung der Frömmigkeit bei. Nicht umsonst hat man sie auf den Scheiterhaufen gestellt oder wie die Deichfrevler und Ehebrecherinnen ertränkt. Letztlich hatten die schlichten Täufer mehr Erfolg als unserer wagemutiger Held Jan Cornelis Femmes, den seine Ängste schließlich doch überwältigten.

Literatur

Alsheimer, Rainer (1974): Katalog protestantischer Teufelserzählungen des 16. Jahrhunderts. In: Brückner, Wolfgang (Hg.): Volkserzählung und Reformation. Ein Handbuch zur Tradierung und Funktion von Erzählstoffen und Erzählliteratur im Protestantismus. Berlin, S. 417–519.

Anderson, Alan Orr/Anderson, Marjorie Ogilvie (Hg.) (1991): Adomnán's Life of Columna. Oxford. (= Oxford Medieval Texts).

Ders. (1910/11): Die Familie Preuß und ihre Zeit. Ein Kapitel aus der Geschichte der Stadt Tondern und der Tondernschen Marschharden im 17. Jahrhundert. In: Mitteilungen des Nordfriesischen Vereins 7, S. 13–68.

Andresen, Ludwig/Stephan, Walter (1928): Beiträge zur Geschichte der Gottorfer Hof- und Staatsverwaltung von 1544–1659. Kiel. (= Quellen und Forschungen zur Geschichte Schleswig-Holsteins, 14.1 und 15.2).

Ders. (1937): Bürger- und Einwohnerbuch der Stadt Tondern bis 1869. Kiel.

Ders. (1939/40): Bäuerliche und landesherrliche Leistung bei der Landgewinnung im Amte Tondern bis 1630. In: Westküste. Archiv für Forschung, Technik und Verwaltung in Marsch und Wattenmeer 2, H. 2/3, S. 85–149.

Arps, Ludwig (1951/1952): Der güldene Ring. Deichbau und Landgewinn an der Nordseeküste. In: Neues Archiv für Niedersachsen NF 5, S. 477–491.

Bächtold-Stäubli, Hanns (Hg.) (2000): Handwörterbuch des deutschen Aberglaubens. 10 Bde., Berlin (zuerst Berlin 1927–1942).

Balestracci, Ducco (1999): The Renaissance in the Fields. Family Memoirs of a Fifteenth-Century Tuscan Peasant. University Park, Penns.

Barthelmeß, Klaus/Münzing, Joachim (1991): Monstrum horrendum. Wale und Walstrandungen in der Druckgraphik des 16. Jahrhunderts und ihr motivkundlicher Einfluß. Hamburg/Bremerhaven. (= Schriften des Deutschen Schiffahrtsmuseums, 29).

de Beer, Gerlinde (1996): Das Grauen vor dem bösen Meer. Symbolik und Realität in der Seemalerei des 17. Jahrhunderts. In: Weltkunst 7, S. 788–790, 1276–1278, 1710–1712.

Beilke-Voigt, Inez (2003): Kritische Bemerkungen zu den sogenannten Bauopfern in frühgeschichtlichen Siedlungen Norddeutschlands und Dänemarks, In: Meyer, Michael (Hg.): »... trans Albim fluvium«. Forschungen zur vorrömischen, kaiserzeitlichen und mittelalterlichen Archäologie. Festschrift für Achim Leube zum 65. Geburtstag. Rahden/Westfalen, S. 177–191. (= Internationale Archäologie, Studia honoraria, 10).

Bekker, Balthasar (1693/1997): Die bezauberte Welt [1693]. Hg. von Wiep van Bunge. 2 Bde., Stuttgart/Bad Cannstatt. (= Freidenker der europäischen Aufklärung, 7).

Beninga, Eggerik (1961/1964): Chronikon der Fresen. Bearb. von Louis Hahn, hg. von Heinz Ramm. 2 Bde., Aurich. (= Quellen zur Geschichte Ostfrieslands, 4).

Bergsma, Wiebe (1988): De wereld volgens Abel Eppens, een Ommelander boer uit de zestiende eeuw. Groningen.

Besteman, Jan C. (1999): Viking silver on Wieringen. A Viking age silver hoard from Westerklief on the former isle of Wieringen (province of North Holland) in the light of the Viking relations with Frisia. In: Sarfatij, Herbert u.a. (Hg.): In discussion with the past. Archaeological studies presented to W[illem] A[lbertus] van Es. Zwolle, S. 253–266.

Bidpai (2006): Directorium humanae vitae alias parabole antiquorum sapientum. Übersetzt von Johannes von Capua, Straßburg 1483. Ausgabe von Vittorio Puntoni. Pisa 1884. (http://www.fh-augsburg.de/~harsch/Chronologia/Lspost13/IohannesCapua/cap_di02b.html; letzter Zugriff 15.11.2006).

Bleeker, Claas Jouco (1975): Quelques éléments sur la signification religieuse de la mer [1959]. In: Ders.: The Rainbow. A Collection of Studies of the Science of Religion. Leiden, S. 174–180. (= Studies in the History of Religions, 30).

Boethius, Matthias (1940): Matthiae Boetii de cataclysmo Norstrandico commentariorum libri tres. Neumünster. (= Quellen und Forschungen zur Geschichte Schleswig-Holsteins, 25).

Bolhuis van Zeeburgh, Jan (1873): Kritiek der Friesche geschiedschryving. Den Haag.

Bormann, Hermann (1983): Bilder zur Geschichte des Hamburgischen Amtes Ritzebüttel und der Stadt Cuxhaven. Teil 1, Cuxhaven. (= Veröffentlichung des Archivs der Stadt Cuxhaven, 9).

Borsje, Jacqueline (1996): From Chaos to Enemy: Encounters with Monsters in Early Irish Texts. An Investigation Related to the process of Christianization and the Concept of Evil. Steenbrugge/Turnhout. (= Instrumenta patristica, 29).

Buma, Wybren Jan/Ebel, Wilhelm (Hg.) (1972): Das Fivelgoer Recht. Göttingen. (= Altfriesische Rechtsquellen. Texte und Untersuchungen, 5).

Ders./Gerbenzon, Pieter (Hg.) (1977): Westerlauwerssches Recht. Teil 1: Jus Municipale Frisonum. 2 Bde., Göttingen. (= Altfriesische Rechtsquellen. Texte und Übersetzungen, 6)

Buursma, Albert (1994): Friese Robinson Crusoe in 1610: een jaar op Kamperzand. In: Waddenbulletin 29, H. 1, S. 17–19.

Cabantous, Alain (1990: Le ciel dans la mer. Christianisme et civilisation maritime (XVe-XIXe siècle). Paris.

Cadovius-Müller, Johannes (1911): Memoriale linguae Frisicae. Hg. von Erich König. Norden/Leipzig. (= Forschungen, hg. v. Verein für Niederdeutsche Sprachforschung, 4).

von Chamisso, Dorothea (1986): Pellworm im Jahrhundert der großen Flut. Überlebenskampf einer Insel im Wattenmeer. St. Peter-Ording. (= Nordfriisk Instituut, 129).

Chronik von Glückstadt (1886): Chronik von Glückstadt, ausgezogen aus der Stormarschen und Hardeshörnischen Chronica Hieronymi Sauckij. Glückstadt.

Colgrave, Bertram (Hg.) (1956): Felix's Life of Saint Guthlac. Cambridge.

Ders. (Hg.) (1969): Two Lives of St. Cuthbert: A Life by an Anonymus Monk of Lindisfarme and Bede's Prose Life. New York (zuerst Cambridge 1940).

Corbin Alain (1990): Meereslust. Das Abendland und die Entdeckung der Küste 1750–1840. Berlin.

Coster, Samuel (1883): Werken. Hg. von Roeland Anthonie Kollewijn. Haarlem.

Delumeau, Jean (1985): Angst im Abendland. Die Geschichte der kollektiven Ängste im Europa des 14. bis 18. Jahrhunderts. Reinbek bei Hamburg.

Detlefsen, Detlef (1976): Geschichte der holsteinischen Elbmarschen. 2 Bde., Kiel (zuerst Glückstadt 1891–1892).

Dykstra, Waling (1970): Uit Friesland's volksleven van vroeger en later. Leeuwarden (Nachdruck der zweibändigen Ausgabe 1895/96).

Eckhardt, Karl August/Eckhardt, Albrecht (Hg.) (1982): Lex Frisionum. Hannover. (= MGH Font. Iur. Germ., 12).

Egmond, Florike (1997): De aansprakelijkheid van God: »gewone« Nederlanders en bijzondere natuurverschijnselen in de zestiende eeuw. In: Gijswijt-Hofstra, Marijke/Egmond, Florike (Hg.): Of bidden helpt? Tegenslag en cultuur in West-Europa, circa 1500–2000. Amsterdam, S. 11–27.

Dies. (2005): Het visboek. De wereld volgens Adriaen Coenen (1514–1587). Zutphen. (http://www.kb.nl/webexpo/visboek.html; letzter Zugriff 15.11.2006).

Dies./Mason, Peter (1992): De walvis en de poelomp. De kosmologie van een zestiendeeeuws strandvonder. In: Volkskundig Bulletin 18, S. 170–223.

Dies./Mason, Peter/Lankester, Kees (Hg.) (2003): Het walvisboek. Walvissen en andere zeewezens beschreven door Adriaen Coenen in 1585. Zutphen.

Ehrhardt, Michael (2003): »Ein guldten Bandt des Landes«. Zur Geschichte der Deiche im Alten Land. Stade. (= Schriftenreihe des Landschaftverbandes der ehemaligen Herzogtümer Bremen und Verden, 18).

Eichberg, Henning (1989): Festung, Zentralmacht und Sozialgeometrie. Kriegs- und Ingenieurwesen des 17. Jahrhunderts in den Herzogtümern Bremen und Verden. Köln/Wien.

Eßer, Raingard (1997): Fear of Water and Floods in the Low Counties. In: Naphy, William G./Roberts, Penny (Hg.): Fear in Early Modern Society. Manchester/New York, S. 62–77, 170–172.

Ders. (2001): »Ein sonderlich und erschröcklich Wasserflut«. Desaster Management in der Frühen Neuzeit. In: Münch, Paul (Hg.): »Erfahrung« als Kategorie der Frühneuzeitgeschichte. München, S. 217–227. (= Historische Zeitschrift. Beihefte, NF 31).

Feikes, Ernst (1937): Die geschichtliche Entwicklung der Deichlast in Nordfriesland. Stuttgart/Berlin. (= Schriften des Instituts für Wirtschafts-, Arbeits- und Verkehrsrecht an der Universität Königsberg, 1).

Feith, Hendrikus Octavius (Hg.) (1852/1853): Werken van den Ommelander edelman Johan Rengers van ten Post. 3 Bde., Groningen.

Feucht, Dieter: (1967): Grube und Pfahl. Ein Beitrag zur Geschichte der deutschen Hinrichtungsgebräuche. Tübingen. (= Juristische Studien, 5).

Fischer, Ludwig (1997): Einleitung. In: Ders. (Hg.): Kulturlandschaft Nordseemarschen. Bredstedt/ Westerhever, S. 9–14. (= Nordfriisk Instituut, 129).

Fischer, Norbert (2005): Tod am Meer. Die Namenlosen-Friedhöfe der Nordseeküste. In: Ders./Herzog, Markwart (Hg.): Nekropolis: der Friedhof als Ort der Toten und der Lebenden. Stuttgart, S. 147–160. (= Irseer Dialoge, 10).

Ders. (2006): Der Deich. Grenzziehungen und Grenzauflösungen im amphibischen Raum. In: Rheinheimer, Martin (Hg.): Grenzen in der Geschichte Schleswig-Holsteins und Dänemarks. Neumünster, S. 281–293.

Fix, Andrew C. (1999): Fallen Angels. Balthasar Bekker, Spirit Belief, and Confessionalism in the Seventeenth-Century Dutch Republic. Dordrecht.

Fox, Edward Whiting (1972): History in Geographic Perspective: The Other France. New York.

Frenschowski, Marco/Röhrich, Lutz (2002): Art. ›Opfer‹. In: Enzyklopädie des Märchens. Handwörterbuch zur historischen und vergleichenden Erzählforschung. Bd. 10, Berlin, Sp. 281–306.

Friedländer, Ernst (Hg.) (1968): Ostfriesisches Urkundenbuch. Bd. 1, Wiesbaden (zuerst Emden 1878).

Frijhoff, Willem (1995): Wegen van Evert Willemsz. Een Hollands weeskind op zoek naar zichzelf, 1607–1647 (Memoria). Nimwegen.

Gärtner, Tobias (2005): Zur Interpretation mittelalterlicher Bauopfer aus Hannover. In: Nachrichten aus Niedersachsens Urgeschichte 74, S. 195–208.

Gessner, Conrad (1670): Gesneri redivivi, aucti & emendati tomus IV [-V] et ultimus, oder Vollkommenes Fisch-Buch. Frankfurt a.M. (Nachdruck Hannover 1995).

von Gierke, Julius (1901/1917): Die Geschichte des deutschen Deichrechts. 2 Bde., Breslau (= Untersuchungen zur deutschen Staats- und Rechtsgeschichte, 63 u. 128).

Gierveld, Arend Jan/Pluis, Jan (2005): Harlingen: Bedrijfsgeschiedenis 1600-1933 & Producten tot 1720. Leiden. (= Fries Aardewerk, 5).

Goldbech, Joachim (1991): Die Deichgenossenschaften. Eine Analyse ihrer historischen Entwicklung auf der Basis der Kollektivgüter- und Genossenschaftstheorie. Münster. (= Kooperations- und Genossenschaftswissenschaftliche Beiträge, 29).

Gottschalk, M.K. Elisabeth (1971–1977): Stormvloeden en rivieroverstromingen in Nederland. Storm Surges and River Floods in the Netherlands. 3 Bde., Assen/ Amsterdam.

Grimm, Jacob/Grimm, Wilhelm (1854–1971): Deutsches Wörterbuch. 33 Bde., Leipzig/ Berlin.

Groh, Ruth/Groh, Dieter (1996): Weltbild und Naturaneignung. Zur Kulturgeschichte der Natur. 2. Aufl., Frankfurt a.M.

Grönbech, Wilhelm (1937): Kultur und Religion der Germanen. Bd. 1, Hamburg.

Gurjewitsch, Aaron J. (1989): Das Weltbild des mittelalterlichen Menschen. 4. Aufl., München.

de Haan, Tjaart W.R. (1974): Smeulend vuur. Groninger volksverhalen. Den Haag.

Hagen, Dietrich (2005): Der Deichbruch als Gottesurteil? Zur Deutung einer Naturkatastrophe am Anfang des 18. Jahrhunderts. In: Fansa, Mamoun (Hg.): Kulturlandschaft Marsch. Natur – Geschichte – Gegenwart. Vorträge anlässlich des Symposiums in Oldenburg vom 3. bis 5. Juni 2004. Oldenburg, S. 186–196. (= Schriftenreihe des Landesmuseums für Natur und Mensch, 53).

Halbertsma, Herre (2000): Frieslands oudheid. Het rijk van de Friese koningen, opkomst en ondergang. Utrecht.

Handelmann, Heinrich (1861): Zur Sammlung der Sitten und Gebräuche der Herzogthümer Schleswig, Holstein und Lauenburg [Teil 4]. In: Jahrbücher für die Landeskunde der Herzogthümer Schleswig, Holstein und Lauenburg 4, S. 140–191.

Hansen, Knud (1903/1904): Genealogie der Familie Heimreich. In: Jahrbuch des Nordfriesischen Vereins für Heimatkunde und Heimatliebe 1, S. 13–20.

Ders. (1905/1906): Zur Geschichte der patronymischen Personennamen in Nordfriesland. In: Mitteilungen des Nordfriesischen Vereins 3, S. 20–31.

Hansen, Reimer (1895): Die eiderstedtischen Chronisten vor Peter Sax. In: Zeitschrift der Gesellschaft für schleswig-holsteinische Geschichte 25, S. 161–215.

Ders. (Hg.) (1974): Johannes Petreus' Schriften über Nordstrand. Nach den besten Handschriften hg. von Reimer Hansen. Walluf/Nendeln (zuerst Kiel 1901). (= Quellensammlung der Gesellschaft für Schleswig-Holsteinische Geschichte, 5).

Harcken, Walther (2004): Marschenfieber: Ein medizinisch-historischer Beitrag zur Kulturgeschichte der Marschen der südlichen Nordeeküste. Oldenburg.

Harms, Hans (1990): Oldenburg und das Wasser. Beiträge aus der Geschichte der Kartographie. Oldenburg.

Heimreich, Anton (1819): Nordfresische Chronik. Hg. von Nikolaus Falck. 2 Bde., Tondern. (Nachdruck Leer 1982).

Hinrichs, Boy (1985 a): Anna Ovena Hoyers und ihre beiden Sturmflutlieder von 1634. Das im sensus spiritualis deutende und gedeutete Ich. In: Nordfriesisches Jahrbuch NF 21, S. 195–222.

Ders. (1985 b): Die landverderbliche Sündenflut. Erlebnis und Darstellung einer Katastrophe. In: Ders./Panten, Albert/Riecken, Guntram: Flutkatastrophe 1634. Natur, Geschichte, Dichtung. Neumünster, S. 81–105.

His, Rudolf (1920/1935) Das Strafrecht des deutschen Mittelalters. 2 Bde., Leipzig.

Hollstein, Friedrich Wilhelm Heinrich (1960): German Engravings, Etchings and Woodcuts, ca. 1400–1700. Bd. 6: Cranach-Drosse, Amsterdam.

Holm, Poul (1991): Kystfolk: Kontakter og sammenhænge over Kattegat og Skagerak, ca. 1550–1914. Esbjerg.

Horbas, Claudia (1994): Möbel der Renaissance im Weserraum. Marburg. (= Schriften zur Kunst- und Kulturgeschichte in Nord- und Westdeutschland, 15).

Houtrouw, Otto Galama (1974): Ostfriesland. Eine geschichtlich-ortskundige Wanderung gegen Ende der Fürstenzeit. Leer (zuerst Aurich 1889–91).

Hoyers, Anna Ovena (1650/1986): Geistliche und Weltliche Poemata [1650]. Hg. von Barbara Becker-Cantarino. Tübingen. (= Deutsche Neudrucke, Reihe Barock, 36).

Huber-Rebenich, Gerlinde (2001): Die Macht der Tradition. Metamorphosen-Illustrationen im späten 16. und frühen 17. Jahrhundert. In: Freedman, Luba/Huber-Rebenich, Gerlinde (Hg.): Wege zum Mythos. Berlin, S. 141–161. (= Ikonographische Repertorien zur Rezeption des antiken Mythos in Europa, Beihefte 3).

Jakubowski-Tiessen, Manfred (1992): Sturmflut 1717. Die Bewältigung einer Naturkatastrophe in der Frühen Neuzeit. München. (= Ancien Régime, Aufklärung und Revolution, 24).

Ders. (2001): »Harte Exempel göttlicher Strafgerichte«. Kirche und Religion in Katastrophenzeiten: Die Weihnachtsflut von 1717. In: Niedersächsisches Jahrbuch für Landesgeschichte 73, S. 119–132.

Ders. (2003a): Gotteszorn und Meereswüten. Deutungen von Sturmfluten vom 16. bis 19. Jahrhundert. In: Groh, Dieter/Kempe, Michael/Mauelshagen, Franz (Hg.): Naturkatastrophen. Beiträge zu ihrer Deutung, Wahrnehmung und Darstellung in Text und Bild von der Antike bis ins 20. Jahrhundert. Tübingen, S. 103–118.

Ders. (2003b): »Erschreckliche und unerhörte Wasserflut«. Wahrnehmumg und Deutung der Flutkatastrophe von 1634. In: Ders./Lehmann, Hartmut (Hg.): Um Himmels Willen: Religion in Katastrophenzeiten vom 14.–19. Jahrhundert. Göttingen, S. 179–200.

Jansen, Johann Friedrich (1722): Historisch-theologisch Denckmahl der Wunder-vollen Wegen Gottes in den grossen Wassern / welche sich Anno 1717. den 25. Decemb. zu vieler Länder Verderben / so erschröcklich ergossen / mit den vielen so unglück- als glücklichen Folgen, die sich biß das 1721 Jahr zugetragen. Bremen/Jever.

Jasper, Johannes (1977): Chronicon Eiderostadense vulgare oder die gemeine Eiderstedtische Chronik 1103–1547. St. Peter-Ording.

Jelgersma, Hendrik Cornelis (1978): Cornelis Galgebergen en galgevelden in West- en Midden-Nederland. Zutphen.

Jürgens, Adolf (1914): Zur schleswig-holsteinischen Handelsgeschichte des 16. und 17. Jahrhunderts. Berlin. (= Abhandlungen zur Verkehrs- und Seegeschichte, 8).

Karff, Fritz (1968): Nordstrand, Geschichte einer nordfriesischen Insel. Flensburg.

Keikes, Wiebe H. (1977–1978): »Tot keringe der wateren«. Dijkverkenningen langs de vaderlandse kuststrook. 8 Bde., Haarlem.

Kellenbenz, Hermann (1960): Die Herzogtümer vom Kopenhagener Frieden bis zur Wiedervereinigung Schleswigs, 1660-1721. In: Klose, Olaf (Hg.): Geschichte Schleswig-Holsteins. Bd. 5, Neumünster, S. 203–415.

Knottnerus, Otto S. (1996): Structural Characteristics of Coastal Societies: Some Considerations on the History of the North Sea Coastal Marshes. In: Roding, Juliette/van

Voss, Lex Heerma (Hg.): The North Sea and Culture (1550–1800). Proceedings of the International Conference held at Leiden 21–22 April 1995. Hilversum, S. 41–63.

Ders. (1997): Die Angst vor dem Meer. Der Wandel kultureller Muster an der niederländischen und deutschen Nordseeküste (1500–1800). In: Fischer, Ludwig (Hg.): Kulturlandschaft Nordseemarschen. Bredstedt/ Westerhever, S. 145–174. (= Nordfriisk Instituut, 129).

Ders. (1999): Malaria in den Nordseemarschen. Gedanken über Mensch und Umwelt. In: Lorenzen-Schmidt, Klaus-Joachim/Jakubowski-Tiessen, Manfred (Hg.): Dünger und Dynamit. Beiträge zur Umweltgeschichte Schleswig-Holsteins. Neumünster, S. 25–39. (= Studien zur Wirtschafts- und Sozialgeschichte Schleswig-Holsteins, 30).

Ders. (2001 a): The Wadden Sea Region: a unique cultural landscape. In: Vollmer, Manfred u.a. (Hg.): Landscapes and Cultural Heritage in the Wadden Sea Region. Project Report. Wilhelmshaven, S. 12–71. (= Wadden Sea Ecosystem 12).

Ders. (2001 b): Wiedertäufer, Söldner und Freibeuter als Repräsentanten frühmoderner Mobilität. In: Niedersächsisches Jahrbuch für Landesgeschichte 73, S. 1–50.

Ders. (2004 a): Renaissance op het Bildt: over een boerenzoon die rederijker wilde zijn. In: De Vrije Fries 84, S. 65–132.

Ders. (2004 b): Die Verbreitung neuer Deich- und Sielbautechniken entlang der südlichen Nordseeküste im 16. und 17. Jahrhundert. In: Fansa, Mamoun (Hg.): Kulturlandschaft Marsch. Natur – Geschichte – Gegenwart. Vorträge anlässlich des Symposiums in Oldenburg vom 3. bis 5. Juni 2004. Oldenburg, S. 161–167. (= Schriftenreihe des Landesmuseums für Natur und Mensch, 53).

Ders. (2004 c): Yeomen and Farmers in the Wadden Sea Coastal Marshes, c.1500–c.1900. In: Hoppenbrouwers, Peter/van Bavel, Bas (Hg.): Access to Land in the North Sea Area from the Middle Ages to the 19th century. Turnhout, S. 149–186. (= Corn Publication Series, 5).

Ders. (2005 a): History of human settlement, cultural change and interference with the marine environment. In: Helgoland Marine Research 59, S. 2–8.

Ders. (2005 b): Fivelboezem. De erfenis van een verdwenen rivier. Groningen. (= Archeologie in Groningen, 2).

Knutsen, Iven (1588/1989): Kurze Anzeige, Zu welcher Zeit Eiderstädt, mit denen von der Geest und der Landschaft Stapelholm landfest geworden [1588]. In: Johannsen, Friedrich (Hg.): 500 Jahre Dammkoog 1489–1989. Wie Eiderstedt landfest wurde. Witzworth, S. 44–80.

Koehn, Henry (1961): Die nordfriesischen Inseln. Die Entwicklung ihrer Landschaft und die Geschichte ihres Volkstums. 5. Aufl., Hamburg 1961 (zuerst 1933).

van der Kooi, Jurjen (1994): Friesische Sagen. München.

Krogmann, Willy (Hg.) (1966): Sylter Sagen. In der ursprünglichen Fassung nach C.P. Hansen u.a. Göttingen 1966. (= Denkmäler Deutscher Volksdichtung, 7).

Ders. (1967): Die friesische Sage von der Findung des Rechts. In: Zeitschrift der Savigny-Stiftung für Rechtsgeschichte, Germanische Abteilung 84, S. 72–127.

Krueger, Paulus (Hg.) (1954): Corpus Iuris Civilis. Bd. 2, 11. Aufl., Hildesheim. (http://webu2.upmf-grenoble.fr/Haiti/Cours/Ak/Corpus/codjust.htm; letzter Zugriff 15.11.2006).

Pingel, Fiete (1998): Blanker Hans. In: Kunz, Harry/Pingel, Fiete/Steensen, Thomas: Nordfriesland von A bis Z: 100 Begriffe in Wort und Bild. Bredstedt, S. 14. (= Nordfriisk Instituut, 156).

Legant-Garau, Gabriele (1990): Die Katze im Fundament. Neuzeitliche Bauopfer aus der Lübecker Innenstadt. In: Die Heimat 97, S. 354–357.

van Lieburg, Fred A. (2000): De engelenwacht. Geschiedenis van een wonderverhaal. Kampen.

Ders. (2003): Sanctifying Pillars of Pietism and Methodism: Guardian Angels or Heavenly Helpers in International Story-Telling. In: Beyer, Jürgen u.a. (Hg.): Confessional Sanctity (c. 1500–c.1800). Mainz, S. 181–195.

Lohmeier, Dieter (1976): Art. ›Heimreich, Anton‹. In: Schleswig-holsteinisches biographisches Lexikon. Bd. 4, Neumünster, S. 86.

Lotze, Heike K./Reise, Karsten/Worm, Boris u.a. (2005): Human transformations of the Wadden Sea ecosystem through time: a synthesis. In: Helgoland Marine Journal 59, S. 84–95.

Lüdtke, Angela (1992): Zur Chronik des Landes Dithmarschen von Johann Adolph Köster gen. Neocorus. Eine historiographische Analyse. Heide.

Mann, Michael (1988): European development: Approaching a Historical Explanation. In: Baechler, Jean/Hall, John A./Mann, Michael (Hg.) (2005): Europe and the Rise of Capitalism. Oxford, S. 6–19.

van der Meer, Dirk/Harts, Jan Cornelis (1837): Femmesz en zijn weddenschap. In: Friesche Volksalmanak 2, S. 139–142.

Meier, Dirk (2003): Siedeln und Leben am Rande der Welt: zwischen Steinzeit und Mittelalter. Stuttgart. (= Archäologie in Deutschland, 3).

Ders. (2006): Die Nordseeküste. Geschichte einer Landschaft. Heide.

Meinema, Jenne (1991): Verhaald verleden. Vier regionaal-historische opstellen uit Groninger land. Groningen.

Mohr, Erna (1935): Historisch-zoologische Walfischstudien. In: Nordelbingen 11, S. 335–393.

Mohrmann, Ruth-Elisabeth (1977): Volksleben in Wilster im 16. und 17. Jahrhundert. Neumünster. (= Studien zur Volkskunde u. Kulturgeschichte Schleswig-Holsteins, 2).

Mol, Johannes A. (2006): Galgen in laatmiddeleeuws Friesland. In: De Vrije Fries 86 (im Druck).

Moryson, Fynes (1907/1908): An Itinerary. Containing His Ten Yeeres Travell through the Twelve Dominions of Germany, Bohmerland, Sweitzerland, Netherland, Denmarke, Poland, Italy, Turky, France, England, Scotland and Ireland. 4 Bde., Glasgow.

Moser-Rath, Elfriede (1964): Predigtmärlein der Barockzeit. Exempel, Sagen, Schwank und Fabel in geistlichen Quellen des oberdeutschen Raumes. Berlin. (= Fabula, Supplement-Reihe A, Texte, 5).

Müllenhoff, Karl M. (1976): Sagen, Märchen und Lieder der Herzogtümer Schleswig, Holstein und Lauenburg. Hildesheim. (Nachdruck der Ausgabe Schleswig 1921).

Müller, Friedrich/Fischer, Otto (1936): Das Wasserwesen an der schleswig-holsteinischen Nordseeküste. Teil 2: Die Insel. Bd. 2: Alt-Nordstrand. Berlin.

Muller, Jacob Wijbrand (1918): Dollaert. In: Tijdschrift voor Nederlandsche Taal- en Letterkunde 37, S. 237–238.

Müller, Jutta (2000): Kunst und Kunstgewerbe in Dithmarschen. In: Gietzelt, Martin (Hg.): Geschichte Dithmarschens. Heide, S. 435–458.

Neocorus (1827): Johann Adolfi's genannt Neocorus, Chronik des Landes Dithmarschen. Hg. von Friedrich Christoph Dahlmann. 2 Bde., Kiel (Nachdruck Leer 1978).

Newton, Sam (1993): The Origins of Beowulf and the Pre-Viking Kingdom of East-Anglia. Cambridge.

Nissen, Nis R. (1976): Die Schenkschiewe: Requisit eines Rechtsaktes? In: Köstlin, Konrad/Sievers, Kai Detlev (Hg.): Das Recht der kleinen Leute. Beiträge zur Rechtlichen Volkskunde. Festschrift für Karl-Sigismund Kramer zum 60. Geburtstag. Berlin, S. 162–165.

Noomen, Paul N. (1999): De Friese vetemaatschappij: sociale structuur en machtsbases. In: Frieswijk, Johan u.a. (Hg.): Fryslân, staat en macht 1450–1650. Bijdragen aan het historisch congres te Leeuwarden van 3 tot 5 juni 1998. Hilversum/Leeuwarden, S. 43–64. (= Fryske Akademy, 875).

Ders. (2001): Hachens en Wachens: feit en fiksje in midieusk Fryslân. In: Bremmer Jr., Rolf H. u.a. (Hg.): Speculum Frisicum. Stúdzjes oanbean oan Philippus H. Breuker, Leeuwarden, S. 3–22.

Noordeloos, Pieter (1959): Over stadszegels van Medemblik. In: West-Friesland's Oud en Nieuw 26, S. 30–33.

Noosten, Dieke (1957): Glaube und Opfer der Küstenbewohner in Sturm- und Wassernot. In: Ostfriesland, H. 4, S. 16–19.

Ohling, Gerhard D. (1933): Feriae Auricanae. Aurich 1933 (Nachdruck Leer 1974).

Olaus Magnus (1539/2005): Carta Marina 1539. Hg. von Elena Balzasmo. Paris 2005. (= Collection Merveilleux, 26)

Oost, Albert P. (1995): Dynamics and Sedimentary Development of the Dutch Wadden Sea with Emphasis on the Frisian Island. Utrecht (= Geologica Ultraiectina, 126).

Panten, Albert (2004): Die Nordfriesen im Mittelalter. 3. neubearb. Aufl., Bredstedt. (= Geschichte Nordfrieslands, 2; Nordfriisk Instituut, 176).

Pauls, Volquart (1931): Die Entstehung des Deichgrafenamtes in Nordfriesland. In: Festschrift für Max Pappenheim zum 50. Jahrtag seiner Doktorpromotion. Breslau, S. 19–26 (Nachdruck Aalen 1981). (= Veröffentlichungen der Schleswig-Holsteinischen Universitätsgesellschaft, 32).

Petrejus, Petrus (1995–1998): Eine Grundlegung der nordfriesischen und insbesondere der eiderstedtischen Kirchengeschichte. Hg. von Albert Panten und Heinz Sandelmann. 3 Bde., Bredstedt. (= Nordfriisk Instituut, 120 B bis D).

Petzoldt, Leander (1989): Dämonenfurcht und Gottvertrauen. Zur Geschichte und Erforschung unserer Volkssagen. Darmstadt.

Philippa, Marlies (2003): Etymologisch woordenboek van het Nederlands. Bd. 1, Amsterdam.

Phillpotts, Bertha Surtees (1913): Kindred and Clan in the Middle Ages and After. A Study in the Sociology of the Teutonic Races. Cambridge.

Radasztics, U. (1991): Marcus Curtius – ein Beispiel römischer virtus in der Renaissance (Diplomarbeit). Wien.

Redlefsen, Ellen (1983): Möbel in Schleswig-Holstein. Katalog der Möbelsammlung des städtischen Museums Flensburg. 2. Aufl., Heide.

Reinle, Christine (2003): Bauernfehden. Studien zur Fehdeführung Nichtadliger im spätmittelalterlichen römisch-deutschen Reich, besonders in den bayerischen Herzogtümern. Stuttgart. (= Vierteljahrschrift für Sozial- und Wirtschaftsgeschichte; Beihefte, 170).

Reznicek, Emil K.J. (1961): Die Zeichnungen von Hendrick Goltzius: mit einem beschreibenden Katalog. 2 Bde., Utrecht.

Rheinheimer, Martin (2003): Mythos Sturmflut. Der Kampf gegen das Meer und die Suche nach Identität. In: Demokratische Geschichte 15, S. 9–58.

Richardson, Lawrence (1992): A New Topographical Dictionary of Ancient Rome. Baltimore.

von Richthofen, Karl Otto Johannes (1840/1960): Friesische Rechtsquellen, Berlin. Nachdruck Aalen.

Ders. (1840/1970): Altfriesisches Wörterbuch. Göttingen. Nachdruck Aalen.

Rieken, Bernd (2005): »Nordsee ist Mordsee«. Sturmfluten und ihre Bedeutung für die Mentalitätsgeschichte der Friesen. Münster. (= Abhandlungen und Vorträge zur Geschichte Ostfrieslands, 83; Nordfriisk Instituut, 196).

von Rinteln, Gehrt (1746/1989): Nachricht wie Eiderstädt landfest geworden [1746]. In: Johannsen, Friedrich (Zusammenst.): 500 Jahre Dammkoog 1489–1989. Wie Eiderstedt landfest wurde. Witzworth, S. 31–87.

Ritter, Friedrich (1913/14): Henricus Ubbius' Beschreibung von Ostfriesland v. J. 1530. In: Jahrbuch der Gesellschaft für bildende Kunst und vaterländische Altertümer zu Emden 18, S. 53–116.

Roberts, Jane (Hg.) (2002): Royal Treasures. A Golden Jubilee Celebration. London.

Röhrich, Lutz (1963): Die Volksballade von »Herrn Peters Seefahrt« und die Menschenopfer-Sagen. In: Kuhn, Hugo/Schier, Kurt (Hg.): Märchen, Mythos, Dichtung. Festschrift zum 90. Geburtstag Friedrich von der Leyens am 19. August 1963. München, S. 177–212.

Ders. (1999): Art. ›Der Mann als Sturmopfer‹. In: Enzyklopädie des Märchens. Handwörterbuch zur historischen u. vergleichenden Erzählforschung. Bd. 9, Berlin, Sp. 191–195.

Rowland, Beryl (1974): Animals with Human Faces. A Guide to Animal Symbolism. 2. Aufl., London.

Salomon, Almuth (2000): Friesische Geschichtsbilder. Historische Ereignisse und kollektives Gedächtnis im mittelalterlichen Friesland. Aurich. (= Abhandlungen und Vorträge zur Geschichte Ostfrieslands, 78).

Samplonius, Kees (1998): Friesland en de Vikingtijd: de ring van Senja en de Vierentwintig Landrechten. In: It Beaken 60, S. 89–101.

Sandelmann, Heinz (1997): Der Kornkoog. Berichte zum Deich-, Land- und Steuerwesen in der Bökingharde bis zur Mitte des 19. Jahrhunderts. Bredstedt. (= Studien und Materialien / Nordfriisk Instituut, 30).

Sannes, Hartman (1968): Geschiedenis van het Bildt, beschreven in haar verband met de algemene historie van Friesland. Bd. 1, Franeker 1968 (zuerst 1951).

Sax, Peter (Hg.) (1983–1988): Werke zur Geschichte Nordfrieslands und Dithmarschens. 7 Bde., St. Peter-Ording.

Schama, Simon (1988): Überfluß und schöner Schein. Zur Kultur der Niederlande im Goldenen Zeitalter. München.

Schenda, Rudolf (1963): Walfisch-Lore und Walfisch-Literatur. In: IV. International Congress for Folk-Narrative Research in Athens. Lectures and Reports. Athen 1963, S. 431–448. (= Laographia, 22).

Schiller, Karl/Lübben, August (1875–1881): Mittelniederdeutsches Wörterbuch. 7 Bde., Bremen.

Schmidt, Gary D. (1995): The Iconography of the Mouth of Hell. Eight-Century Britain to the Fifteenth Century. Selinsgrove/London.

Schmidt, Heinrich (1972): Friesische Freiheitsüberlieferungen im hohen Mittelalter. In: Schieder, Theodor u.a. (Hg.): Festschrift für Hermann Heimpel zum 70. Geburtstag am 19. Sept. 1971. Bd. 3, Göttingen, S. 518–545.

Ders. (1987): Kirchenbau und ›zweite Christianisierung‹ im friesisch-sächsischen Küstengebiet während des hohen Mittelalters. In: Niedersächsisches Jahrbuch für Landesgeschichte 59, S. 63–93.

Ders. (2003): Zur »Ideologie« der Friesischen Freiheit im Mittelalter. In: van Lengen, Hajo (Hg.): Die Friesische Freiheit des Mittelalters – Leben und Legende. Aurich, S. 346–377.

Schmidt-Eppendorf, Peter (1984): Die Nordstrander Kirchen nach der Flut. Ein Bericht aus dem Jahre 1641. In: Reinhardt, Andreas (Hg.): »Die erschreckliche Wasser-Fluth« 1634. Die Flut vom 11. Oktober 1634 und ihre Folgen nach zeitgenössischen Berichten und Dokumenten mit einer Darstellung über den Einfluß der Sturmfluten auf die historische Entwicklung des Nordfriesischen Küstenraumes. Husum, S. 63–147. (= Heimatkundliche Schriften des Nordfriesischen Vereins, 9).

Schönfeld, Moritz (1949): Veldnamen in Nederland. Amsterdam. (= Mededelingen der Koninklijke Nederlandsche Akademie van Wetenschappen, Afdeling Letterkunde, N.S. 12, 1).

Schubert, Ernst (2005): Vom Wergeld zur Strafe. Die übersehene Bedeutung der friesischen Rechtsquellen zur Interpretation eines epochalen mittelalterlichen Wandels. In: Schmidt, Heinrich/Schwarz, Wolfgang/Tielke, Martin (Hg.): Tota Frisia in Teilansichten. Hajo van Lengen zum 65. Geburtstag. Aurich, S. 97–120. (= Abhandlungen und Vorträge zur Geschichte Ostfrieslands, 82).

Schwartz, Stephen P. (1973): Poetry and Law in Germanic Myth. Berkeley. (= Folklore Studies, 27).

Siemens, Hans Peter (1935): Aus der Deich- und Siedlungsgeschichte des Alten Landes. In: Stader Archiv NF 25, S. 53–170.

Siems, Harald (1980): Studien zur Lex Frisionum. Ebelsbach. (= Münchener Universitätsschriften. Abhandlungen zur rechtswissenschaftlichen Grundlagenforschung, 42).

Simonides, Dina (1938): Die Hunsigoer Küren vom Jahre 1252 und das Ommelander Landrecht vom Jahre 1448. Assen. (= Friesch-Saksische Bibliotheek, 4).

Slicher van Bath, Bernard H. (1948/1978): Boerenvrijheid. Inauguralvortrag. Groningen/Batavia [1948]. Wiederabgedruckt in: Ders./van Oss, Adriaan C.: Geschiedenis van maatschappij en cultuur. Baarn, S. 71–92.

Steensma, Regnerus (1983): De voorstellingen van het laatste avondmaal in Groninger kerken en hun geestelijke achtergrond. In: Publicaties van de Stichting Oude Groninger Kerken 29, S. 197–220.

Stoob, Heinz (1959): Geschichte Dithmarschens im Regentenzeitalter. Heide.

Strackerjan, Ludwig (1909): Aberglauben und Sagen aus dem Herzogtum Oldenburg. 2 Bde., Oldenburg 1909 (Nachdruck Leer 1972).

Streefkerk, Christiaan (1991): Het lijk in de dijk. Strafrecht in waterstaatsaangelegenheden (in het bijzonder in Holland). In: Diederiks, Herman A./Roodenburg, Herman W. (Hg.): Misdaad, zoen en straf. Aspekten van de middeleeuwse strafrechtsgeschiedenis in de Nederlanden. Hilversum, S. 25–36.

Stupperich, Reinhard (1984): Antike Motive auf niederländischen Fliesen in Ostfriesland. In: Pluis, Jan u.a. (Hg.): Niederländische Wandfliesen in Nordwestdeutschland. Einfluß der Niederlande auf die Wohnkultur zwischen Weser und Ems. Osnabrück, S. 89–110.

Sundermann, Friedrich (1867): Ostfrieslands Volksüberlieferungen. Sagen und sagenhafte Erzählungen aus Ostfriesland. Aurich (Nachdruck Leer 1974).

de Swaan, Abram (1993): Der sorgende Staat. Wohlfahrt, Gesundheit und Bildung in Europa und den USA der Neuzeit. Frankfurt a.M. (= Wohlfahrtspolitik und Gesellschaftstheorie, 1).

Talos, Ion (1981): Art. ›Einmauern‹. In: Enzyklopädie des Märchens. Handwörterbuch zur historischen und vergleichenden Erzählforschung. Bd. 3, Berlin, Sp. 1271–1274.

Ders. (1999): Art. ›Menschenopfer‹. In: Enzyklopädie des Märchens. Handwörterbuch zur historischen und vergleichenden Erzählforschung. Bd. 9, Berlin, Sp. 577–582.

Teenstra, Marten Douwes (1843/1973): Volksverhalen en legenden van vroegere en latere dagen. Groningen [1843]. Nachdruck als »Nederlandse volksverhalen«, Leeuwarden 1973.

Timm, Werner (1961): Der gestrandete Wal: eine motivkundliche Studie. In: Staatliche Museen zu Berlin, Forschungen und Berichte 3/4, S. 76–93.

Tomásson Richard F. (1980): Iceland: the First New Society. Minneapolis.

Visser, George (1996): Tjamke. Terschelling West.

Volquardsen, Johan Redlef (1965): Der Brunottenkoog in der Wiedingharde. Ein Beitrag zur Geschichte der Wiedingharde. Bredstedt. (= Nordfriisk Instituut, 1).

de Vries Klaas/Winsemius, Jan Pieter (1970): De Allerheilgenvloed van 1570. Leeuwarden. (= Fryske Akademy, 385).

de Vries, Jan (1927): De Sage van het ingemetselde Kind. In: Nederlandsch Tijdschrift voor Volkskunde 32, S. 1–13.

de Vries, Matthias/te Winkel, Lamert Allert u.a. (1882ff.): Woordenboek der Nederlandsche taal. Den Haag/Leiden u.a.

Vries, Oebele (1994): Wat betsjut aldfrysk ›Heydenmoert‹? In: Us Wurk. Tydskrift foar Frisistyk 43, S. 55–68.

Weiske, Karl (1927): Die ostfriesische Weihnachtsflut vom Jahre 1717. Ein Beitrag zur Geschichte des Pietismus in Ostfriesland. In: Upstalsboom-Blätter 13, S. 1–51.

Wiebalck, Robert (1911/1912): Fehderecht und Dinggericht in Alt-Nordfriesland. In: Mitteilungen des Nordfriesischen Vereins für Heimatkunde und Heimatliebe 8, S. 93–105.

Wiechmann, Ralf (2001): »... men scholde en ere hovede afhowen und negele se uppe den stok«. Die Piratenschädel vom Grasbrook, in: Bracker, Jörgen (Hg.): Gottes Freund – aller Welt Feind. Von Seeraub und Konvoifahrt: Störtebeker und die Folgen. Hamburg, S. 52–79.

Wildhaber, Robert (1958): »Die Stunde ist da, aber der Mann nicht«. Ein europäisches Sagenmotiv. In: Rheinisches Jahrbuch für Volkskunde 9, S. 65–88.

Wilts, Ommo: Die Wikinger in Friesland. Anmerkungen zum Wikingerbild in den altfriesischen Handschriften. In: Breuker, Philippus H. u.a. (Hg.): Philologia Frisica anno 1990. Leeuwarden, S. 195–208. (= Fryske Akademy, 756).

Winsemius, Pierius (1622): Chronique ofte Historische geschiedenisse van Vrieslant, Beginnende van den Jaere na des Werelts scheppinge 3635, ende Loopende tot den Jaere nae de gheboorte Christi 1622. Franeker.

Woebcken, Carl (1924): Deiche und Sturmfluten an der deutschen Nordseeküste. Bremen/Wilhelmshaven (Nachdruck Vaduz/Liechtenstein 1999).

Wohlhaupter, Eugen (1940): Beiträge zur rechtlichen Volkskunde Schleswig-Holsteins. In: Nordelbingen 16, S. 74–160.

Zander, Sylvia (2005): Von ›Schinderkuhlen‹ und ›Elendenecken‹. Das unehrliche Begräbnis vom 16. bis ins 19. Jahrhundert. In: Ders./Herzog, Markwart (Hg.): Nekropolis: der Friedhof als Ort der Toten und der Lebenden. Stuttgart, S. 109–124. (= Irseer Dialoge, 10).

Zedler, Johann Heinrich (1733): Großes vollständiges Universal-Lexikon. Bd. 3, Halle/Leipzig.

Abb. 1: Hallig Hooge, Kirchwarft: Golgatha-Kreuz bei der Sturmflut 1976.

Norbert Fischer

Gedächtnislandschaft Nordseeküste: Inszenierungen des maritimen Todes

1. »Gedächtnislandschaft« als Forschungskonzept

> »Wir sind dem Meer dafür dankbar, daß es, anders als der leere Raum, die Toten aufnimmt, verbirgt und wieder absorbiert. Was es unmenschlich macht, ist seine Gier nach Auslöschung. Auslöschung bedeutet nicht lediglich Verschwinden; sie bedeutet, daß sich die Stätte des Verschwindens nicht mehr bezeichnen läßt. Auf dem Meer gibt es keine Grabsteine. Geschichte und Gedächtnis gründen sich auf das Einschreiben, aber auf dieses Element läßt sich nichts schreiben. Den Ort seiner Toten hält es nicht fest, es schließt sich über ihm, und sein grenzenloses Grab bleibt von Menschen unbezeichnet.« (Harrison 2006: 32)

In der Küstenlandschaft an der Nordsee gibt es zahlreiche Schauplätze, die spezifische Inszenierungen des maritimen Todes repräsentieren. Es handelt sich um öffentliche Gedenkstätten und Memorials für unbekannte Strandleichen, ertrunkene Fischer und Seeleute, für die Opfer von Schiffbrüchen und Sturmflutkatastrophen. Die oft weithin sichtbaren Monumente – rein militärische Ehrenmale bleiben hier ebenso ausgespart wie die privaten Grabmäler der Friedhöfe – entstanden seit Mitte des 19. Jh. und zeigen sich als überdimensionale Kreuze, Findlinge, Stelen oder in figürlicher Gestalt. Auf diese Memorials ist übertragbar, was der französische Soziologe und Gedächtnisforscher Maurice Halbwachs einst über die »sinnliche Gewissheit« von Erinnerungsstätten schrieb: »Die Vergangenheit wird Teil der Gegenwart: man kann sie berühren, glaubt sie unmittelbar zu erfahren« (Halbwachs 2003: 14).

Die maritimen Memorials der Nordseeküste werden hier als »mikrolandschaftliche« Elemente betrachtet – Landschaft interpretiert als offener, hybrider Raum, der durch signifikante Einzelelemente immer wieder neu gestaltet werden kann (Franzen/Krebs 2006). An der Küste ist diese Gestaltung, wie en detail zu zeigen sein wird, durch die Wechselwirkungen zwischen Kultur, Mentalität und Gesellschaft seit Mitte des 19. Jahrhunderts historisch mehrfach neu konfiguriert worden. Heute lassen sich die entlang der Nordsee wie eine Perlenkette aufgereihten Memorials zusammengenommen als eine spezifisch maritime »Gedächtnislandschaft« betrachten.[1]

1 Der Begriff »Gedächtnislandschaft« in der hier verwendeten Bedeutung geht zurück auf Schama (1995).

Abb. 2: Wegweiser zum Helgoländer Strandleichen-Friedhof.

Die Memorials im Besonderen wie die Gedächtnislandschaft im Allgemeinen resultieren aus den küstenspezifischen Erfahrungen von Tod und Trauer – hervorgerufen durch Schiffbrüche, Sturmflutkatastrophen und der generell bedrohlichen Unberechenbarkeit des Wassers in einer Gegend, die von extremen Natureinflüssen geprägt worden ist (Rieken 2005; Jakubowski-Tiessen 2004; Rheinheimer 2003; Knottnerus 1997). Indem diese Erfahrungen von Tod und Trauer tradiert und reflektiert wurden, gewannen sie historische Relevanz. »Spezifisch historisch«, so schrieb der Historiker Jörn Rüsen, »wird das Trauern dann, wenn es sich auf konkrete Vorgänge der Vergangenheit bezieht, die dem unmittelbaren Lebenszusammenhang der Gegenwart schon entrückt sind, […] zugleich aber über den Zeitabstand hinaus […] noch bedeutungsvoll und sinnträchtig geblieben sind oder erneut werden können« (Rüsen 2001: 70).[2] Erst dieser Prozess ermöglichte es, die historische Erfahrung von Tod und Trauer in

2 Ludwig Fischer hat – in allerdings anderem Kontext – auf die Bedeutung der Kategorie »Trauer« für die Wahrnehmung der Küste hingewiesen. Er interpretiert sie als »spezifisches bildungsbürgerliches Konstrukt« in Bezug auf die Wahrnehmung von Zerstörung und Verlust der Küste und der Inseln (L. Fischer 2005: 47, 51f.).

Form von Memorials zu materialisieren und sie schließlich als Gedächtnislandschaft wahrnehmbar zu machen.

Aus der Weltliteratur sind solche Topoi seit langem bekannt: Hermann Melville widmet das siebte Kapitel von »Moby Dick« dem Besuch der Walfänger-Kirche in New Bedford an der nordamerikanischen Ostküste, wo auf Epitaphien der im Meer verschollenen Seeleute und Walfänger gedacht wird: » [...] doch so reich an Zahl sind die nicht verzeichneten Unglücksfälle im Firschergewerbe, und so offensichtlich trugen etliche der anwesenden Frauen die Gesichtszüge, wenn nicht gar die gewohnte Tracht, irgendeines unaufhörlichen Grams, daß ich mich sicher glaube, daß hier vor mir jene versammelt waren, in deren nicht heilen wollenden Herzen der Anblick dieser freudlosen Tafeln die alten Wunden sympathetisch dazu brachte, von neuem zu bluten.« Joseph Conrads »Der Spiegel der See« ist ausdrücklich der Erinnerung an die Toten des Meeres gewidmet, und in Pierre Lotis Roman »Islandfischer« spielen Stätten der Trauer für die auf See gebliebenen Bretonen immer wieder eine gleichsam heilige Rolle (Melville 2004: 51; Conrad 1973: 9, 75–86; Loti 1998: 67ff., 132f., 199ff.).

Bemerkenswert und mentalitätshistorisch aufschlussreich ist, dass die Ära der maritimen Memorials an der deutschen Nordseeküste einsetzte, als die Furcht vor dem Meer ihre faktische Grundlage bereits zu verlieren begann. Technische und gesellschaftliche Entwicklungen nahmen dem Meer im Verlauf des 19. Jahrhunderts seinen bisherigen Schrecken: die bessere Navigationsfähigkeit der Dampf- gegenüber den Segelschiffen, die Professionalisierung der nautischen Ausbildung und nicht zuletzt der Beginn eines organisierten Seenotrettungswesens mit der Gründung der Deutschen Gesellschaft zur Rettung Schiffbrüchiger im Jahr 1865 (Ostersehlte 1990). Die Verstärkung und

Abb. 3: Gedenktafel an einem maritimen Memorial in Dorumneufeld/Land Wursten.

Erhöhung der Deiche an der deutschen Nordseeküste nach der Flutkatastrophe 1825 schließlich machte das Leben in den Nordseemarschen sicherer, so dass sich die folgenreichen, Tausende von Todesopfern fordernden Sturmflutkatastrophen früherer Jahrhunderte vorläufig nicht wiederholten (N. Fischer 2003: 245–293). Bereits zuvor waren die traditionellen Landmarken – beispielsweise Kirchtürme – an der Küste zunehmend ergänzt und abgelöst worden durch technische Seezeichen: Baken, Kapen, Bojen, feste Türme mit Kohlenbefeuerung, später dann durch jene Leuchttürme, die heute so sehr zum Signet der Küste geworden sind. Spätestens im 19. Jahrhundert zog sich entlang der Nordseeküste eine ganze Kette von Leuchttürmen und Feuerschiffen mit ihren ausgeklügelten Signalfeuern (Wiedemann 1998).

War einerseits die Erfahrung des Todes im Meer noch so nah, dass sie im Erinnerungsdiskurs der Küste tradiert wurde, erwies sie sich also andererseits seit Mitte des 19. Jahrhunderts als fern genug, um verarbeitet und instrumentalisiert werden zu können (Nora 1990: 11). Erst diese reflektierte Distanz sorgte dafür, dass dem Gedenken besondere Stätten im öffentlichen Raum gewidmet werden konnte. In ihnen haben Tod und Trauer ihre eigenen, küstenspezifischen »Inszenierungen« gefunden – letzterer Begriff verstanden in seiner ursprünglichen Bedeutung als »In-Szene-Setzen«, als Schaffung eines historischen Schauplatzes (Grimm/Grimm 1893: 1490).

Diese Inszenierungen des maritimen Todes durchliefen drei, sich teilweise überlagernde historische Phasen:

1. Phase der »inszenierten Pietät« (der Tod der Anderen: Anlage von Gedenkstätten für namenlose Strandleichen),
2. Phase der »inszenierten Identität« (der eigene Tod: maritime Memorials als Ausdruck regionaler Selbstvergewisserung),
3. Phase des »inszenierten Mythos«: der maritime Tod als Spektakel (touristische Vermarktung der »Schrecken des Meeres«)

Die drei Phasen lassen sich zeitlich wie folgt periodisieren und kontextualisieren: Die erste Phase begann Mitte des 19. Jahrhunderts und endete um 1930. Sie resultierte aus dem aufkommenden Seebädertourismus, der es notwendig machte, die zuvor teilweise als »barbarisch« im Umgang mit fremden Toten betrachteten Nordseemarschen und Inseln nach außen nunmehr als »bürgerlich-zivilisiert« darzustellen. Die zweite Phase dauerte – teils unter Einfluss nationalsozialistischer Ideologie – etwa von 1930 bis 1980. Sie ist als Selbstvergewisserung regionaler Küstengesellschaften im Angesicht drohenden Bedeutungsverlustes zu verstehen. Der maritime Tod und die maritimen Memorials erschienen dabei als ein Medium, um die eigene Identität zu stärken. Die dritte und letzte Phase hat sich seit 1980 entfaltet und hält bis heute an: Sie zeigt die Nordseeküste im Wettbewerb mit anderen Touristenregionen, wie sie die zum Mythos stilisierte Erfahrung des furchterregenden Meeres als »Alleinstellungsmerkmal« marketingmäßig instrumentalisiert.

2. Maritime Memorials und Gedenkstätten – Inszenierungen des maritimen Todes[3]

2.1. Inszenierte Pietät

In der ersten Phase der Inszenierungen des maritimen Todes spielte zunächst ein einzelnes Phänomen eine katalysatorische Rolle: der Umgang mit unbekannten Strandleichen. Um im Zeitalter des Seebäderwesens gegenüber den städtisch-bürgerlichen Badegästen nicht länger unzivilisiert, ja »barbarisch« zu erscheinen, richtete man an der Nordseeküste und auf den Inseln spezielle Friedhöfe für die namenlosen Toten des Strandes ein und schmückte sie mit Monumenten und Gedenkstätten aus (N. Fischer 2005).

Zuvor hatten die Küsten- und Inselbewohner gegenüber Strandungsfällen und -toten eine durchaus ambivalente Einstellung gezeitigt. Zwar gab es schon seit dem Mittelalter an der territorial vielfältig aufgesplitterten Nordseeküste regionale und lokale Strandordnungen, die das Vorgehen bei einem Schiffbruch regelten und die Anteile am Bergungsgut festlegten. Selbst wenn – was nicht immer der Fall war – auch der Umgang mit Schiffbrüchigen geregelt war, so ließ sich aus den rechtlichen Vorschriften nicht unbedingt auf die Praxis schließen. Die sich in den Strandordnungen manifestierende staatliche Rechtsauffassung war von der ortsansässigen Bevölkerung immer wieder ignoriert worden, ihre Einhaltung war im übrigen an entlegenen Strandabschnitten nur schwer zu überwachen. Dies hatte vor allem auf den Inseln mit ihren häufig kargen Lebensbedingungen notgedrungen dazu geführt, dass man sich im Strandungsfall nur wenig um Überlebende kümmerte, sondern vielmehr danach trachtete, sich Bergungsgut anzueignen. Entsprechend hatte sich der Umgang mit toten Schiffbrüchigen gezeigt, die auf den Inseln häufig an Ort und Stelle – zumeist in den Dünen – verscharrt worden waren. Theodor Storm beschrieb eine solche Szenerie in seiner Fragment gebliebenen »Sylter Novelle«. In anderen Küstenstrichen wurden sie meist ohne größere Zeremonien

3 Die im Folgenden vorgestellten wie auch alle weiteren maritimen Gedenkstätten und Memorials an der Nordseeküste wurden vom Verfasser seit 2004 mit Hilfe eines Inventarisierungsformulars systematisch dokumentiert. Das zu Grunde liegende Inventarisierungsformular wurde im Rahmen von themenspezifischen Lehrveranstaltungen am Institut für Volkskunde der Universität Hamburg in den Jahren 2002–2004 entwickelt. Ich danke allen Studierenden für ihre Mitarbeit und Anregungen. Dies gilt insbesondere für Björn Baumann, der maßgeblich an der Ausarbeitung des Inventarisierungsformulars beteiligt war. Der Dank gilt zugleich Dr. des. Thomas Overdick, mit dem die Lehrveranstaltungen gemeinsam durchgeführt wurden. – Für besondere Unterstützung bei der Recherche vor Ort sei gedankt: Heino Comien (Heimatverein Baltrum), Claus Heitmann (St. Peter-Ording), Rolf Heitsch (Hadelner Deich- und Uferbauverband Otterndorf), Uwe Jürgensen (Stadtarchiv Bremerhaven), Jutta Kollbaum-Weber (Dr. Carl Häberlin-Friesenmuseum, Wyk auf Föhr), Matthias Krämer (Pastor der Kirchengemeinden Langeneß-Nordmarsch und Oland), Manfred Sell (Leiter des Deutschen Sielhafenmuseums Carolinensiel), Jan Schneeberg (Archiv des Heimatvereins der Insel Borkum) und Andreas Wendowski-Schünemann M.A. (Stadtarchäologie Cuxhaven). – Das vorliegende Manuskript ist kritisch begutachtet worden von Dr. Susan Müller-Wusterwitz, Prof. Dr. Brigitta Schmidt-Lauber und Dr. Sylvina Zander – auch ihnen sei für die vielfältigen und konstruktiven Anregungen herzlich gedankt.

Abb. 4: Ansicht des Westerländer Namenlosen-Friedhofes um 1890 .

und unter Verzicht auf jegliche Gedenkzeichen auf einer abgelegenen Ecke des lokalen Kirchhofes, bisweilen sogar in Außendeichflächen, begraben (N. Fischer 2006; Hansen 2001; Voigt 1976; Laage 1998).[4]

Dieser Umgang mit Schiffbrüchen und Strandleichen wurde spätestens dann zum Problem, als das im Verlauf des 19. Jahrhunderts zunehmende Seebäderwesen städtisch-bürgerliche Kreise an die Küste und auf die Inseln brachte (Pott 2003: 209–220; Bengen/Wördemann 1992: 13–84). Um nicht länger als unzivilisiert, ja »barbarisch« zu gelten, richtete man – zumeist auf Betreiben offizieller Stellen – besondere Namenlosen-Friedhöfe als Begräbnis- und Gedenkstätten für unbekannte Strandleichen ein. Die ersten Anlagen stammen aus den 1850er Jahren: es handelte sich um die Namenlosen-Friedhöfe in Westerland auf Sylt sowie auf Spiekeroog (jeweils 1854). Listland auf Sylt folgte 1865. Nicht genau zu datieren sind die Anlagen auf Borkum, Pellworm und Helgoland – die ersteren beiden sind immerhin für die 1850er (Borkum) bzw. 1860er Jahre (Pellworm), die letztere allgemein für die zweite Hälfte des 19. Jahrhunderts quellenmäßig zu dokumentieren. An der Niederelbe wurde nahe der Schwinge-Mündung bei Stade ein ursprünglich 1852 als Begräbnisplatz für die Cholera-Toten eines Schiffes eingerichteter Begräbnisplatz später als Namenlosen-Friedhof genutzt. In anderen

4 Ein Beispiel für Ostfriesland beschreibt Günter Peperkorn (2003: 109); für das Land Wursten Johann H. Möller (1964: 45).

Abb. 5: Namenlosenfriedhof Helgoland um 1892.

Fällen wurden reguläre, aber nicht mehr genutzte Begräbnisstätten als Namenlosen-Friedhöfe eingerichtet – wie in Nesserland bei Emden oder auf der Elbmündungs-Insel Neuwerk. Zu den historisch vergleichsweise späten Anlagen gehört der berühmte, 1906 eingerichtete Namenlosen-Friedhof von Nebel auf Amrum – neben dem Westerländer und dem Spiekerooger die heute bekannteste Anlage – sowie ein kleiner Begräbnis- und Gedenkplatz für namenlose Strandleichen aus dem Jahr 1929 auf der ostfriesischen Insel Wangerooge (N. Fischer 2005; Seidel 1998; Schoenfeld 1998; Richarz 1962).

Blicken wir auf einige Einzelbeispiele – zunnächst auf die Westerländer Anlage, da sie ein charakteristisches Beispiel für das Phänomen der Namenlosen-Friedhöfe bildet. Ihre Einrichtung ist zeitlich eng verknüpft mit dem aufkommenden Seebäder-Tourismus. Auf Sylt kamen die ersten Kurgäste in den Jahren 1854 und 1855, und im Folgejahr bemühten sich Investoren um erste Einrichtungen für den Fremdenverkehr. Mit nicht geringem Erfolg: 1890 galt Sylt als eines der beliebtesten Seebäder an der gesamten Nordsee, der Fremdenverkehr war zur wichtigsten Erwerbsquelle geworden (Brockhaus 1898: 660). Dies aber vertrug sich wenig mit der verbreiteten Wahrnehmung der nordfriesischen Insulaner als Strandräuber – noch 1858 von dem Altonaer Mediziner und wohlwollenden Sylt-Liebhaber Gustav Ross in einer Reisebeschreibung vermerkt (Ross 1991: 76) – und der höchst provisorischen Bestattung der Strandleichen.

So wurde der 1854 eingerichtete Namenlosen-Friedhof zu einem Fanal, um der Insel auch auf diesem Wege ein neues Image zu geben. Die Anlage entstand am Rand der Dünen (liegt heute jedoch inmitten der Ortsbebauung). Die Kosten trug die Kommune. Auch die Strandleichen der benachbarten Ortschaften Hörnum und Rantum wurden hier bestattet. Die Gräber wurden mit Holzkreuzen versehen, die das Datum des Fundes sowie den betreffenden Strandabschnitt nennen. An den Bestattungen nahm ein Pastor teil, der dafür ein Entgelt aus der sogenannten Landschaftskasse erhielt. Am 2. September 1888 wurde ein Gedenkstein feierlich eingeweiht, den die rumänische Königin Elisabeth – unter ihrem Künstlernamen Carmen Sylva in der zeitgenössischen Öffentlichkeit als Dichterin bekannt – gestiftet hatte. Der Gedenkstein enthält Verse des preußischen Oberhofpredigers und Generalsuperindenten Rudolf Kögel aus dem Gedicht »Heimath für Heimathlose«. Die letzte Beisetzung fand 1905 statt. Zwei Jahre später wurde die Anlage geschlossen, Strandleichen künftig auf den regulären Inselfriedhöfen beigesetzt. Heute ist die wohlgepflegte Anlage mit ihren über 50 Grabkreuzen eine beliebte Touristenattraktion (Voigt 1976).

Am 20. September 1865 war auf Sylt ein weiterer Strandleichen-Friedhof eingerichtet worden – im Listland im Norden der Insel. Er diente der Bestattung jener Leichen, die am Lister Strand und nördlich von Kampen angeschwemmt wurden. Aber dieser Namenlosen-Friedhof wurde nach anhaltenden Streitigkeiten mit der Regierung über die Trägerschaft im Jahre 1891 bereits wieder geschlossen (ebd.: 134–137).

Auf der ostfriesischen Insel Spiekeroog wurde 1854, also im selben Jahr wie auf Sylt, ein Namenlosen-Friedhof angelegt und wenige Jahre später zur Gedenkstätte erweitert. Die Anlage selbst beruhte auf der Strandung des Auswandererschiffes »Johanne« vor Spiekeroog am 6. November 1854. Für 28 am Inselstrand angeschwemmte Tote wurde drei Tage nach dem Unglück ein eigener Begräbnisplatz außerhalb des Inseldorfes angelegt. Dieser wurde Anfang 1859 – als Ergebnis einer Spendensammlung in der Bevölkerung - mit einem Gedenkkreuz versehen. In der Folge wurde er zum Begräbnisplatz für weitere unbekannte Strandleichen. Das heutige Erinnerungsmal mit seiner Inschrift (»Fern von ihrer Heimath fanden sie hier ihre letzte Ruhestätte«) stammt aus dem Jahr 1932: ein aus Strandholz gefertigtes und auf einem Steinsockel ruhendes Eichenkreuz, das von Anker und Ankerkette umwunden wird. Inzwischen liegt die Gedenkstätte inmitten der Bebauung des Inselortes (Meyer-Deepen 1989: 63–72; Schwabedissen 2004: 142–143).

Abb. 6: Johanne-Memorial auf dem Namenlosen-Friedhof von Spiekeroog.

Abb. 7: Namenlosen-Friedhof Pellworm.

Auf Pellworm (Nordfriesland) liegt der Namenlosen-Friedhof an der Alten Kirche. Das Pellwormer Kirchenbuch verzeichnete allein von 1864 bis 1960, also in knapp 100 Jahren, mehr als 60 Beisetzungen. 1895 wurde ein aus schwarzem schwedischen Granit gefertigtes und durch Spenden finanziertes Memorial aufgestellt. Es trägt die Inschrift »Heimat für Heimatlose. Offbg. 20, 13. Das Meer gab die Toten, die darinnen waren. Errichtet 1895«. Neben diesem zentralen Memorial erinnern rund 40 schlichte, helle Grabplatten an den namenlosen Tod im Meer (Seidel 1998).

Abb. 8: Gedenkstein auf dem Pellwormer Namenlosen-Friedhof.

Der auf der so genannten Badedüne gelegene Helgoländer Namenlosen-Friedhof wurde in Friedrich Oetkers Helgoland-Beschreibung von 1855 noch nicht erwähnt, obwohl der Verfasser ausführlich auf Strandungsfälle und Strandbegräbnisse eingeht (Oetker 1855: 322–327). Lipsius' Helgoland-Führer von 1895 zeigt eine Fotografie des »Friedhofes der Namenlosen«, auf

Abb. 9: Namenlosen-Friedhof Nebel auf Amrum mit Gedenkstein.

der mehrere Grabzeichen sichtbar sind (Lipsius 1895: 107). Christian Jensen datiert noch in der zweiten, 1927 erschienenen Auflage seiner umfassenden Reisebeschreibung die Helgoländer Anlage allgemein auf die zweite Hälfte des 19. Jahrhunderts und beschreibt sie als »eingefriedigte[n] Platz« mit Grabstätten, die durch »Holzkreuze und ein Denkmal« geschmückt wurden (Jensen 1927: 436). Möglicherweise wurde dieser Begräbnisplatz anlässlich der Bestattung angeschwemmter Opfer der deutsch-dänischen Seeschlacht bei Helgoland 1864 eingerichtet – jedenfalls verweist bis heute ein entsprechendes Memorial auf dieses Ereignis. Inzwischen ist die Helgoländer Anlage, deren Eingang von einem riesigen Anker markiert wird, zu einer maritimen Gedächtnislandschaft en miniature geworden. Neben den einfachen Grabzeichen für namenlose Strandleichen umfasst sie mehrere Einzelgedenkstätten, die Schiffbrüchen aus unterschiedlichen Epochen gewidmet sind – dazu später noch mehr.

Es gab etliche weitere Namenlosen-Friedhöfe an der Nordseeküste und auf den Inseln – manche, wie die Borkumer, existierten nur vorübergehend und hinterließen keine Spuren. Zu den bekanntesten unter den erhaltenen Begräbnisstätten zählt jener von der nordfriesischen Insel Amrum, der südlich des Inseldorfes Nebel angelegt wurde. Die Leichen der hier Bestatteten wurden vor allem am Amrumer Kniepsand angeschwemmt, dem westlich der Insel vorgelagerten Sandstrand. Auf dem Nebeler Namenlosen-Friedhof fand die erste Bestattung am 23. August 1906 statt – wenige Jahre nach der Einrichtung des ersten Seebades auf Amrum. Die schlichten Holzkreuze verzeichnen jeweils das

Datum des Fundes, das Denkmal verweist auf die Funktion »Friedhof für Heimathlose« (Quedens 1996: 192f.).

Auf zwei weitere Beispiele aus dem frühen 20. Jahrhundert sei nur kurz eingegangen. Auf der Kirchwarft der nordfriesischen Hallig Hooge markiert ein Holzkreuz die Begräbnisstätte für angetriebene Strandleichen. Sie war ursprünglich für tote Marine-Angehörige der Skagerrak-Schlacht im Ersten Weltkrieg eingerichtet worden. Die Inschrift auf dem Kreuz lautet: »Es ist das Kreuz von Golgatha – Heimat für Heimatlose«. Dabei handelt es sich wiederum um eine Zeile aus dem bereits erwähnten Gedicht von Rudolf Kögel (Quedens 1980: 112). Auf der ostfriesischen Insel Wangerooge befindet sich nahe des Friedhofs ein hölzernes Memorial, das an vier unbekannte Strandtote aus dem Jahr 1929 erinnert.

Die Phase der »inszenierten Pietät«, die um 1850 begonnen hatte, war um 1930 abgeschlossen. Mit der Einrichtung der Namenlosen-Friedhöfe und -Gedenkstätten kennzeichnet sie im Besonderen wie im Allgemeinen einen Wandel in Geschichte und Mentalität der Nordseeküste. Diese Zäsur hing mit jenen kulturellen und gesellschaftlichen Transformationsprozessen zusammen, deren sichtbarster Ausdruck das Seebäderwesen ist und in dessen Verlauf an der Nordseeküste regionale Spezifika von den normierenden Tendenzen der bürgerlichen Moderne überformt worden sind. Indem den unbekannten Strandleichen eine – wenigstens im Ansatz – am Leitbild bürgerlicher Sepulkralkultur mit individuell gekennzeichneten Grabstätten orientierte Bestattung zugebilligt wurde, inszenierte man vor Ort die Anpassung an die Welt der bürgerlichen Moderne.

2.2. Inszenierte Identität

Auch die folgende Phase der »inszenierten Identität«, die etwa von 1930 bis 1980 dauerte, war eng verbunden mit den oszillierenden Beziehungen zwischen Küstengesellschaft und bürgerlich-urbaner Kultur. Im frühen 20. Jahrhundert hatte der Seebädertourismus fast die gesamte Nordseeküste erreicht, nach dem Zweiten Weltkrieg wurde er zum Massentourismus. Es war seitens der Küstenbewohner nicht mehr nötig, sich als »zivilisiert« zu präsentieren. Die Badeorte waren längst erschlossen und mit Bahn und Schiff, schließlich auch per PKW und Flugzeug gut erreichbar. Die Nordseeküste war – abgesehen von den Halligen – kaum noch eine Welt für sich. Statt der Sorge um den Respekt des bürgerlichen Publikums spielte künftig die Furcht vor dem Verlust der eigenen Identität eine immer größere Rolle (Kolbe 2005; Bengen/Wördemann 1992: 85–146; zum Vergleich: Morgan/Pritchard 1999).

Gesellschaftlich-politisch hatten die Küstenregionen nämlich – vor allem unter preußischem Einfluss – schrittweise die Reste alter, teils jahrhundertealter Selbstverwaltung verloren. Dies gilt für die Marschenländer an der Küste ebenso wie für die Inseln. Lokale Institutionen waren durch den »‚modernen« bürokratisierten Staat ersetzt worden. Statt die eigene »Zivilisiertheit« zu demonstrieren, schien es nunmehr angesichts der stetig wachsenden staatlichen Eingriffe, nicht zuletzt auch angesichts stetig wachsender

Touristenströme nötig, die eigenen Besonderheiten zu betonen und die Binnenidentität zu stärken. Unter solchen Umständen kann es kaum verwundern, wenn in einer kulturell-kompensatorischen Gegenbewegung vor Ort die Eigenheiten maritimer Kultur und Gesellschaft – mit anderen Worten: die eigene regionale Identität – immer stärker betont wurden (Flender/Pfau/Schmidt 2001; begriffsgeschichtlich Niethammer 2000: 412–459).

So ist diese zweite Phase der Inszenierungen des maritimen Todes geprägt von Gedenkstätten und Memorials, die die regionale Identität der Küste in den Vordergrund rückten. Jedoch wurde nun – statt der fremden Toten wie noch bei den Strandleichen – der eigenen Toten gedacht: nämlich jenen »Auf See Gebliebenen«, die in Ausübung ihres Berufes als Fischer, Fähr- und Seeleute oder als Bootsinsassen ums Leben kamen. Ihnen galten die in der Phase der »inszenierten Identität« zwischen 1930 und 1980 aufgestellten Memorials. Indem nunmehr der Tod der eigenen Leute in den Mittelpunkt gerückt wurde, dienten diese Memorials der identitätsstiftenden Selbstvergewisserung vor Ort. In der Regel handelte es sich entweder um Gedenkstätten und Memorials, die einem bestimmten, einzelnen Unglück oder um solche, die allgemein den »Auf See Gebliebenen« des jeweiligen Küstenortes gewidmet waren.

Blicken wir zunächst auf die erste Gruppe: Das zeitlich früheste Beispiel der einem besonderen Ereignis zugedachten Memorials stammt von der Insel Borkum. Es resultierte aus dem Untergang des Borkumer Schiffes »Annemarie« im Jahr 1931, der bis heute als tragischster Unglücksfall in der lokalen Geschichte betrachtet wird. Das Borkumer Inselarchiv hält vielfältiges Material bereit, das diese Katastrophe wie auch die Geschichte des damit verbundenen Totengedenkens dokumentiert.[5] Das Unglück selbst geschah in der Nacht vom 21. auf den 22. September 1931 vor Memmert. Der Untergang der »Annemarie« forderte den Tod von 15 männlichen Inselbewohnern – Mitglieder des lokalen Turnvereins, die am Vorabend ein Fest auf der benachbarten Insel Juist besucht hatten und auf der Rückfahrt in einem Sturm verunglückten. Nur drei Bootsinsassen überlebten. Zwei Jahre nach dem Unglück, im September 1933, wurde auf den nordwestlichen Dünen von Memmert, in deren Nähe sich der Schiffbruch ereignet hatte, ein hölzernes Erinnerungskreuz errichtet. Verankert durch einige Findlinge und weithin sichtbar, trug es die Inschrift »Denke an den Tod! Annemarie Unglück 22.9.1931« und gewann in der Folge als »Kreuz von Memmert« legendäre Bedeutung (Smidt-Juist 2005: 59, 62).

Hingegen wurde das heutige, im Inselort am Alten Leuchtturm aufgestellte Memorial erst wesentlich später am 21. September 1958 eingeweiht – gestiftet von dem örtlichen Junggesellenverein »Borkumer Jungens«. Zwischenzeitlich war eine Nachbildung des inzwischen verrotteten Memmert-Kreuzes, allerdings ohne Schriftzug, am selben Schauplatz aufgestellt worden. Die Einweihung des Memorials am Jahrestag des Unglücks wurde mit einer öffentlichen Gedenkfeier verbunden, über die in der lokalen Presse unter der Überschrift »Sie sind nicht vergessen!« ausführlich berichtet wurde: »Jeder wiederkehrende

5 Ich danke Jan Schneeberg, Leiter des Archivs des Heimatvereins der Insel Borkum, für zahlreiche Materialien und sonstige Unterstützung sowie Helmut Schoenfeld (Hamburg) für die Vermittlung des Kontaktes nach Borkum und die Überlassung eigener Texte.

Abb. 10: Das Kreuz von Memmert (historische Aufnahme).

Abb. 11: Annemarie-Memorial auf Borkum.

21. September wird für unsere Insel ein Tag des Gedenkens für die […] Opfer sein, die die See im Jahre 1931 mit der ›Annemarie‹ forderte,« hieß es wörtlich. Der gemeinsame Gedenkgottesdienst, an dem die drei Überlebenden, die Angehörigen der Ertrunkenen sowie zahlreiche Gäste teilnahmen, fand vor der Einweihung des Memorials im nahegelegenen Gotteshaus der Reformierten Kirche statt (Borkumer Zeitung 1958).[6]

6 Zu dem Unglück selbst liegt das Protokoll der Verhandlungen vor dem Seeamt Emden vom 15. Dezember 1931 vor. Darin heißt es zum Hergang: »Es handelt sich um den Untergang des Motorboots ›Annemarie‹ aus Borkum, das am 21. September auf der Seehundsplate nordwestlich von Memmert gestrandet ist, wobei 15 der Fahrgäste ertrunken sind. Das Boot hatte eine Lustfahrt gemacht mit Teilnehmern von Borkum, die das Juister Turnfest besuchen wollten. An Bord befanden sich der Eigentümer Wilke Specht, Druckereibesitzer, ferner drei persönliche Bekannte von Specht, der Schiffsführer Harm und 14 Turner. Bei der Rückfahrt hatte man nicht den üblichen Weg über das Nordland gewählt (südlich von Memmert) sondern ist nördlich durch das sogenannte Haaksgatt (nördlich von Memmert) gefahren und in die Brandung geraten. Das Boot ist aufgelaufen, leck geschlagen, voll Wasser geschlagen und – nachdem eine Flut überstanden war – durch die gewaltigen Brecher zerschlagen, wobei 15 Leute den Tod gefunden haben. Erst gegen Morgen war es dem Zeugen Bakker gelungen, schwimmend den Memmert zu erreichen und die Rettungsstationen Borkum, Juist und Norderney telefonisch zu benachrichtigen. Es ist den Booten

Abb. 12: Seefahrerer-Ehrenmal Cuxhaven.

Kommen wir zu einem weiteren Beispiel. Es ist deswegen besonders aufschlussreich, weil es geprägt ist von der ideologischen Überhöhung des »Opfer-Todes« durch die Nationalsozialisten. Gemeint ist das im Eingangsbereich des Cuxhavener Friedhofes Brockeswalde – der seinerseits erst wenige Jahre zuvor eröffnet worden war – errichtete »Seefahrer-Ehrenmal«. Dieses Monument wurde am Sonntag, den 5. November 1939 eingeweiht, also rund zwei Monate nach dem deutschen Angriff auf Polen und dem Beginn des Zweiten Weltkrieges. Das Werk – übrigens damals das Einzige seiner Art in Deutschland – stammt von dem Hamburger Bildhauer Guido Maschke und wurde aus Muschelkalk gefertigt. Dieses wandförmige Monument verzeichnet akribisch sämtliche Unglücksfälle Cuxhavener Boote mit den Namen der verstorbenen Besatzungsmitglieder. Seine Errichtung wurde vom Pathos nationalsozialistischer »Opfer«-Ideologie getragen. In der nationalsozialistischen Propaganda wurden privater Schmerz und Trauer politisch instrumentalisiert. Die unterstellte Verbindung mit dem Dienst am »nationalsozialistischen

dann auch gelungen, noch drei Leute zu retten.« Protokoll über die Verhandlungen vor dem Seeamt Emden am 15. Dezember 1931 betreffend den Untergang des Motorboots »Annemarie« in der Nacht vom 21. zum 22. September 1931 zwischen Borkum und Juist; Abschrift in: Archiv des Heimatvereins der Insel Borkum (o. Sign.; ich danke Archivar Jan Schneeberg für die Überlassung der Abschrift).

Vaterland« brachte ideologisch aufgeladene Trauerliturgien hervor. Dabei konnte der von den Nationalsozialisten stilisierte Opfertod fürs Vaterland auf Mythen bauen, die im Gefallenenkult nach dem Ersten Weltkrieg geschaffen worden waren (Behrenbeck 1996).

Die eigentlichen Anlässe für das Monument lagen bereits etwas länger in der Vergangenheit zurück: der Untergang des bemannten Feuerschiffes »Elbe 1« am 27. Oktober 1936 und des Fischdampfers »Uhlenhorst« einige Monate später. Nach diesen Unglücksfällen fasste die Cuxhavener Stadtverwaltung den Plan, ein Ehrenmal einzurichten, das die Namen aller Opfer von Cuxhavener Schiffen verzeichnen sollte. Dieser Plan wurde von einer lokalen Reederei sowie von der Cuxhavener Lotsenschaft unterstützt. Bezeichnend für die oktroyierte NS-Ideologie ist, dass das Ehrenmal ausdrücklich nur den seit 1933 ums Leben gekommenen Cuxhavener Seeleuten gewidmet war – diese werden jeweils namentlich verzeichnet (Cuxhavener Tageblatt 4. und 6.11.1939).

Das »Cuxhavener Tageblatt« berichtete am Vortag über das Monument: »Der morgige Gedenktag wird in allen, die sich mit der Wasserkante, der Nordsee und den Seeleuten verbunden fühlen, die schmerzliche Erinnerung wachrufen an tragische Unfälle, die insgesamt 54 Menschen das Leben raubten. Niemand hat jene schreckliche Orkannacht vergessen, in der uns Gewißheit wurde, daß das Feuerschiff ›Elbe 1‹ gekentert war und mit seiner tapferen Besatzung verloren war. Mit Erschütterung denken wir noch heute an die Trauerfeier für die Männer des Fischdampfers ›Uhlenhorst‹, die im Dienste der Ernährungssicherung des deutschen Volkes auf dem Felde der Arbeit blieben. [...] In diesen Toten, deren Erinnerung Cuxhaven morgen feiern wird, verkörpert sich ein Begriff, der gerade im Nationalsozialismus seine schönste Verwirklichung gefunden hat: Jene einsatzbereite Lebenshaltung, die selbst nicht vor dem Opfer des eigenen Lebens zurückschreckt, wenn es die Aufgabe erfordert, wenn es für das Gelingen des großen Ganzen wichtig ist. Sie alle – einerlei ob es sich um die Männer an Bord der Fischdampfer, der Kutter, der Feuerschiffe oder um unsere Lotsen handelt – haben mit ihrem Tode besiegelt, was uns allen heiligstes Gesetz sein soll: Uns noch mehr einsetzen, alle Opfer zu bringen, die das Vaterland in der schweren Stunde der Entscheidung von uns fordert. So leuchtet das Beispiel der toten Seeleute weit über ihre Todesstunde hinaus in eine Zeit, die sich dieser Männer stets erinnern wird.« (Cuxhavener Tageblatt 4.11.1939). Hier wird überdeutlich, wie der maritime Tod von den Nationalsozialisten – in der Tradition des Gefallenengedenkens nach dem Ersten Weltkrieg – pathetisch verklärt und zum Opfertod überhöht wurde.

Noch deutlicher wird diese Instrumentalisierung, wenn wir uns den Bericht über die Einweihungsfeier ansehen. Unter der Überschrift »Das Ehrenmal unserer Seeleute eingeweiht« berichtete das Cuxhavener Tageblatt am 6. November 1939: »Das Ehrenmal für die seit dem Jahre 1933 als Opfer ihres Berufes gebliebenen Cuxhavener Seeleute. Im Rahmen einer eindrucksvollen Feierstunde, die Sonntag vormittag um 11 Uhr Angehörige, Vertreter der Partei und ihrer Gliederungen, der Kriegsmarine, der Behörden und Vereinigungen, der Reedereien, der Lotsenschaft und alle, die sich der Schiffahrt verbunden fühlen, auf dem Zentralfriedhof in Brockeswalde vereinte, wurde es seiner Bestimmung übergeben. Mit diesem Ehrenmal [...] wurde den Angehörigen von bisher 52 Cuxhavener Seefahrern, die in allen Meeren die letzte Ruhe gefunden haben, eine schlichte [sic]

Abb. 13: Gedenkstein für ertrunkene Meeresforscher auf dem Namenlosen-Friedhof von Helgoland.

Abb. 14: Memorial für die »Auf See Gebliebenen« in Ording.

und würdige Stätte geschaffen, an der sie sich ihrer Toten erinnern können.« Der Cuxhavener Oberbürgermeister und Gauamtsleiter Klostermann hielt die Einweihungsrede und sagte unter anderem: »In stolzer Trauer möge Ihnen, meine verehrten Angehörigen, das Ehrenmal ein Mal des Trostes sein. Hier werden Sie in Gedanken sich mit ihren lieben Toten vereinigen, und wer immer vor diesem Denkmal in Ergriffenheit und Ehrfurcht steht und die Namen der auf See Gebliebenen sieht, dem soll es ein Weckruf sein, der Herz und Seele durchdringt und aufrüttelt zur Selbstbesinnung. Lassen wir die gewaltige Sprache unserer Toten heute in unserem Herzen sprechen. Lassen wir sie nachwirken zu lebendiger Tat.« Ein NSDAP-Funktionär forderte zum Abschluss der Feier im Auftrag des NS-Gauleiters die Angehörigen auf, alljährlich zum Ehrenmal zu gehen und der Toten zu gedenken (Cuxhavener Tageblatt 6.11.1939).

Hält man sich vor Augen, dass das NS-Regime vor zwei Monaten einen Weltkrieg begonnen und bereits unzählige Opfer zu verantworten hatte, so klingen solche Parolen geradezu zynisch. Stilistisch spielten für das Cuxhavener Monument die meist pathetischen Kriegerdenkmäler des späten 19. und frühen 20. Jahrhunderts eine wichtige Rolle. Vor allem nach dem Ersten Weltkrieg waren sie sinnfälliger Ausdruck des Gefallenenkultes und erinnerten mit den eingravierten Namen an die Toten aus den jeweiligen Dörfern und Städten (Saehrendt 2004).

Auch aus den Jahrzehnten nach dem Ende von NS-Diktatur und Zweitem Weltkrieg gibt es weitere, meist weniger spektakuläre Beispiele für die namentliche Erinnerung an Ertrunkene. So ist auf dem bereits erwähnten Namenlosen-Friedhof von Helgoland ein Gedenkstein drei in den Jahren 1968 und 1969 auf hoher See ums Leben gekommenen Meeresforschern gewidmet. Die Ertrunkenen werden namentlich genannt, die Inschrift lautet: »Sie gaben ihr Leben für die Erforschung des Meeresgrundes«. Auf Borkum erinnert eine gartenarchitektonisch ansprechend gestaltete, zentral im Ort gelegene Gedenkstätte namentlich an den Tod von Besatzungsmitgliedern zweier Seenotrettungsboote.

Kommen wir zu jenen Memorials, die allgemein den »Auf See Gebliebenen« gewidmet wurden. Ein frühes Beispiel findet sich auf dem Kirchhof von Ording (Eiderstedt).

Als point de vue gestaltet und 1938 dank einer privaten Spendensammlung errichtet, trägt das annähernd zwei Meter hohe Steinkreuz für die »Auf See Gebliebenen« die Inschrift »Und das Meer ist nicht mehr« (Off. 21.1).[7] Robert Harrison deutet diese Bibelstelle wie folgt: »In der eschatologischen Phantasie, in der solche Visionen geboren werden, gehören Erde und Meer verschiedenen, ja einander entgegengesetzten Kategorien an. In die Erde mit ihrer Solidität und Stabilität lässt sich etwas einschreiben, auf ihren Boden können wir bauen, während das Meer menschlicher Weltlichkeit keine derartige Basis bietet. Das ist zweifellos der Grund, weshalb das Meer in seiner Feindseligkeit gegenüber architektonisch oder textlich geprägtem Gedächtnis häufig als der imaginäre Agent endgültiger Zerstörung fungiert. Als Johannes am Ende des Buches der Offenbarung das Eschaton schildert, beschreibt er das architektonische Wunder des neuen Jerusalem, und in begeisterter Rhetorik spricht er von einer ›neuen Erde‹ und einem ›neuen Himmel‹. Fast beiläufig erklärt er dann: ›Und das Meer ist nicht mehr‹ (21,1). Das Verschwinden des Meeres bezeichnet hier den endgültigen Sieg der durch die göttliche Vorsehung bestimmten Geschichte über das ihr antagonistische Element« (Harrison 2006: 21).

Abb. 15: Memorial Büsum.

Abb. 16: Bronzeplastik für die »Auf See Gebliebenen« in Dornumersiel/Ostfriesland.

In Büsum (Dithmarschen) steht auf dem Neuen Friedhof am Hauptweg ein knapp 1,40 Meter hoher Gedenkstein mit der Inschrift »Zum Gedenken an die auf See gebliebenen Fischer«. Die weitere Zeile lautet »Christkyrie. Komm zu uns auf die See«. Dieser zentral platzierte Gedenkstein wurde 1965 eingeweiht (Schulte 1991: 50).

Als letztes Beispiel für diese Phase sei auf ein figürlich gestaltetes Memorial im ostfriesischen Hafenort Dornumersiel hingewiesen: die Bronzeplastik »He ist buten bleeven«.

7 Ich danke Claus Heitmann (St. Peter-Ording) für diese Informationen.

Auch diese Pietà-Figur mit Kind ist allgemein den »Auf See Gebliebenen« gewidmet, sie wurde 1972 von einem lokalen Bildhauer geschaffen. Die Plastik steht an prominenter Stelle an der Brücke über dem Sieltief, also dem Hauptfahr- und Entwässerungsstrom.

Solche Formen der Rekonstruktion regionaler Identität funktionierten, weil sie auf historisch gewachsenen Deutungen innerhalb tradierter Lebenswelten aufbauten. Durch den Rückgriff auf die historische Erfahrung des todbringenden Meeres gelang es, an der Küste ein »regional-kulturelles Sinnsystem« zu schaffen, das die Identität vor Ort in einem Zeitalter gesellschaftlich-kultureller Transformationsprozesse stabilisierte. Der Rückgriff auf die historische Erfahrung dient nunmehr dem Zweck, auf symbolischer Ebene das besondere »Regionalbewusstsein« (Küster 2002) und die im Zeitalter der Moderne fragil gewordene regionale Identität der Küstengesellschaften zu stabilisieren (Flender/Pfau/Schmidt 2001: 24f.).

2.3. Die Phase des inszenierten Mythos

Dass direkt neben letztgenanntem Memorial von Dornumersiel eine Tafel mit den Sturmflutmarkierungen angebracht ist, leitet zur dritten und letzten Phase der Inszenierung des maritimen Todes über – der Phase des »inszenierten Mythos«. Es ist jene Phase, die im späten 20. Jahrhundert, etwa um 1980, einsetzte. In ihr wird der Mythos vom todbringenden Meer präsentiert, um das Besondere der Küste nach außen hin zu betonen. Mythologische Perspektiven auf die Vergangenheit – etwa der »heldenhafte Kampf« gegen Sturmfluten und Deichbrüche – werden in Denk- und Erinnerungsmälern materialisiert. Die Küste wird in einer »Memorialisierung des Schreckens« neu inszeniert (Hadel 2006: 220-230). Dabei geht es nicht um eine reflektierte Aufarbeitung der Küstenhistorie, sondern um Selbststilisierung. Seit Jahrhunderten transportierte historische Mythen werden in Form von Denk- und Erinnerungsmälern wieder aufgegriffen und in den öffentlichen Raum gestellt.[8] Diese neueren Memorials zählen damit zu jenen »besonderen Orten«, die der Regionalsoziologe Detlev Ipsen beschrieb: »Der besondere Ort ist der, der von Einheimischen und Fremden als herausgehoben betrachtet wird. [...] Besondere Orte werden immer als historisch empfunden, sie sind mit Bedeutung aufgeladen« (Ipsen 1993: 12).

Im Zusammenhang mit den Inszenierungen des maritimen Todes bilden insbesondere die Sturmflut- und Deichbau-Memorials entsprechende Beispiele. Sie erinnern an den Tod im Meer, indem sie dessen Gefahren neu inszenieren. Jürgen Hasse bemerkte zu diesem sinnlich-emotionalen Erlebnis des Maritimen: »Was wir schließlich in der Stromschnelle oder im fetzenden Sturm am Meeresstrand erleben, ist weniger die Strömung des Wassers oder das Reißen des Orkans. Durch das Geschehen an den Dingen und ›Halbdingen‹ hindurch erleben wir Situationsbewertungen, die selber Gefühle sind. Indem in der Affektivität ein Evaluationsmoment zum Ausdruck kommt, wird ein ganz-

8 Siehe zu diesem Aspekt den Beitrag von Brigitta Schmidt-Lauber im vorliegenden Band.

Abb. 17: Sturmflut- und Deich-Memorial in Eckwarderhörne/Butjadingen.

heitlicher Bezug zum eigenen Leben hergestellt, der aber in seiner näheren Bestimmung unexpliziert bleibt« (Hasse 1998: 164f.).

Solche Memorials sind unter anderem in Dorumneufeld (Land Wursten), Otterndorf (Land Hadeln) und an der Schleuse des neuen Meldorfer Hafens am Speicherkoog (1979) errichtet worden. Nicht selten stehen in direkter Nachbarschaft – wie in Dorumneufeld – Pfähle mit Sturmflutmarkierungen.

Besonders anschaulich zeigt sich dies in Eckwarderhörne (Butjadingen). Nach dem Abschluss von Deichbaumaßnahmen in den Jahren 1990–1994 wurde vom zuständigen Deichverband, dem Zweiten Oldenburger Deichband, ein fast futuristisch anmutendes Denkmal aus Backstein und Bronzeguss errichtet. Es enthält sechs Bronzetafeln, die in kartographisch vereinfachter Form das Vordringen des Meeres an Jade und Weser darstellen – symbolisiert an einzelnen Katastrophenfluten wie der Marcellusflut 1362 und der Antoniflut 1511, als der angrenzende Jadebusen nach neuerlichen Landverlusten seine bislang größte Ausdehnung erfuhr. Die Begleitbroschüre berichtet in pathetischer Diktion: »Das aufgestellte Objekt stellt symbolisch dar, wie das ständig anrollende Meer gegen die seit Jahrhunderten von Menschenhand immer wieder erhöhten Deiche brandet«. Dieser auf den Karten als bedrohlicher Landverlust dargestellten Entwicklung

Abb. 18: Deichbau-Memorial in Eckwarderhörne.

steht der neuzeitliche Deichbau entgegen, der – so die Symbolik – dem Meereswüten Einhalt gebot. In unmittelbarer Nähe stehen – dem Meer zugewandt – zwei Deichgrafen-Denkmäler. Das größere von beiden deutet die Form einer überstürzenden Welle an und repräsentiert damit eine unvergleichliche mikrolandschaftliche Symbolik, die sowohl den Mythos des bedrohlichen Meeres als auch dessen Zähmung vermittelt (Zweiter Oldenburgischer Deichband o.J: 10–15).

Bei den Sturmflut-Memorials sind es zumeist Steine, Pfähle oder Tafeln, die die Jahresdaten nennen. Manchmal meterhoch an zentralen Plätzen aufragend, sind sie in Dorumersiel (Land Wursten) ebenso zu finden wie in Neuharlingersiel (Ostfriesland), am Husumer, Tönninger und Büsumer Hafen, am alten Seenotrettungsschuppen in Fedderwardersiel (Butjadingen) sowie auf den Inseln und Halligen (Abb. 19–25). In einigen Fällen werden auch einzelne Sturmfluttragödien und ihre Folgen thematisiert, etwa eine

Abb. 19: Sturmflut-Erinnerungspfahl am Hafenbecken von Tönning.

Abb. 20: Sturmflut-Erinnerungspfahl Husum, Alter Hafen.

Abb. 21: Sturmflut-Erinnerungspfahl St. Peter-Bad.

Abb. 22: Nordstrand, Lith-Schleuse: Relief zur Erinnerung an die 1634 untergegangene Lith-Kirche.

Abb. 23: Sturmflut-Gedenkstein an der Strandtreppe Altenbruch/Elbmündung.

Abb. 24: Erinnerung an die Sturmflut 1906 am Alten Seenotrettungsschuppen in Fedderwardersiel/Butjadingen.

Abb. 25: Memorial aus Dalben auf dem Ordinger Strand.

Abb. 26: Museal aufgestellte Wrackteile des 1891 gesunkenen Frachtdampfers »Kaffraria« am Deich bei Otterndorf/Niederelbe.

untergegangene Kirche: Auf Nordstrand wurde an der Lith-Schleuse ein Sandstein-Relief angebracht, das an den Standort der ehemaligen Kirche erinnert. Die Inschrift lautet »An dieser Stätte stand bis 1634 die Lith-Kirche« sowie am unteren Rand »Neues Leben blüht aus den Ruinen« – Erinnerung an die Burchardi-Sturmflut 1634, bei der das Kirchspiel Lith unterging (Abb. 22). Nicht von der Form, aber vom Inhalt her vergleichbar ist das fünf Meter hohe, aus hölzernen Dalben geformte Memorial, das weithin sichtbar auf dem Ordinger Strand steht (Eiderstedt). Es markiert den ehemaligen Standort der Ordinger Kirche, die von den Meeresfluten bedroht wurde und deswegen ins Landesinnere zurückverlegt werden musste. Auch an den gezeitenabhängigen Strömen wie der Elbe wurden Sturmflut-Gedenksteine neu errichtet: so in Assel (Land Kehdingen) – er ist der Sturmflut von 1962 gewidmet. In Altenbruch (bei Cuxhaven) erinnern kleine Gedenksteine, die in die Strandtreppe eingelassen wurden, an 1962 und andere Sturmflutkatastrophen.

Zu dieser Phase des inszenierten Mythos gerechnet werden müssen auch jene Schiffbruchs-Relikte, die an der Küste museal neu aufgestellt wurden – in der Regel an gut frequentierten Orten. Bei Otterndorf an der Elbmündung wurde in einem vielbesuchten Strandbereich ein Wrackteil (Schiffsschraube) des britischen Frachtdampfers »Kaffraria«

museal aufgestellt. Der Dampfer war 1891 vor Otterndorf gestrandet und teils illegal geplündert worden. Das Wrack wurde rund 90 Jahre später gehoben, weil es die Schifffahrt auf der Elbe behinderte. Eine Tafel erläutert die Geschichte der Strandung. Andere, weniger spektakuläre Beispiele der Präsentation von Wrackrelikten finden sich beispielsweise in Büsum (aufgefundener Anker mit Kette) und am alten Husumer Hafen (Schiffsbug). In Cuxhaven gibt es ein Museum, das sich diesem Thema widmet: das Wrackmuseum im Stadtteil Stickenbüttel. Nicht zufällig wurde diese Einrichtung zu jenem Zeitpunkt eröffnet – nämlich im Jahr 1980 – zu dem die hier behandelte Phase einsetzte. So kann das Cuxhavener Wrackmuseum als Fanal des »inszenierten Mythos« gelten.

So sind die »Schrecken des Meeres« in die Gedächtnislandschaft und damit in die kulturelle Ökonomie der Küste eingegangen. In ihrer symbolischen Funktion sind die Schauplätze des inszenierten Mythos nicht zuletzt Instrument jenes Identitätsmarketings, das sich im Werben um Touristen entfaltet hat. Sie reihen sich ein in eine inzwischen vielfältig aufgefächerte, weit vorangeschrittene »maritime Möblierung« der Küsten- und Inselorte, die häufig mit der musealen Aufstellung von alten Ankern und Seezeichen begann. Hierfür gibt es zu Beginn des 21. Jahrhunderts eine wachsende Zahl von Beispielen: der alte Hafen des Seebades Büsum, in dessen Nähe nicht zufällig die so genannte Sturmfluten-Welt »Blanker Hans« 2006 als neue Touristenattraktion eröffnet wurde. Der Begleitprospekt verspricht »Sturmflutenbahn« mit »Wetterküche« und das Erlebnis der »tosenden und rauen Nordsee«.[9] Im ostfriesischen Carolinensiel werden seit 2005 im museal neu inszenierten historischen Seenotrettungsschuppen die Schrecken des Meeres multimedial vorgeführt. All dies dient einem gezielt produzierten Bild, das neben dem allgemein Maritimen vor allem die »Schrecken des Meeres« präsentiert und zum bedeutsamen Element innerhalb einer wohlgestylten Inszenierung der Küste geworden ist (Settekorn 2003).

3. Für eine »Archäologie der Erinnerung«

Kommen wir abschließend zu einigen allgemeineren Schlussfolgerungen. Die beschriebenen Memorials wurden als landschaftliche Elemente analysiert, aus denen sich stufenweise eine maritime Gedächtnislandschaft entwickelt hat. Das Konzept der Gedächtnislandschaft entstand in Fortschreibung des Themenkomplexes »Gedächtnis und Raum«, welches – ursprünglich begründet von Maurice Halbwachs – spätestens seit den 1990er Jahren, angeregt durch den französischen Historiker Pierre Nora und sein Konzept der »lieux de mémoire« (»Orte des Gedächtnisses«), in den Kultur- und Geschichtswissenschaften aktuell ist. Nora hat die Entstehung von Gedächtnisorten mit dem Auseinanderfallen von »Gedächtnis« und »Geschichte« begründet. Die Historisierung von Gesellschaft und Kultur im bürgerlichen Zeitalter, die nicht zuletzt mit den Anfängen

9 Begleitprospekt der »Sturmflutenwelt Blanker Hans«, Büsum; siehe auch: www.blanker-hans.de (letzter Zugriff 29.9.2006).

Abb. 27: Sturmflut-Gedenksteine in Dangast/Jadebusen.

moderner Geschichtsschreibung verbunden war, bedeutete das Ende eines gesellschaftlich gelebten Gedächtnisses, indem sie Distanz zur eigenen Vergangenheit schuf – ohne diese jedoch gänzlich verschwinden zu lassen: »Das Interesse an jenen Orten, an die sich das Gedächtnis lagert [...], rührt von diesem besonderen Augenblick unserer Geschichte her. Wir erleben einen Augenblick des Übergangs, da das Bewusstsein eines Bruchs mit der Vergangenheit einhergeht mit dem Gefühl eines Abreißens des Gedächtnisses, zugleich aber ein Augenblick, da dies Abreißen noch soviel Gedächtnis freisetzt, daß sich die Frage nach dessen Verkörperung stellt« (Nora 1990: 11). So konnten dem Gedächtnis besondere Orte in ganz unterschiedlicher Konnotation gewidmet werden, konnte sich jener Gedächtniskult im öffentlichen Raum entfalten, der bis heute in zahllosen Denkmälern, Gedenkstätten und anderen historischen Schauplätzen zu besichtigen ist.

Dies prägte auch die Anfänge der hier thematisierten maritimen Memorials. Darüber hinaus wohnt ihnen, wie die vorgeschlagene Periodisierung gezeigt hat, eine eigene Historizität inne. Sie beruht einerseits auf den immer wieder neuen »Erzählungen« der Vergangenheit, andererseits auf den unterschiedlichen Phasen der Funktionalisierung (1. inszenierte Pietät, 2. inszenierte Identität, 3. inszenierter Mythos). Demnach zeigen sich die maritimen Memorials und Gedenkstätten als Ergebnis eines gesellschaftlichen Prozesses, der sein Gedächtnis in jeder historischen Periode neu erfindet und inszeniert (Gray/Kendrick 2004; Eschebach 2005; Assmann 1999: 309f.). Es ist im Übrigen kein kulturelles oder kollektives Gedächtnis, das irgendeinen Grad an historischer Objektivität beansprucht. Vielmehr ist es die immer wieder neu ansetzende, selektive Gedächtnis*arbeit*, die Erfahrung, Reflexion und Erinnerung miteinander verwebt und historisch immer wieder neue Erzählungen der Vergangenheit produziert (Fried 2004: 47; Kandel 2006).

Die Frage, auf welche Weise das Gedächtnis im Küstenraum seinen Niederschlag fand, hing vom sich verändernden Umgang mit der Erfahrung des bedrohlichen Meeres ab, der seinerseits gespeist wurde von unterschiedlichen gesellschaftlichen Bedürfnissen. Die Erinnerungen an Katastrophen, so schrieb Manfred Jakubowski-Tiessen, können dann zum Bestandteil einer kollektiven Gedächtniskultur werden, »[...] wenn mit der Erinnerungsleistung im Kontext ihrer jeweiligen Zeit ein aktives Deutungsangebot im Sinne einer Handlungslegitimation oder auch einer Selbstvergewisserung einhergeht« (Jakubowski-Tiessen 2004a: 286). Übertragen auf unser Thema: Zunächst bedurfte es des Mitte des 19. Jahrhunderts gewonnenen historischen Abstandes zu den Katastrophen der Küste, um den Erfahrungen von Schiffbrüchen und Sturmflutkatastrophen erinnernd gedenken zu können. Zugleich – und auf der anderen Seite – hatte der zuvor sinnstiftende und Trost spendende christliche Glaube seine Deutungshoheit verloren. Religiöse Erklärungsmuster der Sturmflut- und Schiffbruchkatastrophen, wie sie bis weit in die Neuzeit hinein an der Nordseeküste allgegenwärtig gewesen waren, wirkten Mitte des 19. Jahrhunderts nur noch begrenzt. Die Frage nach dem »Warum« konnte nicht mehr - jedenfalls nicht mehr ausschließlich - von den Pastoren beantwortet werden (Jakubowski-Tiessen/Lehmann 2003). Es setzte – um noch einmal mit Pierre Nora zu sprechen – die »geschichtliche« Distanz ein, die die Schaffung einzelner Gedächtnisorte ermöglichte. Damit begannen die Inszenierungen des maritimen Todes. In der Folge bedurfte es des von Außen kommenden, im Zeitalter des Seebäderwesens virulenten Druckes städtisch-bürgerlicher Normen – beispielhaft aufgezeigt am Umgang mit unbekannten Strandleichen –, später dann des Bedürfnisses nach identitätsstiftender Selbstvergewisserung und nach marketinggerechter Inszenierung der Mythen des Meeres, um sich die Vergangenzeit jeweils neu anzueignen.

Bliebe die Frage zu beantworten, wie es zu den spezifischen Gestaltungsformen der beschriebenen Gedenkstätten und Memorials kam. Im Kontext des Seebäderwesens sowie wachsenden Handels und Verkehrs erreichte der bürgerliche Gedächtniskult auch die Küste – mit ihm kamen die Denkmäler, die in den städtischen Zentren des Binnenlandes zu einer allgegenwärtigen Form historischer Repräsentation wurden. Wie das Beispiel Westerland zeigte, waren es im späten 19. Jahrhundert nicht selten Persönlichkeiten des öffentlichen Lebens, die die Gestaltung der Gedenkstätten beeinflussten. Später, vor allem nach dem Ersten Weltkrieg, hatten die meist pathetischen Kriegerdenkmäler eine wichtige Vorbildfunktion. Vor allem nach dem Ersten Weltkrieg waren sie sinnfälliger Ausdruck des Gedächtniskultes und erinnerten mit den eingravierten Namen an die Toten aus den jeweiligen Dörfern und Städten. Dass sowohl hier wie auch bei den maritimen Memorials nach wie vor christliche Bildtraditionen – nicht zu-

Abb. 28: Maritimes Memorial Pellworm.

letzt das Kreuz – eine Gestalt gebende Rolle spielten, sei wenigstens am Rande vermerkt (Lipp 1987; Mosse 1993; Saehrendt 2004).[10]

Wenn Tod und Trauer schon im Allgemeinen besonders stark von Erinnerung und Gedächtnis geprägt sind – »Gedächtnis und Tod entsprechen einander«, vermerkte einmal der französische Dichter Paul Valéry (Valéry 1989: 414) – so kam an der Nordsee die spezifische Bedrohung durch das Wasser hinzu. Gerade auf Grund ihrer erfahrbaren »Instabilität« bot die Küste Raum für immer wieder neue Repräsentationen in jeweils

10 Ihre Inschriften transzendierten den Kriegstod als »Opfer für das Vaterland« – der bürgerliche Gedächtniskult kanalisierte und überhöhte die Trauer (Mosse 1993). Allerdings lassen die Kriegerdenkmäler nur einen strukturellen Vergleich mit den maritimen Memorials zu – wie diese sind sie Ausdruck der Historisierung von Gesellschaft und Kultur seit Mitte des 19. Jahrhunderts sowie vor allem des damit verbundenen Gedächtniskultes. Im Übrigen aber stehen die Kriegerdenkmäler in Form, Inhalt und Botschaft in gänzlich anderem Kontext und wurden politisch funktionalisiert.

unterschiedlichen kulturellen, politischen und gesellschaftlichen Kontexten (L. Fischer 2005: 51f.; Döring 2005: 183). Dies zeigt sich, so können wir nun resümieren, auch in den maritimen Gedenkstätten und Memorials. Zusammen betrachtet haben sie eine über 150 Jahre alte Gedächtnislandschaft hervorgebracht. In ihr tritt zu Tage, was John Brinckerhoff Jackson mit den Worten meinte, dass »selbst die unansehnlichsten Monumente einer Landschaft Schönheit und Würde« verleihen (Brinckerhoff Jackson 2005: 31, 37).

Blicken wir abschließend nicht nur zurück, sondern auch ein wenig voraus. Denkbar wäre es, in einem weiteren Schritt die inventarisierten Einzelbeispiele in Form einer »Archäologie der Erinnerung« kartographisch zu verzeichnen, wie es für städtische Erinnerungsmäler erst kürzlich gefordert wurde (Ranft/Selzer 2004: 18f.). Die dann vorliegende Karte der maritimen Gedächtnislandschaft wäre ein erster Baustein zu einer umfassenderen, vergleichenden Kartographierung von Gedächtnislandschaften, die andere Regionen, Städte und Länder in ihrem je eigenem kulturellen und sozialen Kontext einbeziehen müsste. In Großbritannien existiert bereits ein Inventar, das sämtliche »maritim memorials« von England, Schottland und Wales verzeichnet. Eine digitale Datenbank des britischen National Maritime Museum versammelt zudem verstreute maritime Memorials aus aller Welt (Saunders 1996; http://www.nmm.ac.uk/memorials/ [letzter Zugriff 20.9.2006]). Auch ein von der Ostsee stammendes Beispiel kann die Fruchtbarkeit dieses Konzeptes veranschaulichen: Nach dem Untergang der »Kap Arkona« im Jahr 1945, gegen Ende des Zweiten Weltkrieges, trieben Hunderte von Opfern an der mecklenburgischen und holsteinischen Ostseeküste an. In vielen Orten entstanden daher Grab-, Gedenk- und Erinnerungsstätten – von der Insel Poel bei Wismar bis nach Neustadt in Ostholstein – die heute museal miteinander vernetzt sind.

Die systematische Inventarisierung von Gedächtnislandschaften ist bisher ebenso ein Desiderat wie deren internationaler Vergleich. Schließlich lassen sich Gedächtnislandschaften in vielfältigen, kulturell, gesellschaftlich, politisch immer wieder neu konnotierten Kontexten erforschen. Allein das 20. Jahrhundert hat angesichts millionenfachen Kriegstodes und der nationalsozialistischen Verbrechen an der Menschlichkeit neue Gedächtnislandschaften hervorgebracht, die zuvor unvorstellbar waren: die Soldatenfriedhöfe mit ihren scheinbar unendlichen Gräberreihen und nicht zuletzt die komplexen Ausdrucksformen des Holocaust-Gedenkens.

Quellen und Literatur

Archivalische Quellen

Archiv des Heimatvereins der Insel Borkum

Protokoll über die Verhandlungen vor dem Seeamt Emden am 15. Dezember 1931 betreffend den Untergang des Motorboots »Annemarie« in der Nacht vom 21. zum 22. September 1931 zwischen Borkum und Juist; Abschrift (o. Sign.).

Zeitungen

Borkumer Zeitung vom 22. September 1958.
Cuxhavener Tageblatt vom 4. November 1939.
Cuxhavener Tageblatt vom 6. November 1939.

Websites:

http://www.nmm.ac.uk/memorials (letzter Zugriff 30.9.2006).
http://www.mikrolandschaften.de (letzter Zugriff 14.10.2006).
http://www.ahf-muenchen.de/Tagungsberichte/Berichte/pdf/2005/067-05.pdf (letzter Zugriff 14.10.2006).
http://www.blanker-hans.de (letzter Zugriff 30.9.2006).

Literaturverzeichnis

Afflerbach, Holger (2001): Das entfesselte Meer. Die Geschichte des Atlantik. München.

Allemeyer, Marie Luisa (2006): »Kein Land ohne Deich ...!« Lebenswelten einer Küstengesellschaft in der Frühen Neuzeit. Göttingen.

Assmann, Aleida (1999): Erinnerungsräume. München.

Behrenbeck, Sabine (1996): Der Kult um die toten Helden. Nationalsozialistische Mythen, Riten und Symbole 1923 bis 1945. Vierow/Greifswald.

Bengen, Etta/Wördemann, Wilfried (1992): Badeleben. Zur Geschichte der Seebäder in Friesland. Oldenburg.

Biester, Dorothee (1998): Hans Peter Feddersen – Ein Maler zwischen Tradition und Moderne. Heide.

Blackbourn, David (2006): The Conquest of Nature. Water, Landscape and the Making of Modern Germany. London.

Borsdorf, Ulrich/Grütter, Heinrich Theodor/Rüsen, Jörn (Hg.) (2004): Die Aneignung der Vergangenheit. Musealisierung und Geschichte. Bielefeld.

Brinckerhoff Jackson, John (2005): Landschaften. Ein Resümee. In: Franzen, Brigitte/Krebs, Stefanie (Hg.): Landschaftstheorie. Texte der Cultural Landscape Studies. Köln, S. 29–44.

Brockhaus (1898): Brockhaus' Konversations-Lexikon. 14. vollständig neubearbeitete Auflage, 16. Band, Leipzig/Berlin/Wien.

Conrad, Joseph (1973): Der Spiegel der See. Frankfurt a.M.

Danielzyk, Rainer/Krüger, Rainer (1993): Region Ostfriesland? Zum Verhältnis von Alltag, Regionalbewußtsein und Entwicklungssperspektiven in einem strukturschwachen Raum; in: Lindner, Rolf (Hg.): Die Wiederkehr des Regionalen, Frankfurt a.M., S. 91–121.

Grimm Jacob/Grimm, Wilhelm (1893): Deutsches Wörterbuch. Band 14. Leipzig. (Fotomechanischer Nachdruck der Erstausgabe München 1984)

Döring, Martin (2005): Die narratologische Küste. Küstenbilder in zwei Romanen und Kurzgeschichten Guy de Maupassants. In: Ders./Settekorn, Wolfgang/von Storch, Hans (Hg.): Küstenbilder, Bilder der Küste. Interdisziplinäre Ansichten, Ansätze und Konzepte. Hamburg, S. 181–218.

Ders./Settekorn, Wolfgang/von Storch, Hans (Hg.) (2005): Küstenbilder, Bilder der Küste. Interdisziplinäre Ansichten, Ansätze und Konzepte. Hamburg.

Eschebach, Insa (Hrsg.) (2005): Öffentliches Gedenken: deutsche Erinnerungskulturen seit der Weimarer Republik. Frankfurt a.M. u.a.

Fischer, Ludwig (Hg.) (1997): Kulturlandschaft Nordseemarschen. Bredstedt/Westerhever.

Ders. (2005): Das Feste und das Flüssige. In: Döring, Martin/ Settekorn, Wolfgang/von Storch, Hans (Hg.): Küstenbilder, Bilder der Küste. Interdisziplinäre Ansichten, Ansätze und Konzepte. Hamburg, S. 29–76.

Fischer, Norbert (2001): Geschichte des Todes in der Neuzeit. Erfurt.

Ders. (2003): Wassersnot und Marschengesellschaft. Zur Geschichte der Deiche in Kehdingen. Stade.

Ders. (2005): Tod am Meer. In: Ders./Herzog, Markwart (Hg.): Nekropolis. Der Friedhof als Ort der Toten und der Lebenden. Stuttgart 2005, S. 147–159.

Ders. (2006): Der Deich. Grenzziehungen und Grenzauflösungen im amphibischen Raum. In: Rheinheimer, Martin (Hg.): Grenzen in der Geschichte Schleswig-Holsteins und Dänemarks. Neumünster, S. 281–293.

Ders. (2007): Maritime Memorials – Tod, Gedächtnis und regionale Identität an der Nordseeküste. In: Creating Identities. Tagungsband. Kasseler Studien zur Sepulkralkultur Bd. 12. Kassel (in Vorbereitung).

Flender, Armin/Pfau, Dieter/Schmidt, Sebastian (2001): Regionale Identität zwischen Konstruktion und Wirklichkeit. Eine historisch-empirische Untersuchung am Beispiel des Siegerlandes. Baden-Baden.

Franzen, Brigitte/Krebs, Stefanie (Hg.) (2004): Landschaftskritik. Transdisziplinäre Standpunkte. (Tagungsreader, Download 14.10.2006: www.mikrolandschaften.de)

Dies. (Hg.) (2005): Landschaftstheorie. Texte der Cultural Landscape Studies. Köln.

Dies. (Hg.) (2006): Mikrolandschaften. Landscape Culture on the Move. Münster.

Fried, Johannes (2004): Der Schleier der Erinnerung. Grundzüge einer historischen Memorik. Darmstadt.

Gemeinsames Wattenmeer Sekretariat (Hg.) (2005): Das Wattenmeer – Kulturlandschaft vor und hinter den Deichen. Stuttgart.

Gray, Peter/Oliver, Kendrick (Hg.) (2004): The memory of catastrophe. Manchester/New York.

Hadel, Werner von (2006): Büsum – Eine Chronik des Überlebens. Der lange Weg zum Seebad. Bad Zwischenahn.

Halbwachs, Maurice (2003): Stätten der Verkündigung im Heiligen Land. Eine Studie zum kollektiven Gedächtnis. Hg. von Stephan Egger. Konstanz.

Hansen, Nils (2001): Strandrecht und Strandraub. Bemerkungen zu einem Gewohnheitsrecht an den schleswig-holsteinischen Küsten. In: Kieler Blätter zur Volkskunde 33, S. 51–78.

Harrison, Robert (2006): Die Herrschaft des Todes. München/Wien.

Hasse, Jürgen (1998): Natur in der Ferne. Wege der Naturerinnerung in Freizeit und Tourismus. In: Das gedoubelte Paradies. Natur in Philosophie und Praxis. Bensberger Protokolle 100. Bergisch Gladbach, S. 161–176.

Holander, Reimer Kay (2003): Der Schimmelreiter – Dichtung und Wirklichkeit. Kommentar und Dokumentation zur Novelle »Der Schimmelreiter« von Theodor Storm. Neue, verbesserte und aktualisierte Ausgabe, Bredstedt.

Ipsen, Detlev (1993): Regionale Identität. Überlegungen zum politischen Charakter einer psychosozialen Raumkategorie. In: Raumforschung und Raumordnung 1, S. 9–18.

Jakubowski-Tiessen, Manfred/Lehmann, Hartmut (2003): Religion in Katastrophenzeiten: Zur Einführung. In: Dies. (Hg.): Um Himmels Willen. Religion in Katastrophenzeiten. Göttingen.

Ders. (2004a): Mythos und Erinnerung. In: Ranft, Andreas/Selzer, Stefan (Hg.): Städte aus Trümmern. Katastrophenbewältigung zwischen Antike und Moderne. Göttingen, S. 274–286.

Ders. (2004b): »Trutz, Blanker Hans«. Der Kampf gegen die Nordsee. In: Lundt, Bea (Hg.): Nordlichter. Geschichtsbewusstsein und Geschichtsmythen nördlich der Elbe. Köln/Weimar/Wien, S. 67–84.

Jensen, Christian (Bearb.) (1927): Die Nordfriesischen Inseln. Sylt, Föhr, Amrum, Helgoland und die Halligen. Vormals und jetzt. Lübeck.

Kandel, Eric (2006): Auf der Suche nach dem Gedächtnis. Die Entstehung einer neuen Wissenschaft des Geistes. München.

Knottnerus, Otto S. (1997): Die Angst vor dem Meer. Der Wandel kultureller Muster an der niederländischen und deutschen Nordseeküste (1500–1800). In: Fischer, Ludwig (Hg.): Kulturlandschaft Nordseemarschen. Bredstedt/Westerhever, S. 145-174.

Kolbe, Wiebke (2005): Strandurlaub als liminoider (Erfahrungs-) Raum der Moderne? Deutsche Seebäder im späten 19. und frühen 20. Jahrhundert. In: Gilomen, Hans-Jörg/Schumacher, Beatrice/Tissot, Laurent (Hg.): Freizeit und Vergnügen vom 14. bis zum 20. Jahrhundert. Zürich, S. 187–200. (= Jahrbuch der Schweizerischen Gesellschaft für Wirtschafts- und Sozialgeschichte, 20)

Küster, Thomas (2002): Regionale Identität als Forschungsproblem. In: Westfälische Forschungen 52, S. 1–44.

Laage, Karl Ernst (1998): Theodor Storms letzte Reise und seine »Sylter Novelle«. Heide.

Lekan, Thomas M./Zeller, Thomas (Hg.) (2005): Germany's Nature. Cultural Landscape and Environmental History. New Brunswick, NJ.

Lipp, Wilfried (1987): Natur – Geschichte – Denkmal. Zur Entstehung des Denkmalbewusstseins in der bürgerlichen Gesellschaft. Frankfurt a.M. u.a.

Lipsius, Adolf (1895): Helgoland. Beschreibung der Insel und des Badelebens. Leipzig o.J. (1895; hier Nachdruck Leer 1977).

Loti, Pierre (1998): Islandfischer. Roman. München.
Lundt, Bea (Hg.) (2004): Nordlichter. Geschichtsbewusstsein und Geschichtsmythen nördlich der Elbe. Köln/Weimar/Wien.
Lavery, Brian (2001): Maritime Scotland. London.
Machat, Christoph (1993): Regionale Architektur und kulturelle Identität. In: Historische Kulturlandschaften. Internat. Tagung Brauweiler 10.–17. Mai 1992. München.
Meier, Dirk (2006): Die Nordseeküste. Geschichte einer Landschaft.
Melville, Herman (2004): Moby Dick oder: Der Wal. Deutsch von Friedhelm Rathjen. Frankfurt a.M.
Mertens, Sabine (1987): Seesturm und Schiffbruch. Eine motivgeschichtliche Studie. Bremerhaven/Hamburg.
Meyer-Deepen, Johannes (1989): Schiffstragödie vor Spiekeroog. Die Strandung des Auswandererschiffes »Johanne« am 6. November 1854. Insel Spiekeroog.
Ders./Meijering, Meertinus P. D. (1989): Spiekeroog. Geschichte einer ostfriesischen Insel. Insel Spiekeroog.
Michalski, Sergiusz (1998): Public Monuments. Art in Political Bondage 1870–1997. London.
Morgan, Nigel J./Pritchard, Annette (Hg.) (1999): Power and Politics at the Seaside. The Development of Devon's Resorts in the Twentieth Century. Exeter.
Mosse, George (1993): Gefallen fürs Vaterland – Nationales Heldentum und namenloses Sterben. Stuttgart.
Möller, Johann H. (1964): Nordseebad Wremen. Aus der Geschichte des Dorfes Wremen. Wremen.
Niethammer, Lutz (2000): Kollektive Identität. Heimliche Quellen einer unheimlichen Konjunktur. Reinbek bei Hamburg.
Nora, Pierre (1990): Zwischen Geschichte und Gedächtnis. Berlin.
Oetker, Friedrich (1855): Helgoland. Schilderungen und Erörterungen. Berlin.
Ostersehlte, Christian (1990): Die Deutsche Gesellschaft zur Rettung Schiffbrüchiger. Hamburg.
Pott, Richard (2003): Die Nordsee. Eine Natur- und Kulturgeschichte. München.
Quedens, Georg (1980): Inselkirchen. Breklum.
Ders. (1996): Inseln der Seefahrer. Sylt, Amrum, Föhr und die Halligen. Hamburg.
Ders. (1997): Kirche und Friedhöfe auf Amrum. Breklum.
Peperkorn, Günter (2003): Werdum. Aus der Geschichte eines Marschendorfes. Thunum/Ostfriesland.
Ranft, Andreas/Selzer, Stefan (Hg.) (2004): Städte aus Trümmern. Katastrophenbewältigung zwischen Antike und Moderne. Göttingen.
Raulff, Ulrich (2004): Geschichte und die Erziehung des Gefühls. In: Borsdorf, Ulrich/Grütter, Heinrich Theodor/Rüsen, Jörn (Hg.): Die Aneignung der Vergangenheit. Musealisierung und Geschichte. Bielefeld, S. 105–123.
Rausch, Helke (2005): Kultfigur und Nation. Die Entstehung öffentlicher Denkmäler in Paris, Berlin und London 1848–1914. München.

Rheinheimer, Martin (2003): Mythos Sturmflut. Der Kampf gegen das Meer und die Suche nach Identität. In: Demokratische Geschichte 15, S. 9–58.

Richarz, Karl (1962): Stader Friedhof der Namenlosen, in: Stader Jahrbuch NF 52, S. 35–44.

Rieken, Bernd (2005): Nordsee ist Mordsee. Münster.

Ross, Gustav (1991): Nordseebad Westerland (1858). In: Sylt in alten und neuen Reisebeschreibungen. Ausgewählt von Henning Berkefeld. Düsseldorf, S. 72–77.

Rüsen, Jörn (2001): Historisch trauern – Skizze einer Zumutung. In: Ders./Liebsch, Burkhard (Hg.): Trauer und Geschichte. Köln/Weimar/Wien, S. 63–84.

Saehrendt, Christian (2004): Der Stellungskrieg der Denkmäler. Kriegerdenkmäler im Berlin der Zwischenkriegszeit (1919–1939). Bonn.

Saunders, David (1996): Britain's Maritime Memorials & Mementoes. Sparkford.

Schama, Simon (1995): Landscape and Memory. London.

Schoenfeld, Helmut (1998): Der alte Friedhof von Nesse/Ostfriesland. In: Ohlsdorf – Zeitschrift für Trauerkultur 61, S. 13–14.

Schulte, Kurt (1991): Büsum. Aus der Geschichte des Nordseeheilbades. Heide.

Schulte-Wülwer, Ulrich (1980): Schleswig-Holstein in der Malerei des 19. Jahrhunderts. Heide.

Ders. (2004): Amrum, Föhr und die Halligen in der Kunst. 2. Auflage, Heide.

Schwabedissen, Tim (2004): Gestrandet. Schiffsunglücke vor der Nordseeküste. Hamburg.

Seidel, Brigitta (1998): Der Friedhof »Heimat für Heimatlose« auf Pellworm. In: Ohlsdorf – Zeitschrift für Trauerkultur 61, S. 16–18.

Settekorn, Wolfgang (2003): Stadt, Land und Medien – Ansichten von Natur und Nordsee im Wandel kultureller Praxis. In: Döring E., Martin u.a. (Hg.): Stadt – Raum – Natur. Die Metropolregion als politisch konstruierter Raum. Hamburg.

Smidt-Juist, Peter (2005): Das Kreuz von Memmert. Bearbeitet von Hans und Renate Kolde. Juist.

Stini, Frank (2005): Die Landschaft und die Religion. Neuntes internationales Kolloquium zur Historischen Geographie des Altertums. In: AHF-Informationen Nr. 67 vom 13.7.2005 (http://www.ahf-muenchen.de/Tagungsberichte/Berichte/pdf/2005/067-05.pdf [letzter Seitenaufruf 14.10.2006].

Valéry, Paul (1989): Cahiers/Hefte. Band 3. Frankfurt a.M.

Voigt, Harald (1976): Die Toten des Sylter Strandes – Poesie und Wirklichkeit. Ein Beitrag zur Geschichte des Bestattungswesens der Strandleichen. In: Nordfriesisches Jahrbuch 12, S. 131–150.

Wiedemann, Gerhard (Hg.) (1998): Das deutsche Seezeichenwesen 1850–1990 zwischen Segel- und Containerverkehr. Hamburg.

Zweiter Oldenburgischer Deichband (Hg.): Kein Land ohne Deich. Kein Deich ohne Land. Deichschutz im Bereich Eckwarderhörne. o. O. o. J.

Abb. 1: Die »Caroline« im Hafen von Carolinensiel.

Brigitta Schmidt-Lauber

Maritime Denkmals(er)findung. Ein Küstenort inszeniert seine Geschichte

Die Frage

Der niedersächsische Nordsee-Küstenort Carolinensiel beging am 28. Mai 2005 eine 275-Jahrfeier, aus deren Anlass ein Denkmal eingeweiht wurde: die »Caroline«. Das Ereignis versetzte nahezu den ganzen Ort in historische Betriebsamkeit: Das 1.603 Einwohner zählende Carolinensiel-Harlesiel, so die administrative Einheit für die Einwohnerzählung, feierte sich mit einem ausgedehnten Festumzug von 26 Motivwagen und 9 Fußgruppen, einem eigens für diesen Zweck verfertigten Theaterstück und einem Markt, die allesamt historische Motive und Themen zum Inhalt hatten. Der Friseur des Ortes kaufte sich einen 140 Jahre alten Gehrock, Hochräder und alte Feuerwehrwagen wurden aus Schuppen geholt. Zudem hatte der Redakteur einer lokalen Zeitung den Auftrag erhalten, eine Chronik zu verfassen. Wie als Beleg seiner historischen Kompetenz kommentierte der Hobbyhistoriker und begeisterte Ahnenforscher seine Leidenschaft im Gespräch mit mir mit folgender Erläuterung: »Seit fünfzig Jahren mach ich jetzt Familienchronik, Ahnenforschung. Ich bin schon bis 1287 zurück«. Das in diesen Worten wie in der gesamten Feier erkennbare Verlangen nach »historischer Tiefe« steht zugleich für ein Verlangen nach Legitimität und Kontinuität.

Wir leben im »Zeitalter des Gedenkens« (*L'ère de la commémoration)*, so urteilt Pierre Nora (1984; 2004). Immer wieder ist von einem ausgedehnten Verlangen nach Erinnerung, ja sogar von einer regelrechten »Besessenheit von Geschichte« – so die Ankündigung zur Tagung »Prädikat ›Heritage‹« (Hemme/Tauschek 2007) – die Rede. Seit den 1980er Jahren beobachten wir diesen stetig zunehmenden Boom. Jeder Staat, jede Gesellschaft und nahezu jeder Ort sucht seine beziehungsweise ihre Spezifik zu präsentieren und nutzt dazu den Rekurs auf Geschichte. Die lebhafte Erinnerungskultur rief längst auch das wissenschaftliche Interesse auf den Plan (u.a. Assmann/Harth 1991 a und b; Oesterle 2005). Sie führte zu Großentwürfen wie dem des französischen Historikers und Publizisten Pierre Nora (1984), der mit seinem 7-bändigen Werk »Les lieux de mémoire« das Gedächtnis der französischen Nation und damit die charakteristischen Themen des Gedenkens einzufangen suchte. In Folge dieser »nationalen Gedächtnis-Schreibung« haben Etienne Francois und Hagen Schulze (2001) auch für die Bundesrepublik Deutschland die »Deutschen Erinnerungsorte« in drei Bänden herausgegeben, in denen gesellschaftsprägende Leitbegriffe mit nationaler Ausstrahlung behandelt sind. Nicht nur auf nationaler, auch auf regionaler und lokaler Ebene bilden Erinnerungen an die Vergangenheit, sogenannte »Gedächtnislandschaften«, wie sie Norbert Fischer (in diesem Band) in Folge von Simon Schama (1995) nennt, ein wichtiges Aufgabenfeld der Forschung (vgl. Till 2003).

Ein Schlüsselbegriff für dieses Forschungsfeld ist das »Gedächtnis« – ein Begriff, um den es längst ausgedehnte wissenschaftliche Diskussionen gibt. Wesentliche Inspirationen für das heutige Begriffsverständnis hatte Maurice Halbwachs (1985) geboten, der die Kollektivität beziehungsweise Sozialität des Gedächtnisses reflektiert hat. Unter anderem Reinhart Koselleck (1979, 1989), Paul Ricœur (2004) sowie Aleida Assmann (1992) und Jan Assmann (1988) haben die Thesen Halbwachs' fortgeschrieben und zu einer weiteren Differenzierung zwischen den Konstituenten Gedächtnis, Geschichte, Erinnern und Vergessen beigetragen. Neben die Auseinandersetzungen um den Gedächtnisbegriff sind inzwischen auch andere Begriffsreflexionen getreten – wie die des vermehrt genutzten Terminus »Heritage« bzw. des (kulturwissenschaftlich und historisch nicht unbelasteten) Begriffs »kulturelles Erbe«. Egal unter welchen Begrifflichkeiten diskutiert, geht es im Kern bei den Untersuchungen des Erinnerungsbooms immer wieder um die Selektivität dessen, was in einer Gesellschaft oder von einem Individuum erinnert wird, sowie um die Bedeutung von Gedächtnis und Erinnerung bei der Konstruktion von individuellen und vor allem von kollektiven *Identitäten* (vgl. Binder/Kaschuba/Niedermüller 1998). So besteht Konsens, dass das kollektive (beziehungsweise das kommunikative; vgl. Assmann 1988: 10f.) und das kulturelle Gedächtnis existentiellen Bedürfnissen von sogenannten »Gemeinschaften« dient. Auch wenn es sich um ein »Plastikwort«, so Uwe Pörksen (1992), handelt, erfährt der Begriff »Identität« anhaltend starke gesellschaftliche und wissenschaftliche Aufmerksamkeit, es werden in regelmäßigen Abständen immer neue Zusammengehörigkeitsbedürfnisse und -bekenntnisse formuliert und erkundet. Lutz Niethammer konstatierte diesbezüglich gar eine »unheimliche Konjunktur« (Niethammer 2000)[1].

Auch an der (Nordsee)Küste zeigt sich die Suche und Bekräftigung lokaler und regionaler Identitäten in einem verstärkten Rekurs auf Geschichte – sei es auf dem Buchmarkt oder bei Veranstaltungen oder auch in historisierenden Bauten und Restaurationen. Eine weithin sichtbare und viel beachtete Form, wie lokale oder regionale Identitäten inszeniert und nach außen in ihrer Geschichte repräsentiert werden, sind Mahnmale und Denkmäler (vgl. Neumann 2001). Besonders seit der Jahrtausendwende, dem Beginn des 21. Jahrhunderts, ist an den Küsten und auf den Inseln speziell der Nordsee wieder ein regelrechter Boom an Denkmalinitiierungen festzustellen, der damit verspätet das allgemein seit den 1980er Jahren zu beobachtende Verlangen nach lokaler

1 Die historische Grundierung und Zurschaustellung einer »kollektiven Identität« erfährt einen internationalen Boom. Lutz Niethammer (2000) hat die als »unheimlich« bezeichnete Verbreitung des Begriffs »Identität« untersucht und auf eine romantische Sehnsucht nach Gemeinschaft zu Beginn des 20. Jahrhunderts zurückgeführt.

Identität und Geschichte spiegelt.[2] Derartige Monumente gelten als Identitätszeugnisse lokaler Geschichte und Besonderheit, an denen Sozial- und Kulturwissenschaftler wie etwa Norbert Fischer in diesem Band gleichsam historische Prozesse wie auch die soziale Verfasstheit zum Zeitpunkt ihrer Entstehung ablesen.

Eine solche Denkmalsfindung und -stiftung bildet den Gegenstand meiner nachfolgenden Ausführungen. Aus einer volkskundlich-kulturwissenschaftlichen Perspektive fokussiere ich die eingangs erwähnte Denkmalstiftung in Carolinensiel und stelle dazu die Frage, wie und warum sich der Ort eine nach innen wie außen sichtbare lokale Identität schafft und sich repräsentiert. Beispielhaft soll mit diesem Blick hinter die Kulissen die Frage nach dem konkreten Werden eines lokalen Symbols verfolgt und die Denkmals(er)findung als Prozess gedeutet werden.

Das Ereignis

Seit 2005 steht im Ortsmittelpunkt Carolinensiels eine mit privaten und öffentlichen Spenden errichtete Skulptur[3], mit der die Geschichte des früheren Fischereihafens und des heutigen Touristenortes ein haptisches, optisches und sachkulturelles Zeugnis bekommen sollte. Genannt wird die Skulptur – es handelt sich um eine Frauenfigur – in Anspielung auf den Ortsnamen »Caroline« oder mitunter von einzelnen Anwohnern sogar schon vertraut »unser Carolinchen«.

Im Rahmen einer Feldforschung habe ich diesen Prozess der Denkmalsfindung und -errichtung untersucht: Zwischen Herbst 2004 und Sommer 2005 bin ich mehrere Male an den Küstenort gereist und habe in teilnehmender Beobachtung sowohl Sitzungen der verantwortlichen Komitees wie die Jubiläumsfeier selbst besucht als auch Interviews mit Entscheidungsträgern und Ortsansässigen geführt.[4]

2 Schon für das 19. Jahrhundert, das auch das »Jahrhundert der Denkmäler« genannt wird, hinkten die Küsten dem allgemeinen Trend – besonders städtischer – Denkmalinitiierungen hinterher. Erklärt wird dieser zeitliche Verzug unter anderem mit der ungleich ablaufenden Modernisierung und Verbürgerlichung zwischen Stadt und Land (vgl. Fischer 2005; 2007). Norbert Fischer vertritt in diesem Zusammenhang die These, dass es sich im Falle der Denkmalstiftungen an der Nordseeküste und auf den Nordseeinseln im 19. Jahrhundert um eine kompensatorische Identitätsstiftung handelt, die eine direkte Folge des sozialen und kulturellen Wandels und mit ihm einhergehenden lokalen Identitätsverlustes bildet: Mit dem beginnenden Tourismus des Seebäderwesens fand eine wachsende bürgerliche ›Überformung‹ durch die Stadtflüchtigen statt, der mit der Bestärkung lokaler und regionaler Besonderheit etwa durch Denkmäler entgegengewirkt und auf diese Weise ein (neues) regionales Bewusstsein geschaffen wurde.

3 Im lokalen Diskurs wurden die Begriffe »Denkmal« und »Skulptur« mehrheitlich nebeneinander verwendet, auch wenn es durchaus semantische Unterschiede zwischen ihnen gibt. Im Rahmen dieses Textes greife ich die lokalen Redegepflogenheiten auf und nutze beide Begrifflichkeiten.

4 Dabei habe ich insgesamt 28 qualitative Interviews erhoben und die auf Kassettenrekorder aufgenommenen Gespräche anschließend transkribiert. Zudem habe ich eine Vielzahl informeller Gespräche, das heißt ohne Aufnahmegerät und gezielte Verabredung zum Interview, geführt. Im Text werden die Interviewpartner nicht namentlich und allenfalls in ihrer Funktion – zum Beispiel als »Ortsvorsteher« – zitiert.

Abb. 2: Fischerpaar im benachbarten Neuharlingersiel.

Dabei kam folgende Entstehungsgeschichte des Denkmals zum Vorschein: Der damalige Ortsvorsteher hatte bei der alljährlich stattfindenden Versammlung aller Vereine und Verbände, die »För elk und een« genannte Veranstaltung, Anfang 2004 die Idee geäußert, dass der Ort ein Denkmal bräuchte wie die Nachbarorte auch. Im Interview erklärte er hierzu: »Wir haben in Carolinensiel keine Identifikationsfigur [...]. Carolinensiel hat vieles, aber nicht so etwas, wo man nach greifen kann und was symbolhaftig ist irgendwo.« Als Vorbild nannte er das wenige Kilometer entfernte Neuharlingersiel, wo seit dem Jahr 2000 am Hafen ein in Bronze gegossenes Fischerpaar steht und Touristen zu Urlaubsfotos und zum Klaps auf deren Gesäße animiert (vgl. Abb. 2). Auch für Carolinensiel schwebte dem Ortsvorsteher ein Denkmal vor, das emotionale Identifikation stiftet, das die Anwohner an den Ort bindet und »das Wir-Gefühl« stärkt. An die Skulptur wurden geradezu Heilserwartungen geknüpft: So sollte es nach den Vorstellungen des früheren Ortsvorstehers eine »Pflichtübung für jeden« Bürger sein, einmal im Jahr die Figur zu berühren, »ähnlich wie einmal im Leben nach Mekka muss man einmal im Jahr nach Carolinensiel«.

Referenz für das lokale Selbstbewusstsein bildete die vergangene ökonomische, politische und soziale Blütezeit Carolinensiels. Die Bedeutung dieses Rückblicks wird offensichtlich, wenn man sich den heutigen Stellenwert des Ortes vergegenwärtigt: Carolinensiel ist seit 1972 zum Leidwesen der Anwohner politisch von der Stadt Wittmund abhängig, und auch ökonomisch sieht es längst nicht mehr rosig aus. Anfang bis Mitte des 19. Jahrhunderts dagegen hatte der Ort eine »Hochzeit« erfahren mit einem regen sozialen Leben und ökonomischer Blüte durch die weltweite Segelschifffahrt. Verdankt hat es diese Bedeutung besonders dem vor Sturmfluten vergleichsweise geschützten Sielhafen, der die Anlage von Werften ermöglichte. Damals avancierte Carolinensiel zu einem führenden Hafen der Region, sogar zum zweitwichtigsten nach Emden. Nach dem Aufkommen der Dampfschifffahrt in den 1880er Jahren jedoch fristete der Ort eher ein Mauerblümchendasein. Eine neue wirtschaftliche Grundlage gegenüber dem zunehmend unsicheren Fischfang bot nach dem Zweiten Weltkrieg der Tourismus, der mit dem Bau eines neues Deiches und eines Schöpfwerks 1953 allmählich aufkam. Bei dieser Gelegenheit entstand nämlich (nicht geplant) ein Sandstrand, der zunehmend mehr Gäste anzog. Das Schöpfwerk gilt so auch als »Initialzündung für lokale fremdenverkehrliche Impulse« (Hahn/Reuter/Vonderach 1987: 86). In den folgenden Jahren kamen ein Campingplatz, 1982 das »Haus des Gastes« und ein beheiztes Meerwasserbad hinzu und 1983 schließlich die staatliche Anerkennung Carolinensiel-Harlesiels als »Nordseebad«. Ende der 1990er Jahre verzeichnete der Ort sogar einen kurzen Boom an Besuchern – im Jahr 2000 wurden nach Auskunft der Kurverwaltung eine Million Übernachtungen verzeichnet, was etwa einer Anzahl von 100.000 Gästen entspricht –, doch seither kann Carolinensiel der Konkurrenz benachbarter Kur- und Ferienorte und vor allem anderer Urlaubsregionen wie besonders der Ostsee und Mecklenburg-Vorpommerns[5] nicht mehr wirklich stand halten – ein Umstand, auf den die Kurverwaltung inzwischen mit als »überfällig« bezeichneten Modernisierungsmaßnahmen (wie dem Umbau des Haus des Gastes etc.) reagiert. Zudem wird der soziale Zusammenhalt am Ort seit geraumer Zeit durch den steten Zuzug von Ruheständlern und neue, nicht ortsansässige Vermieter von Ferienwohnungen als zunehmend fragil beklagt: So sei es in den letzten Jahren immer üblicher geworden, dass auswärtige Personen Immobilien als Anlageobjekte erwerben, die selbst keinerlei Bezug zu und Interesse an den lokalen Verhältnissen hätten, erklärten Interviewpartner. Besonders gebürtige Carolinensieler bemängelten, dass es heute kaum noch lokales Verantwortungsgefühl und Zusammenhalt unter den Bewohnerinnen und Bewohnern gebe.

In dieser Situation hatte der frühere Ortsvorsteher den Anstoß zum Denkmal gegeben. Das neue Wahrzeichen sollte im Rahmen einer großen Feier anlässlich des 275-jährigen Bestehens des Ortes eingeweiht werden. Es sollte ein Fest »von Carolinensielern für Carolinensieler« werden, das den dringend notwendigen Zusammenhalt am Ort stärken sollte, so erklärte der Initiator im Interview. »Aus dem Bauch heraus«, so formulierte er weiter, hatte er für die zu errichtende Skulptur einen Begriff als Motto genannt, der die Diskussionen in den kommenden Monaten maßgeblich prägte: »Cliner Wind« wäre doch ein

5 Fernreisen bilden kaum eine Konkurrenz zu den eher kürzeren Nordsee-Aufenthalten (vgl. Boss u.a. 1996).

passender Begriff für eine solche Figur. Es handelt sich dabei um eine am Ort geläufige Metapher zur Beschreibung der Lebensverhältnisse des 19. Jahrhunderts und übertragen allgemein der Spezifik Carolinensiels. Die Metapher sollte – in eine Skulptur umgesetzt – einen sichtbaren, bleibenden Ausdruck erfahren. Anliegen der Denkmalstiftung war es, »ein geflügeltes Wort in etwas Sichtbares [zu, BSL] versetzen«, so der Initiator.

Zur genauen Bedeutung des Begriffs »cliner Wind« kamen im Laufe meiner Erhebungen viele Versionen zum Vorschein: Es handle sich um einen seit »ewigen« Zeiten geläufigen Begriff oder einen, der schon »mindestens« 20 Jahre den Ort kennzeichne; einige berichteten im Zusammenhang mit dem Begriff von der ökonomischen Blüte Carolinensiels im 19. Jahrhundert und andere ganz im Gegenteil von der immensen Armut am Ort; manche paraphrasierten ihn dahingehend, dass man in Carolienensiel hinterherhinke und nicht jeder modernen Strömung nacheifere, andere wiederum konträr, dass man hier weltoffen, kritisch und eben »weiter« sei. Auf jeden Fall gilt »cliner Wind« als »historischer« Begriff.

Die Archivsuche gab in diesem Zusammenhang jedoch keine hinreichenden Aufschlüsse, eher ließen sich Spuren der mündlichen Überlieferung ausfindig machen: Interviewpartner berichteten, dass sie den Begriff vom Vater, Großvater und/oder Urgroßvater kennen. Selten finden sich schriftliche Quellen – wie besonders im Rahmen lokaler Magazine und Festschriften (z.B. Cliner Wind 1980: 18; Ostfriesland Magazin 1989, Nr. 6: 29ff.). Immerhin ließ sich auf diesem Weg eine Bedeutungsverschiebung rekonstruieren: Zunächst wurde der aus dem 19. Jahrhundert stammende Begriff in seiner Doppelbedeutung von »Wind« und »Windigkeit« genutzt (Ostfriesischer Kurier 3.12.1936), erfuhr dann aber eine Festschreibung auf die übertragene Bedeutung als Ausdruck für die Mentalität der Männer und Frauen vor Ort (Ostfriesen-Zeitung 25.10.1958). Dabei soll er anfangs von den umliegenden Ortschaften im Binnenland abfällig für die mentale Prägung und die Gepflogenheiten der Carolinensieler verwendet worden sein, avancierte dann aber vor Ort im durchaus geläufigen Prozess der Umkehrung schließlich vom Schimpfwort zum positiven Autostereotyp – nach dem Motto: »wir sind wer«, »wir sind anders«. Heute bildet der Terminus »cliner Wind« eine allgemeine Umschreibung für das besondere Lebensgefühl im 19. Jahrhundert und den herausgehobenen, weltoffenen Lebensstil des damals florierenden Küstenortes im Unterschied zum bäuerlichen Hinterland. Er gilt – vor Ort wie in umliegenden Ortschaften – als geläufiger Ausdruck lokaler Spezifik (wenn auch mit verschiedenen Bedeutungsfacetten).

Dass der Ausdruck »cliner Wind« populär wurde und zwar besonders zur Beschreibung lokaler Lebensverhältnisse vorwiegend des 19. Jahrhunderts, geht maßgeblich auf eine Veröffentlichung aus dem Jahr 1949 zurück. Im Heimatroman »Windiger Siel« (Ulfers 1978), den die im Ort verehrte Heimatschriftstellerin und Kapitänstochter Marie Ulfers (1888–1960) geschrieben hat und der das Schicksal eines Mädchens um 1900 beschreibt, findet sich folgende Kennzeichnung des Begriffs »cliner Wind«:

> »Die Atmosphäre des Hafens mit seiner Lebhaftigkeit, seinem ständig wechselnden Bild der Geschäftigkeit, der Kontakt mit anderen Menschen aus den verschiedens-

ten Gegenden, die weltoffene, freizügigere Lebensart der Seefahrer, dies alles prägte auch den Sielbewohner. [...] Aus jener Zeit mag auch die Bezeichnung *Cliner Wind* (Carolinensieler Wind) ihren Ursprung haben, die [...] seit altersher ein geflügeltes Wort in den Nachbardörfern für vieles war, was von hier kam oder sich hier tat. Die freie und großzügige Lebensart war den Einwohnern in den zu damaliger Zeit abgeschieden liegenden Dörfern und Höfen anscheinend etwas zu ›windig‹ und da konnte ihrer Vorstellung nach wohl nicht viel dahinterstecken. Von den Betroffenen selbst wurde und wird heute noch die Bezeichnung ›*Cliner Wind*‹ nie abwertend, sondern vielmehr als Gütezeichen empfunden« (Ulfers 1978; siehe auch »Steckbrief«, Abb. 3).

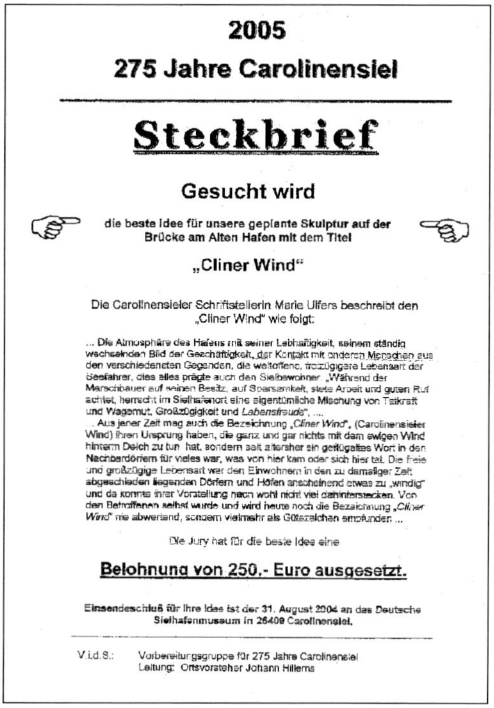

2005

275 Jahre Carolinensiel

Steckbrief

Gesucht wird

die beste Idee für unsere geplante Skulptur auf der Brücke am Alten Hafen mit dem Titel

„Cliner Wind“

Die Carolinensieler Schriftstellerin Marie Ulfers beschreibt den „Cliner Wind“ wie folgt:

... Die Atmosphäre des Hafens mit seiner Lebhaftigkeit, seinem ständig wechselnden Bild der Geschäftigkeit, der Kontakt mit anderen Menschen aus den verschiedensten Gegenden, die weltoffene, freizügigere Lebensart der Seefahrer, dies alles prägte auch den Sielbewohner. „Während der Marschbauer auf seinen Besitz, auf Sparsamkeit, stete Arbeit und guten Ruf achtet, herrscht im Sielhafenort eine eigentümliche Mischung von Tatkraft und Wagemut, Großzügigkeit und *Lebensfreude*“, ...
... Aus jener Zeit mag auch die Bezeichnung „*Cliner Wind*“, (Carolinensieler Wind) ihren Ursprung haben, die ganz und gar nichts mit dem ewigen Wind hinterm Deich zu tun hat, sondern seit altersher ein geflügeltes Wort in den Nachbardörfern für vieles war, was von hier kam oder sich hier tat. Die freie und großzügige Lebensart war den Einwohnern in den zu damaliger Zeit abgeschieden liegenden Dörfern und Höfen anscheinend etwas zu „windig“ und da konnte ihrer Vorstellung nach wohl nicht viel dahinterstecken. Von den Betroffenen selbst wurde und wird heute noch die Bezeichnung „*Cliner Wind*“ nie abwertend, sondern vielmehr als Gütezeichen empfunden ...

Die Jury hat für die beste Idee eine

Belohnung von 250,- Euro ausgesetzt.

Einsendeschluß für Ihre Idee ist der 31. August 2004 an das Deutsche Sielhafenmuseum in 26409 Carolinensiel.

V.i.d.S.: Vorbereitungsgruppe für 275 Jahre Carolinensiel
Leitung: Ortsvorsteher Johann Hillerns

Abb. 3: Aushang, mit dem um Einreichung von Vorschlägen zur Skulpturfindung aufgerufen wurde.

Das hier zitierte Buch wird vor Ort nicht etwa als Roman, sondern als historisches Zeugnis von großer Autorität gewertet und wurde mir als solches von ausnahmslos allen Gesprächspartnern empfohlen.

Im Interview nannte der frühere Ortsvorsteher seine erste Idee »unreflektiert« und »spontan«. Gleichwohl fand sie begeisterte Resonanz. Das Vorhaben führte zu einer regelrecht euphorischen Aufbruchstimmung im Ort. Sowohl gebürtige Carolinensieler als auch Zugezogene haben sich aktiv beteiligt; nur wenige äußerten sich kritisch und nur ein einziger Gesprächspartner bezeichnete die ganze Denkmal-Idee als »sinnlose Nachäfferei«. Im Großen und Ganzen jedoch fand sie weithin Zuspruch und löste rege Geschäftigkeit aus.

Zur Findung des Denkmals trat eine sechsköpfige Kommission zusammen, die ihre Arbeit in ausgedehnten Sitzungen aufnahm. Mitglieder der »Findungskommission« waren neben dem damaligen Ortsvorsteher der Direktor des Sielhafenmuseums, der Leiter der örtlichen Bank, der damalige Direktor der Kurverwaltung sowie der heutige Ortsvorsteher, und als einzige Frau wirkte die Schuldirektorin mit. Die Kommission entschied sich für eine öffentliche Ausschreibung und initiierte zu diesem Zweck einen Wettbewerb – in Gestalt des zuvor zitierten »Steckbriefs« aufgemacht (siehe Abb. 3) –, der einen Passus aus dem Heimatroman Marie Ulfers zum Begriff »cliner Wind« enthielt

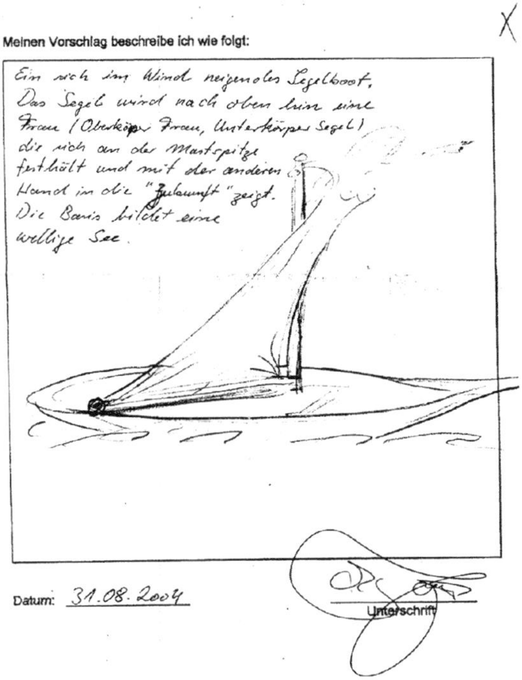

Abb. 4: Entwurf eines Preisträgers, der von der Kommission als maßgebliche Vorlage für die Skulptur ausgewählt wurde.

und zur Einreichung von Vorschlägen für ein lokales Denkmal aufforderte. Daraufhin gingen 34 Entwürfe ein, die die Kommission diskutierte und zensierte. Angesprochen, Vorschläge zu erarbeiten, fühlten sich sowohl Urlauber als auch Anwohner des Ortes, Personen ganz unterschiedlichen Alters und beider Geschlechter. Aus den eingereichten Entwürfen wählte die Kommission bezeichnenderweise nicht etwa moderne, abstrakte Vorschläge aus, die durchaus auch eingegangen waren und teils sogar allgemeines ästhetisches Wohlgefallen fanden; sondern ausgewählt wurden Entwürfe mit den meist gewählten Motiven »Menschen, Segelschiff und Welle/Meer«. Konsensfähig waren mithin maritime historisierende Motive wie das vergangene Blüte repräsentierende Segelschiff oder die Welle – eine Schwerpunktsetzung, die zugleich unausgesprochen die zentrale ökonomische Grundlage des Küstenortes unterstreicht, schließlich lebte Carolinensiel stets und auf je verschiedene Weise vorwiegend vom Meer: zunächst über die Schifffahrt, dann über den Fischfang und inzwischen über den Tourismus, für den das Meer die entscheidende Attraktion bildet.

Die Kommission einigte sich letztlich auf einen Entwurf als maßgebliche Vorlage für die Skulptur, der eine Frau auf einem Segelschiff darstellt (siehe Abb. 4). Einmütig hieß es in der Erklärung zu dieser – wie die Schuldirektorin betonte – ganz besonders von den Männern in der Kommission getragenen Entscheidung, dass die Frauen in Carolinensiel schon immer eine besondere Rolle gespielt hätten als diejenigen, die die Geschicke des Ortes geleitet hatten, während ihre Männer auf See waren. Im Übrigen, so informierte der in Denkmälern der Region bewanderte Museumsdirektor, unterscheide man sich mit dieser Wahl von den anderen Küstenorten, die zumeist Männer abbildeten oder wenn Frauen, dann die wartende, zurückbleibende oder trauernde Ehefrau oder die Fischerin, nicht aber eine stolze, aufrechte und gestandene Bürgerin, wie es in diesem Fall anvisiert war.

Zur Umsetzung beauftragte die Kommission dann zwei Künstler – es sind Brüder –, von denen der eine in die Region zugezogen ist und in der Stadt Esens ein Atelier hat und der andere in Hamburg lebt. Nicht lokales Verantwortungsgefühl und lokale Symbolkraft, wie in den internen Diskussionen als wesentliche Motive für die Realisierung

Abb. 5: Die maritime Bronzeskulptur »Caroline« hält ein stilisiertes Segel in der Hand.

der Skulptur genannt, sondern Pragmatismus und Geschäftsgeist waren für diese Entscheidung maßgeblich. Die beiden waren als zuverlässig bekannt und hatten sich bereits als Erschaffer der Fischer-Skulptur im Nachbarort Neuharlingersiel einen Namen gemacht und Erfolg verzeichnet.

Im Laufe der kommenden Monate sollte sich die Skulptur auf ihrem Weg vom papierenen Entwurf zur letztendlichen Bronzefigur entscheidend ändern (siehe Abb. 5). Die Künstler hatten, so der Maler aus Esens im Interview, von der Kommission folgende Vorgaben erhalten: »Der Ausdruck sollte freundlich-keck, Haare länger-lockig, die Dame soll interessant sein, Busenansatz frei, irgendwo 'ne Schleife, Kleid aus Chiffon mit 'n bisschen Falten und kniefrei.« Zeitlich sollte die Figur um 1820 angesiedelt sein. Die Brüder machten sich an die Arbeit. Über ihre ersten Entwürfe meldeten sich aus der Reihe der Auftraggeber erwartungsgemäß kritische Stimmen: Man diskutierte, ob und wo die Figur eine Schleife tragen solle und welcher Kleiderschnitt in die Zeit passe, wie lang das Haar zu sein habe und wie das Segel abgebildet werden sollte. Vor allem wurde debattiert, welches Körperteil denn nun frei sein solle, kurz: Es stand zur Diskussion, »wie die Weiblichkeit aussehen soll«, so der Initiator. Die Schuldirektorin nahm (als einziges weibliches Kommissionsmitglied) besonders an der kurzzeitigen Überlegung Anstoß, die Figur »oben ohne« abzubilden. Doch man nahm ohnehin alsbald Abschied von dieser Idee. Es folgten in den unterschiedlichen Arbeitsphasen wiederholt Treffen und Diskussionen mit den Auftraggebern, bevor der letztliche Entwurf einer breiteren Öffentlichkeit präsentiert wurde. Als vorgesehener Berührungspunkt entschied man sich – nicht ohne wiederholte Anspielungen der männlichen Kommissionsmitglieder auf den erotischen Reiz, den die Wahl des nackten Oberkörpers beziehungsweise einer Brust, wie bei einer Galionsfigur üblich, oder das Gesäß bieten würde – letztlich für das rechte Knie. Es sollte einladend präsentiert werden: gebeugt in für die Besucher leicht erreichbarer Höhe und schon im Vorfeld blank poliert, damit man weiß, wo man anfassen soll.

In der Frage der Finanzierung des Denkmals setzte die Kommission auf das Engagement und lokale Verantwortungsbewusstsein der Bürger und örtlicher Institutionen. Gewählt wurde ein Spendenverfahren, in dem Backsteine für den Preis von 99 Euro das Stück zu erwerben waren und auf denen die Namen der Spender graviert wurden – sie formen heute eine Welle als Grundlage der Skulptur, auf der die Frauenfigur posiert. Nach schleppendem Start der Aktion konnte das Denkmal letztlich durch den Verkauf von Backsteinen weitestgehend sichergestellt werden. Schließlich könne »man sich drin verewigen«, wie es ein mehrfacher Backsteinkäufer ausdrückte. Und in der Tat sind nun zahlreiche Namen von Einzelpersonen, Vereinen und Unternehmen zu lesen: 275 Namensklinker bilden heute die Grundlage der Figur (siehe Abb. 6 und 13).

Abb. 6: Die 275 Klinker, auf denen die Namen der Spender zu lesen sind, bilden die Grundlage der Skulptur. Sie formen eine Welle.

Abb. 7: Festumzug anlässlich der 275-Jahrfeier Carolinensiels.

Für den Festakt hatte das Vorbereitungskomitee ein pragmatisches Datum außerhalb der Sommer-Hochsaison ausgesucht, an dem ein Dorffest begangen werden könnte und das nicht in erster Linie für die Touristen veranstaltet würde.[6] Die Rechnung der Veranstalter und Organisatoren, ein Ereignis von allgemeinem Interesse zu initiieren, ging auf: Nahezu ganz Carolinensiel schien an den Aktivitäten rund ums Denkmal als aktiv Mitwirkende oder Zuschauer beteiligt – sei es in Form des Umzugs, des Theaterstücks oder des historischen Marktes rund um den Hafen.

Am Tag der Denkmaleinweihung, dem 28. Mai 2005, herrschte strahlender Sonnenschein. Rund um die Enthüllung der Skulptur gab es ein »buntes Programm«, das um 13 Uhr mit dem eingangs genannten historischen Umzug startete (siehe Abb. 7). Etwa 1.000 Aktive beteiligten sich daran, alle wichtigen Vereine, Verbände und lokalen

6 Dass ausgerechnet an dem gewählten Datum der Kirchentag in Hannover stattfand und die niedersächsische Landesregierung zu diesem Anlass eine Woche schulfrei gab (und zudem im Nachbarort Wittmund ein Stadtfest begangen wurde, das Besucher anzog), führte zunächst zu allgemeinem Unmut. Schließlich konnten zahlreiche Anwohner des Ortes damit den »geschenkten« Zusatzurlaub nicht zum Verreisen nutzen, sondern mussten am Festakt mitwirken, da Schule, Kindergarten und Vereine zur Teilnahme »zwangsverpflichtet« waren, wie es die Schuldirektorin formulierte.

Abb. 8: Umzugswagen des Schützenvereins anlässlich des Festumzuges zur 275-Jahrfeier Carolinensiels.

Abb. 9: Umzugswagen der Freiwilligen Feuerwehr anlässlich des Festumzuges zur 275-Jahrfeier Carolinensiels.

Abb. 10: Umzugswagen des Motorradvereins anlässlich des Festumzuges zur 275-Jahrfeier Carolinensiels.

Abb. 11: Umzugswagen der Schule anlässlich des Festumzuges zur 275-Jahrfeier Carolinensiels.

Institutionen (wie Schule und Kindergarten) wirkten mit. Der Schützenverein (siehe Abb. 8) ebenso wie der Turnverein, der Gewerbeverein – dem 72 Mitgliedsbetriebe angeschlossen sind – oder die Freiwillige Feuerwehr (siehe Abb. 9) beteiligten sich neben weiteren mit je mindestens einem Wagen, wozu sie sich mit historischen Kostümen wie entsprechender Berufs- oder Freizeitkleidung aus dem 19. Jahrhundert schmückten.

Ein allgemeines »Kramen« in der Geschichte des eigenen Ortes, des eigenen Berufsstands oder spezifischer lokaler Ereignisse und Institutionen machte die Runde. Der Motorradclub zum Beispiel inszenierte auf seinem Wagen die als »historisch einmalig« präsentierte Überfahrt von vier Motorradfahrern über die gefrorene Nordsee zur Insel Spiekeroog im März 1929 (siehe Abb. 10)[7], und auch der Turnverein oder die Schule (siehe Abb. 11) präsentierten sich wie andere Institutionen vor historisch anmutender Kulisse. Die Freiwillige Feuerwehr zeigte sogar die Ausstattung von Mann und Löschgerät ganz unterschiedlicher Dekaden auf mehreren Umzugswagen. Selbst die Empfangsdamen in der Kurverwaltung empfingen anreisende Gäste an diesem Tag im historischen Gewand – sie hatten sich im Vorfeld in der Stadt Esens historische Kleider aussuchen müssen. Hier schuf sich der Küstenort eine eigene Bühne. Sichtbar wurde darauf eine erlebnisorientierte Nutzung von Geschichte. Aktiv und nicht ohne Spaß der Beteiligten wurde ein Bild der lokalen Vergangenheit erschaffen und sichtbar.

7 Erstmals 1967 organisierte der damalige Gemeindedirektor ein Motorradtreffen unter dem Namen »Seehund-Ralley« mit überregionalen Teilnehmern, das seither alljährlich im März Motorradfahrer von nah und fern(er) nach Carolinensiel lockt (Cliner Wind 1980: 62).

Die anlässlich des Ortsjubiläums präsentierte »Aufführung von Geschichte« beschränkte sich nicht auf den Umzug: Entlang des kleinen Hafens waren – von der »Dorfgemeinschaft«, die auch andere Hafenfeste[8] organisiert, ausgerichtet – Buden aufgestellt worden, in denen Backwaren, Herzhaftes und Getränke unter historischen Namen wie »Tuffelstiften«, »Gegrillter Schwienemors«, »duftende Prüllkers« oder »Met« in ebenfalls historisierender Ausschmückung verkauft wurden. Zudem brachten Laiendarsteller ein »historisches Theaterstück« auf die Bühne sowie auf den Rasen, das die Verlesung der Vergabe der ersten 28 Grundstücke durch Fürstin Caroline Cirksena im Jahr 1730 zum Thema hatte. Geschrieben wurde es von einer ortsansässigen Frau, die sich bereits durch das Abfassen von Dorfsketchen einen Namen gemacht hatte.

Zusätzlich gaben die Initiatoren der Feier die eingangs erwähnte Chronik mit dem Titel »Carolinensiel. Das Buch« in Auftrag (Janssen 2005). Enthalten sind darin Rückblicke über die Geschichte der verschiedenen Vereine und Institutionen am Ort sowie allgemeine Informationen zur Vergangenheit Carolinensiels, die vom Verfasser oder von Verantwortlichen der einzelnen Vereine, Verbände und Institutionen geschrieben wurden.

Die eigentliche Einweihung des Denkmals erfolgte um 16 Uhr. Eingeleitet wurde sie von Festreden, in denen zahlreiche Personen wie der neue Ortsvorsteher, der zuständige Bürgermeister der Stadt Wittmund, der stellvertretende Landrat, der niedersächsische Umweltminister Hans-Heinrich Sander, der sich bei dieser Gelegenheit öffentlich für den Deichschutz aussprach, die beiden Künstler und schließlich der Initiator und ehemalige Ortsvorsteher sprachen (siehe Abb. 12). Alle Redner stellten – der geforderten Textsorte und dem Anlass entsprechend – in ihren Beiträgen den Küstenort als attraktives Ferienziel beziehungsweise als geschichtsträchtigen Lebensmittelpunkt dar. Zur anschließenden Enthüllung der Skulptur standen zwei Mädchen auf der Bühne, die – wie die Skulptur – »Carolin(e)« heißen und denen ein besonderer Bezug zum Ort nachgesagt wurde. Die jüngere, 9-jährige, deren Mutter gebürtige Carolinensielerin ist und – so erklärte der Initiator – bei der Namenswahl ihrer Tochter dieser Herkunft Ausdruck geben wollte, posierte in historischem Kostüm auf der Bühne. Sie sollte die Vergangenheit Carolinensiels verkörpern. Ihre ältere, 14-jährige Namensschwester hingegen trat »zivil« auf und sollte damit das »neue«, moderne Carolinensiel versinnbildlichen. Sie kommt, so berichtete der frühere Ortsvorsteher in seiner Vorstellung des Mädchens, aus Düsseldorf und reise regelmäßig an den Küstenort. Über den Namen der Tochter sollen die Eltern den gemeinsamen Urlaubsort entdeckt haben und ihm dann über viele Jahre treu geblieben sein. Das Mädchen bekannte als Antwort auf diese Einführung, dass sie später einmal das für den Ort geltende Kennzeichen »WTM« für Wittmund an ihrem Auto haben möchte.

Nachdem das Denkmal endlich enthüllt war, wurde es von den Anwesenden in dichtem Gedränge bestaunt und allseits für gelungen befunden. Die »Caroline« wurde

8 Die Hafenfeste zeigen die für Orte wie Carolinensiel typische Verknüpfung lokaler und ökonomischer Interessen bei derartigen Events, die für die Touristen zugeschnitten sind, zugleich aber maßgeblich soziale Ereignisse für die Ortsbewohner darstellen sollen.

Abb. 12: Eröffnungsrede des ehemaligen Dorfvorstehers anlässlich der Denkmalseinweihung am 28. Mai 2005, zu der sich die lokalen Verantwortlichen mehrheitlich in historischen Kostümen kleideten.

fotografiert und – wie im Vorfeld lange diskutiert und antizipiert – berührt. Die Medien kommentierten diese Handhabung als dankbares Detail: Die Ostfriesen Zeitung (8.2.2005) vermittelte mit dem Titel »Griff an Carolines Knie soll Energie geben« die Vorstellung von der metaphysischen Bedeutung dieser Berührungsgeste beziehungsweise der intendierten Sinngebung der Figur, indem sie den ehemaligen Ortsvorsteher mit folgendem (selbstironischen) Kommentar zitierte: »›Weil Carolinensiel im Zentrum des Universums liegt und die Skulptur im Einstein-Jahr entsteht, wohnen magische Kräfte in ihr‹. Wer die Hand auf Carolines Knie lege, könne dadurch für ein Jahr Energie auftanken« (ebd.). In der Praxis setzte sich letztlich dann aber weniger das Knie als Favorit der Berührung durch – wie vorgesehen –, sondern vor allem das Gesäß. Der Initiator selbst pries es in seiner Festrede als mögliche Stelle an, um durch Handanlegen »Energie aufzunehmen, Gedanken und Sehnsüchte in die Welt zu schicken« (siehe Abb. 13).

Untermalt wurde das Fest von Musikeinlagen lokaler Gesangsvereine wie des Kirchenchors, des Quartettvereins oder des überregional bekannten Shanty-Chors. Letzterer – der Shanty-Chor feiert weltweit Auftritte und wird von außen, wie zum Beispiel in Bayern, gern als Symbol der Küste in Norddeutschland begrüßt – führte hierzu

Abb. 13: Die Bronzefigur »Caroline« am Hafen in Carolinensiel. Das Künstler-Brüderpaar hatte im Vorfeld zur intendierten Berührung die Knie sowie das Gesäß der Figur blank poliert.

Abb. 14: Der Shantychor bei der »Welturaufführung« des Liedes »Cliner Wind« anlässlich der Denkmalseinweihung und 275-Jahrfeier Carolinensiels.

Abb. 15: Sockelinschrift der Skulptur »Caroline«.

ein eigens vom Chorleiter geschriebenes Heimatlied mit dem Titel »Cliner Wind« auf (siehe Abb. 14). Die Nordwest Zeitung schrieb dazu von der »Welturaufführung« des Liedes (30.5.2005). Bis in die Nacht sollte am Hafen das anschließende Dorffest steigen – es klang mit einem Feuerwerk um 22 Uhr allmählich aus.

Mit diesem bunten Programm hatte der Küstenort (s)ein Denkmal eingeweiht, das ab nun zum zentralen Mittelpunkt des örtlichen Lebens werden sollte. Über die gewünschte und zugeschriebene Bedeutung der Figur bestand und besteht vor Ort Konsens: Die Skulptur soll Wahrzeichen für den Ort sein, der stolzen Ortsgeschichte und damit lokalem Selbstbewusstsein eine Form geben. Auf der Bronzeplakette neben der Skulptur steht so auch geschrieben: »›Caroline‹. Aufgestellt zur 275 Jahrfeier des Ortes Carolinensiel im Jahr 2005. Zur Erinnerung an den Begriff ›Cliner Wind‹, der für Lebensfreude, Weltoffenheit, Tatkraft und Wagemut steht« (siehe Abb. 15). Verbunden damit ist ein Distinktionsanspruch – »wir sind anders und haben eine andere Skulptur als alle anderen Orte« – und der implizite Beleg der eigenen Modernität – »an unserem Ort thront eine starke Frau«. In seiner Eröffnungsrede unterstrich der Initiator der »Caroline« den Anspruch, die Skulptur stehe für ein starkes und schon in der Vergangenheit modernes Carolinensiel, in dem Frauen schon im 19. Jahrhundert den damaligen bürgerlichen Geschlechterrollen trotzten und kompetent wie selbstbewusst die Last des Alltags trugen, während die Männer auf See waren. Zur Bekräftigung dieser Aussage verwies er auf den Gussvorgang der Figur in der Oldenburger Gießerei, der im ersten Anlauf fehlschlug. Für den Initiator des Denkmals ein eindeutiges Zeichen, »dass wir es mit einer starken Frau zu tun haben, sie sich nicht so gerne in Form gießen lässt.« Die regionale Presse bekräftigte in ihrer Berichterstattung diese Lesart: »Skulptur würdigt Frauen-Power«, berichtete der Anzeiger für Harlingerland im Vorfeld der Aufstellung (30.10.2004), und wenige Monate später titelte er zur Einweihung der Skulptur: »Starke Frau für starken Ort« (Anzeiger für Harlingerland 30.5.2005).

Die Deutung(en)

Seit den 1980er Jahren, verstärkt vor allem seit den 1990er Jahren beobachten wir einen bis heute weiterhin wachsenden Geschichtsboom. Stadtteilarchive und Geschichtswerkstätten sprossen damals aus dem Boden und bündelten gesellschaftliche Aktivitäten und Aufmerksamkeiten. Historische Feste, wie etwa Mittelaltermärkte, erfreuten sich zunehmender Beliebtheit. Familien- und Ortsgeschichte, Alltags- und Erfahrungsgeschichte stehen seither anhaltend hoch im Kurs. Auch Institutionalisierungen des Gedenkens etwa in Form von Gedenkfeiern und von Denkmälern weisen eine weltweite Bedeutungszunahme auf. Anfang 2003 waren allein in Deutschland bereits rund eine Million Denkmäler registriert (http://denkmalkomitee.de, 31.10.2005). Offensichtlich gibt es einen »rapide sich intensivierenden Gebrauch von der Vergangenheit [...], sei es politisch, touristisch oder kommerziell« – so Pierre Nora (2002).

Ein Grund für die allgemeine Beliebtheit und Bedeutung gerade von Denkmälern mag darin liegen, dass sie in besonderer Weise historische Kontinuität suggerieren, altmodisch und »wichtig« wirken. Die Denkmalskultur, die selbst »ein Stück Modernität« ist (Köstlin 2002b: 16), bedient hervorragend das gesellschaftliche Bedürfnis nach Tradition und Geschichte und stellt anerkannte – säkulare und dennoch mit einer sakralen Aura umgebene – Orte der Selbstvergewisserung bereit.

Auch in der Carolinensieler Denkmalsfindung ist ganz offensichtlich ein starkes Verlangen nach lokaler Identität und Geschichte vorhanden. Von Anfang an stand die inhaltliche und diskursive Einbettung des Ereignisses als Inszenierung von *Geschichte* fest: Um zu feiern und den Zusammenhalt im Ort beziehungsweise die Bindung an den Ort zu stärken, sollte ein historisches Jubiläum veranstaltet und der historische Begriff »cliner Wind« künstlerisch umgesetzt werden. Schon vor Errichtung der »Caroline« hat der Geschichtsboom in Carolinensiel seine Spuren hinterlassen. Seit gut zwei Dekaden

Abb. 16: Silhouette des historisierend rekonstruierten Hafens.

ist dort ein wachsendes Interesse an Geschichte zu beobachten, das verschiedentlich sichtbar ist: So existiert seit 1980 das dezentrale, auf mehrere Plätze und Häuser verteilte Sielhafenmuseum, das in seinen Ausstellungen und Programmen sowie seinem Engagement am Ort auf die Verankerung historischen Wissens und Bewusstseins abzielt. Daneben zeigte sich das Bemühen um Sichtbarmachung und Konstruktion eines bestimmten Bildes der lokalen Geschichte auch in der Rekonstruktion des Hafens, der zunächst 1959 zerstört und durch Aufschüttung zu einem Park- und Veranstaltungsplatz umgewandelt worden war, sowie der Restauration der umliegenden Häuser. Seit Ende der 1970er/Anfang der 1980er Jahre wurde dieser Platz zu einem nunmehr romantisch und historisch anmutenden Ortskern umgebaut (vgl. Abb. 16). Nach Auskunft eines Fischers soll es Ziel gewesen sein, »das maritime Bild auch zu machen, so etwas herzustellen und ein schönes Bild zu bringen für den Tourismus«. Mittlerweile fungiert der Hafen nicht nur als Touristenattraktion, sondern zugleich als beliebter und viel besuchter Ortsmittelpunkt für die Bewohner, die ihn mir gegenüber als ästhetisch besonders gelungen und »authentisches« historisches Zeugnis anpriesen. Die lokalen Bemühungen um die eigene Geschichte nahmen schließlich 2004/2005 mit der Skulptureinweihung eine weitere Form an. Zusätzlich eröffnete das mehrheitlich von Touristen besuchte

Sielhafenmuseum zeitgleich den »Museumsweg«, der einmal mehr zur Historisierung des Ortes und zur gewünschten Verankerung der Vergangenheit im lokalen Bewusstsein beitragen soll (Kreutz 2005).

Die Denkmals(er)findung löste eine neue, breite Welle historischer Betriebsamkeit aus, die eine Historisierung lokalen Wissens und die Verwissenschaftlichung des Alltags erkennen lässt. Zahlreiche Personen machten sich anlässlich dieses Ereignisses persönlich auf die Suche nach Zeugnissen der Vergangenheit: Eigens für die Chronik recherchierte die Schuldirektorin im Archiv in Wittmund über die Geschichte ihrer Vorgänger, und auch die Autorin des Theaterstücks, die sich nur auf Bitte der Findungskommission zur Mitarbeit überreden ließ, recherchierte und zitierte Archiveinträge. Auch ganz allgemein gab die Denkmalinitiierung am Ort verschiedentlich Anlass, über die Vergangenheit zu sprechen und in den retrospektiven »alles ist anders geworden«-, »nichts ist mehr wie früher«-Diskurs einzustimmen.

Zentraler Bezugspunkt der Historisierung lokalen Wissens und Redens und damit der Veralltäglichung von »Geschichte« ist der Begriff »cliner Wind«. Er bildet die Essenz und das Symbol des Gedenkens. Inzwischen ist der Begriff »cliner Wind« Gegenstand eines regen sozialen Diskurses[9] geworden und zum Markenzeichen Carolinensiels avanciert, der die lokale Besonderheit nach innen wie außen zu artikulieren vermöge. In dieser Bedeutung ist er inzwischen fest im lokalen Bewusstsein verankert und zeigt lokales Selbstbewusstsein an. Von Gebürtigen wie Zugezogenen wurde der Begriff im Laufe meiner Erhebungen immer selbstverständlicher zitiert, wenn es darum ging, das Leben und die Verhältnisse in Carolinensiel, zumal Außenstehenden, zu erklären. Nahezu jeder Gesprächspartner äußerte sich zum »clinen Wind« und erklärte ihn mir. Die Mehrheit der Gesprächspartner verwies als Referenz auf den Heimatroman von Marie Ulfers. Er fungiert vor Ort als authentisches Zeugnis und zentrale historische Quelle. Typisch hierzu meinte ein vor vielen Jahren aus Schleswig-Holstein zugezogener Mann, der sich im Ort längst heimisch fühlt und mir sein Bild der Vergangenheit als Erklärung der lokalen Spezifika präsentierte. Dafür verwies er mit folgenden Worten auf das Werk der Heimatschriftstellerin: »Ich hab's nicht gelesen, nein. Das müssen Sie sich aber unbedingt holen. Ich glaub, das kriegen Sie auch bei der Raiffeisenbank. Da können Sie natürlich praktisch alles abschreiben.« Dies ist nur ein Beispiel dafür, wie und mit welchen Belegen »historische Wahrheiten« in lokalen Zusammenhängen häufig fundiert werden und wie nah im Alltag fiktionales und historisches Wissen beieinander liegen. Die aus dem Heimatroman gestifteten Geschichtsvorstellungen gehen als »Wissen« in das lokale Bewusstsein ein. Wissenselemente verknüpfen sich und bilden die Basis potentiell neuen Agierens. Mittlerweile ist das Bild der vergangenen ökonomischen, politischen wie sozialen Blütezeit des Ortes unter dem Begriff »cliner Wind« fester Bestandteil

9 Dieser reicht bis hin zur Anekdotenbildung. So antwortete der Museumsdirektor auf meine Frage, warum gerade dieser Begriff den Ausgangspunkt für die Skulpturfindung bot: Der damalige Ortsvorsteher habe nachts von ihm geträumt und ihn am nächsten Morgen als Motto der Wahl für die Skulptur genannt.

des Alltagsdiskurses und -wissens geworden. Es handelt sich um *geglaubte mündliche Ortsgeschichte.* Mit der Frauenskulptur ist nun dieses »geflügelte Wort in etwas Sichtbares« übertragen.

Üblicherweise sehen wir Denkmäler in ihrer feststehenden, ihre Gründung erklärenden Bedeutung: Denkmälern und zumal politischen Denkmälern liegen historische Ereignisse oder Personen zugrunde, an die sie erinnern – oder sie sind als Allegorie konzipiert. Monumente binden und vermitteln historische Bilder für die Überlebenden (vgl. Koselleck 1979), sie kanonisieren Ereignisse und gelten als Manifestationen eines »kollektiven Gedächtnisses«.

Traditionsstiftung, so ließe sich schließen, braucht die Vergegenständlichung. Das Verlangen nach Geschichte und lokaler Identität bedarf der Konkretion – und zwar nicht nur der Konkretion im Materiellen, der Verdinglichung der Ortsgeschichte in diesem Fall im »ewigen« Material Bronze (Wagner 2001: 11), sondern auch der Konkretion durch haptische Erfahrung: Gestützt wird die gewünschte Bedeutungsaufladung der »Caroline« durch eine im Vorfeld angelegte Ritualisierung. Das Denkmal soll angefasst werden, so will es sein Initiator, so legen es die Künstler an. Interviewpartner scheuten sich nicht, hierfür selbstbewusst den Trevi-Brunnen oder die spanische Treppe in Rom und eben selbst die religiöse Pilgerreise nach Mekka als Vorbilder zu nennen, die mit allseits bekannten Ritualisierungen assoziiert werden. Damit ist die Figur noch einmal historisch verankert. Mekka und spanische Treppe fungieren als geliehene Aura und historisch verbürgtes, internationales Bedeutungspotential.

Das Wahrzeichen weist, wenn man so will, einen »intendierten Aberglauben« auf, der seinerseits traditionsstiftend wirkt. Die in diesem Zusammenhang vom Ortsvorsteher in Anspruch genommene Übertragung von Heilkräften durch Berührung ist weltweit aus dem religiösen Leben geläufig: Durch Berührung (von Reliquien, Gräbern oder Heiligenbildern) soll Seligkeit übergehen. Neben der – durch ihren Glanz wie ihre Patina – »würdiges Altern« suggerierenden Bronze (vgl. Rübel 2002) zeigt sich auch darin das Bemühen um historische Tiefe und Verewigung.

Aus der volkskundlich-ethnologischen Erzählforschung ist die Bedeutung von Materialisierungen der Geschichte für das Fortleben der Erzählung, der »story« geläufig (vgl. Röhrich 1981): »Es gibt eine Reihe von Erzählungen«, heißt es bei Lutz Röhrich zu den Denkmalerzählungen, »deren Gedächtnis darum am Leben erhalten wird, daß sie an vorzeigbare Beweisstücke gekoppelt sind«, die ihnen »immer neue Glaubwürdigkeit, Durchschlagskraft und Dauer« verleihen (ders. 1988: 92). So braucht die Sage »das Wahrzeichen, den vorzeigbaren Gegenstand, das Beweisstück ihrer Richtigkeit und Authentizität« (ebd.: 95).

Im Falle Carolinensiels jedoch verhält es sich genau umgekehrt: Hier sichert nicht ein Monument das Wissen über ein vergangenes Ereignis beziehungsweise die lokale Geschichte, sondern man sucht, findet und erfindet eine erinnernswerte Geschichte, um sich ein Denkmal setzen zu können. Und weil es über den kleinen Küstenort kein herausragendes Ereignis zu erinnern und keine kollektiv relevante Geschichte zu erzählen gibt, stiftete man sich den Anlass aus einem Heimatroman – Marie Ulfers »Windiger

Siel« hat hierfür die entscheidende Vorlage geliefert. Gewiss zählen historische Jubiläen – zumal einer Größenordnung von 275 Jahren – zu den unzweifelhaft für wichtig gehaltenen und gesellschaftlich üblicherweise zelebrierten Anlässen des Feierns (vgl. van Gennep 1909; Drascek 2001; Köstlin 2002). Doch in diesem Fall stand am Anfang weniger ein Datum oder Ereignis der Geschichte, sondern – von einer Einzelperson vorgetragen – die Idee zu einem Denkmal und zu einer gemeinschaftlichen Aktion sowie ein Begriff, der der Idee Form und Kontur gab und der seinerseits den Rückgriff auf »Geschichte« für die Artikulation des Selbstbildes eines Ortes begründete. Ein Stück weit spielten dabei auch Willkür und Zufälligkeit eine Rolle – schon über die Altersdatierung des Ortes auf 275 Jahre ließe sich lange streiten, und auch der Tag der Feier wurde, was die historische Aussage anbelangt, »willkürlich« gewählt, ja selbst der Schlüsselbegriff »cliner Wind« ist mehr zufällig als gezielt gewählt.[10] Mit dieser Schaffung und Sichtbarmachung lokaler Spezifik und »Tradition« lässt die »Caroline« Vorgänge erkennen, die begrifflich als »Invention of Tradition« gefasst werden können.[11]

Die angestellten Vergleiche mit Rom und Mekka wie die gesamte Aktion haben vielleicht einen ungewollt komischen Beigeschmack. Und doch ist die Carolinensieler Denkmalsfindung keine absurde Marginalie. Es handelt sich vielmehr um die lokale Version eines globalen Phänomens: um das genannte, allgemein anzutreffende Bedürfnis nach historischer Verankerung und Bestätigung nämlich – hier manifestiert in einer lokalen Denkmalssehnsucht und -erfindung.

Für die anhaltende, ja wachsende Bedeutung der (persönlichen wie gesellschaftlichen) Vergangenheit in lokalen und globalen Diskursen gibt es viele Erklärungsansätze. Mitunter, wie etwa von Pierre Nora, und für konkrete Fälle werden die Rückbesinnungen zum Beispiel als kulturelle Nachklänge des Holocaust gedeutet, wie überhaupt der Umgang mit der deutschen Vergangenheit anhaltend besondere gesellschaftliche und wissenschaftliche Aufmerksamkeit erfährt (vgl. Assmann/Frevert 1999). Nach einer weiteren These ist die Zunahme an Rückblicken unter anderem Ausdruck und Folge des ökonomischen Wohlstands – Jay Winter stützt diese Deutung in seinen Reflexionen über den »Memoryboom« (Winter 2001). Harald Welzer wiederum erklärt den verstärkten individuellen Rückgriff auf Vergangenheit mit der wachsenden Unsicherheit in der persönlichen Lebensplanung (Welzer 2006; Welzer/Markowitsch 2005). Damit lehnt sich der Sozialpsychologe an die noch immer am meisten verbreitete Erklärung an: an die Kompensationstheorie, wie sie besonders Herrmann Lübbe (1982;

10 Die Zufälligkeit der Bedeutungsstiftung dieses Begriffs zeigte sich schon anlässlich einer anderen Feier: Schon einmal stand just dieser Begriff im Mittelpunkt des Gedenkens, als nämlich die Chronik zur 250-Jahrfeier des Ortes »Cliner Wind« (1980) betitelt wurde, was dem Autor zufolge eine zufällige Wahl war und auf den Vorschlag eines gerade mal anwesenden Mitglieds des gleichnamigen Kegelclubs zurückging.

11 Für derartige aktive Prozesse der Initiierung und Schaffung von »Tradition« haben Eric Hobsbawm und Terence Ranger (1983) in anderen Zusammenhängen und bezogen auf vergangene Gesellschaftsprozesse den Begriff der »Invention of Tradition« eingeführt, der Prozesse der Traditionsstiftung benennt und seither die kulturwissenschaftliche und historische Forschung beflügelt.

1994; 1995; 1997) ausformuliert hat. Gegenwartsflucht korrespondiert demnach mit einer »Vergangenheitssucht«. Geschichte erscheint als »Fluchtraum«. Die bewahrenden Institutionen fungieren gleichsam als »Authentisierungsagenturen«. Referenzpunkte für diese These sind sogenannte »Verlusterscheinungen« angesichts gesellschaftlichen Wandels, der Auflösung nationaler Horizonte und der zunehmenden Globalisierung, mit denen die Zunahme an – auch historischen – Identifizierungsagenturen beziehungsweise nach Anthony Giddens (2002) die reflexive Aneignung historischen Wissens erklärt wird.

Der kompensatorische Charakter des Gedenkens ist auch im vorliegenden Beispiel unübersehbar: Der heute vergleichsweise unbedeutende Ort sollte mit der Feier und dem Denkmal aufgewertet und es sollte an den vergangenen Ruhm beziehungsweise die früher vorherrschende Rolle Carolinensiels in der Region erinnert werden. Ohne ein Denkmal erscheint ein Ort wie Carolinensiel schmuck- und bedeutungslos, ja nackt und unattraktiv. Das Wahrzeichen soll die Randständigkeit des Urlaubsortes gegenüber den Nachbarorten, mit denen Carolinensiel nicht konkurrieren kann, durch eigene Aufwertung vergessen lassen und dem Tourismus zum dringend notwendigen Aufschwung verhelfen. Schließlich ist schon die Frauenfigur unter durchaus bewussten Marketinggesichtspunkten gewählt und Ausdruck der Zeit. Ein Motor der Denkmalinitiierung ist somit zweifelsohne der stockende Tourismus und letztlich der Wunsch nach ökonomischem Auskommen des Küstenortes in der strukturschwachen Region Ostfriesland (vgl. Danielzyk/Krüger 1994).

Doch nicht nur nach außen, auch nach innen sollte die Skulptur zur Aufwertung verhelfen. Die »Caroline« ist auch als Ort der Selbstvergewisserung gedacht. Konkret sollte sie die »Dorfgemeinschaft«, wie es vor Ort immer wieder hieß, beleben. Der soziale Charakter der Denkmalsetzung ist unübersehbar: Die in der Denkmalinitiierung und -einweihung erkennbare erlebnisorientierte Nutzung von Geschichte hatte Freizeit- und Eventcharakter (vgl. Schulze 1997) und schien damit fast alle Anwohner zu tangieren.

Neben dem die Anwohner mobilisierenden Erlebniswert der Aktion machte sich der gewünschte »Gemeinschaftsgeist« auch in einer kollektiven Rhetorik bemerkbar. Im Laufe meiner Feldforschung nannten Gesprächspartner immer häufiger Redewendungen wie »wir packen alle an« oder Verantwortungsgefühle »für die Gemeinschaft« als Motive ihres Einsatzes. So äußerte sich etwa der Vorsitzende des Gewerbevereins über das kollektivierende und identifikatorische Potential der Skulptur mit den Worten: »Die grundsätzliche Sache ist, dass wir jetzt was schaffen für's Dorf. Das ist eigentlich wichtig. Da kann man sich dran orientieren und sagt man: Mensch das ist unsere Caroline oder eliner Wind.« Die Nordwest-Zeitung (30.5.2005) bezeichnete den Festakt sogar als »Höhepunkt des ›Wir-Gefühl‹«. Erst mit einem »gemeinschaftlichen« Festakt wie diesem kann man offensichtlich den eigenen Erwartungen an den Wohnort entsprechen, genauer: dem romantischen Bild eines »intakten Dorfes«, wie es von der älteren Volkskunde hätte beschrieben werden können.

Die Beispiele zeigen, dass die Denkmals(er)findung Ausgangspunkt einer ausführlichen *Selbstethnographie* geworden ist, in der die Spezifik des Ortes gegenüber anderen

Orten und Regionen[12] ausgehandelt und lokales »Wissen« verankert wird. Selbstbewusst wurde dabei immer wieder der lokale Eigensinn beschworen. So ließ der Initiator des Denkmals verlauten: »Carolinensieler sind noch nie in die Knie gegangen. Frauen schon gar nicht.« Mit diesen Worten widersprach er eigenen Aussagen zufolge dem Vorschlag, zur leichteren Erreichbarkeit des Knies die Figur gebeugt umzusetzen. Am Beispiel der Skulptur entzündeten sich zahlreiche solcher Bekundungen lokalen Selbstbewusstseins. Auch durch Dritte, gewissermaßen durch vermeintlich unabhängige Autoritäten – wie Festredner wie der Umweltminister oder die ebenfalls Carolin(e) heißenden Mädchen zur Enthüllung der Skulptur – ließ man sich die lokale Besonderheit bestätigen und gleichsam objektivieren.

Konkretisiert wurde die lokale Spezifik besonders häufig mit dem Anspruch auf Modernität, wie sie auch durch die Wahl einer Frauenskulptur bewiesen sei. Dass die »Caroline« ein herausstechendes, modernes Spezifikum sei, wissen mittlerweile nahezu alle am Ort mit Verweis auf die sonst üblichen Motive anderer Küstenorte und der Inseln zu belegen (auch wenn sie die Denkmäler und Skulpturen der anderen Orte selbst gar nicht kennen oder zuvor nie bewusst registriert haben). Einmütig erklärten Interviewpartner ungeachtet ihres eigenen Geschlechts die Frauen in der Vergangenheit für die Schlüsselfiguren des Ortes, wobei über Vergleiche mit der eigenen Erfahrungsgeschichte ein historisches Verständnis hergestellt wurde. Gewissermaßen handelt es sich dabei um »Übersetzungen« früherer Lebensumstände. Wie modern das Wirken der Frauen im 19. Jahrhundert in Carolinensiel gewesen sei und was es bedeutet habe, erläuterte zum Beispiel die Schuldirektorin mit folgender Bezugsetzung, wobei der darin erkennbare Vergleich das entscheidende Verfahren auf dem Weg zur Bedeutungsgebung der Skulptur und über diese des eigenen Ortes bildet:

> »Oder wenn man aus der Geschichte heraus sieht, die Carolinensieler Frauen mussten immer sehr stark sein. Die Männer fuhren zur See, nicht jeder kam wieder, das heißt, an Land haben die ja auch alles gemanagt – sehr früh, zu Zeiten, als es noch nicht selbstverständlich war, dass Frauen emanzipiert waren, dass sie auch Rechte hatten. Wenn man sich überlegt, wie das heute ist, heute kann ich hingehen, und kann mir 'ne Geschirrspülmaschine auf Raten kaufen – das ist noch gar nicht so viele Jahrzehnte her, dass eine Frau keinen Kredit aufnehmen durfte, keine Bankvollmachten hatte, auch noch nicht einmal unbedingt Vollmachten über die Erziehung der Kinder hatte. Ich denke, wir vergessen das leicht.«

12 Autostereotype kommen dabei ebenso zum Tragen wie vermutete Bilder, die andere Menschen – vorzugsweise aus den umliegenden Orten, dem Binnenland oder anderen Hafenorten, aber auch aus ferneren Regionen – vermeintlich oder real über die Ortsbewohner haben. Objekte dieses »Selbstdiskurses« sind sowohl regionale Typen wie »die Friesen« als auch lokale Typen wie »die Carolinensieler«. Letztere werden bevorzugt über Erzählungen von Integrationsschwierigkeiten von »Zugereisten« untermauert. Das Forschungsgespräch mit einer von außen anreisenden Wissenschaftlerin bot hierzu eine besonders geeignete Plattform zur Artikulation, wurde ich doch als Auswärtige in die lokalen Verhältnisse eingeführt und mit deren Spezifik vertraut gemacht.

Die Gender-Frage wurde ganz allgemein anlässlich der Denkmalinitiierung ausgiebig und intensiv verhandelt. Geschlechtszuschreibungen – speziell an das weibliche Geschlecht – fanden laufend in Sitzungen des Vorbereitungskomitees sowie in der Einweihungsfeier statt und werden im alltäglichen Umgang mit der »Caroline« fortgeführt.

Zugleich und geradezu konträr zur beanspruchten Modernität gerade in Fragen der Gender-Wertung zeigen die Diskussionen und Praxen im Umgang mit der Skulptur, dass hier weniger die beanspruchten emanzipatorischen Anliegen einen sichtbaren Ausdruck finden, sondern dass auch und gerade herkömmliche Geschlechter-Bilder bedient und verfestigt werden – wenn etwa für den Fototermin mit der Presse oder das Urlaubserinnerungsbild das Gesäß der Figur berührt oder die Wange der »Caroline« geküsst wird oder die Schuldirektorin über Anspielungen im Rahmen der Überlegung, die Skulptur mit unbedeckter Brust anzufertigen, klagt. Die Skulptur ist damit ein Beispiel des aktiven Prozesses des *Doing-Gender*, der keineswegs mit den traditionellen bürgerlichen Zuschreibungen bricht. Im Gegenteil spricht vieles dafür, dass die Skulptur »die Moderne« – verstanden als Aufbruch überkommener Rollenvorstellungen – eher beendet als – wie beansprucht – sie anzuzeigen. Bekanntlich hat die Auswahlkommission innovative, moderne Vorschläge im Vorfeld ausgeschlossen; statt dessen ist eine Frauenskulptur mit historisierender Formsprache und Aussage entstanden, die auch aus früheren Dekaden hätte stammen können und dem geläufigen Frauen-Bild durchaus entspricht. Dieser Konservativismus in der Formgebung erklärt sich möglicherweise auch aus der wirtschaftlichen Position der strukturschwachen Region, die sich kein ästhetisches Wagnis erlauben mag.

Insgesamt, so zeigten die bisherigen Ausführungen, ist das Denkmal als mehrschichtiger Versuch kollektiver lokaler Identitätsstiftung an einem Ort, der Transformationsprozessen unterliegt, zu deuten. Zugleich jedoch bündeln sich im Denkmal andere, partikulare Begehren. Und genau in diesem minutiösen Blick auf die Akteure und ihr Handeln liegen die Spezifik und Stärke des ethnographischen Zugangs, der das Agieren Einzelner erkennbar macht. Die versuchte Traditionsstiftung eines Ortes ist auch als Bühne konkreter Handlungen unterschiedlicher Menschen zu verstehen. Entsprechend waren es *verschiedene*, teils *widerstreitende* Interessen, die bei der Skulpturfindung eine Rolle spielten und die der »Caroline« ihr heutiges Gesicht gaben: Dem Museumsdirektor und studierten Volkskundler in der Kommission war besonders an der Vermittlung und Bewahrung regionaler Identität sowie vor allem an historischer Präzision und Aussage gelegen. Deshalb verwies er in den Sitzungen immer wieder auf die zeitgeschichtlichen Umstände, die Geschichte der Seefahrt, die Rolle der Frauen und die frühere Bedeutung des Ortes. Getreu der Rolle des Volkskundlers als Rettungsinstanz in einer sich rasant ändernden Welt nannte er im Interview als Aufgabe des Museums wie seines Amtes, dafür zu sorgen, dass Wissen über die »faktische Geschichte« wachgehalten werde und damit Verbundenheit mit dem Ort möglich sei. Konkret sollte die Skulptur daran erinnern, »dass hier früher alles aufs Meer orientiert« war. Das Museum ist in seinen Augen das »kulturelle Gedächtnis der Region«. In diesem Anliegen kam es zum Konflikt mit der Kurverwaltung, deren Vertreter für die 275-Jahrfeier aus ästhetischen

Abb. 17: Das »Carolinchen« genannte Logo hatte die Kurverwaltung für Carolinensiel eingeführt.

Gründen Fotos auswählten, die zwar schön anzusehen waren, aber zum Argwohn des Museumsdirektors aus einer anderen Zeit stammten, als vereinbart worden war. Die ebenfalls in der Kommission mitwirkende Schuldirektorin appellierte – als stellvertretende Bürgermeisterin einer Nachbargemeinde in Sachen Vermarktung geschult – an den kommerziellen Aspekt und die Notwendigkeit, eine Marke, ein Label zu kreieren. Das zu schaffende Logo sollte dann auf Rechnungen, als Anstecknadel oder als Schlüsselbund zur Popularität des Ortes beitragen. Auch der Reeder und stellvertretende Vorsitzende des Gewerbevereins, der das größte Seebestattungsinstitut an der Nordsee aufgebaut hat, unterstrich im Interview die kommerzielle, besonders touristische Bedeutung der »Caroline«: »Wenn man das in unserer heutigen Zeit so sieht, jede Firma, die was auf sich hält, hat 'n Logo. Und so ähnlich seh' ich das mit dem Denkmal auch so'n bisschen. Dass also der Gast sich vielleicht nicht gerade so an den Ort erinnert, aber denn sagt der: ›Mensch, da stand doch diese Figur.‹« Dieser pragmatisch-ökonomisch begründeten Positionierung der »Caroline« als unverwechselbarem Symbol für den Ort stand paradoxerweise alsbald ein alternatives Motiv gegenüber: Dass ausgerechnet die auf Vermarktung ausgerichtete Kurverwaltung just zur Gedenkfeier und sogar noch unter dem Namen »Carolinchen« ein alternatives Logo für den Ort in Gestalt eines für die Nordsee nicht gerade originellen Seehunds präsentierte (siehe Abb. 17), verweist auf die konkurrierenden Interessen und auf die lokalen Kommunikationshandicaps. Die Kurverwaltung ist vor allem an der Außenwirkung des Ortes durch seine Repräsentationsinstanzen interessiert und begründet die Wahl des Seehunds mit der damit angesprochenen Zielgruppe der Familienurlauber: Schließlich bilden sie eine besonders wichtige und zahlungskräftige Gruppe unter den Gästen.

Und die Künstler wiederum gaben mir gegenüber unverblümt zu verstehen, dass die jetzige Figur nichts mehr mit dem Begriff »Cliner Wind« und kaum etwas mit dem gezeichneten Entwurf des Preisträgers zu tun habe. Ihnen ging es vor allem darum, durch eine wiedererkennbare Formsprache eine Ähnlichkeit zur Neuharlinger Skulptur der Fischer herzustellen und ihren Ruf zu festigen. »Und zwar bauen wir uns die [Skulptur, BSL] nach unseren Vorstellungen. Die kommt in eine Linie dazu«, äußerte der Maler aus Esens. Erkennbar ist dieses Anliegen auch daran, dass die Künstler nicht nur das Knie – wie mit den Auftraggebern verabredet –, sondern zugleich auch das Gesäß blank poliert haben, um auch in der damit angelegten Berührung eine Ähnlichkeit zur Küstenskulptur in Neuharlingersiel herzustellen. Letztlich nutzten die Brüder den Auftrag somit als Plattform zur eigenen künstlerischen Selbstverwirklichung. Die Konkurrenz zwischen Kunstwert und Mahnwert eines Monuments beziehungsweise zwischen »dem Inhaltsinteresse und dem Forminteresse« (Warnke 1985: 322), wie sie in jedem Auftragsdenkmal potentiell angelegt ist, führte in diesem Fall jedoch nicht zum gravierenden Konflikt: »Caroline« findet allgemeines Wohlgefallen, auch wenn oder vielleicht gerade weil eine präzise historische Aussage nicht zugrunde liegt, kaum zu erkennen und auch gar nicht notwendig ist.

Der hier genannte Personenkreis kann zu den Hauptverantwortlichen für das lokale Symbol gezählt werden. Damit stellt sich die Frage, wer Definitionsmacht beim Aussehen der Skulptur hatte und wessen Stimme Gewicht im lokalen Geschehen hat. Geleitet und getragen wurde die Skulpturfindung in dieser Hinsicht maßgeblich von Personen des öffentlichen Lebens, dem Ortsvorsteher, der Schuldirektorin, dem Museumsdirektor etc. Damit ist »Caroline« in erster Linie ein Produkt der Elite – wie es auch der ursprünglichen Bedeutungsprägung der »Invention of Tradition« entspricht.[13] Die aufgeführten Personen wirkten nicht zuletzt aus beruflichen Gründen an der Aktion mit und kamen auffällig oft von auswärts in den Ort hinein. Sie verfolgten ökonomische, kulturelle oder pädagogische Ziele. Die Ansässigen oder/und »nur«-Mitwirkenden dagegen nannten mehr soziale und biographische Beweggründe. So verorteten sich zum Beispiel die »Neubürger« über ihre Mitwirkung expliziter in Carolinensiel. Andere erwähnten persönliches Verantwortungsgefühl für den Ort als Motiv. Zum Beispiel erklärte der Organisator des Umzugs Pflichtbewusstsein und soziales Interesse als Gründe seines Einsatzes: Er sei schon seit 45 Jahren in verschiedenen Ämtern – so bei der Freiwilligen Feuerwehr – am Ort aktiv. Ähnlich argumentierte die Autorin des historischen Theaterstücks. Wie

13 Auch in der Konzeption der Traditionsstiftung von Eric Hobsbawm und Terence Ranger waren führende Kreise initiierend und aktiv.

zur Entschuldigung erklärte sie im Interview, dass sie von »historischen Dingen« doch gar keine Ahnung habe, aber schließlich auch habe »mithelfen« wollen. Und einige wollten sich in dieser Figur ganz offensichtlich auch selbst verewigen – die Stifter, die ihre Namen auf Backsteine schrieben, oder der Ortsvorsteher, der die zündende Idee hatte, eigenen Aussagen zufolge etwas bewegen wollte und sich auch im politischen Kampf um Verlängerung seines (schließlich auch Einkommen sichernden) Mandats Anerkennung und Stimmen erhoffte. Dass er dann doch und zwar noch vor der Skulptureinweihung sein Amt verlor und statt seiner nunmehr ein anderer Carolinensieler Ortsvorsteher geworden ist, der besonders in der »Dorfgemeinschaft« aktiv ist und in dieser Funktion auch die Jubiläumsfeier mitgestaltete, ist ein weiterer Hinweis auf die sozialen Netze und Interessensverflechtungen, die zur letztendlichen Ausrichtung der lokalen Feier führten. Angesichts derartiger sozialer Dynamiken und der Prozesshaftigkeit solcher Ereignisse kann nicht erstaunen, dass die Denkmalsfindung und -errichtung nicht nur Spaß und Zustimmung erfuhr, sondern auch Konflikte evozierte. Ein Informant sprach treffend vom »Ideenneid«, der mitunter die skeptische Bewertung der Denkmalinitiierung leitete. Und tatsächlich protestierte zum Beispiel eine Leserbriefschreiberin gegen den Entwurf, man hätte den Vorschlag einer Frau als Grundlage nehmen sollen und nicht die Vorlage eines Mannes (in: Anzeiger für Harlingerland 4.6.2005).

Man kann also insgesamt keineswegs von der *einen* Bedeutung hinter den Dingen – beziehungsweise in diesem Fall dem Denkmal – ausgehen, wie es der in den Kulturwissenschaften der jüngeren Vergangenheit viel zitierten Lesart der »dichten Beschreibung« entspricht (vgl. Geertz 1987). Offensichtlich hatten all die mitwirkenden Personen je nach Interessenlage ganz unterschiedliche Intentionen bei ihrem Einsatz für die Skulptur, und entsprechend transportiert Caroline andere und viele Bedeutungen.

Über die »Nachhaltigkeit« der Skulptur – ihre Akzeptanz und ihre Wirkung, also die Frage, was das Denkmal besagt und wofür es in den Augen der »Besucherinnen« und »Besucher« steht –, ist damit freilich noch nichts ausgesagt. Die Rezeption und Praxis im Umgang mit »Caroline« zu eruieren, muss einer künftigen Studie vorbehalten bleiben, wenngleich sich schon jetzt abzeichnet, dass die Frauenfigur aufgrund ihrer zentralen Stellung am Hafen zum Treffpunkt wie Symbol des Ortskerns avanciert.

Das Fazit

Die Küstenskulptur, wie sie heute im Hafen steht, ist ein vielschichtiges Produkt eines dynamischen Prozesses der Begegnung und Aushandlung zwischen unterschiedlichen Personen und heterogenen Interessen. Sie ist aktive Arbeit am (sozialen) Gedächtnis (vgl. Burke 1991). Nicht Metaphern wie »Speicher« oder »Magazin« (vgl. Esposito 2002) sind geeignet, den Zusammenhang zwischen »Geschichte« im Sinne historischer Geschehnisse und »Gedächtnis« im Sinne historischer Bilder zu fassen, vielmehr basteln, erstreiten und erarbeiten konkrete Personen die jeweiligen Ortsbilder und Vergangenheitsvorstellungen. Der gegebene Anlass – das Gedenken an die 275-jährige Geschichte sowie Werden und Wandel des Ortes – ist dabei letztlich sekundär gewesen beziehungsweise hat sich erst im Laufe der Vorbereitungen konkretisiert. Im Unterschied zu anderen Gedenkorten stand anfangs nicht einmal fest, woran überhaupt erinnert werden sollte.

Der Blick hinter die Kulissen einer konkreten Denkmalstiftung wie jener in Carolinensiel zeigt damit, wie am Denkmal ein Bild der Küste und der lokalen Geschichte in konkreten und zumeist explizit unprätentiösen Handlungen *gemacht* und nicht dokumentiert wird. »Caroline« stellt kein Monument dar, dessen Aussage im Vorfeld verbindlich feststand und seither aus den Inschriften auf ihm gelesen wird, sondern zum Vorschein kommen lokale Alltagspraxen, durch die Bedeutungen ausgehandelt und geschaffen werden. Die hier sichtbare Inszenierung von Geschichte, ja die bündelnde Schaffung und Visualisierung eines lokalen Gedächtnisses hat ganz offensichtlich weniger mit der Vergangenheit als vielmehr mit der Gegenwart zu tun. Damit bestätigt sich das oben skizzierte Verständnis des Begriffs vom kollektiven Gedächtnis: Nicht Vergangenheit hat hier einen materiellen Ausdruck gefunden, sondern letztlich wurde etwas ganz Anderes und Neues, nämlich ein die Gegenwart spiegelndes und Wünsche für die Zukunft bindendes Denkmal geschaffen. Die beschriebene Denkmals(er)findung ist eine zeitgenössische Form lokaler Selbstvergewisserung, eine reflexive Selbstinszenierung, die als Identitäts-Marketing nach außen gewendet wird und nach innen wirkt. Als solche ist die Skulptur austauschbarer Ausdruck der lokalen Identität.

Indem sie die Erfindung und Zurschaustellung lokaler und regionaler Bilder und Wissenselemente aufzeigt, ist – um auf das Leitthema des interdisziplinären Symposiums im Warburg-Haus in Hamburg 2005 zu sprechen zu kommen – die Denkmalinitiierung insgesamt als »Inszenierung der Küste« zu deuten. Landschaften wie die Nordseeküste sind auf doppelte Weise durch Wahrnehmungen und Handlungen gemacht und damit ein kulturelles, historischem Wandel unterliegendes Phänomen (vgl. Fischer 1997)[14]. An konkreten Beispielen wie dem hier vorgestellten lassen sich Aushandlungen und Etablierungen geläufiger Deutungsmuster aufzeigen.

Und schließlich ist die Carolinensieler Denkmalsfindung ein Beispiel für die anhaltende Bedeutung, beständige Wiedererfindung und Bestärkung des Lokalen und damit ein korrigierender Beitrag zur Debatte über Globalität und Lokalität, innerhalb derer vielfach noch immer die Auflösung eben dieses Lokalen konstatiert wird. Ganz offensichtlich führen die viel diskutierten Prozesse der Globalisierung und anhaltenden Modernisierung nicht nur zu Auflösungs- und Nivellierungserscheinungen kultureller wie regionaler Spezifika, sondern auch zu mehr Bedeutung und weniger planlosem Vergessen: Das kulturelle Erbe, so konstatiert Ulf Hannerz (1996: 19), nimmt nicht ab, vielmehr und ganz im Gegenteil wächst es ständig. In der Tat spricht vieles dafür, dass

14 Ludwig Fischer hat in diesem Zusammenhang verschiedentlich auf die Ästhetisierung etwa der Nordseemarschen von außen hingewiesen, deren ästhetisches Konzept von den Einwohnern übernommen wird. Er vertritt die These, dass die ästhetische Bestimmung von Landschaft gegenwärtig durch eine ökologische abgelöst werde (Fischer 1997).

wir nicht (nur) in einer Wegwerfgesellschaft, sondern – wie die Bedeutung und steigende Zahl von Museen, Sammlungen, Archiven, Denkmälern und anderen Agenturen der Erinnerungskultur zeigen – zugleich oder vielmehr in einer »Bewahr- und Sammlergesellschaft« leben (Köstlin 2002b: 23). »Wir sammeln uns selbst«, heißt es bei Konrad Köstlin (ebd.). Auch so gesehen ist ein Küstenort wie Carolinensiel paradigmatisch und up to date.

Literatur

Arends, Balthasar (1930): Landesbeschreibung vom Harlingerland. Hg. von H. Reimers. Wittmund.

Assmann, Aleida/Harth, Dietrich (Hg.) (1991a): Kultur als Lebenswelt und Monument. Frankfurt a.M.

Dies./Harth, Dietrich (Hg.) (1991b): Mnemosyne. Formen und Funktionen der kulturellen Erinnerung. Frankfurt a.M.

Dies. (1992): Erinnerungsräume. Formen und Wandlungen des kulturellen Gedächtnisses. München.

Dies./Frevert, Ute (1999): Geschichtsvergessenheit – Geschichtsversessenheit. Vom Umgang mit deutschen Vergangenheiten nach 1945. Stuttgart.

Assmann, Jan (1988): Kollektives Gedächtnis und kulturelle Identität. In: Ders./ Hölscher, Tonio (Hg.): Kultur und Gedächtnis. Frankfurt a.M., S. 9–19.

Binder, Beate/Kaschuba, Wolfgang/Niedermüller, Peter (1998): »Geschichtspolitik«: Zur Aktualität nationaler Identitätsdiskurse in europäischen Gesellschaften. In: Kaelble, Hartmut/Schriewer, Jürgen (Hg.): Gesellschaften im Vergleich. Forschungen aus Sozial- und Geschichtswissenschaften. Frankfurt a.M., S. 465–508.

Boss, Anja/Boss, Claudia/Fetzer, Karin/Thäte, Ingo (1996): Nachhaltiges Verkehrskonzept als Chance zur Realisierung eines Qualitätstourismus mit Zukunft? Gästebefragung über die Akzeptanz der Verkehrs- und Tourismuskonzepte ausgewählter Nordseeinseln als Voraussetzung für neue Wege in der Planung – eine vergleichende Analyse. Unveröffentlichte Diplomarbeit, Trier.

Burke, Peter (1991): Geschichte als soziales Gedächtnis. In: Assmann, Aleida/Harth, Dietrich (Hg.): Mnemosyne. Formen und Funktionen der kulturellen Erinnerung. Frankfurt a.M., S. 289–304.

Cliner Wind (1980): Carolinensiel einst und jetzt. Ein Rückblick auf die wechselvolle Entwicklung des Sielortes. Hg. vom Festkomitee 250 Jahre Carolinensiel. Text von Hans Hohlen. Carolinensiel.

Danielzyk, Rainer/Krüger, Rainer (1994): Region Ostfriesland? Zum Verhältnis von Alltag, Regionalbewusstsein und Entwicklungsperspektiven in einem strukturschwachen Raum. In: Lindner, Rolf (Hg.): Die Wiederkehr des Regionalen: über neue Formen regionaler Identität. Frankfurt a.M./New York, S. 91–121.

Drascek, Daniel (2001): Millenniumsfeiern. Zu Wandel und Neuformierung von Tradition unter dem Einfluß moderner Medienberichterstattung. In: Zeitschrift für Volkskunde 97, S. 15–28.

Esposito, Elena (2002): Soziales Vergessen. Formen und Medien des Gedächtnisses der Gesellschaft. Frankfurt a.M.

Fischer, Norbert (2005): Tod am Meer. In: Ders./Herzog, Markwart (Hg.): Nekropolis. Der Friedhof als Ort der Toten und der Lebenden. Stuttgart, S. 147–159.

Ders. (2007): Totengedenken am Meer – Kulturwissenschaftliche Beobachtungen an Friedhöfen und Denkmälern in Norddeutschland. In: Jahrbuch der Gesellschaft für niedersächsische Kirchengeschichte 2007 (Druck in Vorbereitung).

Fischer, Ludwig (1997): Die Ästhetisierung der Nordseemarschen als ›Landschaft‹. In: Ders. (Hg.): Kulturlandschaft Nordseemarschen. Hever, S. 201–231.

François, Etienne/Schulze, Hagen (Hg.) (2001): Deutsche Erinnerungsorte. 3 Bde., München.

Geertz, Clifford (1987): Dichte Beschreibung. Beiträge zum Verstehen kultureller Systeme. Frankfurt a.M.

Giddens, Anthony (1995): Konsequenzen der Moderne. Frankfurt a.M.

Ders. (1996): Leben in einer posttraditionalen Gesellschaft. In: Beck, Ulrich/Giddens, Anthony/Lash, Scott: Reflexive Modernisierung. Eine Kontroverse. Frankfurt a.M., S. 113–194.

Hahn, Achim/Reuter, Friedrich/Vonderach, Gerd (1987): Fremdenverkehr in der dörflichen Lebenswelt: zum sozialen Wandel in einem Sielhafenort. Frankfurt a.M./New York.

Halbwachs, Maurice (1985): Das kollektive Gedächtnis. Frankfurt a.M.

Hannerz, Ulf (1996): Transnational Connections. Culture, People, Places. London/New York.

Hemme, Dorothee/Tauschek, Markus/Bendix, Regina (Hg.) (2007): Prädikat »Heritage«. Wertschöpfungen aus kulturellen Ressourcen. (= Studien zur Kulturanthropologie/Europäischen Ethnologie, 1) (Druck in Vorbereitung).

Hobsbawm, Eric J./Ranger, Terence (Hg.) (1983): The Invention of Tradition. Cambridge.

Janssen, Eent Ulf (2005): Carolinensiel. Das Buch. Herausgegeben zur 275-Jahrfeier 2005 vom Festkomitee. Wittmund.

Köstlin, Konrad (2002a): »Wenden« und Skalen. Zäsuren als Ordnung unserer Erinnerung. In: Ders./ Niedermüller, Peter/ Nikitsch, Herbert (Hg.): Die Wende als Wende. Orientierungen europäischer Ethnologien nach 1989. Wien, S. 9–26. (= Veröffentlichungen des Instituts für Europäische Ethnologie, 23).

Ders. (2002b): Historiographie, Gedächtnis und Erinnerung. In: Fendl, Elisabeth (Hg.): Zur Ikonographie des Heimwehs. Erinnerungskultur von Heimatvertriebenen. Referate der Tagung des Johannes-Künzig-Instituts für ostdeutsche Volkskunde, 4. bis 6. Juli 2001. Freiburg, S. 11–28. (= Schriftenreihe des Johannes-Künzig-Instituts, 6).

Koselleck, Reinhart (1979): Kriegerdenkmale als Identitätsstiftungen der Überlebenden. In: Marquard, Odo/Stierle, Karlheinz (Hg.): Identität. München, S. 255–276. (= Poetik und Hermeneutik, Arbeitsergebnisse einer Forschungsgruppe, VIII).

Ders. (1989): Vergangene Zukunft. Zur Semantik geschichtlicher Zeiten. Frankfurt a.M. (zuerst 1979).

Kreutz, Bernhard (2005): Museumsweg. Historischer Rundgang durch Carolinensiel. Carolinensiel.

Lübbe, Hermann (1982): Der Fortschritt und das Museum. London.

Ders. (1994): Im Zug der Zeit. Verkürzter Aufenthalt in der Gegenwart. 2. Auflage, Heidelberg.

Ders. (1995): Schrumpft die Zeit? Zivilisationsdynamik und Zeitumgangsmoral: Verkürzter Aufenthalt in der Gegenwart. In: Weis, Kurt (Hg.): Was ist Zeit? Zeit und Verantwortung in Wissenschaft, Technik und Religion. München, S. 81–99.

Ders. (1997): Die Modernität der Vergangenheitsbewältigung. In: Scholtz, Gunter (Hg.): Historismus am Ende des 20. Jahrhunderts. Eine internationale Diskussion. Berlin.

Markowitsch, Hans J./Welzer, Harald (2005): Das autobiographische Gedächtnis. Hirnorganische Grundlagen und biosoziale Entwicklung. Stuttgart.

Neumann, Klaus (2001): Mahnmale. In: Francois, Etienne/Schulze, Hagen (Hg.): Deutsche Erinnerungsorte. Band 1. München, S. 622–637.

Niethammer, Lutz (2000): Kollektive Identität. Heimliche Quellen einer unheimlichen Konjunktur. Reinbek bei Hamburg.

Nora, Pierre (1984): Les lieux de mémoires. 7 Bände. Paris.

Ders. (2005): Gedächtniskonjunktur. In: Transit – Europäische Revue 22/2002; (http: //www.iwm.at/t-22txt7.htm; letzter Zugriff 6.4.2005).

Ostfriesland Magazin (1989): Die Illustrierte für Land und Inseln zwischen Dollart und Jadebusen. Nr. 6.

Oesterle, Günter (Hg.) (2005): Erinnerung, Gedächtnis, Wissen. Studien zur kulturwissenschaftlichen Gedächtnisforschung. Gießen.

Pörksen, Uwe (1992): Plastikwörter. Die Sprache einer internationalen Diktatur. 4. Auflage, Stuttgart (zuerst 1988).

Ricœur, Paul (2004): Gedächtnis, Geschichte, Vergessen. München.

Röhrich, Lutz (1981): Denkmalerzählungen. In: Enzyklopädie des Märchens. Handwörterbuch zur historischen und vergleichenden Erzählforschung. Bd. 3, Berlin/ New York, Sp. 421–427.

Ders. (1988): Orale Tradition als historische Quelle. Einige Gedanken zur deutschsprachigen mündlichen Volkserzählung. In: Ungern-Sternberg, Jürgen von/Reinau, Hansjörg (Hg.): Vergangenheit in mündlicher Überlieferung. Stuttgart, S. 79–99.

Rübel, Dietmar (2002): Bronze. In: Wagner, Monika/Rübel, Dietmar/Hackenschmidt, Sebastian: Lexikon des künstlerischen Materials. München, S. 50–56.

Schama, Simon (1995): Landscape and Memory. London.

Schneider, Ingo (2005): Wiederkehr der Traditionen? Zu einigen Aspekten der gegenwärtigen Konjunktur des kulturellen Erbes. In: Österreichische Zeitschrift für Volkskunde LIX/108, S. 1–20.

Schulze, Gerhard (1997): Die Erlebnisgesellschaft. Kultursoziologie der Gegenwart. 7. Auflage, Frankfurt a.M./New York (zuerst 1992).

Till, Karen E. (2003): Places of Memory. In: Agnew, John u.a. (Hg.): A Companion to Political Geography. Malden/Oxford, S. 289–301.
Ulfers, Marie (1978): Windiger Siel. Leer (zuerst Hamburg 1949).
Van Gennep, Arnold (1909): Les rites de passage. Paris.
Wagner, Monika (2001): Das Material der Kunst. Eine andere Geschichte der Moderne. München.
Warnke, Martin (1985): Hofkünstler. Zur Vorgeschichte des modernen Künstlers. Köln.
Welzer, Harald/Markowitsch, Hans J. (Hg.) (2006): Warum Menschen sich erinnern können. Fortschritte der interdisziplinären Gedächtnisforschung. Stuttgart.
Winter, Jay (2001): Die Generation der Erinnerung. Reflexionen über den »Memory-Boom« in der zeithistorischen Forschung. In: WerkstattGeschichte 30, S. 5–16.

Martin Rheinheimer

Der Mythos der Seebäder. Visualisierung und Vermarktung der Nordfriesischen Inseln durch Postkarten

1. Einleitung

Im Laufe des 19. Jahrhunderts entstanden mehr und mehr Nordseebäder: Als erstes wurde an der deutschen Nordseeküste auf der ostfriesischen Insel Norderney 1797 ein Seebad eingerichtet. 1804 folgte ein weiteres auf Wangerooge. An der schleswig-holsteinischen Nordseeküste wurde im Jahre 1819 in Wyk auf Föhr das erste Bad eröffnet. 1826 wurde auch auf dem damals britischen Helgoland ein Seebad gegründet, und 1855 kam Westerland auf Sylt hinzu. Amrum eröffnete 1890 ein Seebad, und auf der damals deutschen Insel Röm wurde 1898 das Seebad Lakolk eröffnet. Daneben entstanden auch auf dem Festland Seebäder, z. B. in Büsum (1837) und St. Peter-Ording (1877), ganz zu schweigen von den übrigen Bädern an der niedersächsischen, holländischen und dänischen Nordseeküste (Stöver 1980; Quedens 1990; Kürz 1994; Steensen 2005: 33f., 130-135). Die Konkurrenz wuchs also beträchtlich. Die neuen Bäder mussten sich folglich darstellen und bekannt machen, um Gäste anzuziehen. Dies geschah auf verschiedene Weise: Man schaltete Anzeigen in Zeitungen und Zeitschriften, man druckte Werbebroschüren. Außerdem ließen sich die neuen Medien Foto und Bildpostkarte nutzen. Während das Foto vor allem dem individuellen Bedarf an Souvenirs entgegenkam, waren Postkarten Multiplikatoren, die der breiten Visualisierung und Vermarktung der einzelnen Seebäder dienten. Sie erinnerten nicht nur den Sommergast selbst an seine Ferien, sondern er verschickte sie auch an Familie und Bekannte und machte damit den Badeort nach außen hin bekannt. Postkarten waren also eine Reklame, an der sich auch noch verdienen ließ.

Für lokale Fotografen und Händler lagen in den Postkarten gute Verdienstmöglichkeiten, und sie ergriffen diese Möglichkeiten nur zu gerne. Ob ein Seebad Gäste anziehen konnte, hing nicht zuletzt davon ab, ob es auf Postkarten einen günstigen Eindruck von sich machen konnte. Obwohl dieser Faktor offensichtlich ist, gibt es bisher kaum Untersuchungen darüber, wie sich Seebäder visuell vermarkteten, ob sie sich mit Hilfe von Bildern und Postkarten einen »Mythos« schufen, der half, Gäste anzulocken und festzuhalten. Ich will deshalb im Folgenden den Gebrauch des Mediums Postkarte unter dem Aspekt der Vermarktung von Seebädern näher untersuchen. Als Fallbeispiel dienen die Seebäder auf den Nordfriesischen Inseln und Helgoland.

Die Postkarten wurden sowohl von lokalen als auch von überregionalen Verlagen hergestellt. Der Badebetrieb, der in der Kaiserzeit vergleichsweise gutsituierte Gäste anzog, bot zahlreichen lokalen Fotografen eine Existenzgrundlage. Sie lebten einerseits von der Herstellung individueller Fotos für Gäste und Einheimische, andererseits von der Herstellung und dem Vertrieb von Postkarten. Auf Amrum etablierte sich zum Beispiel 1898 Viktor Quedens als Fotograf und begründete ein Fotogeschäft, das heute in der dritten Generation besteht (Quedens & Quedens 1998). Auf Föhr finden wir zwischen etwa 1890 und 1920 die lokalen Fotografen und Postkartenverleger Waldemar Lind und Wilhelm Müller, die miteinander konkurrierten. Auf Sylt konkurrierten die lokalen Fotografen und Postkartenverleger Wilhelm Bauer, Bernhard Lassen, Ferdinand Martinsen, Carl Meyer, W. Monck und Albert Sasse. Auf Helgoland waren um 1900 die Fotografen Jacob Krüss Aeuckens, G. Friederichs, Paul Olendrowsky, F. Schensky und Alfred Zerner auch als Postkartenverleger tätig.

Aber auch die überregionalen Postkartenverlage hatten Postkarten der Seebäder in ihrem Programm. So finden sich auf allen Inseln u. a. Karten der Hamburger Postkartenverlage M. Glückstadt & Münden, Knackstedt & Näther und A. Sternberg, des Magdeburger Verlages Reinicke & Rubin, des Dresdner Verlages Stengel & Co, der Leipziger Verlage Louis Glaser, Dr. Trenkler Co und Mohr & Dutzauer, des Münchner Verlags Ottmar Zieher, des Lübecker Verlags Schöning & Co oder des Kunstverlages Julius Simonsen in Oldenburg/ Holstein. Von Helgoland und Sylt gibt es sogar Postkarten des englischen Hoflieferanten Raphael Tuck & Sons. Die überregionalen Verlage schickten ihre Fotografen auf die Inseln oder kauften (bzw. plagiierten) Fotos der lokalen Fotografen. Zum Beispiel übernahm der große Hamburger Postkartenverlag M. Glückstadt & Münden einfach Fotos des lokalen Föhrer Fotografen und Postkartenverlegers Waldemar Lind. Dies war Anfang des 20. Jahrhunderts noch ungestraft möglich, weil das Urheberrecht in Deutschland erst 1907 auch Fotografien vor dem freien Nachdruck schützte (Walter 1995: 52-74).

Es gibt bislang kaum Untersuchungen über Motive, Fotografen und Verleger, jedoch eine Reihe von Publikationen, in denen alte Postkarten abgedruckt wurden, um zu illustrieren, wie die fraglichen Orte um 1900 aussahen (für die Nordfriesischen Inseln und Helgoland: Wedemeyer 1977; Zacci 1977; Quedens 1978; Axen 1980; für die gesamte deutsche Nordseeküste: Beer 1992). Die Postkarten wurden meist als reine Bildquellen benutzt, ohne ihren Entstehungsgrund quellenkritisch zu hinterfragen.

In den zum Teil umfangreichen Postkartensammlungen von Privatpersonen oder Lokalarchiven kann man eine große Anzahl Postkarten finden. Sie zeigen an, welche Motive verwendet wurden, doch sagen solche Sammlungen nichts über die Häufigkeit und Verbreitung der Motive aus. Eine Postkarte, die in Hunderttausenden hergestellt und verkauft wurde, kann neben einer liegen, die nur in sehr geringer Anzahl hergestellt wurde. Um Auskunft über die tatsächliche Häufigkeit einzelner Motive zu bekommen, ist daher eine andere Methode notwendig.

Zumindest annäherungsweise kann man sich der Verbreitung über eine anderes »Archiv« nähern. Der größte Markt für Postkarten ist heute das Internetauktionshaus *eBay*. Über einen längeren Zeitraum habe ich die dort angebotenen Postkarten ausgezählt und in einer Datenbank gesammelt. Aufgenommen wurden nur Karten, die klar datiert waren (also über Poststempel oder handschriftliche Datierung der Nachricht). Karten, zu denen es keine Datumsangabe gab, wurden nicht aufgenommen. Die Beschränkung auf die datierten Karten hebt die Rezeptionsseite hervor, denn es handelt sich um die wirklich gebrauchten Postkarten. Die nicht datierten Karten waren Souvenirs, lagen in zeitgenössischen Sammlungen, oder sie wurden nie verkauft und gelangen heute aus alten Beständen der Produzenten oder Händler auf den Markt.

Aus dem Vergleich der Karten und der Inseln Sylt, Föhr, Amrum, den Halligen, Nordstrand, Pellworm und Helgoland ergeben sich interessante Aspekte. Die gleiche Karte wurde oft über viele Jahre verkauft und oft in gleicher oder ähnlicher Form wieder aufgelegt. Das Foto kann also viel älter sein als das Datum des Poststempels oder der Nachricht. Für die Vermarktung des Badeortes spielt das jedoch keine Rolle, denn solange eine Karte verwendet wurde, war das Motiv noch aktuell.

Insgesamt wurden bei eBay zwischen dem 18. Mai und dem 9. Oktober 2005 2.076 datierte Postkarten von Sylt, Amrum, Föhr, Nordstrand, Pellworm, den Halligen und von Helgoland angeboten. Es wurden jeweils Insel, Jahr und Motiv aufgenommen. Die Motive wurden nach Gruppen klassifiziert. Zusammen mit den Jahreszahlen ergeben sich daraus Hinweise auf die Beliebtheit bestimmter Motive zu bestimmten Zeitpunkten. Zunächst werde ich die Anzahl der Postkarten der einzelnen Badeorte, dann die Motive analysieren.

2. Die Anzahl der Postkarten

Im Jahre 1880 hatte Westerland auf Sylt 2.017 Kurgäste. Damit war es bereits damals das mit Abstand beliebteste schleswig-holsteinische Nordseebad (Tab. 1). In den folgenden Jahrzehnten wuchs Westerlands Bedeutung weiter: Im Jahre 1900 hatte es 12.791 Kurgäste und im Jahre 1912 bereits 27.181 Gäste. Die übrigen Seebäder auf den schleswig-holsteinischen Nordseeinseln blieben dahinter weit zurück. Wyk auf Föhr hatte im Jahre 1880 1.208 Kurgäste, 1890 2.126 Besucher. Danach stagnierte die Zahl, und Wyk wurde vorübergehend von Amrum überholt. 1912 hatte Amrum 6.267 Kurgäste, doch lag Wyk auf Föhr mit 9.545 wieder deutlich vorne. Aus Helgoland haben wir die ersten Zahlen aus dem Jahr 1900. Damals hatte die Felseninsel 3.682 Kurgäste. 1912 hatte

	1880	1890	1900	1912
Amrum		820	3200	6267
Wyk/Föhr	1208	2126	1880	9545
Westerland/Sylt	2017	7039	12791	27181
Helgoland			3682	4731

Tab. 1: Anzahl der Kurgäste auf den Nordseeinseln 1880–1912. Aus Voigt 1991: 268f.

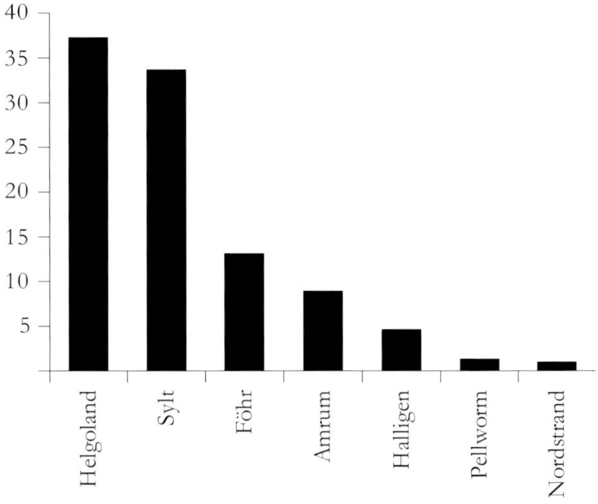

Fig. 1: Anzahl der Postkarten pro Insel in Prozent (n= 2076).

Helgoland 4.731 Kurgäste (Voigt 1991: 268f.). Gemessen an der Zahl der Kurgäste war und blieb Sylt die klare Nummer Eins. Auf Helgoland gab es neben den festen Kurgästen, die dort länger verweilten, zudem noch eine große Anzahl von Tagesbesuchern, die als Postkartenkäufer und Multiplikatoren in Frage kamen.

Man sollte erwarten, dass sich die Zahl der Kurgäste auch in der Zahl der gebrauchten Postkarten spiegelt. Es sollte also ca. vier- bis sechsmal mehr Postkarten aus Sylt als aus Helgoland geben. Das ist jedoch nicht der Fall. Es gibt im Gegenteil mehr Postkarten aus Helgoland als aus Sylt (Fig. 1). Jeweils etwa ein Drittel der Karten stammt von Helgoland (774 bzw. 37,3 %) und Sylt (699 bzw. 33,7 %), während sich auf Föhr, Amrum, die Halligen, Nordstrand und Pellworm das restliche Drittel verteilt. Dabei hat Föhr mit 273 (13,2 %) noch einen etwas höheren Anteil als Amrum, von wo nur 185 Karten (8,9 %) stammen. Von den Halligen stammen noch 96 (4,6 %), von Pellworm nur 28 (1,3 %) und von Nordstrand 21 Postkarten (1,0 %).

Was sagen diese Zahlen über die Bedeutung der Inseln als Badeorte aus? Dass wesentlich mehr Karten von Sylt als von Amrum stammen, war in Anbetracht der Bedeutung Sylts als Badeort zu erwarten. Unerwartet ist jedoch, dass noch mehr Karten von Helgoland stammen. Offensichtlich war die Fähigkeit Helgolands, sich als Badeort und Ausflugsziel über Postkarten zu vermarkten, wesentlich größer, als es der Zahl der Kurgäste entsprach. Föhr und Amrum hatten – in dieser Reihenfolge – eine wesentlich geringere Bedeutung als Badeorte. Die Halligen waren vor allem ein originelles Ausflugsziel. Nordstrand und Pellworm hatten, wie sich auch in der geringen Zahl von Postkarten spiegelt, nahezu keinerlei Bedeutung als Badeort oder Ausflugsziel.

Die Anzahl der Postkarten hängt offenbar auch mit dem Alter des Badeortes und dem sich daraus ergebenden Mythos zusammen. Helgoland war bereits 1826 ein Badeort, Sylt 1855, Föhr 1819; Amrum folgte erst 1890.

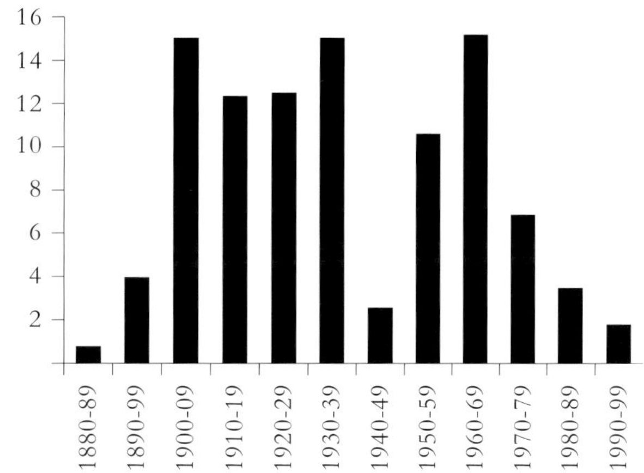

Fig. 2: Postkarten nach Jahrzehnten in Prozent (n= 2076).

Schaut man auf das Alter der Postkarten, so verteilen sie sich unterschiedlich auf die einzelnen Jahrzehnte (Fig 2). Nach Anfängen in den 1880er und 1890er Jahren ist in der Zeit zwischen 1900 und 1939 eine Blütezeit festzustellen. Aus diesen Jahrzehnten stammen jeweils zwischen 12 und 15 % der erfassten Postkarten. Dann ist ein starker Einbruch in den 1940er Jahren festzustellen, was ohne Zweifel mit dem Zweiten Weltkrieg und seinen Folgen zusammenhängt. In den 1950er Jahren ist bereits eine Erholung festzustellen (10,6 %), und in den 1960er Jahren ist mit 15,2 % sogar das hohe Niveau der 1900er und 1930er Jahre (je 15,0 %) knapp überschritten. Seit den 1970er Jahren bricht die Zahl der Postkarten dann dramatisch ein. Die letzte erfasste Karte stammt aus dem Jahr 1999. Der Einbruch seit den 1970er Jahren ist jedoch nicht gleichbedeutend mit einem Niedergang der Postkarte als Medium, sondern hängt damit zusammen, dass die neueren Karten noch nicht auf dem Gebrauchtpostkartenmarkt angekommen sind. Sie meisten von ihnen dürften sich noch im Besitz der Adressaten befinden und werden erst nach Todesfällen und Haushaltsauflösungen auf den Markt kommen. Hinzu kommt, dass Sammler mehr an den alten Karten interessiert sind.

Es lässt sich konstatieren, dass die Seebad-Postkarte nach Anfängen in den letzten beiden Jahrzehnten des 19. Jahrhunderts eine recht stabile Blüte erlebte, die auf jeden Fall bis etwa 1970, wahrscheinlich sogar länger, andauerte. Einen gewaltigen und in seinen Folgen länger dauernden Einbruch gab es durch den Zweiten Weltkrieg. Der Erste Weltkrieg spiegelt sich auch in leichtem Niedergang in beiden Jahrzehnten zwischen 1910 und 1929, doch ist er bei weitem nicht mit dem Niedergang in den 1940er Jahren vergleichbar.

Der Blick auf die einzelnen Inseln erlaubt eine weitere Differenzierung (Tab. 2 und 3). Hier lässt sich ein deutlicher Unterschied zwischen Helgoland und den Nordfriesischen Inseln erkennen. Die Felseninsel ist im Verhältnis zu den übrigen in das Sample aufgenommenen Inseln nicht nur eines der ältesten Seebäder, sie hat, wie wir gesehen

	Amrum	Föhr	Halligen	Sylt	Helgoland
1880–89	0	0	0	0	16
1890–99	4	8	0	15	54
1900–09	19	29	11	77	170
1910–19	11	24	8	64	138
1920–29	12	31	15	67	124
1930–39	37	34	15	114	112
1940–49	1	6	2	34	9
1950–59	25	47	17	105	20
1960–69	46	52	9	119	84
1970–79	18	30	12	53	25
1980–89	9	10	7	31	12
1990–99	3	2	0	20	10
Summe	185	273	96	699	774

Tab. 2: Postkarten auf den einzelnen Inseln pro Jahrzehnt.

haben, auch die meisten Postkarten. Die Verwendung von Postkarten begann auf Helgoland schon gut ein Jahrzehnt früher als auf den übrigen Inseln. Die erste Karte im Sample stammt bereits aus dem Jahr 1880. Insgesamt stammen 16 Karten (2,1 % der Helgoländer Karten) aus den 1880er Jahren. Von den anderen Inseln gibt es nicht einen einzigen Beleg aus dieser frühen Zeit. Dies hängt mit der besonderen Situation Helgolands zusammen, das bis 1890 zu England gehörte und ein eigenes Postwesen hatte. Diese frühen Helgoländer Karten sind auch noch keine richtigen Postkarten, sondern Vorformen. Es handelt sich um Ganzsachen, die den Schriftzug Helgoland in der Form der Insel enthalten. Später kommen in den 1890er Jahren weitere Motive hinzu und es entwickelt sich so die richtige Ansichtskarte. Diese gibt es seit etwa 1890. Bis 1905 durfte nur auf der Rückseite, wo sich auch das Bild befand, ein Text angebracht werden. Die Vorderseite war lediglich der Adresse gewidmet. Deshalb war das Bild generell kleiner als heute, da auch noch Platz für den Text sein musste.

Für Helgoland lässt sich mit 54 Postkarten in den 1890er Jahren bereits ein rasanter Aufschwung (= 7,0 % der Helgoländer Karten) nachweisen. Bereits seit 1890 gibt es dort farbige Karten, seit 1896 nimmt ihre Zahl sprunghaft zu. Alleine aus dem Jahr 1899 sind nicht weniger als 22 Stück gezählt. Es folgt dann eine Blütephase, die bis zum Ersten Weltkrieg dauert. Die 1920er und 1930er Jahre kommen bereits nicht mehr ganz an diese Blüte heran. Der Zweite Weltkrieg mit der nachfolgenden totalen Zerstörung und Evakuierung der Insel bedeutete dann einen Einbruch, von dem sich die Insel nie mehr

	Amrum (n=185)	Föhr (n=273)	Halligen (n=96)	Sylt (n=699)	Helgoland (n=774)
1880–89	0,0	0,0	0,0	0,0	2,1
1890–99	2,2	2,9	0,0	2,1	7,0
1900–09	10,3	10,6	11,5	11,0	22,0
1910–19	5,9	8,8	8,3	9,2	17,8
1920–29	6,5	11,4	15,6	9,6	16,0
1930–39	20,0	12,5	15,6	16,3	14,5
1940–49	0,5	2,2	2,1	4,9	1,2
1950–59	13,5	17,2	17,7	15,0	2,6
1960–69	24,9	19,0	9,4	17,0	10,9
1970–79	9,7	11,0	12,5	7,6	3,2
1980–89	4,9	3,7	7,3	4,4	1,6
1990–99	1,6	0,7	0,0	2,9	1,3
Summe	100,0	100,0	100,0	100,0	100,0

Tab. 3: Postkarten in Prozent pro Insel.

ganz erholte. Auch wenn die absoluten Zahlen immer noch höher als auf Amrum oder Föhr liegen, so sind sie doch im Verhältnis zu den früheren Helgoländer Zahlen deutlich niedriger. Sylt, das bis in die 1920er Jahre deutlich weniger Karten als Helgoland hatte, überholt die Felseninsel nun auch, was die Zahl der Postkarten angeht (Fig. 3). Für die 1930er Jahre hatte Sylt erstmals knapp mehr Karten im eBay-Sample aufzuweisen. Späterhin, selbst in den quellenmäßig schlechteren Jahren nach 1970, liegt Sylt jeweils deutlich vorne. Die wachsende Bedeutung Sylts hängt zweifellos mit den geänderten Verkehrsbedingungen zusammen. Helgoland war von Hamburg und Cuxhaven direkt per Schiff zu erreichen. 1927 wurde jedoch der Hindenburgdamm eröffnet, der eine direkte Eisenbahnverbindung von Hamburg nach Sylt schuf. Hatte Helgoland vorher eine hohe symbolische Bedeutung für die deutsche Nation gehabt, die sich auch in den Motiven der Postkarten spiegelt (z. B. Hochseeflotte vor Helgoland, »Deutsche Wacht an der Nordsee«, Villa Hoffmann von Fallersleben), so gewann Sylt durch das nationale Projekt des Dammbaus nun eine ähnliche symbolische Bedeutung, die sich in den zahlreichen Postkarten mit Motiven des Hindenburgdammes spiegelt. Die leichtere Erreichbarkeit durch den Damm gab dem Sylter Fremdenverkehr zudem einen weiteren gewaltigen Schub. Nach dem Zweiten Weltkrieg geriet Helgoland nicht nur durch die Zerstörung, sondern in Zeiten des schnellen Autoverkehrs auch verkehrsmäßig an die Peripherie. Nationale Symboliken spielten nach der Katastrophe des Zweiten Weltkrieges keine Rolle mehr, ja sie wirkten abschreckend.

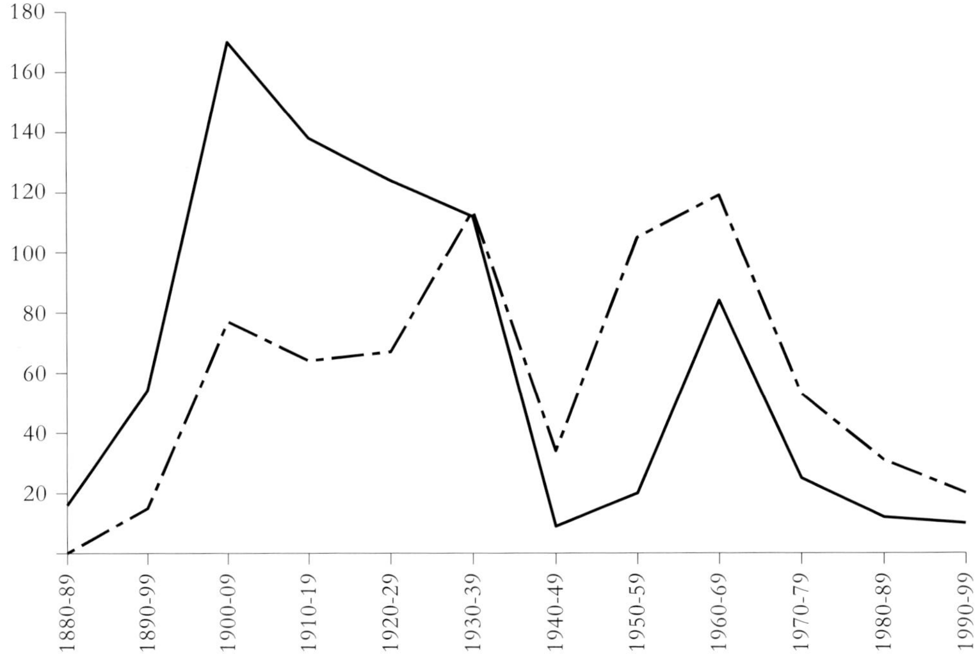

Fig. 3: Zahl der Postkarten aus Helgoland (——) und Sylt (-·-·-) pro Jahrzehnt.

Amrum, Föhr und Sylt entwickeln sich im Großen und Ganzen parallel. Auf Sylt und Föhr gibt es erste, doch sehr seltene Karten bereits 1890. Regelmäßiger wurden Postkarten dann seit Mitte der 1890er Jahre verwendet. Amrum, das erst 1890 Seebad wurde, ist in dem Sample erst seit 1897 vertreten. Von den Halligen liegen erst seit dem Jahre 1900 Postkarten im Sample vor, doch waren sie auch keine Seebäder, sondern lediglich Ausflugsziele.

3. Die Postkartenmotive

Die Motive der Postkarten, die in das Sample eingegangen sind, sind das Ergebnis einer dreifachen Rezeption. Zuerst wählten die Fotografen, Postkartenverlage und Händler Motive aus, die sie fotografierten und als Postkarten drucken ließen. Die Fotografen konnten dabei durch eigene ästhetische Erwägungen und Traditionen beeinflusst sein, aber auch auf Kundenwünsche Rücksicht nehmen. Die zweite Stufe der Rezeption liegt bei den Kunden. Touristen und Einheimische kauften bestimmte Motive und trafen damit eine Auswahl, die auf das Angebot der Händler und die Produktion von

Abb. 1: Das Seehospiz in Norddorf auf Amrum wie auch andere Hotels, Eisenbahnen und Fähren wurden bereits in den 1890er Jahren, also unmittelbar nach der Gründung des Seebades, als Motiv verwendet.

Fotografen und Verlegern zurückwirkte. Sie wollten nicht unbedingt ein Bild der Wirklichkeit kaufen, sondern ein Idealbild in Erinnerung behalten – also nicht ein Bild der verregneten Ferien und der Warteschlangen, sondern des Sonnenscheins und des guten Services. Schließlich trafen die Adressaten, deren Familien und Nachkommen sowie Touristen durch ihre selektive Aufbewahrung und dann die späteren Sammler eine weitere Auswahl, indem sie bestimmte Postkarten für bewahrenswert hielten und aufhoben. Bestimmte Karten und Motive können in diesem Prozess verloren gegangen sein, andere können in diesem Prozess, weil sie den Geschmack der Zeitgenossen wie auch ihrer Nachfahren in besonders hohem Maße trafen, überrepräsentiert sein. Das Ergebnis gibt uns also vor allem einen Eindruck eines sich verfestigenden Geschmacks.[1]

Schauen wir nun näher auf die Motive, die sich in diesem Prozess durchgesetzt haben (Tab. 4). Auf 27,3 % der Karten des Samples finden sich Motive der touristischen Infrastruktur. Hierunter sind zu verstehen: Hotels, Restaurants, Verkehrsmittel wie Eisenbahn und Schiff, aber auch Strandpromenaden, Landungsbrücken usw. (Abb. 1). Im Mittelpunkt des Motivs steht dabei das Hotel, die Promenade usw.; eventuelle Bade-

1 Natürlich kann auch der Text oder der Absender Ursache sein, dass eine Karte aufbewahrt wurde. Es kann also Gründe geben, die überhaupt nichts mit dem Motiv zu tun haben.

gäste sind auf diesen Karten höchstens zufällig zu sehen und dienen als Staffage. 17,3 % der Karten haben reine Landschaftsmotive wie Dünen, das Meer oder den Helgoländer Felsen (Abb. 2). 17,0 % der Karten zeigen Luftbilder, Landkarten oder Ortsansichten (Abb. 3). 13,0 % sind Mehrbildkarten, auf denen eine Anzahl verschiedener Motive zu sehen ist (Abb. 4). Lokale Sehenswürdigkeiten wie Kirchen, Windmühlen, Friesenhäuser oder Leuchttürme sind auf 11,8 % der Karten abgebildet (Abb. 5). Auf 9,9 % der Karten stehen die Badegäste im Mittelpunkt (Abb. 6). Meist handelt sich dabei um Motive des Strand- oder Kurlebens. Einheimische, wie z. B. Fischer oder Frauen in lokaler Tracht, werden nur auf 1,6 % der Karten abgebildet. Auf 2,1 % der Karten finden sich sonstige Motive, die sich nicht unter den genannten Gruppen subsumieren lassen. Hierzu gehören humoristische Motive, Künstlerkarten usw. Beliebt waren z. B. auf Helgoland die »Stürmische Seefahrt« (sich übergebende Gäste auf der Überfahrt – Abb. 7) oder auf Sylt Männer, die sich mit Ferngläsern an das Damenbad anschlichen.

Analysiert man die Postkartenmotive auf den einzelnen Inseln, so fallen Unterschiede ins Auge, die entweder mit den unterschiedlichen Voraussetzungen oder einer unterschiedlichen Vermarktung der jeweiligen Bäder zusammenhängen. Betrachten wir zuerst die eigentlichen Seebäder. Motive der touristischen Infrastruktur sind dort überall auf zwischen etwa einem Viertel und einem Drittel der Postkarten abgebildet. Am größten ist der Anteil auf Föhr (33,0 %) und Sylt (31,5 %), am geringsten auf Helgoland (25,3 %) und Amrum (23,8 %). Auf Helgoland ist dafür der Anteil der Landschaftspostkarten mit 23,6 % überdurchschnittlich hoch. Das ist ohne Zweifel der einzigartigen Landschaft der Felseninsel geschuldet. Auf Föhr spielten Landschaftsmotive dagegen mit nur 2,6 % der Postkarten kaum eine Rolle. Offenbar war die Landschaft der Insel kein Motiv, mit dem sich Badegäste anlocken ließen. Auch auf Amrum (9,2 %) und Sylt (14,6 %) lag der Anteil der Landschaftsmotive niedrig. Der Anteil der Luftbilder, Landkarten und

Motiv	Amrum (n=185)	Föhr (n=273)	Halligen (n=96)	Sylt (n=699)	Helgoland (n=774)	gesamt (n=2076)
Infrastruktur	23,8	33,0	3,1	31,5	25,3	27,3
Landschaften	9,2	2,6	49,0	14,6	23,6	17,3
Luftbilder, Landkarten, Ortsans.	22,2	15,0	6,3	11,2	23,9	17,0
Mehrbildkarten	16,8	10,3	3,1	13,3	13,7	13,0
Sehenswürdigkeiten	16,8	14,3	35,4	12,9	3,9	11,8
Badegäste	9,7	21,2	1,0	15,2	2,8	9,9
Einheimische	0,5	2,9	2,1	0,9	2,2	1,6
Sonstiges	1,1	0,7	0,0	0,6	4,5	2,1
Summe	100,0	100,0	100,0	100,0	100,0	100,0

Tab. 4: Postkartenmotive in Prozent.

Abb. 2: Die Seebäder auf Amrum und Föhr nahmen gerne die Halliglandschaft für sich in Anspruch und vermarkteten sie in ihrem eigenen Namen.

Abb. 3: Solche, oft farbigen Panoramapostkarten der Insel Helgoland gab es bereits Ende des 19. Jahrhunderts. Später wurden Luftbilder beliebt.

Abb. 4: Mehrbildkarte aus Sylt. Solche Postkarten, auf der alle Motivtypen sowohl des touristischen Lebens als auch der Infrastruktur, Sehenswürdigkeiten und Natur zu sehen sind, erfreuen sich bis heute großer Beliebtheit. Seit Mitte der 1890er Jahre gab es solche prächtigen Farblithographien als Postkarten.

Ortsansichten war besonders groß auf Helgoland (23,9 %) und Amrum (22,2 %). Dies hängt wohl damit zusammen, dass es sich in beiden Fällen um markante, nicht sehr große Inseln handelt, die sich gut auf diese Weise abbilden ließen. Auf den unförmigeren Inseln Föhr und Sylt ist der Anteil solcher Postkarten mit 15,0 % bzw. 11,2 % geringer. Mehrbildkarten, auf denen sich mehrere Motive sammeln ließen, machten ca. ein Sechstel der Postkarten auf. Am beliebtesten waren sie auf Amrum. Sehenswürdigkeiten waren auf Amrum, Föhr und Sylt gut vertreten (mit 16,8 % am wichtigsten auf Amrum), wogegen sie auf Helgoland mit nur 3,9 % kaum eine Rolle spielten. Postkarten mit Badegästen waren mit 21,2 % am beliebtesten auf Föhr, gefolgt von Sylt mit 15,2 %. Auf Amrum spielten sie mit 9,7 % eine geringere Rolle, und auf Helgoland mit nur 2,8 % überhaupt keine. Bilder von einheimischen Fischern oder Frauen in Tracht spielten generell keine große Rolle; nur weniger als 3 % der Postkarten zeigten solche Motive.

Schaut man auf das Ganze, so herrschten in Föhr mit 54,2 % und auf Sylt mit 46,7 % Motive des touristischen Lebens (touristische Infrastruktur, Badegäste) vor. Auf Amrum war dieser Anteil mit nur 33,5 % deutlich geringer. Inselmotive wie Luftbilder, Landschaften, Sehenswürdigkeiten und Einheimische machten hier mit 48,7 % den größten Anteil aus. Hier war also offenbar die Insel als solche wichtiger als ihre touristische

Abb. 5: Sehenswürdigkeiten wie dieses Bauernhaus wurden auf Föhr gerne als Motiv verwendet.

Infrastruktur mit Promenaden, Hotels, Strandhalle, Ausflugsdampfern und sonstigen Angeboten. Auf Helgoland ist das noch ausgeprägter. Hier machen die Inselmotive sogar 53,6 % aus, während Motive des touristischen Lebens nur auf 28,1 % der Postkarten zu finden waren.

Auf den Halligen gab es keine Seebäder. Doch gibt es relativ viele Halligpostkarten. Sie zeigen dementsprechend auch so gut wie keine touristische Infrastruktur oder Badegäste, sondern vor allem Landschaften und Sehenswürdigkeiten (meist die strohgedeckten Friesenhäuser). Rechnet man noch die Luftbilder und die Einheimischen hinzu, so sind Inselmotive auf 92,8 % der Postkarten von den Halligen zu finden.

Die Halligen waren ein beliebtes Ausflugsziel insbesondere für Badegäste auf Föhr, aber auch auf Amrum. So hatten auf Föhr die lokalen Fotografen und Postkartenverleger Waldemar Lind und Wilhelm Müller auch viele Postkarten mit Halligmotiven in ihrem Sortiment, ja es gibt einzelne Postkarten mit Halligmotiven, auf denen nur »Gruss aus Nordseebad Wyk auf Föhr«, »Gruss aus Amrum«, »Nordseebad Wittdün auf Amrum – Friesische Landschaft« steht (Abb. 2). Manchmal finden wir auch Verbindungen wie »Hallig im Sturm – Wittdün a. Amrum« oder »Nordseebad Wyk – Haus auf der Insel Oland«. Mit solchen Bildlegenden nahmen die Seebäder auf Föhr und Amrum

Motiv	1890–1914 (n=550)	1950–1974 (n=609)
Infrastruktur	22,4	31,7
Landschaften	15,5	13,3
Luftbilder, Landkarten, Ortsansichten	16,9	17,6
Mehrbildkarten	13,8	20,9
Sehenswürdigkeiten	12,4	9,4
Badegäste	14,4	5,9
Einheimische	3,1	0,5
Sonstiges	1,6	0,8
Summe	100,0	100,0

Tab. 5: Postkartenmotive in verschiedenen Perioden in Prozent.

die Halligwelt für sich in Anspruch und vermarkteten sich selbst mit ihren Motiven. Das ist gerade bei Föhr interessant, da in diesem Bad Landschaftsmotive sonst eine geringe Rolle spielten. Landschaft war gewissermaßen an die Halligen deligiert. Dort konnte der Badegast in sicherer Entfernung urtümliche Landschaft und Sehenswürdigkeiten erleben, während auf Föhr das mondäne Badeleben mit seiner ausgezeichneten Infrastruktur vorherrschte (obwohl Föhr ja auch einiges an Kirchen und strohgedeckten Häusern zu bieten hatte).

Insgesamt werden alle Motive seit dem Aufkommen von Postkarten Ende des 19. Jahrhunderts verwendet. Es gibt lediglich kleinere Verschiebungen in der Beliebtheit einzelner Motive. Das zeigt der Vergleich der Motive aus der Anfangsphase der Postkarten in der Kaiserzeit (1890–1914) mit denen der Blütezeit des Tourismus in der Nachkriegszeit (1950–1974) (Tab. 5). Während es bei Landschaftspostkarten und Luftbildern kaum Veränderungen gibt, sind Postkarten mit Motiven der touristischen Infrastruktur (von 22,4 % auf 31,7 %) und Mehrbildkarten (von 13,8 % auf 20,9 %) deutlich beliebter geworden. Postkarten mit Badegästen und Motiven des Strandlebens haben dagegen markant an Beliebtheit verloren (von 14,4 % auf 5,9 %). Auch Sehenswürdigkeiten und Einheimische sind als Motive weniger beliebt geworden. Insgesamt ist eine Tendenz zur Anonymisierung zu erkennen: weg von der eigenen Person (Badegäste) und den lokalen Besonderheiten (Sehenswürdigkeiten, Landschaft) hin zu den vielen Angeboten des Massentourismus (Infrastruktur, Mehrbildkarten, Luftbilder). Dies spiegelt sicher die Entwicklung von dem exklusiven Oberschichttourismus der Jahrhundertwende zum Massentourismus der Nachkriegszeit.[2]

2 Dieser Tendenz zur Anonymisierung entspricht auch, dass Postkarten ohne Ortszuordnung (Seehunde, Nordsee u. ä.) bei den frühen Karten selten, heute dagegen häufiger sind. Sie sind nicht in das Sample aufgenommen worden.

Abb. 6: Vor 1914 waren Motive mit Badegästen beliebt, wie auf dieser Postkarte aus Wittdün. Da dieses Motiv sich mit Möwen noch besser verkaufen ließ, wurden sie nachträglich in das Foto gemalt.

Abb. 7: Humoristische Postkarten, wie diese Szene von der Überfahrt nach Helgoland, gab es bereits um 1900, doch sie waren selten.

Auffallend ist dabei, dass alle Motive bereits um die Jahrhundertwende vorhanden waren. Bereits in den 1890er Jahren finden wir viele Mehrbildkarten mit entweder mehreren Schwarzweißfotos oder farbigen Lithographien, die oft auf Fotos beruhten (Abb. 4). Auf Amrum findet man bereits Kombinationen von damals noch gezeichneten »Luftbildern«, Hotels (Hotel zur Satteldüne, Kurhaus, Seehospiz, »Lustiger Seehund«), Strandhalle, Leuchtturm, Kirche, Inselbahn, Schnelldampfer, Strandpartien mit Badegästen, einer Frau in lokaler Tracht sowie Kaninchen in den Dünen. Es gab bereits um 1900 Postkarten der »Wandelbahn« (Promenade), Postkarten mit Dünen und Brandungsbilder. Diese Motive haben sich sowohl auf Mehrbild- wie auf Einzelkarten bis heute bewahrt. Die Inselbahn ist inzwischen stillgelegt. Dafür gibt es heutzutage Karten der Freibäder, und die Seehundsjagd ist durch Seehundwatching ersetzt.

Die Motivstruktur wurde also bereits in der Anfangsphase der Postkarte ausgebildet und hat sich seither kaum verändert. Lediglich zwei Motive sind aufgrund der technischen Entwicklung der Fotografie erst später hinzugekommen: eigentliche Luftbilder und Tierfotos. Doch auch hier gab es gezeichnete Vorformen. Von Helgoland gab es bereits Ende des 19. Jahrhunderts zahlreiche Postkarten, die Luftbildern ähneln, doch in Wirklichkeit gezeichnete Panoramabilder der Insel sind (Abb. 3). Erst seit den 1920er Jahren wurden sie durch echte Luftfotos abgelöst. Auch Tierfotos (hier unter Landschaften subsumiert) tauchen erst seit den 1930er Jahren auf, als Teleobjektive und kurze Belichtungszeiten sie ermöglichten. Vorher gab es jedoch bereits einzelne auf Zeichnungen beruhende Postkarten mit ähnlichen Motiven, so z. B. Postkarten mit einem Seehund am Strand von Sylt.

Durch Retuschen und Montagen wurden die Fotos so bearbeitet, dass sie dem Geschmack der Zeit entsprachen und den Badeort so darstellten, wie man es wünschte. Da es in der Frühzeit der Fotografie noch schwer war, bewegte Motive abzulichten, konnte man z. B. keine Möwen im Flug fotografieren. Da Möwen aber zum Nordseestrand gehörten, wusste man sich anders zu behelfen. Möwen wurden einfach nachträglich in die frühen Landschafts- und Strandleben-Bilder – oft ungeschickt und viel zu groß – hineingemalt (Abb. 6). Aus Föhr findet sich ein Beispiel, wo Waldemar Lind das Pferd nachträglich an den Badekarren montiert hat. Offenbar hat er es aus einem anderen Foto ausgeschnitten. Dabei hat er jedoch den Pferdeschwanz so arg beschnitten, dass die Montage auffällt.

Auf der dänischen Nordseeinsel Fanø[3] waren Frauen in der lokalen Tracht im Gegensatz zu den deutschen Nordseebädern ein fester Bestandteil der Postkartenikonografie. Ob nun Dünen, Strand oder Strohdachhäuser abgebildet wurden: es sollten gerne eine oder mehrere Fanø-Frauen darauf zu sehen sein. Oft wurden sie zu diesem Zweck hineinmontiert. So trifft man auf Postkarten mit ganz verschiedenen Motiven immer die gleiche Frau in der gleichen Haltung und mit demselben weißen Eimer in der Hand. Offenbar ist sie aus einem Foto herausgeschnitten und in viele andere eingesetzt worden (Abb. 8 a und b).

3 Fanø und Rømø sind nicht Teil des quantitativen Samples bei eBay, weil ihr Postkartenmarkt vor allem in Dänemark liegt, wo es eBay nicht gibt. Der dänische Markt und die dänischen Internetauktionshäuser (qxl) sind wesentlich kleiner als der deutsche Markt und eBay. Daher sind die Zahlen nicht vergleichbar.

Abb. 8 a und b: Eine Besonderheit auf der dänischen Insel Fanø waren Frauen in der lokalen Tracht. Die Frauenfotos wurden unabhängig vom Hintergrund verwendet und nach Bedarf in unterschiedlichen Kombinationen in unterschiedliche Motive hineinmontiert.

4. Schluss

Das Phänomen Postkarte ist komplex. Es spiegelt eine facettenreiche Rezeption sowohl der Motive als auch des Badeortes selbst. In ihnen liegt zugleich ein Angebot, den abgebildeten Ort in einer bestimmten Weise zu sehen, das vom Käufer durch den Kauf angenommen und an den Adressaten weitervermittelt wird. Damit wirkten sie an der Etablierung lokaler Images mit und verfestigten den Ruf einzelner Seebäder bzw. konkretisierten die bildhaften Assoziationen. Auf diese Weise trugen sie zur Schaffung eines lokalen »Mythos« bei. Zugleich ist die Beliebtheit eines Motivs nicht notwendigerweise Hinweis auf die numerische Bedeutung eines Seebades für den Tourismus, sondern vor allem Ausdruck seiner Symbolkraft. Die große Bedeutung Helgolands im Postkarten-Sample z. B. entspricht nicht der Zahl der Badegäste, sondern beruht auf der nationalen Symbolkraft der Insel, die erst 1890 zu Deutschland kam, auf ihrer landschaftlichen Besonderheit und der sich daraus ergebenden besonders guten Vermarktbarkeit als Ausflugsziel und Postkartenmotiv. Die Anzahl der Badegäste auf Helgoland war immer deutlich geringer als auf Sylt. Helgoland gelang es jedoch nicht zuletzt mit Hilfe der Postkarten einen Mythos zu schaffen, der seine Bedeutung als Seebad weit überstieg. Aber auch auf den anderen Inseln versuchte man, die lokalen Bäder mit Hilfe von Postkarten zu vermarkten. Dafür wurden auf Sylt und Föhr vor allem Motive des touristischen Lebens gedruckt. Den Inseln gelang es also, sich mit ihrem touristischen Angebot zu vermarkten, während auf Amrum wie auf Helgoland die Insel als solche im Mittelpunkt des Interesses stand. Durch die Bilder, die in alle Welt versandt wurden, produzierten die einzelnen Badeorte einen »Mythos« von sich selbst. Die Halligen dienten als Ausflugsziel für die Badegäste auf Föhr und Amrum und wurden Teil von deren »Mythos«. Und auf der dänischen Insel Fanø wurden die lokalen Trachten mehr als auf den deutschen Nordseeinseln als »Spezialität« vermarktet und auf diese Weise Teil des Mythos der Insel.

Literaturverzeichnis

Axen, Karl-Heinz (1980): Helgoland in alten Ansichten. Zaltbommel.

Beer, Karl-Theo (1992): Die Nordseeküste auf alten Ansichtskarten. Herford.

Kürz, Jutta (1994): Badeleben an Nord- und Ostsee. Kleine Kulturgeschichte der Sommerfrische. Heide.

Quedens, Georg (1978): Grüße von Amrum. 110 Postkarten von anno dazumal. Schleswig.

Quedens, Georg (1990): Das Seebad Amrum. Amrum.

Quedens, Georg/Quedens, Jens (1998): 100 Jahre Foto Quedens, 1898-1998. Amrum.

Steensen, Thomas (2005): Im Zeichen einer neuen Zeit. Nordfriesland 1800 bis 1918. Bredstedt 2005.

Stöver, Hans-Jürgen (1980): Westerland auf Sylt. Das Bad im Wandel der Zeiten. Husum.

Voigt, Harald (1991): Konjunkturen durch Fremdenverkehr an schleswig-holsteinischen Küsten von den Anfängen im 19. Jahrhundert bis zum Ersten Weltkrieg. In: Brockstedt, Jürgen (Hg.): Wirtschaftliche Wechsellagen in Schleswig-Holstein vom Mittelalter bis zur Gegenwart. Neumünster, S. 265–293. (= Studien zur Wirtschafts- und Sozialgeschichte Schleswig-Holsteins, 20).

Walter, Karin (1995): Postkarte und Fotografie. Studien zur Massenbild-Produktion. Würzburg.

Wedemeyer, Manfred (1977): Grüsse von Sylt. 120 Bildpostkarten von anno dazumal. Schleswig.

Zacci, Uwe (1977): Viele Grüße von Föhr. 105 Postkarten von anno dazumal. Schleswig.

Jürgen Hasse

»Nordseeküste« – Die touristische Konstruktion besserer Welten. Zur Codierung einer Landschaft

Die Nordseeküste gibt es nicht. Bevor Interessen das Bild der Küste einfärben, wird es von der Haltung formatiert, in der man ein Interesse generiert. In der praktischen Beziehung des Krabbenfischers ist die Nordseeküste ein Arbeitsraum oder eine ökologisch gestresste Ressource, in der theoretischen Beziehung des Küstenforschers ist sie ein Stück Natur oder eine soziale Konstruktion, in der ästhetischen Beziehung eines Touristen ist sie die überteuerte und schlechtere Alternative zu den Kanarischen Inseln oder die Illusion eines »sanften Tourismus«. Die Korridore, die vom individuellen Leben in praktisch, mental oder gefühlsmäßig akzentuierte Welt-Beziehungen führen, eröffnen einen Raum der Fraktale. In jeder Facette scheint etwas vom Ganzen auf, das es als *gleichzeitige* Präsenz des Mannigfaltigen nicht gibt. Wenn die Bilder der Nordseeküste auch prinzipiell beliebig pluralisierbar sind, so wird niemand im Ernst bestreiten wollen, dass es die *Nordseeküste* gibt. Der scheinbare Widerspruch löst sich erkenntnistheoretisch schnell auf: Spätestens seit Kant weiß man, dass dic »Dinge an sich« unserer Erkenntnis nicht zugänglich sind, sie uns vielmehr nur in Perspektiven gegeben sind. Das gilt auch für die Wissenschaften, die Erzählungen über das Meer und die Küste liefern, wenn sich diese auch graduell von den Erzählungen der Leute über ihr gelebtes Leben am Meer unterscheiden. Hier wie dort wird narrative Arbeit geleistet, wenn auch mit verschiedenen Mitteln. Vielleicht eignet sich zur Unterscheidung noch heute, was Francis Bacon für die disziplinierte und theoretisch systematisierte Seite abstraktionistisch-szientistischer Erkenntnis »experiencia ordinata« und für die streunende Seite des distanzlosen Aufgehens im Geschehen der Ereignisse »experiencia vaga« nannte.

Im Folgenden werde ich den Blick auf *touristische* Konstruktionsweisen der Nordseeküste konzentrieren. Diese Überlegungen werde ich nicht auf semiotische Fragen verkürzen, sondern auch das Verhältnis thematisieren, das zwischen dem *wirklichen* Raum der Nordseeküste (im phänomenologischen Sinne) auf der einen Seite und dem Raum der ideologischen, imaginären, ikonologischen Nordseeküste (im konstruktivistischen Sinne) auf der anderen Seite besteht oder wenigstens bestehen könnte – vorausgesetzt, der Weg zur naturästhetischen Reflexion der Küste würde gegangen. Dieses Vorgehen hat zwar enge Bezüge zur Semiotik. Es reduziert die Welt aber nicht auf Substanzen und Akzidentien – als gäbe es keine Naturphänomene jenseits der Dinge auf der Objektseite und keine Erlebnisweisen jenseits des Akzidentiellen auf der Subjektseite. Die Polarisierung von *wirklichem* Erlebnis-Raum der Nordseeküste und sozialer Konstruktion dieses Raumes nimmt neben der semiotischen Sichtweise eines sozial konstruierten Abstraktums einen im *Erleben* der Menschen ganzheitlich gegebenen *wirklichen* Raum in den Blick. Auf der einen (semiotischen) Seite gilt es einen Raum als *be*–deutenden Quasi-Text zu »lesen«. Auf der anderen (phänomenologischen) Seite gilt es komplementär dazu einen Raum als »Herumwirklichkeit« gefühlsmäßig-atmosphärisch in seinem potentiellen Er–leben zu reflektieren. Beide Seiten sind noch nicht einmal in der Tourismuswerbung getrennt. Ich gehe davon aus, dass jeder ökonomisch tragfähige Tourismus auf der symbolischen (also semiotischen) Ebene nur funktioniert, wenn die den gewünschten Bedeutungen komplementären Erlebnisweisen als Gefühle in einem bestimmten touristischen Raum auch einverleibt werden können.

1. Das Meer als Raum ästhetischer Einstellungen

Wer dem Meer in einer ästhetischen Einstellung der Freizeit und Erholung begegnet, *reflektiert* weder »objektive« Eigenschaften des Ökosystems noch phänomenale Seinsweisen der Küste. Wer sich am Meer erholen oder seine Freizeit am Meer verbringen will, sucht eine *Erlebnis*-Qualität. Der Raum der Küste will (selbstbezüglich) erlebt und nicht (distanziert) be- oder durchdacht werden. Mit anderen Worten: Das touristische *Mit*-dem-Meer-Sein unterliegt einer anderen Ontologie als das fischereiwirtschaftliche *Auf*-dem-Meer-Sein oder das wissenschaftliche »*Über*«-dem-Meer-Sein. Diese grundverschiedenen Haltungen *zum* Meer generieren je eigene praktische, d.h. auch gelebte Perspektiven[1] aufs Meer. Sie entfalten je spezifische Verhältnisse zum Meer, die sich oft untereinander fremd sind. Die Tourismuswirtschaft weiß indes, nicht-touristische Ontologien der Küste für sich zu nutzen – die fischereiwirtschaftliche Aneignung des Meeres für die Konstruktion eines tendenziell nostalgischen Bildes »authentischer« Regionalkultur und selbst die wissenschaftliche Obduktion des Meeres als Raum naturwissenschaftlicher Sachverhalte für die Musealisierung des Meeres zu integrieren.

An einer Küste ist man in einem ambivalenten Raum *noch* Land, aber *noch nicht* Meer. Küsten sind Grenzräume, deren besondere Qualitäten nicht allein geodätisch kartographiert, sondern auch atmosphärisch gespürt werden können. So hat es mit semiotischem »Lesen« symbolischer Ordnungen wenig zu tun, wenn man schon an der Luft und dem Seeklima spürt, dass man sich in der Nähe des Meeres befindet. Man erlebt eine solche Umgebung als Gefühlsraum in einem »Alphabet der Leiblichkeit«[2]

1 Ich beziehe mich in diesem Sinne auf den Begriff vom »gelebten Raum«, den Graf Karlfried von Dürckheim in einer phänomenologischen Studie aus dem Jahre 1932 differenziert hat; vgl. Dürckheim (2005).

2 I.d.S. unterscheidet Hermann Schmitz die verschiedenen Arten und Weisen, mit seiner Umgebung in einer Beziehung leiblicher Kommunikation zu stehen, wonach man etwas um sich herum in der Spanne von leiblicher Enge und Weite empfindet (vgl. Schmitz 2002: 433). Leibliche Kommunikation steht

– man »liest« sie nicht wie einen »Text«. Deshalb generiert der »Blick« aufs Meer, der im Tourismus zur Ware wird, auch nur vordergründig allein eine *visuelle* Beziehung. Der essentielle Bezug ist vielmehr ein gefühlsmäßig-leiblicher. Dabei steht die leibliche Erlebnisdimension in einer dialektischen Beziehung zur symbolischen Ebene der Bedeutungen. Das situativ stets konkrete Empfinden generiert Bedeutungen, wie die Bedeutungen ihren Anteil daran haben, dass etwas durch symbolische Zuschreibungen Konstruiertes in einer entsprechenden Weise dann auch gefühlsmäßig erlebt wird.

Der touristische »Blick« aufs Meer ist ein gleichsam flackernder Blick. Er oszilliert zwischen zwei Polen – einem leiblich-befindlichen Mitsein und einem symbolischen Assoziieren. Bedeutungen generieren sich in aller Regel weder auf der einen, noch auf der anderen Seite *allein*, sondern auf einem Überlagerungsfeld. So ist der Blick aufs Meer ein gnostischer Blick des Anschauens wie ein pathischer Blick des Angeschautwerdens. Da der touristische Blick seine Funktion auch darin hat, die straffe Zweiteilung von Arbeit und Freizeit sozialpsychologisch und politisch zu entschärfen, ist er im Regelfall vorkritisch. Darin unterscheidet er sich strukturell von solchen ästhetischen Beziehungen zu Meer und Küste, in denen das Erleben auch zum Gegenstand des Nach-Denkens wird. Zwei Beispiele sollen für die je unterschiedlichen Passagen in ein und dieselbe reale Welt stehen.

Das erste Beispiel bezieht sich auf den Historiker Jules Michelet (1798–1874), der ein Buch über das Meer schrieb, in dem die Grenzen zwischen Wissenschaft und Poesie verlaufen. Der zeitgemäße Szientismus würde Michelet deshalb der Schizophrenie bezichtigen. Michelet ist sich aber der Doppeltheit seiner Aufmerksamkeit bewußt. Er sieht sich durch den Gegensatz von der Endlichkeit des menschlichen Lebens und der Ewigkeit des Meereslebens dazu veranlasst, die Lebenszusammenhänge in ihrer Vollständigkeit zu erfassen. So schreibt er das Buch über das Meer als ein Buch über das Leben (Wintermeyer 1987). Er macht die (Natur-) Geschichte zu einem Thema, das er nicht nur durch–*denkt*, sondern zugleich pathisch durch–*quert* (Barthes 1980). Über das Erleben kalter Bäder schreibt er:

> »Unsere Haut, die sich gänzlich aus kleinen Mündern zusammensetzt und auf ihre besondere Weise aufnimmt und verdaut wie ein Magen, muß sich an diese starke Kost erst gewöhnen, daran, den *Schleim* des Meeres zu trinken, die salzige Milch, die sein eigentliches Leben ist und aus dem es die Wesen immer wieder neu erschafft.« (Michelet 1987: 281)

Was Bollnow und Gadamer über das Wesen der Erfahrung sagten, gewinnt bei Michelet konkrete Gestalt. Erfahrung wird bei ihm eine Sache persönlichen Leidens. »Zur

nach Schmitz der »herrschenden Auffassung entgegen, wonach die Wahrnehmung ein Besuch ist, den Reize als Boten von Objekten der Außenwelt, anklopfend bei den Sinnesorganen als Pforten, von dort durch das Nervensystem geleitet, in der seelischen Innenwelt eines Subjektes abstatten, wo sie vom Verstand oder anderen Mechanismen empfangen und, nach wundersamen Verwandlungen auf der Reise, so zurechtgemacht werden, daß die Ergebnisse den Objekten, deren Boten die Reize waren, wieder einigermaßen ähneln.« (Ebd.: 435).

Erfahrung gehört [...], daß man sie selber, ›am eignen Leib‹, gemacht hat«, heißt es bei Bollnow (1981: 129). Schon die Tatsache, daß sich in einer (neuen) Erfahrung eine Erwartung enttäuscht, bedeutet ein »Leiden« im hier gemeinten Sinne (Gadamer 1972: 335). Michelet oszilliert zwischen der Distanz, die seine Wissenschaftler-Rolle von ihm verlangt, und lebendiger personaler Nähe zu einer Wirklichkeit, die auch vitales Geschehen ist. Michelets Sprache ist poetisch und bezeugt in ihrem Ausdruck ein intensives Eindruckserleben der Sinne. Was Michelet hier beschreibt, ist eine Situation, die insofern eine gewisse Verwandtschaft zur touristischen Nutzung des Meeres aufweist, als im Mittelpunkt seiner Aufmerksamkeit das pathische Hineingezogensein in die spezifische Natur der Küste steht.

Das zweite Beispiel entnehme ich den Reisebildern von Otto Funcke. Er beschreibt den Beginn einer Reise über das Meer, eine kurze Überfahrt von der Hafenstadt Emden (dem »deutschen Venedig«) auf die Insel Borkum. Otto Funcke ist Pastor, lebt etwa zur gleichen Zeit wie Michelet und hat eine Reihe von Reiseberichten verfaßt (»Reisebilder und Heimatklänge«). Aus dem Jahre 1872 stammt ein knapp 200 Seiten umfassendes Büchlein, in dem er viel über die Insel Borkum sagt. Seine Eindrücke kurz nach dem Lichten des Ankers und dem Beginn der Überfahrt mit dem Dampfer beschreibt er so:

> »Die lichtgrünen, salzigen Wogen fingen stärker an zu rauschen, große Möwen schwangen ihre leuchtenden Flügel in dem blauen Äther; die niedlichen Seeschwalben kreisten zwitschernd um das Schiff, ja, sogar ein Delphin machte uns das Vergnügen, eine Zeit lang in unserer Nachbarschaft herumzuplätschern und sich in den sonnenbeglänzten Wellen zu tummeln. O, wie tief athmete man auf in dieser köstlichen Luft, die so weich und linde und doch so unaussprechlich frisch und belebend war!« (Funcke 1972: 33)

Auch Funcke bringt hier ein Erleben zum Ausdruck, das pathische Spuren trägt. Es ist nicht in erster Linie etwas Gedachtes, das hier zur Aussage kommt, sondern ein Mitsein in einer Welt, zu der Funcke ein sinnlich vitales und *deshalb* ästhetisches Verhältnis hatte. Diese Aufmerksamkeit ist natürlich nicht allein für Funcke charakteristisch; eher spiegelt sie ein Grundmuster ästhetischer Beziehungen zum Meer, wie sie zu jener Zeit in poetischen Texten häufig vorkamen. Bei Heinrich Heine heißt es, »die Sonnenlichter spielen über das weithinrollende Meer«. Bei Schiller ist das Meer »still und eben«. »Finster kräuselt sich das Meer«, »hoch zu Bergen aufgehoben schwillt das Meer«, heißt es abermals bei Heine, der es schließlich »im letzten Abendscheine« hinaus »erglänzen« sieht. Bei Goethe »schäumt« das Meer »in breiten Flüssen« (Grimm/Grimm 1991: 1848). Solche Beschreibungen, die alle durch einen großen Metaphernreichtum gekennzeichnet sind und von einer sinnlich nachhaltigen und zur Sprache gelangenden Begegnung künden, wirken auf uns heute anachronistisch.

Zwar leben wir auch heute ästhetische Beziehungen zu den unterschiedlichsten Dingen und Situationen. Aber die »Gegenstände«, die nun unsere ästhetische Aufmerksamkeit finden, haben sich ganz offensichtlich von Grund auf verändert. Die Natur des Meeres, derer man zum Beispiel am Strand gewahr werden kann, hat heute nur noch einen eingeschränkten Sensationscharakter. Fragen wie diese treiben uns im Metier ästhetischen Naturerlebens deshalb heute nicht mehr um: *Wie* ist das Meer? Wie *erscheint* es? Wie kann man es *erleben*? Wie verändert es sein Gesicht im Wandel der Tages- und Jahreszeiten? Es versteht sich von selbst, dass die Art und Weise unseres Natur-Erlebens in einer Beziehung zu den Erträgen der Naturwissenschaft steht. Auch wenn wir diese nicht im Detail kennen oder verstanden haben, ist schon das ungenaue Wissen um die Existenz genauen Wissens Grund genug für eine Entmystifizierung der Natur insgesamt. Das Meer ist uns heute weder ein wilder archaischer Organismus noch ein Element, in dem Gott die Menschen ertränkt, weil sie gesündigt haben.

Dennoch wäre die Behauptung falsch, man könne als Folge einer im Allgemeinen technologisch, szientistisch und ökonomisch abstrakter gewordenen Welt sinnliche Beziehungen zur Natur nicht mehr zum Anlass der Reflexion zeitgemäßer (und darin historisch gewordener) Naturverhältnisse nehmen. So nähert sich Ute Guzzoni in einer sensiblen phänomenologischen Passage in diesem Sinne beispielhaft den Erscheinungsweisen des Meeres (Guzzoni 2005). Sie bedient sich zwar anderer Metaphern als Michelet, Funcke oder Heine, doch schreibt auch sie über eine ästhetische Begegnung mit dem Meer, dem eine pathische Beziehung zugrunde liegt und keine gnostische, schon gar keine obsessiv-szientistische. Auch sie beschreibt Erscheinungsweisen des Meeres, die von einer physiognomischen Dimension künden. Das Beispiel der ästhetischen Rede von Ute Guzzoni belegt, dass der ästhetische Ausdruck pathischen Miterlebens von Natursituationen am Meer auch heute noch möglich und solcherart situativ genaue Rede mit den Mitteln der Alltagssprache darstellbar ist.

Das moderne massenkulturelle Verhältnis zum Meer scheint den mythischen Erzählungen ebenso entwunden zu sein wie einer *gegenstandsorientierten* ästhetischen Aufmerksamkeit insgesamt. Da die ästhetische Einstellung als eine zwischen Lust und Unlust schwankende *Form* der Wahrnehmung und Weltbeziehung in ihren Grundlagen anthropologisch fundiert ist, ist nicht von einer Tilgung des Ästhetischen, sondern eher von einer Veränderung im Sinne einer mimetischen Angleichung an neue gesamtgesellschaftliche Verhältnisse auszugehen. So hat der zivilisatorische Fortschritt die ästhetische Aufmerksamkeit gegenüber Dingen und Situationen der Natur auch auf verschiedenen Wegen (und nicht zuletzt dem der Remythologisierung) in den Rahmen erlebnisorientierter Erzählungen zurückgeholt.

Die Menschen sprechen heute anders über das Meer als Goethe, Schiller, Michelet, Heine, Funcke oder Guzzoni. Auch bedienen sie sich nur in seltenen Fällen einer poetischen bzw. ästhetischen Sprache. Welche ästhetischen Erlebnis-Qualitäten im Raum der Küste – also »am« Meer – gegenwärtig durch die Tourismusökonomie konstruiert werden, werde ich im Folgenden vor dem Hintergrund empirischer Erhebungen an Beispielen diskutieren.

2. Wie sprechen Tourismus-Protagonisten über das Meer?

Kein Erleben des Meeres ist insofern unschuldig, als sein Referenzpunkt »authentisches« Erleben wäre. Ohne die Medien wüßten wir nichts von Nordseebädern, nichts von jenen Inseln, die man vom Land aus nicht sehen kann. Die Tourismus-Werbung ist einer der wichtigsten Umschlagplätze für Bilder, Vorstellungen, Symbole, Allegorien und Protentionen, die sich mit Meer und Küste verbinden. Die Tourismus-Werbung ist eine Konstruktionsbasis für das ästhetische Erleben der Küste wie des Meeres.

Wie sprechen Tourismus-Protagonisten über das Meer? Deren diskursive Praktiken sagen nicht nur etwas über die Konstruktionsarbeit der Tourismus-Akteure. Sie sagen auch etwas über die Schablonen touristischen Erlebens, die über die Tourismus-Werbung letztlich in ihrem Gebrauch gewinnbringende Geschäfte sichern sollen. Dazu gehört das Spiel mit Versprechen und Verführungen wie die Eskamotierung jener lokaler Eigenschaften, die sich in kein tauschfähiges Idealbild fügen wollen. Solche Sprache »spricht« via Text und (Sinn-) Bild. Sie spricht (a) im Metier des Realen, wenn dingliche Ausstattungen von Unterkünften und Bädern im Mittelpunkt stehen, sie spricht (b) im Metier des Wirklichen, wenn es um die Themen Sonne, Wind und Luft geht, und sie spricht (c) im Metier des Mythischen, wenn Wirkungen aus dem Erleben all dessen *ver*–sprochen werden.

Das mögliche Erleben derer, die ans Meer reisen, bleibt hypothetisch. Im Folgenden soll das spezifische Sprechen über das Meer und das Meer-Erleben aus der Perspektive der Tourismus-Promotoren konkretisiert werden. Dabei werde ich mich auf die Ergebnisse einer qualitativen Text- und Bildanalyse von Fremdenverkehrs-Broschüren der Nordseebäder stützen. Alle Broschüren stammen aus dem Sommer des Jahres 2005.

2.1 Touristische Leitbilder auf Landesebene

So selbstverständlich der Natur-Status des Meeres in naturphilosophischer Hinsicht auch sein mag, im Tourismus läuft dieses Verständnis leer. Im Marketing haben Meer und Küste bestenfalls noch einen subsidiären Natur-Status. Angesprochen und vermarktet werden sie als *Produkte*. In Zeiten anhaltender wirtschaftlicher Krisen wird die Ökonomie nicht nur auf den Rang einer Leitrationalität befördert. Als solche füllt sie in nahezu allen gesellschaftlichen Bereichen das transversale Vermögen der *Vernunft* essentiell aus; als vernünftig gilt, was ökonomische Interessen sättigt. Natur wird überall da, wo sie durch menschliche Arbeit verändert wurde, als aufgewertet angesehen. Diesen transformierten Zustand identifiziert man als Produkt. Das ist nicht nur im Tourismus der Fall. In der Geographie ist noch heute für Transformationen der Natur der Begriff der »Inwertsetzung« üblich, obgleich doch zahllose »Inwertsetzungen« faktische »Außerwertsetzungen« bedeuten. Es ist offensichtlich, dass solche Rede über

Natur Rückwirkungen auf theoretische, praktische wie ästhetische Natur-Beziehungen haben muss.

»Natürlich erfolgreich« – Tourismuskonzeption Schleswig-Holstein

Die »Tourismuskonzeption Schleswig-Holstein: ›Natürlich erfolgreich‹« markiert schon im Titel die Rangfolge der Werte. Nicht die Natur, sondern der Erfolg ist natürlich. Das Konzept thematisiert Urlaub in Schleswig-Holstein als »Markenartikel« (Ministerium für ländliche Räume 2002). Die Naturgrundlagen des Küstentourismus rangieren eindeutig auf einem hinteren Platz. Vorrangig sind andere Themen: Nachfrage, Wettbewerb, Image, Reisemarkttrends und »natürlich« – als Ausdruck eines ubiquitären Wettbewerbs – »Alleinstellungsmerkmale«. Die gesellschaftspolitische Bedeutung des Tourismus wird nicht in der Anbahnung reflektierter Natur-Beziehungen gesehen, sondern in der Gesundheits- und Behindertenpolitik sowie in speziellen pädagogischen Maßnahmen (Jugendurlaub, Völkerverständigung, Geschichtsbewußtsein [ebd.: 15]). Als Ausdruck vermittelter Nationalpark-Pädagogik wird auch der »Schutz des Naturkapitals« als Moment des ökonomischen Eigeninteresses (!) angesprochen. Probleme aus einer Fülle von Betretungsverboten, die mit der Um- und Durchsetzung der »Schutzzonen« des Nationalparks aufgetreten sind, schimmern hier durch. »Den Gästen soll ausreichend Gelegenheit zum Naturerleben unter dem Motto »Lust auf Natur« (Nationalpark Wattenmeer, Naturparke, Naturerlebnisräume, naturkundliche Einrichtungen etc.) gegeben werden« (ebd.: 23). Die gesamte Tourismuskonzeption ist letztlich ökonomisch formatiert. So ist ein »Strandurlaub« weder durch spezielle Naturbeziehungen oder den Ort des Strandes charakterisiert, sondern durch das »Thema« Strand, das mehrere Kernelemente enthält: Naturerleben, Kultur, Gesundheit, Fahrradfahren u.a. sportliche Aktivitäten (ebd.: 26). Die effektive Zielgruppenansprache der Jugendlichen erfordert »die Entwicklung jugendgerechter Packages«. Dem Kulturtourismus liegt ein Kulturverständnis zugrunde, das entweder auf die Kategorie von *Artefakten* (z.B. Schlösser und Museen) oder die Kategorie von *Produkten* (z.B. Musik-Festivals oder Events) reduziert ist.

»Entwicklungen an der niedersächsischen Küste« – Bericht der Landesregierung

Der »Bericht der Landesregierung ›Entwicklungen an der niedersächsischen Küste‹« setzt ähnliche Akzente (Niedersächsisches Ministerium für Wirtschaft 2005). Der Tourismus wird auch hier als primär ökonomische Größe der »Freizeit- und Gesundheitswirtschaft« angesehen. Als wichtig wird ein »profiliertes Marketing durch wahrnehmbare Dachmarken« angesehen. Da die Küste nicht nur *unmittelbar* am Meer liegt, bemühen sich auch die »Produktbildner« außerhalb der »Salzwasserfraktion« um entsprechende Markenbildungsprozesse. Geschulte »Qualitätscoaches« und regelmäßige »Qualitätschecks« helfen nicht nur an den »hochprädikatisierten Standorten« (niedersächsische Inseln) bei der Einhaltung der »Qualitätsstandards« (ebd.: 62). Im Bereich der Nordseeküste sollten mit dem Projekt »Natur erleben« »Kontaktzonen zwischen dem Menschen/Besucher und seiner ihn umgebenden Landschaft« geschaffen werden (ebd.: 131). So ökonomistisch die

Rationalität des Berichtes, so technizistisch, funktionalistisch und aseptisch die Sprache, in der subjektive Naturbeziehungen beschrieben werden.[3]

Auf der Metaebene der Tourismus-Planung präjudizieren beide Konzepte Leitlinien für die Ausgestaltung kommunaler Fremdenverkehrs-Vermarktungsstrategien. Ich werde im Folgenden der Frage nachgehen, inwieweit sich diese Tendenzen in den lokalen Marketingstrategien der Küstenbadeorte und Nordseeinseln fortsetzen und konkretisieren.

2.2 Touristische Leitbilder auf der lokalen Ebene der Küstenbadeorte und Nordseeinseln

Grundlage der Ergebnisse, die ich im Folgenden skizzieren werde, ist eine Bild- und Textanalyse lokaler Fremdenverkehrsprospekte. In die Studie sind zehn Prospekte von Nordsee-Küstenbadeorten und zehn Prospekte von Nordseeinseln einbezogen worden, die im Sommer 2005 in den Reisebüros verteilt wurden. Die Auswertung der Prospekte hat sich in erster Linie auf Bilder bezogen. Es ist davon ausgegangen worden, dass Bilder die Auswahl eines Urlaubsortes stärker und nachhaltiger beeinflussen als textliche Aussagen.

In einem ersten Schritt sind die Titelbilder der Prospekte nach Themen gegliedert worden. Dieses Verfahren ist in der weiteren Bildinterpretation auf alle Bilder im Hauptteil der Prospekte ausgedehnt worden. Für dieses Verfahren waren in der Regel die ersten 15 bis 20 Seiten bis zu Beginn der Zimmernachweise relevant. Die Bilder des umfangreicheren Zimmernachweises sind nicht mehr in die Auswertung einbezogen worden. Um auch über die Inhalte von Textelementen Aussagen treffen zu können, ist die erste Textseite nach dem Titelbild einer vergleichbaren Analyse nach Themenfeldern unterzogen worden. Dies war in der Regel die zweite Seite.

2.2.1 Fokussierung der Aufmerksamkeit durch Titelbilder

Titelbilder positionieren die Marketingstrategie eines Fremdenverkehrsortes in einem allgemeinen programmatisch-plakativen Sinne. Sie bilden weniger einen Gegenstand, einen Gegenstandsbereich oder etwa ein Natur-Element ab, sind vielmehr als narrative Illustration einer Situation zu verstehen, mit der ein Fremdenverkehrsort identifiziert werden will. Ich verstehe die Titelbilder von Tourismus-Prospekten in diesem Sinn mit Hermann Schmitz als »Plakat-Situationen« (Schmitz 2003: 91f.). Eine Situation zeich-

3 In Schleswig-Holstein wurde bis 2005 das Modellprojekt »Badestelle der Zukunft« realisiert. Zum Zwecke der »nachhaltigen« Gestaltung von Badestellen in Nordfriesland sowie zu deren standardisierter Definition sind drei »Kategorien von Badestellen mit touristischem Entwicklungspotenzial« gebildet worden: Badestellen mit Sandstrand, Grüne Badestellen ohne Verschlickung und Grüne Badestellen mit Verschlickung (vgl. Modellprojekt 2005).

Abb. 1: Titelbild Fremdenverkehrsprospekt Krummhörn/Greetsiel.

net sich generell dadurch aus, dass sie mindestens Sachverhalte und Programme (oft auch Probleme) zu einem ganzheitlichen Bedeutungszusammenhang[4] fügt. Situationen sind in ihrer augenblicklichen Gegebenheit entweder impressiv (in ihrem vielsagenden Eindruckscharakter) oder segmentiert (wenn sie nicht gleichsam mit einem Schlage erkannt werden können). Von einer Plakat-Situation spricht Schmitz im Übergangsbereich von einer impressiven zu einer segmentierten Situation. Es handelt sich dabei um »vielsagende Eindrücke, in denen sich eine sonst nur in Ausschnitten zugängliche Situation schlagartig zu konzentrieren scheint [...]« (ebd.: 249).

Der Zweck eines Titelbildes besteht darin, *schlagartig* eine Bedeutungsganzheit verständlich zu machen, um auf dem Wege solchen Verstehens Katalysatoren für Identifikation zu kommunizieren. Dieses mediale Geschehen folgt aber nur vordergründig

4 »Bedeutungen im hier gemeinten Sinne sind Sachverhalte (dass etwas ist, überhaupt oder irgendwie), Programme (dass etwas sein soll oder möge) und Probleme (ob etwas ist).« (Ebd.: 89).

Ort/Insel	Natur(landschaft)	Kultur(landsch.) / Regionalkultur	Urlaub
Dangast			•
Wilhelmshaven			•
Butjadingen			•
Wangerland		•	
Krummhörn (Greetsiel)		•	
Norden/Norddeich		•	•
Cuxhaven			•
Wurster Land		•	
Büsum			•
Husum		•	•
Helgoland			•
Sylt			•
Amrum			•
Föhr		•	•
Baltrum	•	•	
Pellworm		•	
Borkum			•
Norderney			•
Juist			•
Spiekeroog	•		

Tab. 1: Themenfelder der Titelbilder von Fremdenverkehrsprospekten der einzelnen Küstenbadeorte und Nordseeinseln (kursiv) für plakative Situationen.

einer ausschließlich ökonomischen Rationalität. Um in einem ökonomischen Kalkül letztlich aufgehen zu können, muss ein plakativ präsentiertes Symbol kommuniziert werden, das sich mit einem individuellen Lebensstil, Freizeit- und Erholungskonzept konstruktiv verbinden lässt. Das Titelbild eines Urlaubskataloges muss dazu in der Lage sein, ganzheitlich verschmolzene Lebens-Bedeutsamkeit allegorisch zu einem positiv besetzten Symbolkomplex zu verdichten. Für die Art der Kommunikation heißt dies: Die Adressaten dürfen auf dem Niveau diffus-programmatischer Justierung nicht als *rationale* Subjekte (als »Akteure« im sozialwissenschaftlichen Sinn) angesprochen werden. Sie müssen vielmehr auf dem Niveau überwiegend unbewusster (bzw. durch massenkulturelle Mechanismen der Produktion von Menschen-, Regions- und Länderbildern im Sinn von Mario Erdheim unbewusst *gemachter* [Erdheim 1994]) Wirkkräfte als affektiv (re-)agierende Objekt-Subjekte tingiert werden. Titelbilder sollen keine kognitiven »Denkstücke« sein. Sie sollen affektive Impulse auslösen und zu einem Tun bewegen, das im nachhinein zwar der rationalen Rechtfertigung gegenüber geöffnet

Abb. 2: Titelbild Fremdenverkehrsprospekt Norden/Norddeich.

werden kann, aber in der Art und Weise seiner Initiierung die Ebene der Reflexion unterströmt.

Die Titelbilder aller Kataloge lassen sich drei Kategorien zuordnen. Entweder sind Ausschnitte aus der Landschaft mit dem Akzent »Natur« oder »Kultur« abgebildet oder es sind Urlaubsszenen dargestellt. Das Thema »Naturlandschaft« ist dabei nach touristischen Deutungsroutinen codiert, das heißt als »Natur« erscheint auch (und vor allem) jene (gestaltete) Landschaft, die in lebensweltlicher Perspektive als Natur gedeutet wird. Dies schließt ein, dass auch als Natur erlebt wird, was erst dank intensiver Küstenschutzmaßnahmen als KulturNatur erhalten werden konnte. Die Tab. 1 gibt einen Überblick über alle Themenfelder, differenziert nach Küstenbadeorten und Inseln. Die Abb. 1 und 2 liefern Beispiele für die Küstenbadeorte und die Abb. 3 und 4 für die Inseln. Die Bilder machen deutlich, dass die Situation »Urlaub« den Schwerpunkt bildet. Neben (touristischen) Situationen zur Kultur(geschichte) der Küste spielt Natur komplementär dazu im Prinzip keine Rolle. Die Insel Spiekeroog (vgl. Abb. 4) stellt mit der Darstel-

Abb. 3: Titelbild Fremdenverkehrsprospekt der Insel Amrum.

lung einer »reinen« Natursituation eine Ausnahme dar. Kein anderer Prospekt lässt sich auch nur annähernd damit vergleichen.

Tendenziell sind alle Titelbilder Visiotype im Sinn von Uwe Pörksen – »Prägestöcke des öffentlichen Blicks« (Pörksen 1997: 37). Sie »formatieren« diesen aber weniger in einem linearen Sinne. In der Ökologie öffentlich zirkulierender Bilder spielen sie ihr Spiel. Sie prägen ebenso die Aufmerksamkeit, wie sie auf Routinen bereits konstruierter Wahrnehmungsroutinen zugreifen und diese zugleich verstärkend prolongieren. Einen Wirkungsschwerpunkt haben die Bilder im Bereich der Konnotation (ebd.: 278); dieser Umstand bekräftigt noch einmal die emotionale Wirkungslogik, der Visiotype – hier Bilder in Ferienprospekten (nicht nur auf Titelseiten) – unterliegen. Am Beispiel der Insel Amrum (Abb. 3) läßt sich beispielhaft konkretisieren:

1. die in einem Bild verschmolzenen Bedeutungen sind mannigfaltig;
2. die (nur fiktiv *einzelnen*) Bedeutungen sind zu einem ganzheitlichen Gesamteindruck verklammert;
3. das präsentative Symbol des Bildes stellt eine Situation dar, die strukturell in ihrem semantischen Akzent für unterschiedliche Deutungen offengehalten wird;

Abb. 4: Titelbild Fremdenverkehrsprospekt der Insel Spiekeroog.

4. die impressive Situation birgt in ihrer mehrfach codierten Sinnlichkeit eine Kontingenz, die eine Gabelung der Assoziation in mindestens zwei segmentierte Situationen impliziert: Familie und Soziales oder Sex; die Natur des Strandes ist für beide Deutungen nur Kulisse;
5. die impressive Situation kann in ihrer Auflösung in die eine oder andere plakative Situation umschlagen: Frau als sorgende Mutter oder Frau als (züchtig dargestelltes) Sexualobjekt.

Die kulturelle Brauchbarkeit von Visiotypen wird dadurch erhöht, dass sie in einer Vielschichtigkeit der Bedeutungen dargestellt werden. Darin haben Visiotype Situationscharakter im Sinne von Schmitz. Die so entstehenden ganzheitlichen Eindrücke sind aber nicht einfach nur »mehrfach codiert«, sondern in ihrer chaotischen Mannigfaltigkeit zwischen Identität und Verschiedenheit unentschieden und zugleich diffus und konfus (Schmitz 2005: 56ff.). Das Titelbild des Prospektes von Norden/Norddeich (Abb. 2) macht diese Gratwanderung abermals deutlich. Da ist einerseits die zum Klischee der nostalgisch-heimatlich verklärten Krabbenfischerei impressive Situation eines regionalhistorisch sensibilisierten Tourismus – Kulisse des Nordseeurlaubs schlechthin. Da ist aber auch die (grenzwertige) Darstellung einer (überaus) blonden jungen Frau

– gleichsam die Perspektive, aus der der Kulisse ein *touristisches* Leben erst eingehaucht werden möge. Die Szene mit der jungen Frau impliziert abermals zwei plakative Situationen: Man kann sie als Noch-nicht-Frau und damit als assoziative Brücke zum *Familien*-Urlaub deuten. Man kann sie aber auch (über die Symbolik von Makeup und Ohrschmuck) als Gerade-schon-Frau deuten, womit sich die plakative Situation »Familienurlaub« wiederum zugunsten anderer Assoziationen überschreiten ließe.

2.2.2 Leitthemen im einleitenden Text

Auch in den einleitenden Texten tauchen die Themenfelder »Naturlandschaft« und »Kulturlandschaft« mit den häufigsten Nennungen auf (vgl. Tab. 2). Einen in etwa dem Themenfeld »Kulturlandschaft« vergleichbaren Rang nimmt das Situationsfeld »Wellness« ein. Die Differenzen zwischen Küstenbadeorten und Inseln sind relativ gering. Qualitative Differenzen zwischen den mit den einzelnen Situationsfeldern verbundenen Inhalten liegen im Wesentlichen in den Lageeigenschaften (Küsten- oder Insellage) begründet. Während der Prospekt der Insel Amrum »einmalige Naturschauspiele im Wechselspiel der Jahreszeiten« und ein »unvergleichbares Licht« mit einem eindrucksvollen Farbbild illustriert (Amrum Touristik (Hg.) 2005: 4), heißt es im Prospekt des Nordseeheilbades Cuxhaven recht pragmatisch und sprachlich etwas sperrig: »Unser Wetter wird geprägt durch unsere Lage: Cuxhaven schiebt sich wie eine Halbinsel in die Nordsee vor – dennoch sind wir schnell und bequem zu erreichen – und hat dadurch ein gesundes Inselklima« (Nordseeheilbad Cuxhaven (Hg.) 2005: 3).

Bezogen auf das touristische Situationsfeld »Natur« (bzw. »Naturlandschaft«) entscheidet nicht nur das Thema, welche Assoziationen geweckt werden, sondern auch die sprachliche Art und Weise, in der ein Thema der Vorstellung gleichsam zugearbeitet wird. Sprachliche Aussagen vermögen zwar ihrerseits auf einem affektiven Niveau ihre Wirkung zu entfalten. Es ist aber davon auszugehen, dass sich die Gebrauchsroutinen im Umgang mit Fremdenverkehrsprospekten in erster Linie ikonographisch alphabetisiert und Texte eine bestenfalls ergänzende Funktion haben. Ich werde an dieser Stelle die Bedeutung von sprachlichen Aussagen in Reiseprospekten nicht weiter vertiefen.

Kategorien	Küstenbadeorte	Nordseeinseln
Landschaft (Akzent »Natur«)	12	12
Landschaft (Akzent »Kultur«)	6	10
Regionalkultur	4	6
Touristische Zielgruppe	5	3
Sport	0	1
Wassersport	1	0
Wellness	9	8
Sonstiges (inkl. Naturschutz)	5	1

Tab. 2: Themen, die auf Seite 2 (bzw. der ersten Textseite nach dem Titel) im Text angesprochen werden.

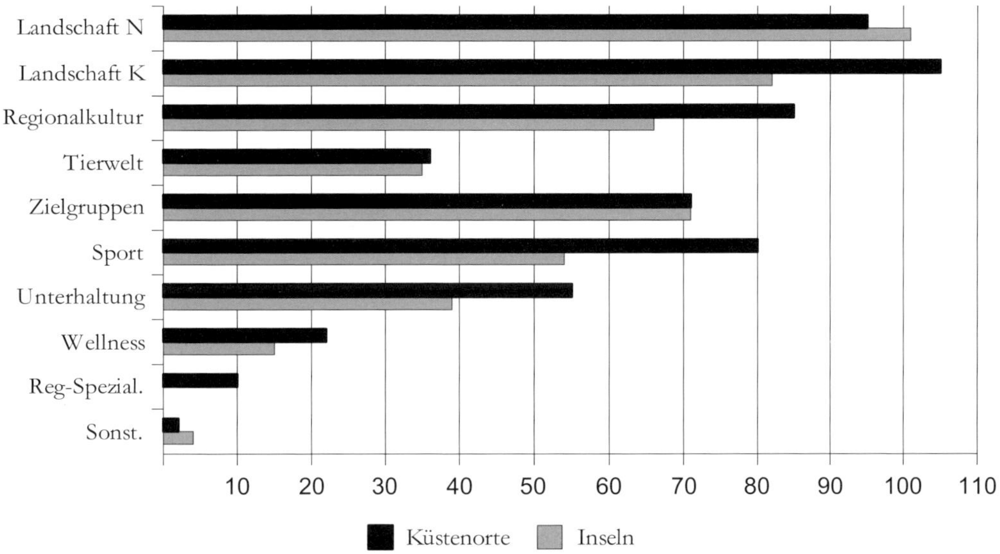

Fig. 1: Themenfelder aus dem Hauptteil der Fremdenverkehrsprospekte im Vergleich (n = 1.028); Angaben in absoluten Zahlen.

2.2.3 Bilder sind das Rückgrat von Reiseprospekten

In den zweiten Teil der Bildanalyse sind alle Bilder aus dem Hauptteil der Prospekte einbezogen worden (außer Zimmernachweis). Aus einer Gesamtsumme von 1.028 Bildern (561 Küstenbadeorte und 467 Nordseeinseln) konnten 110 Themen identifiziert werden. Diese ließen sich zu 9 Gruppen zusammenfassen; die geringen Anteile der Kategorie »Sonstiges« unterstreicht die relativ klare Zuordnung zu wiederkehrenden semantischen Feldern. Es fällt auf, dass – von z. T. starken Abweichungen zwischen einzelnen Orten/Inseln abgesehen – die Häufigkeiten im Vergleich der touristischen Anbieter nicht stark differieren.

Die ersten drei semantischen Felder unterscheiden sich deutlich nach Küstenbadeorten und Inseln (vgl. Fig. 1). Es ist evident, dass die Inseln Natur-Themen am stärksten gewichten, während die Küstenbadeorte (aus einem *vergleichsweisen* Defizit gegenüber den Inseln) kulturlandschaftliche Merkmale in den Vordergrund rücken. Noch klarer wird dies beim Thema »Regionalkultur« (vgl. aber auch »Sport« und »Unterhaltung«).

Natur(landschaft) dient in erster Linie als Kulisse. Mit ihren landschaftlichen Elementen (Watt, Düne oder Priel) und biologischen Arten (insbesondere Seehunde und Möwen) oder ihrem Erscheinen über landschaftscharakteristische Halbdinge[5] (vom

5 Schmitz nennt Erscheinungen, die mehr sind als pure Eigenschaften, aber für sich keinen Ding-Charakter in Anspruch nehmen können, ›Halbdinge‹:«Sie unterscheiden sich von Dingen auf zwei Weisen: dadurch, daß sie verschwinden und wiederkommen, ohne daß es Sinn hat, zu fragen, wo sie in der Zwischenzeit gewesen sind, und dadurch, daß sie spürbar wirken und betroffen machen, ohne als Ursache hinter dem Einfluß zu stehen, den sie ausüben« (Schmitz 1994: 80).

Sturm aufgewühlte See oder atmosphärisch dräuendes Himmelsgewölk), steht sie in je unterschiedlichen Konstruktions- und Erlebnis-Zusammenhängen. Drei kategorial verschiedene Beziehungen lassen sich ausmachen:

1. Emotionalisierung durch Naturverklärung (z.B. »pure Natur«, Leben »im Einklang mit der Natur« [Pellworm]) oder esoterische Selbstverklärung (im Sinn einer »Entfessung von Sinnen, Geist und Gedanken« [Juist]), die sentimentale Naturdistanz erzeugt, weil sie das Natur-Erleb-NIS sucht und damit die Abkoppelung leiblichen NaturErlebens von einer gesellschaftlich orientierten Haltung zivilisationskritischen NaturDenkens.

2. Atmosphärische Funktionalisierung des Naturerlebens für ein sozial definiertes Freizeit- und Erholungsverständnis. Natur dient als Erlebnisraum für Familie, Kind und Kegel; sie ist Katalysator für Events und Bühne einer distinktionsorientierten Zelebrierung von Lebensstilen.

3. Dokumentationsraum aufgeklärten »Naturbewusstseins«. Die mitunter höchst restriktiven Regelwerke des Nationalparks Schleswig-Holsteinisches und Niedersächsisches Wattenmeer müssen nicht nur in rationaler, sondern auch in emotionaler Hinsicht erträglich, verständlich und akzeptabel gemacht werden. Diesem Ziel folgen die meisten Natur-Darstellungen, die den Nationalpark zum Thema machen.

Die verschiedenen Naturbilder werden mit kulturlandschaftlichen und regionalkulturellen Klischees zum Bild einer kompensationstauglichen Welt verschweißt. Der Krabbenkutter im Watt und die Schafe auf dem Deich verbinden sich mit dem visiotypen Bild eines (der hypertechnologischen Gravur der Gegenwart zum Trotz) »noch« traditionellen und deshalb »natürlichen« Lebens mit der Natur zu einem Ganzen. Das seit rund zehn Jahren forcierte Bild vom schönen und gesunden Menschen (synonym für das Leben insgesamt) überhöht die Landschaft am Meer in eine Zone des Mythischen. Die Natur und Kultur zugeschriebene Schönheit wird auf die Konsumenten des »Produkts« »Urlaub am Meer« übertragen. Die Wellness-Versprechen sind in einem *nicht*-existentialistischen Sinne existenziell: die Menschen werden sich ganz im Sinn Adornos selber zu Fetischen (Adorno 1980).

3. Dieser und jener Raum

Keine Tourismus-Werbung kann tatsächliches Freizeit-, Urlaubs- und Naturerleben determinieren. Die individuellen Praxen des Lebens stehen zwar in einem strukturierten Rahmen, sind aber doch – wenngleich in mehr oder weniger großen Verfügungsbereichen – auch frei. Während sich in der Tourismusplanung eine relativ lineare Strukturierung von der Landesplanung bis zu lokalen Marketingstrategien und konkreten Freizeitangeboten zeigen läßt, so gibt es einen in diesem Sinne deterministischen Zusammenhang zwischen Tourismus-Planung und gelebtem Tourismus nicht. Kein Urlaub am Meer ist auf die individuelle Kopie von Marketingvorlagen gezwungen. So kann sich jedes fade wie jedes ekstatische Naturerlebnis in einem ästhetisch-anthropologischen Sinne zur Natur-Erfahrung überschreiten und aus solcher Perspektive individuell gelebte und gesellschaftlich formatierte Natur-Verhältnisse einer selbst- und weltzugewandten Kritik unterziehen[6]. Zwischen touristischem Mitmachen und kontemplativem Anders-Machen verläuft eine kategoriale Grenze. Auf jeder der beiden Seiten konstituiert sich ein je eigenes Raumverhältnis zur umgebenden Welt.

3.1. Gnostischer Raum

Die Trennung zwischen Subjekt und Objekt ist charakteristisch. Natur ist das Gegenüber der verfügten Dinge, seien es die Gegenstände, die man sich im sogenannten »Kulturtourismus« selbst erklärt oder durch Kundige erklären lässt oder die naturwissenschaftlich-geosystemischen Struktur- und Prozeß-Zusammenhänge, die im Mittelpunkt naturkundlicher Bildungsprogramme der Nationalparkverwaltungen stehen. Auch die Naturerlebnis-Programme der Nationalparkverwaltungen streben in erster Linie ein gnostisch gesteuertes Naturverhältnis an, auch wenn dieses auf einer Gefühlsgrundlage verankert werden soll. Der gnostische Raum ist der Raum der Erkenntnis, ein Raum der verstandesmäßigen Welt.[7]

3.2. Pathischer Raum

Die gelebte Teilhabe am Geschehen und Erscheinen der Natur ist charakteristisch. Die Dinge und Halbdinge finden weniger Beachtung als *Gegen*–stände der Erkenntnis einer vom erlebenden Subjekt distanzierten und abgespaltenen Welt, denn als Medium leiblichen Mitseins mit den Naturphänomenen und -ekstasen.

3.3. Erlebnisraum als nicht mehr gnostischer und noch nicht pathischer Raum

Der gesamte Bereich der kommerziell veranstalteten Naturerlebnis-Ökonomie bewegt sich im Prinzip in jener Zone, die Adorno in einem ambivalenten Zwischenraum verortete. Auf der einen Seite treffen die Subjekte auf massentouristisch Vorfabriziertes,

6 Dies etwa im Sinn von Zur Lippe (1987).

7 »Das gnostische Moment hebt nur das *Was* des gegenständlich Gegebenen, das pathische das *Wie* des Gegebenseins hervor« (Straus 1960: 151).

so dass es töricht wäre, von ihnen ausgerechnet in der Freizeit etwas Produktives zu erwarten, »denn eben Produktivität, die Fähigkeit zum nicht schon Dagewesenen, wird ihnen ausgetrieben« (Adorno 1980: 63). Auf der anderen Seite gelte aber eben auch ein Rest an utopischer Hoffnung auf die Fähigkeit der Subjekte zur Selbstbehauptung: »Die realen Interessen der Einzelnen sind immer noch stark genug, um, in Grenzen, der totalen Erfassung zu widerstehen« (ebd.: 67). Gleichwohl dürften die professionalisierten Angebote spektakelhaft inszenierter Natur-Events weitestgehend sicherstellen, dass der in jeder solcher Veranstaltungen animierte Impuls lustvoller Selbstreferentialität (kulturindustriell gleichsam gerahmt) bei sich bleibt und so gegen Selbst- und Welterfahrung imprägniert bleibt.

Naturerleben des Meeres und der Küste, wie es oben mit Beispielen von Michelet und Funcke aus dem 19. Jahrhundert illustriert wurde, erscheint uns heute – insbesondere für den Rahmen von Freizeit, Erholung und Urlaub – als unzeitgemäß. Die *Empfindungen*, wie sie dort geäußert wurden, sind uns auch heute nicht ganz fremd geworden, wenn ihre *sprachliche* Aussage auch, allzumal im Rahmen *öffentlichen* Sprechens, üblichen Regeln der Konversation zuwiderlaufen würde. In den meisten Touristik-Prospekten tauchen Verweise auf Formen ästhetischen Naturerlebens am Meer in Spurenelementen auf, wenn sie auch in einen kommerziellen, massenkulturellen und modischen Verwertungsrahmen eingewoben und versteckt sind. Das verdeckte Auftauchen von Hinweisen auf Potentiale der Naturerfahrung im Tourismus mag die These stützen, dass das Bedürfnis nach Selbstbegegnung auf der Grenze zur Naturbegegnung ein irreduzibles menschliches Bedürfnis sein dürfte, das auf den Bühnen kommunikativer Konventionen und konventioneller Menschenbilder bestenfalls *ver*–schoben, nicht aber ganz *ab*–geschoben werden kann. Der Mensch lebt nie von vornherein und ausschließlich in einer kognitivistisch und linguistisch vorkonstruierten Welt. Deshalb kann er sich Freiräume der Selbstbegegnung im Medium des Naturerlebens erschließen (Welsch 2003), wie sie in der Lebensphilosophie zu Beginn des 20. Jahrhunderts entworfen wurden[8] und heute vom Menschenbild der modernen Sozialwissenschaften geleugnet werden.

Eine Aufgabe der Kritik an den gesellschaftlichen Funktionen der Tourismus-Ökonomie sollte diesem Sachverhalt Rechnung tragen und nicht zuletzt einen *anthropologischen* Grundriss aufweisen. Auf diesem Niveau wäre zu fragen, welche kulturelle Dynamik das kulturindustriell intendierte Ausklammern, Überspringen und Eskamotieren des *reflexiven* »Gebrauchs der Sinne« (Selle 1988) entfalten könnte. Der Mensch steht in seiner Fähigkeit zur Vernunft stets auf der Grenze zwischen dem reflexiven Gebrauch seiner Verstandesprovinzen auf der einen Seite und dem stumm sich am eigenen Leib ereignenden sinnlichen Geschehen auf der anderen Seite. Die Tourismus-Ökonomie

8 Dies im Detail weiter auszuführen, würden den Rahmen dieses Beitrages sprengen. An anderer Stelle habe ich an Beispielen räumlicher Umwelten gezeigt, worin der Erfahrungsertrag einer sinnenorientierten Reflexion alltäglichen Erlebens liegen kann (vgl. auch Hasse 2005). Zur aktualisierenden Bewertung großer lebensphilosophischer Konzepte vgl. Kozljanič 2004.

zeigt, was für fast alle anderen gesellschaftlichen Bereiche gilt: Mit dem Wissen um die Vitalität und Virulenz der Sinnlichkeit und der Gefühle kann dieses Feld des Halb- bis Unbewussten in der Verfolgung spezifischer Interessen durch »Akteure« geformt werden. Wer seinem aus solchen »Zugriffen« resultierendem Empfinden gegenüber stumm bleibt, wird im Moment seiner Instrumentalisierung in die Rolle des nur noch *reagierenden* Objekts eingewiesen.

Literatur

Adorno, Theodor W. (1980): Freizeit. In: Ders.: Stichworte, Kritische Modelle 2. Frankfurt a.M., S. 57–67 (zuerst 1969).

Amrum Touristik (Hg.) (2005): Endlich Amrum ... Gastgeberverzeichnis 2005.

Barthes, Roland (1980): Michelet. Dt. Übersetzung hg. von Henning Ritter. Frankfurt a.M. (zuerst 1954).

Bollnow, Otto Friedrich (1981): Philosophie der Erkenntnis. Erster Teil. Das Vorverständnis und die Erfahrung des Neuen. Stuttgart u.a. (zuerst 1970).

Dürckheim, Graf Karlfried von (2005): Untersuchungen zum gelebten Raum. Herausgegeben von Jürgen Hasse. Mit Einführungen von Jürgen Hasse, Alban Janson, Hermann Schmitz und Klaudia Schultheis. Frankfurt a.M. (zuerst 1932). (= Natur – Raum – Gesellschaft, 4).

Erdheim, Mario (1994): Psychoanalyse und Unbewußtheit in der Kultur. Frankfurt a.M. (zuerst 1988).

Funcke, Otto (1972): Reisebilder und Heimatklänge. Bremen (zuerst 1872).

Gadamer, Hans-Georg (1972): Wahrheit und Methode. Tübingen (zuerst 1960).

Grimm, Jacob/Grimm, Wilhelm (1991): Deutsches Wörterbuch. Bd. 12, München (zuerst 1885).

Guzzoni, Ute (2005): Wasser. Das Meer und die Brunnen, die Flüsse und der Regen. Berlin.

Hasse, Jürgen (2005): Fundsachen der Sinne. Eine phänomenologische Revision alltäglichen Erlebens. Freiburg/München. (= Neue Phänomenologie, 4).

Kozljanič, Robert Josef (2004): Lebensphilosophie. Eine Einführung. Stuttgart.

Michelet, Jules (1987): Das Meer. Deutsche Übersetzung hg. von Rolf Wintermeyer. Frankfurt a.M./New York/Paris (zuerst 1861).

Ministerium für ländliche Räume, Landesplanung, Landwirtschaft und Tourismus des Landes Schleswig-Holstein (Hg. 2002): Tourismuskonzeption Schleswig-Holstein: »Natürlich erfolgreich«. Kiel.

Modellprojekt (2005): Modellprojekt »Badestelle der Zukunft«. (http://www.wfg-nf.de/main.phtml?La=1&object=tx 29.108.1; letzter Zugriff 13.07.2005).

Niedersächsisches Ministerium für Wirtschaft, Arbeit und Verkehr (Hg.) (2005): Bericht der Landesregierung »Entwicklungen an der niedersächsischen Küste«. Hannover.

Nordseeheilbad Cuxhaven (Hg.) (2005): Nordseeheilbad Cuxhaven. Urlaubsmagazin 2005.
Pörksen, Uwe (1997): Weltmarkt der Bilder. Eine Philosophie der Visiotype. Stuttgart.
Schmitz, Hermann (1994): Neue Grundlagen der Erkenntnistheorie. Bonn.
Ders. (2002): Der sogenannte Brutus. In: Mahayni, Ziad (Hg.): Neue Ästhetik. Das Atmosphärische und die Kunst. München, S. 127–137.
Ders. (2003): Was ist Neue Phänomenologie? LYNKEUS. Studien zur Neuen Phänomenologie, Bd. 8, Rostock.
Ders. (2005): Situationen und Konstellationen. Neue Phänomenologie. Bd. 1, Freiburg/München.
Selle, Gert (1988): Gebrauch der Sinne. Reinbek bei Hamburg.
Straus, Erwin (1960): Die Formen des Räumlichen. Ihre Bedeutung für die Motorik und die Wahrnehmung. In: Ders.: Psychologie der menschlichen Welt. Gesammelte Schriften. Berlin u.a., S. 141–178 (zuerst 1930).
Welsch, Wolfgang (2003): Reflecting the Pacific. In: Contemporary Aesthetics. Vol One (http://www.contempaesthetics.org/pages/article/php?articleID=198).
Wintermeyer, Rolf (1987): Nachwort zu Jules Michelet. Das Meer; deutsche Übersetzung hg. von Rolf Wintermeyer, Frankfurt a.M./New York/Paris.
Zur Lippe, Rudolf (1987): Sinnenbewußtsein. Reinbek bei Hamburg.

Julia Meyn

Biographische Küstenlandschaften

Das Leben an der Küste Nordfrieslands als Forschungsgegenstand

Biographische Küstenlandschaften bezeichnen als Oberbegriff eine Typologie verschiedenartig wahrgenommener und erfahrener Landschaft. Zugang zu den vielfältigen Perspektiven erlangte ich in meiner 2005 am Institut für Volkskunde der Universität Hamburg fertiggestellten Magisterarbeit über 14 biographische Interviews.[1] Beim Zusammenstellen des Samples stand im Vordergrund, Frauen und Männer zu befragen, deren Alltagspraxen eine Nutzung von und einen Bezug zu Meer und Küste aufweisen. Diese sollten beispielsweise bedingt sein durch den Geburts- oder Wohnort an der (nordfriesischen) Küste oder auf einer Insel, eine an der Küste, auf dem Meer oder im Watt ausgeübte Profession oder eine Passion für eine Freizeitaktivität am oder auf dem Meer. Der alltägliche Umgang mit dem Meer, die aktive Nutzung des Meeres und das alltägliche Erleben der Küste waren bei der Suche nach Interviewpartnern prioritär; ein zu distanzierter touristischer, kontemplativer Urlaubsblick auf das Meer mit romantisierenden Zuschreibungen und Projektionen wurde von der Untersuchung ausgeklammert. Das zentrale Erkenntnisinteresse lag darin, alltagskulturelle Praxen zu erforschen und danach zu fragen, in welchen Modi die Küsten- und Inselbewohner ihren Lebensraum erleben und wahrnehmen, wie sie ihn ausformen und deuten. Darin integriert war der Themenkomplex Landschaft und

Biographie. Nach dem Motto »Mit Küste und Wasser wird man geboren« war das erklärte Ziel, die Gravuren der Nordseelandschaft in verschiedenen Küstenbiographien sowie übergeordnete küstengesellschaftliche Wahrnehmungsmuster zu ermitteln. Daran knüpften sich folgende Fragen: Welchen biographiegeschichtlichen Einfluss haben Meer- und Küstenlandschaft auf die Menschen? Wie stark ist die räumliche Bindung an die Küste und wie äußert sie sich? Ist die Physis der Küstenlandschaft ein Konstrukteur von Heimatgefühlen, Mentalität? Wie wird gegenwärtig über die Landschaft erzählt?

Die Wahrnehmungskategorien, in die sich die biographischen Küstenlandschaften unterteilen, haben sich gemäß einer induktiven Vorgehensweise aus den alltäglichen Erfahrungen, Wahrnehmungen, Erinnerungen und Erzählstrukturen der interviewten

1 Befragt wurden elf Männer und drei Frauen im Alter von 27 bis 80 Jahren.

Personen selbst erschlossen. Es kristallisierten sich dabei drei große Landschaftstypen heraus, die den engen Konnex von Biographie und Landschaft aufzeigen: die Wahrnehmung einer alltäglich vorgefundenen und Lebensgeschichte prägenden Landschaft – die »Alltagslandschaft«, – eine durch Tradition und Naturschutz konfliktbeladene Landschaft – die »Konfliktlandschaft« – sowie eine durch verschiedene Einflüsse veränderte, verschmutzte und daher »bedrohte Landschaft«.

Alltagslandschaft – Kindheitslandschaft

Die Einbindung der Küstenlandschaft in die Biographie findet ihren Ausgangspunkt in der kindheitlichen Raumaneignung. Kindheitserinnerungen sind sowohl durchzogen von als selbstverständlich erachteten Landschaftstopoi – Strand, Watt, Sandbank, Ebbe und Flut –, küstentypischen gemeinschaftlichen Unternehmungen[2] wie Wattwanderungen oder Boot- und Kutterfahrten mit den Eltern und Geschwistern als auch von klanglandschaftlichen[3] Elementen. Die erzählten Kindheits- bzw. Landschaftserinnerungen sind durchweg positiver Natur. Sie sind vergleichbar mit Meerwassertropfen, die tief ins lebensgeschichtliche Erinnerungsgewebe eingezogen sind, sowohl bei jüngeren als auch älteren Interviewpartnern. Es tritt dabei ein sehr typisches Sprachmuster hervor: »Da hat man mit gelebt.« Seien es Stürme, die Gezeiten, kalte Winter, Land unter – von Kindesbeinen an wurden die damals jungen Interviewpartner alltagskulturell durch die ständige Auseinandersetzung mit dem Meer geprägt. Der Kindheitslandschaft als primäre Erfahrungs- und Wahrnehmungswelt muss insofern eine große Bedeutung zugemessen werden. Sie ist auch als Ausgangspunkt für die weitere Strukturierung des Lebenslaufs anzusehen. Konrad Buchwald geht davon aus, dass das Erleben von Landschaft und die Erinnerungen umso stärker sind, je »unverwechselbarer« (Buchwald 1984: 42) die Landschaft ist, was auch für die nordfriesische Küste zutrifft.

Alltagslandschaft – Arbeitslandschaft

Aus den ersten Küstenwahrnehmungen und -erfahrungen entfalten sich zum Teil grundlegende biographische Leitlinien, die bei einigen Interviewpartnern weitreichenden Einfluss auf die berufliche Lebensplanung ausüben. Daraus ergibt sich die Bezeichnung »Arbeitslandschaft«. Aussagen von Meeresbiologen, Fährkapitänen und anderen Bewoh-

2 Der Biographieforscher Albrecht Lehmann summiert bezogen auf den Wald ähnliche Erfahrungen zum Typ »Familienwanderung«. Vgl. Lehmann 1996: 146; auch in der Untersuchung Fischers werden als Erinnerungstopoi Spielräume der Kindheit angeführt. Vgl. Fischer 2001: 366.

3 Siehe zur Idee des akustischen Landschaftsbildes Schäfer 1988.

nern mit ähnlichen Berufen an oder auf der Nordsee haben die erklärte starke Bindekraft des Meeres gemeinsam. Alltägliche Elemente, die den Küstenraum auszeichnen, Frachter, Möwen, Schiffsmasten, klappernde Takelage und ähnliches, sind Teile von Raumbildern und Geräuschen, die sich zu einer maritimen Atmosphäre aggregiert und fest ins Gedächtnis eingeschrieben haben. Bei einigen Küstenbewohnern entfaltet sich die Raumwirkung jedoch erst, wenn sich die Entfernung zur Küste zum Beispiel durch einen Umzug landeinwärts, sei es in eine Großstadt oder auch nach Süddeutschland, vergrößert. Durch das Fehlen der genannten Alltagselemente mangelt es dann an identifikatorischem Bezug, woraus wiederum der Wunsch erwächst, sich an die Küste zurückzubegeben. In den Biographien spiegelt sich oftmals eine kontinuierliche Nordsee-Orientierung wider. Das heißt, dass sich die räumlichen und emotionalen Bezüge zur Nordsee und Nordseeküste in gewisser Weise auf das Denken, Fühlen und Handeln auswirken und zu sinnstiftenden Lebenselementen erhoben werden. Die innere räumliche und emotionale Verflechtung mit der Küste und ihren Bewohnern bleibt oftmals eine feste Bezugsgröße. Signifikant ist daher bei einigen Lebensläufen das berufsbedingte »Fortgehen und Zurückkehren« (Rolshoven 2003: 201), wobei vertraute landschaftliche und soziale Beziehungsgefüge immer wieder als überaus wichtig erachtet werden und charakterisiert sind durch Erkennen und Erkanntwerden, Verstehen und Verstandenwerden auf mentaler und sprachlicher Ebene. Die Wattenregion und die dort gesammelten Kindheitserfahrungen sind eine »biographische Ressource« (Herlyn 1990: 25), die Mentalität der Menschen, das Ausüben des Berufs in der Natur können als Bausteine der Küsten-Identität angesehen werden, die nicht im Vorhinein gegeben ist, sondern die gewonnen oder verloren wird (vgl. Ipsen 1994: 236), und vor allem in einem Prozess von »alltäglicher Identitätsarbeit« (Keupp 1990: 30) erhalten und immer neu justiert werden muss.

Wenn Küstenlandschaft als Arbeitsraum fungiert, fällt der eigentliche Blick aufs Meer in den täglichen Arbeitsabläufen ganz nüchtern-pragmatisch aus. Hier zeigt sich, dass Meer und Küste als alltagsstrukturierender Bestandteil beschrieben, während der Arbeit allerdings nicht bemerkt werden – so gibt dies zum Beispiel ein auf Fährschiffen arbeitender Stewart an. Die Landschaft wird bei der täglichen Arbeit förmlich übersehen, und ihre arbeitsbedingte Nutzung führt zum Verlust ihrer ästhetischen Qualität. Erst bei unvorhersehbaren Zwischenfällen und Unfällen kehrt die Erkenntnis, dass sich der Arbeitsplatz auf dem Meer befindet, wieder ins Bewusstsein zurück. Insgesamt wird in den individuell-biographischen Darstellungen der Interviewten deutlich, dass sie sich sehr bewusst für eine Profession am oder auf dem Meer entschieden haben und sich auch über den Beruf regional und biographisch verorten. Meine Annahme, auf romantisierende Formulierungen über Freiheitsgefühle in der großen Weite des Meeres zu stoßen, musste revidiert werden: Anstelle von Äußerungen über Einheitsempfindungen zwischen sich und der Natur ist nur ein unterschwelliges Wohlgefühl bei der Arbeit auf See, auf dem Deich, im Watt oder am Strand zwischen den Transkriptzeilen zu spüren. Geht es um die alltagspraktische Erfahrungsdimension mit dem Meer, schlechte Wetterverhältnisse oder andere Widrigkeiten, kommt nur die professionelle objektive, messende, berechnende, kontrollierende und beobachtende Sehgewohnheit zum Ausdruck, welche – anders als der »Städter« vielleicht annehmen mag – jeder sehnsuchtsvollen Verklärung entbehrt. Angstgefühle scheinen vollends ausgeklammert, und das Risiko, das beim Ausüben mancher Tätigkeiten mitschwingt, wird nur wenig reflektiert. Der schwedische Volkskundler Ovar Löfgren resümiert zur Landschaft als Arbeitsplatz, dass zu jedem Erwerbszweig »bestimmte kulturelle Filter, unterschiedliche Arten, die Landschaft zu sehen und in ihr zu leben« (Löfgren 1986: 123) gehören. Diese Feststellung ergänzt das bisherige Ergebnis, dass (schöne oder auch hässliche) Landschaft im Arbeitsalltag nicht relevant ist.

Alltagslandschaft – Seelenlandschaft

Die alltagslandschaftlichen Wahrnehmungen changieren zwischen der Selbstverständlichkeit und Unauffälligkeit des Gegebenen, dem zweckmäßigen Blick und der kontemplativ-ästhetischen Naturwahrnehmung. Landschaft wird als funktionale Arbeitswelt in ihrer Schönheit nicht wahrgenommen, sondern hauptsächlich während der freizeitlichen Nutzung ästhetisch gegenwärtig. In dieser Wahrnehmungssituation wird sie zur »Seelenlandschaft« umformuliert, die einen besonders positiven Erlebnis- und Wahrnehmungswert für Körper und Seele hat.

Die Interviewpassagen über das freizeitgeprägte Aktivitätenspektrum in, an und auf der Nordsee nehmen ganz unterschiedlich großen Erzählraum ein. Die Bandbreite reicht von kurz skizzierten täglichen Badegängen, Spaziergängen am Deich und im Watt bis zu langen detaillierten Schilderungen der Wochenend-Segeltörns, Surfurlauben, Unfällen beim Wassersport oder kuriosen Zusammentreffen mit Meeressäugern. Die Seelenlandschaft impliziert insbesondere das subjektive sinnlich-ästhetische Erleben, die emotionale Besetzung von Küste sowie den seelischen Erlebniswert der Nordseelandschaft. Die Zeiträume, in denen Begegnungen mit der Küste stattfinden, werden als individuell gestaltete Freiräume gefasst – erzählt wird in den Interviews sowohl von Wochenenden, Feierabenden, Urlauben als auch von den Angaben zwischendurch, nachts, bei Ebbe oder vor der Arbeit. Gerade bei den Befragten, die sich auch beruflich mit Meer und Küste auseinandersetzen müssen, kann man von einer »dichotomen Landschaftswahrnehmung« sprechen. Die nüchternen Betrachtungen der Landschaft im Arbeitsalltag sind getrennt von den zweckfreien kontemplativen Landschaftserlebnissen, die in der freien Zeit Entspannung ermöglichen. Die Schilderungen eines Deichgrafen zeigen zum Beispiel deutlich die Auffächerung der Landschaftswahrnehmung in diese zwei Bereiche: Küstenschutzmaßnahmen und Vorkehrungen gegen Hochwassergefährdungen als Arbeitsaufgaben bedeuten eine ständige Beobachtung und Kontrolle der Deiche bei Sturm. In der Freizeit jedoch werden dem Meer und dem Watt Gesundheits- und Erholungsfunktionen zugeschrieben.

Das berufliche Alltagsleben wird insgesamt durch ganz verschiedene freizeitliche Beschäftigungen mit dem Meer kompensiert. Dabei gibt es je nach Präferenz verschiedene Schwerpunktnutzungen und verschiedene Aktionsräume. Orte, die wie zum Beispiel das Watt im lebensweltlichen Nahbereich liegen, werden nicht unbedingt von jedem Küstenbewohner in der Freizeit aufgesucht – ebenso wenig wie zum Beispiel der Hamburger nicht immerfort auf den Michel steigt und der Berliner nicht andauernd den Fernsehturm hinauffährt. Thomas Hengartner beschreibt am Beispiel der Stadt, dass die großen Aktionsräume, die Stadtbewohnern tatsächlich zur Verfügung stehen, durch »innere Stadtpläne« (Hengartner 1999: 292) automatisch verkleinert werden. Aufgrund der subjektiven und selektiven Wahrnehmung werden somit nur bestimmte Räume genutzt und in das persönliche Handlungsfeld integriert. Dieses territoriale Verhalten in der Stadt lässt sich auf den Küstenraum übertragen. Aus volkskundlich-kulturwissenschaftlichem Blickwinkel kann von individuellen Land- und Seekarten der Küstenbewohner ausgegangen werden. Mit diesen subjektiven Küstenplänen werden aus den möglichen großflächigen Aktionsräumen an der Küste einige freizeitliche Nutzungsfelder nach individuellen Präferenzen selektiert. Die emotionale Wirksamkeit bestimmter Landschaftsbilder spielt in die Auswahl der Freizeiträume mit hinein. Jeder Mensch filtert sich seinem Bedürfnis nach ästhetisch-kontemplativem Landschaftsgenuss entsprechend ein persönliches seelenlandschaftliches Territorium aus dem alltäglichen (Nah-) Bereich heraus. In den Interviews werden verschiedenste Zugänge zur Seelenlandschaft sichtbar, die sich im Laufe der Lebensgeschichte auch ändern können.

Insgesamt zeichnet sich die Alltagslandschaft, die immer auch zugleich Kindheits-, Arbeits- und Seelenlandschaft sein kann, durch eine permanente unbewusste und bewusste Auseinandersetzung mit der physischen Umwelt aus. Dieses raumbezogene Bewusstsein wird im Folgenden »Küsten-Bewusstsein« genannt, das neben der Küsten-Identität einen weiteren wesentlichen biographisch geprägten Faktor darstellt.

Konfliktlandschaft – Das Abwägen von Schutz und Nutzen

Die Nordseeküste wird zur politischen Konfliktlandschaft, wenn sowohl Naturschutz- und Nationalparkinteressen als auch das Beharren auf kulturelle Muster der Küstennutzung miteinander kollidieren und die alltägliche und arbeitsweltliche Wahrnehmungsdimension durch die politische Bedeutsamkeit gesprengt wird. Enormes Streitpotential bieten die touristische Landschaftsnutzung als ökonomische Zwecklandschaft und die traditionelle Landschaftsnutzung als essentielles Mittel der kulturellen Selbstvergewisserung.

In den letzten Jahrzehnten wurde der Nordsee als »Abfalleimer« in großem Maße Schaden zugefügt, zum Beispiel durch Überdüngung, Dünnsäureverklappung und andere Schadstoffeinleitungen, Ölförderung in der Meldorfer Bucht, Pipeline- und Stromkabelverlegungen, Hochseeverbrennung, Müll, militärische Übungen oder stetig zunehmenden Schiffsverkehr.[4] Vom Wattenmeer als »eine[r] von Menschen kaum

4 Siehe zu den Nutzungskonflikten Wirtzi/Tol/Hoos 2003; Buchwald/Engelhardt/Schlüter 1996; Buchwald 1990; Wieland 1988.

berührte[n] Urlandschaft« (Pott 2003: 139) kann man folglich heute längst nicht mehr sprechen, auch wenn sich ein Großteil der Verschmutzung als Eingriff in das Wattensystem als nicht sichtbar für den Menschen ereignet (hat). Die deutsche Nordseeküste ist teilweise als Wattenmeer-Nationalpark geschützt, der sich aus drei ausgewiesenen Gebieten zusammensetzt: Seit 1985 besteht der Nationalpark Schleswig-Holsteinisches Wattenmeer, seit 1986 der Nationalpark Niedersächsisches Wattenmeer und seit 1990 der Nationalpark Hamburgisches Wattenmeer (vgl. Gätje 2003: 117). Offene und verdeckte Raumkonflikte sind durch die verschiedenen Auffassungen über den Schutz des Wattenmeeres und die Einschränkungen der anthropogenen Nutzung entstanden. Der biozentrische (vgl. Prokosch 1992: 64f.) Leitgedanke des Nationalparks, Naturschutz als Prozessschutz[5] zu betreiben, ist im Nationalparkgesetz klar formuliert: die Natur soll weitestgehend sich selbst überlassen werden und der Ablauf natürlicher Prozesse von menschlicher Intervention unbeeinflusst bleiben. Den Küstenbewohnern werden »herkömmliche Nutzungen« der Ressourcen in ihrem Siedlungs- und Wirtschaftsraum eingeräumt, die mit den Schutzzwecken abzuwägen und in Einzelfällen zu überprüfen sind. Zu beachten ist im Weiteren die Zonierung des Nationalparks in heute zwei Bereiche (1985 waren es noch drei) unterschiedlicher Schutzintensität, in denen insbesondere die Betretensverbote und -rechte geregelt sind.[6] Nutzungskonflikte[7] ergeben sich aus den Belastungen von Tourismus (der als Ziel neben dem Schutzzweck festgeschrieben wurde), Fischerei, Schifffahrt, Rohstoffgewinnung und der militärischen Nutzung der Nordseeküste.[8]

Wie gehen nun die Küstenbewohner mit divergierenden landschaftlichen Nutzungs- und Schutzinteressen um und inwieweit wird das Leben durch Landschaftsnutzung und Landschaftsschutz beeinflusst? In den Interviews werden vor allem zwei alltagspraktische Nutzungsdimensionen und damit auch Konfliktfelder in den Vordergrund der Erzählungen gerückt: zum einen die touristische und zum anderen die traditionelle Landschaftsnutzung. Die in den letzten 40 Jahren stetig zunehmende touristische Nutzung der Landschaft und die gleichzeitige Vervielfachung der touristischen Angebote und Bettenkapazität wird vor allem als Sicherung der wirtschaftlichen Existenz der Küstenbewohner angesehen und befürwortet. Das Profitieren von der Küstenlandschaft mit ihren kulturellen und ökologischen Besonderheiten als Urlaubsanziehungspunkt steht in vielfältigen Abhängigkeiten zum Gesamtwirtschaftssystem der Westküste.[9] Die funktionale Inanspruchnahme der Landschaft als touristische Attraktion und das Hauptanliegen, die Urlaubslandschaft zu erhalten und zu verbessern, um damit das Verbleiben der Wirtschaftskraft in der Region zu gewährleisten, wird sehr oft betont. Als Beispiel sei der Konflikt um den Erhalt der verkehrstechnischen Infrastruktur in

5 Siehe zum Naturschutz heute Eser 1999: 125–130.

6 Siehe Nationalparkgesetz § 4 Schutzzonen, § 5 Schutzbestimmungen und § 6 Zulässige Maßnahmen und Nutzungen. Zur Interpretation der verschiedenen Paragraphen siehe Schütte 2001: 201ff.

7 Zu den Interessenkonflikten im Nationalpark siehe Klose 1987: 192–200.

8 Siehe zur Nationalparkgesetzgebung Rösner 1999: 4f; Milde 1999: 5ff.

9 Siehe zur wirtschaftlichen Bedeutung des Tourismus Stock 1996: 213–219.

St. Peter-Ording genannt – der Strand und die Möglichkeit des Befahrens und Parkens. Deutlich wird hier eine »utilitarische Naturbedeutung«[10], die Bedeutung der Strandlandschaft als Zwecklandschaft für den Tourismus in der Zeit vom 1. Mai bis 30. September.[11] Allgemein erkennbar ist, dass Ökologie und Ökonomie, Naturschutz und Tourismus im Nationalpark noch lange nicht zur Synthese gebracht worden sind und erhebliche Akzeptanzdefizite im Kontext der gesetzlichen Beschränkungen durch den Nationalpark deutlich werden. Getreu des Sprichwortes »Gott schuf das Meer, der Friese die Küste«[12] insistieren viele Küstenbewohner auf die landschafts-, siedlungs- und wirtschaftsgeschichtlich begründeten Rechts- und Nutzungsansprüche auf die anthropogen geschaffene Kulturlandschaft Nordfrieslands. Durch die mit der Natur untrennbar verbundenen, historisch gewachsenen Nutzungsweisen und Küstenschutzmaßnahmen sieht sich so mancher Nordfriese quasi als »geschichtliches Wesen« (Freyer 1996: 71) und operationalisiert die »historische Identität« (v. Borries 2001: 266) oder »friesische Identität« (Bogner 2004: 106f.), um den Anspruch darauf zu begründen, in der traditionellen Nutzung der historisch gewachsenen Landschaft verhaftet zu bleiben und wie einst die Vorfahren nötige Eingriffe selbstbestimmt vorzunehmen, was zum Beispiel die traditionelle Watten- und Küstenfischerei, die Seehund- und Wasservogeljagd oder das Sammeln von Muscheln und Vogeleiern betrifft. Die im geschichtlichen Prozess fortschreitende Kultivierung, Bewirtschaftung und Sicherung der Landschaft bedeutete schließlich niemals ihre Zerstörung, sondern vielmehr ein Gegeneinander, Miteinander und Nebeneinander mit den Naturkräften. Die Koexistenz von Mensch und Natur scheint mit der Etablierung des Nationalparks aufgehoben. Die Bewohner empfinden diese neue Lebenssituation »als einen fremdbestimmten Bruch mit einer langen Entwicklung und als Entwertung dieser Tradition.« (Ebd. : 106f.) So erscheint der Leitgedanke des Nationalparks, die Natur sich selbst zu überlassen, oftmals völlig abwegig, da dieser in keiner Weise mit der geschichtlich begründeten Nutzung der Küstenlandschaft zusammenzuführen ist. Eine solche »historisch-kulturelle Wahrnehmung der Wattenmeer-Zone [ist] ein gängiges Küstenbild« (Fischer 2000: 630) und kann als (kollektive) Verlusterfahrung eingeschätzt werden, obwohl die Möglichkeit der traditionellen Nutzung in der Nationalparkgesetzgebung festgeschrieben und eine etwaige Enttraditionalisierung auch nicht gefordert ist.

Angesichts der bereits aufgezählten vielfältigen Bedrohungen sind die Bemühungen, das empfindliche Wattenmeer vor weitreichenden, (ir-)reversiblen anthropogenen Eingriffen zu schützen, relativ jung (vgl. Reise 1995: 27). Eine Vielzahl an Interviewpartnern betrachtet die Natur beziehungsweise Teilbereiche neben den behandelten Nutzungsansprüchen auf verschiedene Arten und Weisen als schützenswert. Es gibt dabei deutliche Unterscheidungen zwischen Arten- und Flächenschutz. So beanstanden

10 Nohl/Richter 1988 zitiert nach Opaschowski 1999: 13.

11 Siehe dazu den Jahresbericht 2002 des Nationalparkamtes/NationalparkService 2003: 17; Rösner 1999: 12f; Ders. 2003: 22.

12 Siehe zur Selbstbeschreibung der Friesen Jakubowski-Tiessen 2004: 76.

Gesprächspartner zum Beispiel den intensiv betriebenen Miesmuschelfang und bewerten die Entwicklungen der letzten Jahrzehnte im Vergleich zu früher in Form von Verlustgeschichten sehr kritisch. Der Wandel von einem artenreichen, guten Urzustand der Küstenlandschaft hin zu einem überfischten, artenarmen Meer wird als massive Verschlechterung empfunden. Schuld daran haben vor allem die modernisierten Fangflotten mit verbesserten Fangmethoden. Höhere Fangquoten schädigen das ökologische Gleichgewicht und verringern stetig die Bestände. Durch die Wahrnehmung solcher Veränderungen in der Natur findet automatisch ein Vergleich eines Vorher-/ Nachher-Zustandes statt, der als Verlust der idealisierten guten alten Zeit in unzerstörter Natur aufgefasst wird. Diese Verlusterfahrungen führen dazu, einen höheren Schutzstatus für zum Beispiel Muschelbänke oder eine maßvollere Nutzung der Ressourcen einzufordern, um letztlich die Entfernung zum ursprünglichen Zustand der Natur wieder zu verringern.

Das durch die fortschreitende Industrialisierung, Massenproduktion und Massenkonsum verwandelte Verhältnis zur Natur führt über ein verändertes Landschaftsbild zu einem neuen Naturverständnis. Die Industrialisierung und die damit verbundenen Entwicklungen haben Widerstände hervorgerufen, die auf dem Verlust einer vermeintlich reinen Natur basieren, deren Sichtbar- und Erfahrbarkeit erst durch ihr Verschwinden möglich ist (vgl. Lenz 1999:9). Die Veränderung von bisher als intakt empfundener Natur ist ausschlaggebend für eine modifizierte Wahrnehmung der Küstenlandschaft und für das formulierte Bedürfnis der Inschutznahme der Natur. Der Kulturwissenschaftler Friedemann Schmoll sieht den Schutz der Natur heute als »quasi-natürliche kulturelle Technik moderner Gesellschaften« (Schmoll 2004: 51) an, mit der Normen entwickelt und Schutzkriterien vorgegeben werden, um ökologischen Krisen und den daraus entspringenden Verlusterfahrungen entgegenzuwirken.

Aus Sicht der Befragten ist bei der Auseinandersetzung mit aufgestellten Schutzkriterien insbesondere für den Flächenschutz entscheidend, ob solche Normen von außen aufgestellt und kontrolliert werden oder von den Einheimischen selbst. Neben dem Interesse, die Landschaft weiterhin zu nutzen und zu gestalten, thematisieren einige Interviewpartner auch freiwillige Bestrebungen und Lösungen, die Landschaft zu bewahren. Der Naturschutzgedanke ist somit auch fest im Küstenbewusstsein verankert, die Bewohner sorgen sich um den Erhalt ihrer Lebenswelt. Vor allem wird ein eigenständiges, selbstbestimmtes »Umweltschutzbewusstsein« (Kruse-Graumann 1997: 241) deutlich, welches mit Nutzungsinteressen, Küstenschutzmaßnahmen und Naturschutzbestrebungen keineswegs zwangsläufig kollidiert. Wenn in einem Pellwormer Flächenschutzprogramm beispielsweise Grundstücke aufgekauft und unter Schutz gestellt werden, kann dadurch einer »Macht-Ohnmacht-Relation« (Bogner 2004: 106) von Politik, Verwaltung und der einheimischen Bevölkerung entgegengewirkt werden, da die autochthonen territorialen Ansprüche geltend gemacht werden, bevor inselfremde Naturschutzverbände ihre als normativ-starr empfundenen Schutzbestimmungen an die besagten Gebiete herantragen und die vorhandene Kompetenz der Insulaner in Küsten- und Naturschutzangelegenheiten in Frage stellen. Somit präsentiert sich die

Landschaftswahrnehmung abermals als geprägt und gesteuert von kulturellen Mustern und vom Geschichtsbewusstsein. Das Bild der jahrhundertelangen Auseinandersetzung mit den Naturkräften ist in den lokalen Diskurs eingegangen und Teil der »kulturellen Selbstdefinition« (ebd.: 107).

Die mögliche Einflussnahme der Naturschützer konturiert sich besonders auf der Halbinsel Eiderstedt als Bedrohung für die bisherige Lebensweise und den bisherigen Lebensraum. Da einige Bauern in Eigeninitiative ein Trauerseeschwalbenprogramm gestartet hatten, indem sie künstliche Brutplätze für diese Vögel auf ihren Ländereien schufen, ist es weder für sie noch für die Öffentlichkeit nachvollziehbar, warum das Kieler Landwirtschafts- und Umweltministerium beabsichtigt, diese Dauergrünlandflächen jetzt für Wiesenvögel unter Schutz zu stellen. Überall ertönt Protest dagegen, wie den Eiderstedtern aus den aus eigenem Antrieb erfolgten Schutzbestrebungen quasi ein Strick gedreht wird. Zum rechtlichen Hintergrund sei kurz umrissen, dass in einem europaweiten Biotopverbundsystem Gebiete der bereits 1979 von der EG erlassenen Vogelschutzrichtlinie mit denen der Flora-Fauna-Habitat-Richtlinie von 1992 vernetzt werden sollen (vgl. Stock 1996: 68ff.). Die Vogelschutzrichtlinie regelt den Schutz und die Nutzung aller im Gebiet der Mitgliedsstaaten einheimischen Vogelarten (vgl. Schütte 2001: 156–176). Die FFH-Richtlinie sieht in Ergänzung dazu vor, mit einem kohärenten europäischen Netz besondere Schutzgebiete für natürliche Lebensräume sowie wildlebende Tiere und Pflanzen mit der Bezeichnung NATURA 2000 zu bewahren bzw. wieder herzustellen.[13] Am 29.6.2004 wurden zwei Drittel der Fläche Eiderstedts – etwa 19.800 Hektar – vom Kabinett der schleswig-holsteinischen Landesregierung als Schutzgebiet gemeldet.[14] Gegen diese Entscheidung wurde seitens der betroffenen Eiderstedter Kommunen und Flächeneigentümer beim Oberverwaltungsgericht in Schleswig Klage erhoben.

Der Widerspruch wurde jedoch im Oktober 2004 abgelehnt. Die Problematik für die Bewohner Eiderstedts besteht vor allem darin, dass die Grünlandflächen, wenn sie als Vogelschutzgebiete erst einmal ausgewiesen sind, nicht mehr in Ackerflächen umgewandelt werden dürfen. Mit wachsender politischer Einflussnahme verliert die Landschaft, welche die Züge der eigenen Bearbeitung trägt und je nach Nutzungsbedürfnissen geprägt und umgestaltet worden ist, ihre identitätsstiftende und existenzsichernde Funktion. Die Bewohner fordern deshalb eine Aufrechterhaltung des Status quo in Bezug auf die kulturell bedingte Nutzung der eigenen Landflächen. Durch die große Verunsicherung wird der vertraute Lebens- und Arbeitsraum mit einem Male zur fremden, politisch definierten Landschaft und damit zur vermeintlichen Verlustlandschaft. In den Interviews wird vor allem beklagt, dass fremde Naturschutzbestimmungen und europaweit anvisierte umweltpolitische Ziele die Alltagslandschaft der autochthonen Bewohner determinieren, umgestalten und die wirtschaftliche Entwicklung einschränken. Auf der Folie der hier nur kurz skizzierten Positionen innerhalb der Konfliktlandschaft erweist

13 Siehe Bundesamt für Naturschutz 1998: 7f. Siehe aktuelle Entwicklungen unter http://www.natura2000-sh.de (letzter Zugriff 8.11.2006).

14 Siehe die umfangreiche Berichterstattung in den Husumer Nachrichten, 29.6.2004, S. 5.

sich Ludwig Fischers Fazit als überaus zutreffend: »Die Geschichte von Landschaften ist auch und in hohem Maß eine von symbolischen Kämpfen« (Fischer 2001: 356). Die Auseinandersetzung, die sich um Nationalparks und NATURA-2000-Gebiete ereignet, ist vor allem ein Streiten um die Macht, Landschaft als Nutz- oder Schutzlandschaft zu definieren (vgl. ebd.). Trotz der parallelen Interessen von Landwirtschaft und Naturschutz an einer gesunden Natur speist sich der Konflikt um die Landschaft hauptsächlich aus dem immanenten Machtaspekt. Inwieweit die hier dargestellte Konfliktlandschaft zur Schutzlandschaft und damit aber auch zur politischen Landschaft deklariert wird, über welche die Küstenbewohner nicht mehr ökonomisch oder rechtlich verfügen dürfen, muss gegenwärtig noch offen bleiben. Eine Lösung, mit der das beiden Parteien gemeinsame Grundinteresse einer intakten Natur mit politischen und wirtschaftlichen Interessen in Einklang gebracht werden kann, scheint nicht in Sicht.

Insgesamt betrachtet bilden die nordfriesische (Landschafts-)Geschichte und ihre Topologien von Land- und Ressourcennutzung die zentrale Grundlage für räumliche Identität und ein biographieformendes Leitmotiv. Sie gehen als die wichtigsten Argumente in die verschiedenen Kontroversen ein. Die individuell und küstengesellschaftlich fest installierten Orientierungs- und Selbstdeutungsrahmen verlieren dabei durch die naturschutzrechtliche Aufhebung der Ansprüche auf die alleinige Gestaltungsmacht über die Landschaft an Stabilität. Dass sich manche Küstenbewohner durch einige Nutzungsbeschränkungen und Schutzbestimmungen bedroht fühlen, belegen verschiedene Verlust- und Restriktionserzählungen der Interviewten. Hier zeigt sich abermals, wie eng die Küstenlandschaft mit Küstenidentität, Lebenslauf, Erinnerungen und Geschichte verwoben ist.

Formen bedrohter Landschaft: die apokalyptische Landschaft

Mit dem Landschaftstyp der bedrohten Landschaft ist zunächst diejenige gemeint, die sich aufgrund natürlicher oder anthropogener Einwirkungen (ir-)reversibel verändert. Durch den Wandel des gewohnten Landschaftsbildes kann es wie beschrieben zu Gefühlen des Verlustes, der Entfremdung oder der Bedrohung der bekannten Umwelt kommen. Dabei haben die Befragten drei wesentliche Formen temporärer bzw. andauernder Landschaftsveränderung genannt: die apokalyptische, verschmutzte und verspargelte Landschaft. Diese sind für die Biographie von ganz unterschiedlicher Brisanz und werden teilweise als biographische Wendepunkte charakterisiert, ähnlich wie die Konsequenzen der Nationalpark- und Natura-2000-Gesetzgebung.

Durch das Deich- und Sielwesen[15] als Grundlage der Marschengesellschaft (vgl. Knottnerus 1997: 91) wurde der Naturraum der Nordseemarschen über die Jahrhunderte hinweg so stark anthropogen verändert und in eine Kulturlandschaft umgeformt,

15 Zum Deichbau siehe zum Beispiel Kramer 1989; Kramer/Rohde 1992; Kühn 1992; Uphoff 1995.

die sich durch die Trennung von Land und Meer auszeichnet, dass allein die mittelalterlichen und neuzeitlichen Deiche der schleswig-holsteinischen Westküste hintereinandergereiht ein küstenarchitektonisches Bollwerk von über 2.000 km Länge ergeben (vgl. Kühn/Panten 1995: 11). Durch Sturmfluten mussten die Menschen immer wieder schwere Rückschläge in diesem Naturaneignungs- und Landgewinnungsprozess hinnehmen. Auch wurde die heutige Form Nordfrieslands nachhaltig durch die Kraft des Meeres geprägt – etwa in den Jahren 1362, 1634, 1717, 1825 und 1962, um nur einige wichtige Daten zu nennen.[16]

Die Wahrnehmung, Sturmfluten seien eine Bedrohung und die Nordsee sei als »Mordsee« unberechenbar, hat sich im Vergleich zu früheren Jahrhunderten teilweise gewandelt. So werden zwar viele an Jahreszahlen gebundene Sturmfluterinnerungen von den Befragten erzählt, trotzdem sind diese in der Regel nicht von großer lebensgeschichtlicher Relevanz. Dabei gibt es generationsspezifische Wahrnehmungsraster von Sturmfluten. Gerade die jüngeren Interviewpartner zwischen 27 und 30 Jahren haben beispielsweise die Sturmflut von 1962 gar nicht erlebt. Sie thematisieren sie auch nicht als Erfahrung aus zweiter Hand, die durch Lektüre, Fernsehen, Rundfunk usw. erworben wird. Ihre Erinnerungsfragmente zeigen Sturmfluten entweder als eher ungefährliche Angelegenheiten, die unter die Kategorie »spannende oder lustige Begebenheit« fallen; oder aber sie sind im Gedächtnis als emotional aufregendes Ereignis präsent und – weil durch Kinderaugen betrachtet – nicht als lebensgefährlich eingestuft. Unterschiedlich intensiv haben dagegen die zwischen 40 und 70 Jahre alten Küstenbewohner Sturmfluten erlebt. Vor allem die Daten 1962, 1976 und 1981 tauchen in den Erzählungen immer wieder auf. Die entsprechenden Interviewsequenzen zeichnen sich durch Rationalität und Unemotionalität aus. In erster Linie werden Abläufe von Rettungseinsätzen wiedergegeben, Fragen nach Angstgefühlen verneint. Vielmehr vermitteln die Interviews den Eindruck der Sicherheit. Bei der emotional und biographisch wenig bedeutsamen (all-)täglichen Konfrontation mit dem Rhythmus der Natur werden in den Interviews vor allem solche Wahrnehmungsweisen deutlich, die von einem Gefühl der Kompetenz, technischen Überlegenheit über und der Berechenbarkeit von Natur zeugen. Der Jahrhunderte lang (erfolgreich) praktizierte Küstenschutz scheint trotz der bis heute andauernden Auseinandersetzung zwischen den »Küstenfachmännern« (Jakubowski-Tiessen 2004, S. 76) und der Nordsee ein Hauptgrund für das Wahrnehmungsmuster zu sein, das sich durch großes Vertrauen in ein gut funktionierendes Katastrophenmanagement auszeichnet. Eventuelle Schäden am Deich und in der Landschaft werden als schnell behebbar und keineswegs als Krise oder Rückschlag im »Kampf gegen die Nordsee« angesehen. Dies ist eine »pragmatische Sicht, denn man kann sich aus Gründen der Lebensqualität nicht dauernd mit bedrohlichen Gefahren auseinandersetzen.« (Rieken 2005: 323) Nur das globale Phänomen des ansteigenden Meeresspiegels, das durch den Treibhauseffekt und das

16 Zu Sturmfluten siehe Petersen/Rohde 1979; Jakubowski-Tiessen 1992; Ders. 2000; Ders. 2003; Rheinheimer 2003; Sönnichsen/Moseberg 2003.

Ozonloch hervorgerufen wird, entkräftet zum Teil das den Küstenbewohnern eben noch bescheinigte lokale Sicherheits- und Kompetenzgefühl. Die globale Erwärmung gilt als Menetekel für apokalyptische Ereignisse und wird in Verlusterzählungen verarbeitet. Das Bild einer großen Flutwelle, unter der die nordfriesische Küste versinken wird, hatten einige der Befragten auch schon vor der Tsunami-Katastrophe im Dezember 2004 in Südost-Asien oder dem Hurrikan Katrina im August 2005 in den USA im Kopf (vgl. ebd.: 343–362). Trotz aller Versuche, die Natur zu bändigen und die Küste Nordfrieslands vor den Zugriffen der Nordsee zu sichern, menetekeln einige der Befragten darüber, ob die Küste im Hinblick auf größere Überschwemmungen weiterhin geschützt werden könne. Der Klimawandel und das Abschmelzen der Polkappen, die nur gering und nicht gänzlich schmelzen müssten, um die deutsche Nordseeküste zu überspülen (vgl. Latif 2003), werden vor allem auf anthropogene Umweltsünden zurückgeführt (vgl. Rheinheimer 2003: 29f.). Herauszulesen ist dabei ein Kausalnexus von Schuld und Strafe. Während die Menschen früher die Flutkatastrophen als Strafe Gottes für ihre religiöse Sündhaftigkeit begriffen (vgl. Jakubowski-Tiessen 1992: 89; Ders. 2003: 104; Rheinheimer 2003: 24f.), deuten sie diese heute als säkulare Strafe der Natur – einer subjektivierten, sich wütend gegen anthropogene Umweltsünden wehrenden Natur.

Manfred Jakubowski-Tiessen geht davon aus, dass sich oft wiederholende Traumatisierungen einer lokalen oder regionalen Bevölkerung, zum Beispiel durch Seuchen oder Kriege, zu einer besonderen mentalen Prägung führen und sich im kollektiven Gedächtnis festsetzen können (vgl. Jakubowski-Tiessen 1997: 130). Was lässt sich im Sturmflut-Kontext nun über die kollektive Erinnerung bzw. das kollektive Gedächtnis aussagen? Die oftmals stereotypen Erinnerungen an die Sturmflutjahre 1962, 1976 und 1981 dienen den Befragten häufig als Erlebnisvorlagen für spätere Sturmfluten und gehören zu den gegenwartsbezogenen und alltagsnahen Erinnerungen. Alle Fluten vor 1900 fallen aus dem Bezugsrahmen alltäglicher Hochwassererfahrung und dem Repertoire autobiographischer Erinnerungen heraus. Dieser Vergessensprozess ist durch die Ermangelung an Erfahrung aus erster Hand zu erklären. Historische Ereignisse verschwinden allmählich mit ihren Zeitzeugen aus dem Gedächtnis. Die Interviewaussagen liefern auffallende Indizien dafür, dass zum Beispiel die landschaftsformenden Katastrophenfluten von 1362 und 1634 mit jeder gegenwärtigen Flut sich stärker aus dem kollektiven Gedächtnis herauswaschen und einem Zersetzungsprozess ausgeliefert sind. Erinnerungen sind folglich an Zeitdimensionen und Generationen gebunden. Da Landschaften, Straßen, Plätze oder Flussläufe wichtige »Orientierungsrahmen für lebensgeschichtliche Reflexionen von Individuen und in Gruppen« (Lehmann 1996: 143) vorgeben, ist ein weiterer wichtiger Aspekt neben der Zeitgebundenheit die Ortsgebundenheit von Erinnerungen.

Gemeinsame Sturmfluterinnerungen und Erfahrungen »sind prägendes Kontinuum der Geschichte der Friesen« (Jakubowski-Tiessen 2004: 67). Die Anstrengungen des Deichbaus, der Entwässerung und des Küstenschutzes verdichten sich zu »ortsgebundene[n] Topoi« (Ipsen 1994: 235). Diese räumlichen Bezugspunkte fungieren als Metaphern für die »friesische Gemeinschaft« und konstruieren eine wichtige Komponente der friesischen Identität. Auch das in den Interviews konstatierte Erstarken von Sicherheitsempfindungen lässt sich dadurch erklären. Aleida Assmann gibt hier den für die Frage nach dem Raumbezug von Erinnerungen wichtigen Hinweis, dass Lebensräume zu Orten werden, welche die »Erinnerung festigen und beglaubigen, indem sie sie lokal im Boden verankern.« (Assmann 1999: 299) Solche tiefgehenden Gefühle des Verwachsenseins verdichten sich im alltäglichen Lebensraum zum »besonderen Ort« (Ipsen 1994: 240). Er kann natürliche Besonderheiten umfassen (das Phänomen ‚Land unter', die Wellen an der Deichkante) oder spezifische Bauwerke (Deiche, Warften, Leuchttürme) aufweisen. Die Raumeigenschaften des besonderen Ortes haben die Funktion, als wichtiger individueller und sozialer Bezugsrahmen regionale Identität bzw. Küstenidentität stiften zu können. An der Küste als besonderer Ort steht der Deich als Identifikationsmerkmal und Symbol für Schutz, Standhaftigkeit, Selbstbewusstsein und Vertrauen in die eigene Küstenkompetenz, die historisch entstandene Landschaft vor dem Blanken Hans zu schützen. Das Wissen um die Standhaftigkeit der Grenze zwischen Land und Meer lässt darauf schließen, dass die Deiche als besonderer Ort auch als Symbol für einen sicheren Ort gedeutet werden.

Die durch Verschmutzung bedrohte Landschaft

Bei der verschmutzten Landschaft geht es vor allem um die Angst *um* die Nordsee. Das Meer wird zur kulturellen Metapher für die durch Industrieschadstoffe und die besonders belastenden Einträge durch Ölförderung und unfallbedingtes oder (il-)legales Ölablassen von Schiffen (vgl. van Bernem 2003; Mordhorst 1981) bedrohte Lebenswelt: Mit zunehmendem Wissen über Schadstoffeinträge, deren schädliche Wirkung auf das Ökosystem der Wattenregion und vor allem durch die aus erster Hand erlebte Pallas-Katastrophe wächst die Angst um Meer und Lebensraum. Die nur langsam versandenden Überreste des Holzfrachters vergegenwärtigen die Katastrophe mit ihren ökologischen Folgen, die von den Interviewten ganz unterschiedlich eingestuft werden. Obwohl Müll, ölverschmierte Vögel oder Ölklumpen im heimischen Küstenbereich beinahe zum alltäglichen Anblick gehör(t)en, ist die Havarie der Pallas am 25.10.1998 als biographische Zäsur zu nennen, die deutlich in den Erzählungen hervortritt. Ein Helfer und Augenzeuge von Amrum betrachtet die Arbeitsvorgänge bei der Bergung des Havaristen ganz pragmatisch. Die Proteste von Umweltschützern bewertet er als überzogen, weil sich nach Ende der Abpumparbeiten nur noch geringe Ölmengen im Wrack befunden hatten. Obwohl das Ausmaß der Verschmutzung von einigen Befragten als gering eingestuft wurde, zeigen sie sich besonders durch die direkte Konfrontation mit den verölten Vögeln emotional bewegt. Doch sobald das Öl nicht mehr sichtbar an Strand und Tier haftet und alle Spuren beseitigt sind, erlischt auch das Bedrohungsszenario. Die Amrumer kritisieren vor allem auch die Medien, welche quasi einen Katastrophentourismus am heimischen Bildschirm ermöglicht und die Auswirkungen des Öls auf die Natur aufgebauscht hätten. Andererseits sensibilisierte die – gleichwohl als übertrieben empfundene – Berichterstattung das öffentliche Bewusstsein für die Gefahren von Tankerunglücken und zwang die Politik zu Reaktionen. Die von den Regierungen eingeleiteten Sicherheitsmaßnahmen werden von den Küstenbewohnern allerdings als defizitär reklamiert. An der Nordsee weiß man um das latente Risiko hinter dem Horizont. Es ist eine ständige Sorge um das Meer festzustellen, die neue Begründung findet durch den Untergang des Öltankers Prestige vor der Küste Nordspaniens im November 2002 und den daraus resultierenden verheerenden Dauerschäden für die Natur Galiziens. Die Folgen der Verschmutzung durch Schweröl bedeuten für die betroffene Region das Aus sowohl für die dortige Tier- und Pflanzenwelt als auch für die Fischer und für den Tourismus. Solche Auswirkungen auf die einheimische Wirtschaft hatte das Pallas-Unglück zwar nicht, das Wissen um die Risiken solcher Katastrophen hat sich aber geschärft. Aus der Chronologie weltweiter schwerer Ölunfälle zitieren die Befragten weitere Beispiele, etwa die Exxon-Valdez-Ölkatastrophe vor Alaska im März 1989, um daran zu verdeutlichen, wie berechtigt die Angst vor dem »modernen schwarzen Tod« heute noch sei, weil immer wieder Unfälle passieren und das Öl im Naturkreislauf allenfalls langsam abgebaut werden kann. Oft wird ein düsteres, apokalyptisch anmutendes Szenario vom schwarzen Tod im Wattenmeer evoziert sowie eine Verbesserung in der Kooperation mit den Nachbarstaaten und die Verschärfung der Sicherheitsanforderungen verlangt. In den Nachrichten gezeigte gespenstische Szenen von Tankerunglücken, verschmutzten Stränden und verölten Vögeln auf der ganzen Welt sowie das jüngste Beispiel an den Stränden Nordwestspaniens und Frankreichs haben sich zu gestochenen Bildern verdichtet, die viele Küstenbewohner im (Hinter-)Kopf tragen und die inzwischen zum Küstenbewusstsein dazugehören.

Das Naturverhältnis hat sich verändert: Die Angst vor dem Meer wandelte sich im Laufe der Jahrhunderte in eine moderne Angst um das Meer. Durch das Pallas-Unglück ist das bisherige Bild von der schwarz-klebrigen Landschaft vor Ort, das bisher nur aus dem Fernsehen bekannt war, zur realen traumatischen Erfahrung geworden. Die Pallas ist für die Küstenbewohner zu einem besonderen Ort geworden, der sich jedoch aus der Umkehrung seiner eigentlichen Bedeutung definiert: Die Pallas steht als Symbol für einen *unsicheren Ort*, mit dem apokalyptische Ölunfälle assoziiert werden und der an das Gefahrenpotential passierender Öltanker erinnert.

Die verspargelte Landschaft

Die verspargelte Landschaft kann als weitere Bedrohung für das bisherige Landschaftsbild der Küstenbewohner ausgemacht werden. Um die Natur durch regenerative Energien zu schützen, wurde und wird die Landschaft durch die schon aus weiter Ferne sichtbaren Silhouetten hunderter von Windkraftanlagen erheblich verändert und verfremdet. Die immer großräumiger angelegten Eingriffe ins »etablierte kulturelle Bild, welches von der Malerei Emil Noldes und durch die Novellen Theodor Storms geschaffen und popularisiert wurde« (Lehmann 2003: 161), finden, ähnlich wie die Naturschutz- und Nationalparkbestimmungen, kaum Akzeptanz in der Küstengesellschaft. Die weiten Marsch- und Ackerflächen ermöglichten bis dato einen offenen, unbegrenzten Blick auf die nur spärlich ausgestattete Landschaft. Zu den wenigen abwechslungsreichen Elementen gehören zum Beispiel Höfe mit alten, hohen Baumbeständen. Nur selten ragen die Schornsteine großtechnischer Industrieanlagen, öfter dagegen Hochspannungsmasten und Getreidesilos als »vertikal strukturierende Landschaftselemente« (Schwahn 1997: 196) in den Himmel hinein und bilden den »kulturlandschaftlichen Horizont« (Hasse 1999: 150).

Diese Silhouette ändert sich seit geraumer Zeit rapide. Das Stromeinspeisungsgesetz vom 7. Dezember 1991 war Auslöser für hunderte von Anträgen zur Errichtung von Windkraftanlagen, da die Energieversorger verpflichtet wurden »den in ihrem Versorgungsgebiet erzeugten Strom aus erneuerbaren Energien abzunehmen und den eingespeisten Strom zu vergüten.« (Hennig 1997: 189) Die boomende ressourcen- und umweltschonende Energiegewinnung durch Windkraft-Technologie hat den Nebeneffekt, dass die aufgestellten, bis zu 120 Meter hohen Windräder den Gesamteindruck und das »Horizontbild« (ebd.: 197) der Landschaft erheblich verändert haben: die kulturlandschaftliche Horizontlinie wurde von einer zweiten überlagert, die »eher als horizontaler Gürtel zur Erscheinung [kommt], der oberhalb der kulturlandschaftlichen Horizontlinie eine Technosphäre bildet, welche Himmel und Erde wie ein perforiertes Scharnier verknüpft.« (Hasse 1999: 150) Heute stehen in Schleswig-Holstein über 2.500 Windkraftanlagen. Darüber hinaus lagen dem Bundesamt für Seeschifffahrt und Hydrographie (BSH) bis Mai 2002 29 Anträge (23 Nordsee/6 Ostsee) für Offshore-Anlagen vor, die zum Teil mehrere hundert einzelne Windenergieanlagen umfassen. Neben ökonomischen Vorteilen der Windenergienutzung gehört die »gravierende Landschaftsveränderung« (Schwahn 1997: 190) zu den (ästhetischen) Nachteilen für Mensch und Tier. Die Küstenbewohner protestieren gegen die genannten Eingriffe in ihre Landschaft. Die Interviews gewähren einen Einblick in die kontroverse Debatte um »Nutzen und Schaden« (Hasse 1999: 23) der neuen Technologie. Windkraft wird ambivalent wahrgenommen: Es findet sich einerseits eine wirtschaftlich orientierte Argumentation, wenn sich zum Beispiel Landwirte mit dem Aufstellen von Windmühlen eine zusätzliche Kapitalanlage schaffen. Das sich durch die »Integration der Technik« (Hengartner/Rolshoven 1998: 26) verändernde Landschaftsbild sei dann vor allem eine Sache der Gewöhnung als »alltagswelt- und alltagserfahrungsbezogene Adaptionsstrategie« (ebd.). Dem entgegen gesetzt wird andererseits der Schaden, den die Küstenlandschaft durch die Windspargel nimmt. Zwar ist die Nutzung des Windes eine umweltschonende, alternative Energiequelle, aber eben auch und vor allem eine »optische Umweltverschmutzung« (Pott 2003: 13). Die negativen Effekte der Windräder – das Surren als bisher unbekanntes klanglandschaftliches Element und vor allem Lichteffekte und Horizontwirkung – mindern die Lebensqualität derjenigen, die dicht an solchen Anlagen wohnen. Die Standortwahl für Windanlagen ist daher von großer Bedeutung: Da die Räder keinen Bezug zur historisch gewachsenen Kulturlandschaft haben, lassen sie sich nicht in den naturnahen und kulturhistorischen Ausdruck der Landschaft einfügen. So führen zum Beispiel Rotorblätter, die hinter den für Eiderstedt typischen Haubargen für visuell unruhige Discoeffekte sorgen, teilweise zu einem Bruch der regionalen Identifikation und der gewohnten Sinneswahrnehmung. Flächenhafte Nutzung der »Landschaft als Ressource« (Hennig 1997: 198) ist vor allem dort möglich, wo ohnehin schon gravierende Verunstaltungen des traditionellen Landschaftsbildes zu verzeichnen sind, etwa in Industrielandschaften wie in Industrie- und Gewerbegebieten. Der stärkste Grund für die mangelnde Akzeptanz ist die »Adaptionsgeschwindigkeit der Bevölkerung, die hinter dem rasanten Ausbau der Windkraftanlagen hinterherhinkt.« (Ebd.). Im bisherigen Geschichtsverlauf veränderte sich die Landschaft »für die biographische Wahrnehmung der Bewohner in moderatem Tempo« (Lehmann 2003: 157). Eine zu schnelle räumliche Veränderung der Landschaft als alltäglicher Bezugsraum erzeugt jedoch »Unbehagen und Depression« (Wagner 1997: 62). Hochhäuser, Industrieanlagen, Oberlandleitungen und Getreidesilos stören zwar auch je nach subjektivem Empfinden das horizontal geprägte Landschaftsbild. Man hat sich jedoch genauso an sie gewöhnt wie an die ähnlich hohen »Landmarken« (Schwahn 1997: 197), etwa vereinzelt stehende Kirch- und Leuchttürme. Solche können anders als die Windräder sogar zu »eindeutigen Identifikationsobjekten« (ebd.) und »Bedeutungsträger[n] der landschaftlichen Gesamtaussage« (ebd.) werden. Verantwortlich für diese Identifikation und Akzeptanz ist vor allem die zeitliche Konstanz. Das rasante Aus-dem-Boden-schießen der Windanlagen dagegen bewirkt genau das Gegenteil: Sie werden in ihrer Masse und in ihrer Bewegung weder als Landmarken verstanden, noch sind sie mit Symbolfunktionen oder Erinnerungen behaftet. In den Verlustgeschichten findet sich deshalb ein immer gleiches Argumentationsmuster: Das Eindringen der technischen Bauwerke zerstört das natürliche Landschaftsbild, obgleich es sich um Kulturlandschaft handelt, für die »technische Durchdringung« (Hengartner/Rolshoven 1998: 38) charakteristisch ist. Das heißt, diese historisch gewachsene Kultürlichkeit, auf welche sich die Küstenbewohner im Konflikt zwischen Nutz- und Schutzlandschaft immer wieder mit Vehemenz berufen, wird in der Argumentation gegen Windkraftanlagen relativiert und umdefiniert in Natürlichkeit der Landschaft, welche die Menschen kontinuierlich umgeben hat und die daher zu erhalten sei. Windtechnik ist in dieser Logik mit den landschaftlichen Gegebenheiten nicht zu vereinbaren und bedroht diese. Dabei sind eben diese landschaftlichen Gegebenheiten selbst durch maritime Zivilisationstechniken, der Deichbautechnik und Entwässerungstechnik, entstanden und grundieren damit die Marschengesellschaft. Sie werden in diesem Kontext aber nicht als Bestandteil von Kultürlichkeit, sondern als Bestandteil der Natürlichkeit an der Küste verstanden (vgl. ebd.: 39). Der Wunsch nach Erhaltung der schönen Landschaft drückt sowohl die »Erinnerung eigener Naturzugehörigkeit« (Hasse 1999: 19) aus als auch das »enge Verhältnis zwischen Mensch und geographischem Ort« (Assmann 1999: 208). Der vertraute Küstenraum ist ein essentieller Identitätsbaustein, der durchspannt ist von individuellen Orientierungs- und Erinnerungspunkten. Wegen der plötzlichen Veränderung der Umgebung durch Windräder kommt es zu einem Bruch mit den im biographiegeschichtlichen Lauf des Lebens gesammelten Haltepunkten und Erinnerungsmarken und der tatsächlich vorgefundenen Landschaft. Die Landschaftsbilder sind nicht mehr zueinander kongruent. Der kontemplative Blick über die Landschaft kollidiert mit der neu entstandenen »Technostruktur« (Hasse 1999: 152) am Himmel und wird damit zu einer ungewohnten und unästhetischen Landschaftserfahrung. Der fortschreitende Prozess der Verspargelung der räumlichen Umwelt untergräbt somit die regionale Identität eines großen Teils der Küstenbewohner.

Ausblick

Das bei der Interviewanalyse entstandene Wahrnehmungsrelief konnte grundsätzlich vor Augen führen, wie sowohl die historischen als auch aktuellen landschaftlichen Entwicklungen in die subjektiven Sichtweisen und Interpretationen des Küstenraums mit eingeflossen sind. Trotz individueller lebensgeschichtlicher Referenzrahmen, die ganz persönliche Ansichten erkennen lassen, weisen die verschiedenen Themenbereiche der biographischen Küstenlandschaften immer wieder die gleichen Erzählmuster und stereotypen Formulierungen auf. Die Interviewaussagen münden in Küstendiskurse, die übergeordnete, überindividuelle Strukturen aufweisen, indem sie durchzogen sind von kulturellen, gesellschaftlichen und politischen Einflüssen. Landschaftserfahrungen in der Kindheit weisen zum Beispiel ähnliche Muster auf. Restriktions- und Verlusterzählungen kommen insbesondere bei der Problematik des Naturschutzes, der Nationalparkgesetzgebung und Windkraftanlagen vor, dazu Kampf- und Gemeinschaftsmetaphern wie der gegen das Meer kämpfende Friese, die Kompetenz im Deichbauwesen oder die historische Legitimierung der territorialen Ansprüche und das Anrecht auf Beibehaltung von tradierten Nutzungsgepflogenheiten. Landschaft wird je nach Bewusstseins-, Umgangs-, Wahrnehmungs-, und Interpretationsform als »ökologische, administrative, funktionale, kulturelle und politische Region verstanden und mit verschiedenen Identitätskonzepten belegt.« (Sunnus 1998: 10). Für künftige (biographische) Forschungen zur Küstenwahrnehmung stellen sich zahlreiche Fragen. So ist unklar, inwieweit den Küstenbewohnern Meldungen über den Zustand der Nordsee Anlass zur Besorgnis geben. Trawler und Kutter durchkämmen nach wie vor die Hochsee- und Küstengebiete. Schollen, Dorsche, Seezungen, Krabben werden immer seltener und kündigen unübersehbar das Ende der utopischen Vorstellung vom unerschöpflichen Reichtum der Meere an (vgl. Rodenberg 2004). Der Fischfang stößt an seine Grenzen und erfordert ein Umdenken in Richtung einer ökologisch verträglichen Fischerei. Wo der Mensch in die Natur eingegriffen hat, zeig(t)en sich immer wieder neue Gefahren, so wurden etwa unbekannte, völlig neue Viren als Auslöser für das Seehundsterben 1988 an der Nordsee entdeckt. Auch die zukünftig entstehenden

Offshore-Windparks, für die viele Hochspannungskabel durch bisher unberührte Wattflächen verlegt werden müssen, bergen Risiken für Zugvögel und Meeresbewohner und bieten Kollisionsflächen für (Öl-)Tanker. Wie werden die Menschen auf diese Landschaftsentwicklungen der nächsten Jahre reagieren, wie wirken sich diese auf bestehende Denk-, Handlungs- und Wahrnehmungsmuster aus? Hier beschriebene Sehgewohnheiten müssen anhand eines größeren Samples immer wieder aufs Neue in Verbindung mit der sich stets verändernden Umwelt gebracht, hinterfragt und gegebenenfalls revidiert und erweitert werden.

Literaturverzeichnis

Assmann, Aleida (1999): Erinnerungsräume. Formen und Wandlung des kulturellen Gedächtnisses. München.

van Bernem, Karl-Heinz (2003): Einfluss von Ölen auf marine Organismen und Lebensräume. In: Lozan, José L. u.a. (Hg.): Warnsignale aus Nordsee und Wattenmeer. Eine aktuelle Umweltbilanz. Hamburg, S. 229–233.

Bogner, Thomas (2004): Zur Bedeutung von Ernst Rudorff für den Diskurs über Eigenart im Naturschutzdiskurs. In: Fischer, Ludwig (Hg.): Projektionsfläche Natur. Zum Zusammenhang von Naturbildern und gesellschaftlichen Verhältnissen. Hamburg, S. 105–134.

von Borries, Bodo (2001): Geschichtsbewusstsein als System von Gleichgewichten und Transformationen. In: Rüsen, Jörn (Hg.): Geschichtsbewusstsein. Psychologische Grundlagen, Entwicklungskonzepte, empirische Befunde. Köln/Weimar/Wien, S. 239–280.

Buchwald, Konrad: Heimat heute. Wege aus der Entfremdung. In: Wehling, Hans-Georg (Red.): Heimat heute. Stuttgart/Berlin/Köln/Mainz 1984, S. 34–59.

Ders. (1990): Nordsee. Ein Lebensraum ohne Zukunft? Göttingen.

Ders./Engelhardt, Wolfgang/Schlüter, Uwe (Hg.) (1996): Schutz der Meere. Nordsee. Bonn. (= Umweltschutz. Grundlagen und Praxis, 6.1).

Bundesamt für Naturschutz (Hg.) (1998): Das europäische Schutzgebietssystem NATURA 2000. Bonn-Bad Godesberg. (= Schriftenreihe für Landschaftspflege und Naturschutz, 53).

Eser, Uta (1999): Der Naturschutz und das Fremde. Ökologische und normative Grundlagen der Umweltethik. Frankfurt a.M./New York.

Fischer, Ludwig (2000): Das Feste und das Flüssige. Zur Ideologie und Wahrnehmungsgeschichte des Wattenmeeres und der Halligen. In: Kunst- und Ausstellungshalle der Bundesrepublik Deutschland (Hg.): Wasser. Anlässlich des internationalen Kongresses, der vom 21. bis 25. Oktober 1998 im Forum der Kunst- und Ausstellungshalle stattgefunden hat. Wiss. Red: Busch, Bernd/Förster, Larissa. Köln, S. 624–652. (= Schriftenreihe Forum, 9; Elemente des Naturhaushalts, 1).

Ders. (2001): Das Erhabene und die ›feinen Unterschiede‹. Zur Dialektik in den soziokulturellen Funktionen von ästhetischen Deutungen der Landschaft. In: Brednich, Rolf Wilhelm/Schneider, Annette/Werner, Ute (Hg.): Natur–Kultur. Volkskundliche Perspektiven auf Mensch und Umwelt. Münster, S. 347–356.

Fischer, Norbert (2001): Die flüchtigen Orte. Räumlicher Wandel und autobiographisches Gedächtnis im 20. Jahrhundert. In: Rheinheimer, Martin (Hg.): Der Durchgang durch die Welt. Lebenslauf, Generationen und Identität in der Neuzeit. Neumünster, S. 363–376. (= Studien zur Wirtschafts- und Sozialgeschichte Schleswig-Holsteins, 33).

Freyer, Hans (1996): Landschaft und Geschichte. In: Gröning, Gert/Herlyn, Ulfert (Hg.): Landschaftswahrnehmung und Landschaftserfahrung. Münster, S. 69–90. (= Arbeiten zur sozialwissenschaftlich orientierten Freiraumplanung, 10).

Gätje, Christiane (2003): Tourismus und Erholung im Wattenmeer. In: Lozan, José L. u.a. (Hg.): Warnsignale aus Nordsee und Wattenmeer. Eine aktuelle Umweltbilanz. Hamburg, S. 117–121.

Hasse, Jürgen (1999): Bildstörung. Windenergie und Landschaftsästhetik. Oldenburg. (= Wahrnehmungsgeographische Studien zur Regionalentwicklung, 18).

Hengartner, Thomas (1999): Forschungsfeld Stadt. Zur Geschichte der volkskundlichen Erforschung städtischer Lebensformen. Berlin/Hamburg. (= Lebensformen, 11).

Ders./Rolshoven, Johanna (1998): Technik – Kultur – Alltag. In: Dies. (Hg.): Technik – Kultur. Formen der Veralltäglichung von Technik – Technisches als Alltag. Zürich, S. 17–49.

Hennig, Nina (1997): Windige Heimat. Windkraftanlagen und das schleswig-holsteinische Landschaftsbild. In: Mehl, Heinrich (Hg.): Typisch Schleswig-Holstein? Merkmale, Meinungen, Missverständnisse. Heide, S. 189–201.

Herlyn, Ulfert (1990): Zur Aneignung von Raum im Lebensverlauf. In: Ders./Bertels, Lothar (Hg.): Lebenslauf und Raumerfahrung. Opladen, S. 7–34. (= Biographie und Gesellschaft, 9).

Ipsen, Detlev (1994): Regionale Identität. Überlegungen zum politischen Charakter einer psychosozialen Raumkategorie. In: Lindner, Rolf (Hg.): Die Wiederkehr des Regionalen. Über neue Formen kultureller Identität. Frankfurt a.M./New York, S. 232–253.

Jakubowski-Tiessen, Manfred (1992): Sturmflut 1717. Die Bewältigung einer Naturkatastrophe in der frühen Neuzeit. München.

Ders. (1997): Mentalität und Landschaft. Über Ängste, Mythen und die Geister des Kapitalismus. In: Fischer, Ludwig (Hg.): Kulturlandschaft Nordseemarschen. Westerhever, S. 129–143.

Ders. (2000): Die großen »Mandränken«: Sturmfluten in Nordfriesland. In: Steensen, Thomas (Hg.): Das große Nordfriesland-Buch. Hamburg, S. 122–132.

Ders. (2003): Gotteszorn und Meereswüten. Deutungen von Sturmfluten vom 16. bis 19. Jahrhundert. In: Groh, Dieter (Hg.): Naturkatastrophen. Beiträge zu ihrer Deutung, Wahrnehmung und Darstellung in Text und Bild von der Antike bis ins 20. Jahrhundert. Tübingen, S. 101–118.

Ders. (2004): »Trutz, Blanker Hans«. Der Kampf gegen die Nordsee. In: Lundt, Bea (Hg.): Nordlichter. Geschichtsbewusstsein und Geschichtsmythen nördlich der Elbe. Köln/Weimar/Wien, S. 67–84. (= Beiträge zur Geschichtskultur, 27).

Keupp, Heiner u.a. (Hg.) (1999): Identitätskonstruktionen. Das Patchwork der Identitäten in der Spätmoderne. Reinbek bei Hamburg.

Klose, Werner (1987): Nordsee Geschichte. Küste, Menschen, Schiffe. Heide.

Knottnerus, Otto S. (1989): Agrarverfassung und Landschaftsgestaltung in den Nordseemarschen. In: Fischer, Ludwig (Hg.): Kulturlandschaft Nordseemarschen. Westerhever, S. 87–105.

Kramer, Johann (1989): Kein Deich – kein Land – kein Leben. Geschichte des Küstenschutzes an der Nordsee. Leer.

Ders./Rohde, Hans (1992): Historischer Küstenschutz. Deichbau, Inselschutz und Binnenentwässerung an Nord- und Ostsee. Stuttgart.

Kruse-Graumann, Lenelis (1997): Naturschutz und Umweltbildung. In: Erdmann, Karl-Heinz/Spandau, Lutz (Hg.): Naturschutz in Deutschland. Strategien, Lösungen, Perspektiven. Stuttgart, S. 241–262.

Kühn, Hans Joachim (1992): Die Anfänge des Deichbaus in Schleswig-Holstein. Heide.

Ders./Panten, Albert (1995): Der frühe Deichbau in Nordfriesland. Archäologisch-historische Untersuchungen. 2. Aufl., Bredstedt.

Kunz, Harry/Steensen, Thomas (2005): »Was ist friesische Identität?« Eine empirische Untersuchung durchgeführt vom friesischen Seminar der Universität Flensburg. Bredstedt.

Latif, Mojib (2003): Hitzerekorde und Jahrhundertflut. Herausforderung Klimawandel. Was wir jetzt tun müssen. München.

Lehmann, Albrecht (1996): Wald als »Lebensstichwort«. Zur biographischen Bedeutung der Landschaft, des Naturerlebnisses und des Naturbewusstseins. In: BIOS 2/1996, S. 143–154.

Ders. (2003): Aspekte populären Landschaftsbewusstseins. In: Siemann, Wolfram (Hg.): Umweltgeschichte. Themen und Perspektiven. München, S. 147–164.

Lenz, Gerhard (1999): Verlusterfahrung Landschaft. Über die Herstellung von Raum und Umwelt im mitteldeutschen Industriegebiet seit Mitte des neunzehnten Jahrhunderts. Frankfurt a.M. (= Edition Bauhaus, 4).

Löfgren, Ovar (1986): Natur, Tiere und Moral. Zur Entwicklung der bürgerlichen Naturauffassung. In: Jeggle, Utz/Korff, Gottfried/Scharfe, Martin/Warneken, Bernd Jürgen (Hg.): Volkskultur in der Moderne. Probleme und Perspektiven empirischer Kulturforschung. Reinbek bei Hamburg, S. 122–144. (= Rowohlts Enzyklopädie, 431).

Milde, Jochen (1999): Was ändert sich im »Neuen Nationalpark«? In: Wattenmeer International 4, S. 5–7.

Mordhorst, Jan (1981): Müllkippe Nordsee? Alles über Ölpest und Billigflaggen, über Industrieabfälle und Verklappung, über Umweltverschmutzung und die bedrohte Natur. Hamburg.

Nohl, Werner/Richter, Ursula (1988): Umweltverträgliche Freizeit, freizeitverträgliche Umwelt. Ansätze für eine umweltorientierte Freizeitpolitik im Rahmen der Stadtentwicklungspolitik. Dortmund.

Opaschowski, Horst W. (1999): Umwelt. Freizeit. Mobilität. Konflikte und Konzepte. 2. Aufl., Opladen.

Petersen, Marcus/Rohde, Hans (1979): Sturmfluten. Die großen Fluten an den Küsten Schleswig-Holsteins und in der Elbe. 2. Aufl., Neumünster.

Pott, Richard: Die Nordsee. Eine Natur- und Kulturgeschichte. München 2003.

Prokosch, Peter (Red.) (1992): Ungestörte Natur – Was haben wir davon? Fachtagung anlässlich des 11. Internationalen Wattenmeertages 1991 in Husum. Husum.

Reise, Karsten (1995): Natur im Wandel beim Übergang vom Land zum Meer. In: Erdmann, Karl-Heinz/Kastenholz, Hans (Hg.): Umwelt- und Naturschutz am Ende des 20. Jahrhunderts. Probleme, Aufgaben, Lösungen. Berlin/Heidelberg/New York, S. 27–42.

Rheinheimer, Martin (2003): Mythos Sturmflut. Der Kampf gegen das Meer und die Suche nach Identität. In: Demokratische Geschichte 15, S. 9–58.

Rieken, Bernd (2005): ›Nordsee ist Mordsee‹. Sturmfluten und ihre Bedeutung für die Mentalitätsgeschichte der Friesen. Münster u.a.

Rodenberg, Hans-Peter (2004): See in Not. Die größte Nahrungsquelle des Planeten: eine Bestandsaufnahme. Hamburg.

Rösner, Hans-Ulrich (1999 a): Neues Nationalparkgesetz in Schleswig-Holstein. In: Wattenmeer International 4, S. 4.

Ders. (1999 b): St. Peter-Ording: Verrat am Naturschutz oder »Win-Win-Kompromiss«? In: Wattenmeer International 4, S. 12–13.

Ders. (2003): Mehr Strandparken in St. Peter-Ording. In: Wattenmeer International 2/3, S. 22.

Rolshoven, Johanna (2003): Von der Kulturraum- zur Raumkulturforschung. Theoretische Herausforderungen an eine Kultur- und Sozialwissenschaft des Alltags. In: Zeitschrift für Volkskunde 99, S. 189–213.

Schäfer, Richard Murray (1988): Klang und Krach. Eine Kulturgeschichte des Hörens. Frankfurt a.M.

Schmoll, Friedemann (2004): Erinnerung an die Natur. Die Geschichte des Naturschutzes im deutschen Kaiserreich. Frankfurt a.M./New York. (= Geschichte des Natur- und Umweltschutzes, 2).

Schütte, Peter (2001): Der Schutz des Wattenmeeres. Völkerrecht, Europarecht, Nationales Umweltrecht. Baden-Baden (= Forum Umweltrecht, 39).

Schwahn, Christoph (1997): Kriterienbildung einer ästhetischen Bewertung von Marschenlandschaften. In: Fischer, Ludwig (Hg.): Kulturlandschaft Nordseemarschen. Westerhever, S. 189–200.

Sönnichsen, Uwe/Moseberg, Jochen (2003): Wenn die Deiche brechen. Sturmfluten und Küstenschutz an der schleswig-holsteinischen Westküste und Hamburg. 4. Aufl., Husum.

Steensen, Thomas (1995): Nordfriesland im 19. und 20. Jahrhundert. In: Nordfriisk Instituut/Stiftung Nordfriesland (Hg): Geschichte Nordfrieslands. Heide, S. 207–335.

Stock, Martin u.a. (Hg.) (1996): Ökosystemforschung Wattenmeer. Synthesebericht. Grundlagen für einen Nationalparkplan. Heide. (= Schriftenreihe des Nationalparks Schleswig-Holsteinisches Wattenmeer, 8).

Sunnus, Milena (1998): Öland. Lebenswelt und Konstruktion von kultureller Identität auf einer schwedischen Ostseeinsel. Frankfurt a.M. (= Kulturanthropologie-Notizen, 61).

Uphoff, Rolf (1995): Die Deicher. Oldenburg.

Wagner, Juan Manuel (1988): Zur emotionalen Wirksamkeit der Kulturlandschaft. In: Schenk, Wieland Johanna (Hg.): Nordsee in Not. Greenpeace-Report 4. Reinbek bei Hamburg.

Schenk, Winfried/Fehn, Klaus/Deneke, Dietrich (Hg.) (1997): Kulturlandschaftspflege. Beiträge der Geographie zur räumlichen Planung. Stuttgart/Berlin.

Wirtz, Kai/Tol, Richard/ Hoos, Georg (2003): Mythos »Offene See«. Nutzungskonflikte im Meeresraum. In: Lozan, José L. u.a. (Hg.): Warnsignale aus Nordsee und Wattenmeer. Eine aktuelle Umweltbilanz. Hamburg, S. 157–160.

Franklin Kopitzsch

Resümee und Ausblick

Der Aufgabe, ein Resümee der Tagung im Warburg-Haus und einen Ausblick zu geben, unterziehe ich mich sehr gerne, habe ich doch vor Jahren im Salon von Frau Isa Lohmann-Siems einige Male zu sozial- und kulturgeschichtlichen Themen referiert. Ich erinnere mich gut an die angenehme und aufgeschlossene Atmosphäre dieser Abende und an ihre kunst- und kulturgeschichtlich so versierte Gastgeberin. Dass die ihr zu verdankende und ihren Namen tragende Stiftung mit dem Forschungsfeld »Inszenierungen der Küste« ein interdisziplinäres Thema gewählt hat, ist gewiss in ihrem Sinne. Ziel der Tagung sollte es sein, so Thomas Hengartner als Vorstandsmitglied der Stiftung in seiner Begrüßung, »norddeutsche Kulturgeschichte in europäischen Bezügen« zu präsentieren. Die internationale Perspektive und die interdisziplinäre Ausrichtung der Tagung, der fruchtbare Austausch von Natur- und Geisteswissenschaftlern, Geographen, Sozialwissenschaftlern, Historikern, Volkskundlern, Literaturwissenschaftlern und Kunsthistorikern haben sich bewährt, die Vielfalt der Ansätze und Herangehensweisen für unser Thema gezeigt und das Bewusstsein für die nicht minder große Vielfalt der Quellen, der Medien, die genutzt werden können, geschärft.

Im ersten Themenblock »Zur Konstruktion der Küste« ging es zum einen um die Entwicklung der Küstenlandschaft, zum anderen um soziale und touristische Konstruktionen dieser Landschaft. Deutlich wurde, dass Landschaften geschaffen, gestaltet und verändert werden, dass gerade die so einzigartige niederländische, deutsche und dänische Nordseeküste eine »Landschaft im Wandel« ist. Dass die Konstruktion von Landschaft immer mit »symbolischen Kämpfen« (Pierre Bourdieu), mit Wahrnehmungen und Erfahrungen, mit Deutungs- und Definitionsmacht verbunden ist, dass Texte im Kontext zu verstehen sind, dass ihre Autoren im sozialen Raum verortet und ihre Interessen erkundet werden müssen, wurde ebenfalls ersichtlich. Tendenzen zur Überhöhung, zur Heroisierung können so ebenso kritisch untersucht werden wie solche der Musealisierung und Emotionalisierung, der Werbungs- und Vermarktungsstrategien, des Natur- und Heimatschutzes. Auch in diesen Zusammenhängen geht es stets um Akteure und ihre »sozialen Felder«, um Produzenten, Mittler und Rezipienten.

Der zweite Themenblock galt »Projektionen – Imaginationen – Repräsentationen« und bot ebenso reflektierte wie quellenorientierte Beiträge zur Selbst- und Fremdwahrnehmung der Menschen und ihrer Lebenswelten auf den Inseln und an der Küste, nicht zuletzt in Krisen und Katastrophen wie in Zeiten beschleunigten Wandels. Fragen nach Erfahrungsräumen und Erinnerungsorten, ihrer Entstehung und Instrumentalisierung wurden ebenso angesprochen wie Aspekte der Bildung von Mentalitäten, Identitäten und Traditionen von der Frühen Neuzeit über Aufklärung und Romantik bis zur Gegenwart. Dass die Kunstgeschichte mit der ikonographischen und ikonologischen Analyse ihrer Quellen zu diesen Themenfeldern in besonderer Weise Beiträge zu leisten vermag, wurde an Beispielen der niederländischen Kunst des 17. Jahrhunderts verdeutlicht. Dass auch Karten Vorstellungen und Bilder prägten, verweist auf eine Quellengattung, die sich für einen weiteren interdisziplinären Austausch in besonderer Weise anbietet.

Der dritte Themenblock galt der »Selbstinszenierung und kulturellen Ökonomie«. Mit den Postkarten wurde eine massenhaft produzierte Quellengattung vorgestellt, deren umfassende sozial-, kultur- und wirtschaftsgeschichtliche Erforschung noch am Anfang steht. Ihre weitere Untersuchung verspricht wie die von Plakaten und Prospekten, von künstlerischer und kommerzieller Photographie aufschlussreiche Ergebnisse zur Inszenierung von Landschaften, ihren Bewohnern und ihren Gästen. Der »maritimen Gedächtnislandschaft« wurde am Beispiel von Grabmälern und Denkmälern nachgegangen, Formen und Inhalte von Trauer, von Verlusterfahrung können beispielhaft den jeweiligen »Umgang mit Vergangenheit« sichtbar machen, Kräfte der Beharrung und Erneuerung, Einflüsse von außen und von Zeitströmungen aufzeigen. Aktuelle »maritime Denkmals(er)findung« wurde am Beispiel von Carolinensiel illustriert und analysiert. Damit wurde der Wert teilnehmender Beobachtung »sozialer Praxis« einmal mehr unterstrichen.

Mehrfach klangen in den Vorträgen und Diskussionen Fragen an, denen weiter nachzugehen lohnen würde, so nach politischen und konfessionellen Prägungen der Küstenlandschaften, übereinstimmenden und unterschiedlichen Strukturen der Küstenterritorien, nach Phasenverschiebungen in Kunst, Literatur und Kultur, nach weiteren Vergleichen zwischen den Niederlanden, Deutschland und Dänemark, nach der Bedeutung von Autoren, die das Bild von Inseln, Halligen, Küsten und Marschen prägten und deren Wirkungen es nachzuspüren gilt: Jules Michelet wäre zu nennen, auch Georg Christoph Lichtenberg und Heinrich Heine, Johann Nicolaus Tetens, Theodor von Kobbe, Johann Georg Kohl und Hermann Allmers. Begegnungen mit Meer und Küste, die in Autobiographien, Briefen, Erinnerungen und Tagebüchern ihren Niederschlag gefunden haben, ließen sich einbeziehen wie auch die frühen Beschreibungen der Seebäder auf den Inseln und an der Küste, schließlich auch die große Zahl an Reiseführern oder Zeitschriften wie »Westermanns Monatshefte«, »Velhagen & Klasings Monatshefte«, MERIAN und GEO.

Schließlich, das wurde ebenfalls mehrfach thematisiert und problematisiert, bieten sich die Küstenlandschaften an, um in den Geistes- und Kulturwissenschaften lebhaft diskutierte Themen wie »Erinnerungsorte«, »Gedächtnislandschaften« und »kollektives Gedächtnis« an markanten Beispielen zu erörtern, Theorien und Thesen zu prüfen, zu variieren und zu ersetzen. Kollektive werden von Individuen und Gruppen geformt, »kollektives Gedächtnis« wird von ihnen geschaffen, instrumentalisiert, ideologisiert und kritisiert. Auch hier gilt es, den »Akteuren« und ihren »sozialen Feldern« mehr Aufmerksamkeit zu widmen, den Wissenschaftlern wie den Laien, den Experten wie den Heimat- und Naturforschern, den Amtmännern und Ärzten, den Lehrern und Pastoren, den Einheimischen und den Zugezogenen. Dass in der Verbindung von Allgemeinem und Besonderen, Makro- und Mikrohistorie ein eigener Reiz liegt, auch dass wurde mehrfach und eindrucksvoll sichtbar. Nicht umsonst wurde verschiedentlich auf Pierre Bourdieu und Alain Corbin Bezug genommen. Der Isa Lohmann-Siems-Stiftung kann zu dieser, ihrer ersten Tagung an so traditionsreicher wie verpflichtender Stätte nur gratuliert werden. Allen »Akteuren« des Forschungsprojekts »Inszenierungen der Küste« und dieser Tagung gilt der herzliche Dank der Teilnehmerinnen und Teilnehmer.

Die Autorinnen und Autoren

Marie Luisa Allemeyer, Dr. phil., seit September 2005 wissenschaftliche Mitarbeiterin am Max-Planck-Institut für Geschichte in Göttingen als Koordinatorin der ›International Max Planck Research School for the History and Transformation of Cultural and Political Values in Medieval and Modern Europe‹. Mitarbeiterin im interdisziplinären und internationalen Forschungsprojekt »Natur im Konflikt – Naturschutz, Naturbegriff und Küstenbilder«. Promotion an der Universität Kiel mit der Arbeit: »›Kein Land ohne Deich ...!‹« Lebenswelten einer Küstengesellschaft in der Frühen Neuzeit« (2006).

Ludwig Fischer, Dr. phil., 1978–2004 Ord. Professor für Neuere Deutsche Literatur an der Universität Hamburg (emeritiert). Forschungsschwerpunkte: Sozialgeschichte der deutschen Literatur, besonders der Nachkriegszeit; Massen- und Unterhaltungsliteratur; Film und Fernsehen, vor allem dokumentarischer Film; Kulturtheorie und Kulturgeschichte, insbesondere Theorie und Geschichte des Naturverhältnisses und seiner medialen Vermittlungen. Beschäftigung mit Regionalgeschichte und Entwicklung der ländlichen Räume. Zahlreiche Veröffentlichungen zur deutschen Literatur, zur Kultur- und Mediengeschichte, zur Kultur- und Regionalgeschichte Norddeutschlands, zum Ausstellungs- und Museumswesen. Außerdem u.a. mehrere Bücher und Studien zur schwedischen Literatur, Bildungs- und Kulturpolitik.

Norbert Fischer, Dr. phil., Privatdozent am Historischen Seminar der Universität Hamburg, Projektmitarbeiter des Landschaftsverbandes Stade e.V. Forschungsschwerpunkte: Landschaft, Kultur und Gesellschaft der Nordseeküste; Geschichte des Todes; räumlicher Wandel im Hamburger Umland. Buchpublikationen u.a.: »Land am Fluss« (2006, Mit-Hrsg.), »Nekropolis« (2005, Mit-Hrsg.), »Wassersnot und Marschengesellschaft« (2003), »Geschichte des Todes in der Neuzeit« (2001), »Die modellierte Region« (2000), i. Vorb.: »Im Antlitz der Nordsee – Zur Geschichte der Deiche in Hadeln« (2007).

Jürgen Hasse, Dr. rer. nat. habil., Univ. Prof. für Geographie am Institut für Humangeographie der Universität Frankfurt am Main. Forschungsschwerpunkte: Raum- und Umweltwahrnehmung, Ästhetik, Mensch-Natur-Verhältnisse, Phänomenologie und Geographie. Zu seinen zuletzt erschienenen Buchveröffentlichungen zählen »Bildstörung. Windenergie und Landschaftsästhetik« (1999), »Die Wunden der Stadt. Für eine neue Ästhetik unserer Städte« (2000) und »Fundsachen der Sinne« (2005).

Otto S. Knottnerus, wuchs auf einem Bauernhof in den Dollart-Marschen auf, studierte Soziologie in Groningen und ist seit 1991 freiberuflich tätig. Wandte sich in seinen Forschungen und Publikationen vor allem der frühneuzeitlichen Mentalitätsgeschichte mit Schwerpunkt auf den niederländischen und deutschen Nordseemarschen zu. Veröffentlichte dabei zu unterschiedlichen Aspekten wie Agrarverfassung, Deichbau, Landarbeiter, Kirchengeschichte, mennonitische Ostwanderung, Malaria in den Marschen und bäuerliche Lesekultur. Vor kurzem erschien seine Landschaftsbiographie: »Fivelboezem – De erfenis van een verwenen rivier« (2006).

Franklin Kopitzsch, Dr. phil., Professor am Historischen Seminar der Universität Hamburg. Forschungsschwerpunkte: Sozial- und Wirtschaftsgeschichte, norddeutsche Regionalgeschichte, Geschichte der Frühen Neuzeit. Leiter der Arbeitsstelle für Hamburgische Geschichte an der Universität Hamburg. Veröffentlichungen zur Sozialgeschichte der Frühen Neuzeit, zur neueren Geschichte, zur norddeutschen Stadt- und Landesgeschichte und zur Literaturgeschichte; Herausgeber des »Hamburg-Lexikons« (1. Aufl. 1998) und der mehrbändigen »Hamburgischen Biographie« (2001ff.).

Hansjörg Küster, Biologe, seit 1998 Professor für Pflanzenökologie am Institut für Geobotanik der Universität Hannover. Promotion 1985 in Stuttgart-Hohenheim, langjährige Tätigkeit an der Universität München. Forschungsschwerpunkte: Grundlagen der Ökologie, Landschafts- und Vegetationsgeschichte. Veröffentlichte u.a. »Die Ostsee – Eine Natur- und Kulturgeschichte« (2002), »Geschichte des Waldes – Von der Urzeit bis zur Gegenwart« (2002), »Garten und Wildnis – Landschaft im achtzehnten Jahrhundert« (1998), »Geschichte der Landschaft in Mitteleuropa« (1995).

Julia Meyn, M.A., Volkskundlerin. Gelernte Buchhändlerin, anschließend Studium an der Universität Hamburg. 2005 Abschluss in den Fächern Volkskunde und Germanistik. Die Veröffentlichung der Magisterarbeit »›Mit dem Meer wird man geboren‹ – Vom Leben an der Küste Nordfrieslands« ist in Vorbereitung.

Susan Müller-Wusterwitz, Dr. phil., freie Kunsthistorikerin. Promotion 2001 in Hamburg bei Bruno Reudenbach mit einer Arbeit zum frühen niederländischen Bildnis in der Frömmigkeitspraxis. Wissenschaftliche Mitarbeiterin am Kunstgeschichtlichen Seminar der Universität Hamburg im BMBF-Projekt »Neue Medien der Kunstgeschichte«. Arbeitsschwerpunkte: niederländische Malerei des 15.–17. Jahrhunderts, digitale Medien in der Museumskommunikation. Publikationen: »Bildnis und Tugendübung. Zur Funktion früher niederländischer Porträttafeln in der individuellen Frömmigkeitspraxis des 15. Jahrhunderts« (2003), verschiedene Aufsätze zu digitalen Medien in der kunsthistorischen Lehre und der Museumskommunikation.

Martin Rheinheimer, Dr. phil., seit 1999 Professor für Regionalgeschichte an der Syddansk Universitet, seit 2006 zugleich Leiter des Center for Maritime og Regionale Studier, einem Forschungszusammenschluss mit dem Fiskeri- og Søfartsmuseum in Esbjerg; Publikationen insbesondere zur Wirtschafts- und Sozialgeschichte, in den letzten Jahren mit Schwerpunkt auf der Geschichte des Wattenmeeres. Veröffentlichte zuletzt unter anderem »Grenzen in der Geschichte Schleswig-Holsteins und Dänemarks« (2006, Hrsg.), »Der Durchgang durch die Welt – Lebenslauf, Generationen und Identität in der Neuzeit« (2001, Hrsg.), »Der fremde Sohn – Harck Olufs' Wiederkehr aus der Sklaverei« (2001), »Arme, Bettler und Vaganten – Überleben in der Not 1450-1850« (2000).

Brigitta Schmidt-Lauber, Dr. phil., seit 2006 Professorin am Institut für Kulturanthropologie/Europäische Ethnologie der Universität Göttingen; habilitierte sich 2003 an der Universität Hamburg mit einer Studie zu Gemütlichkeit als kulturwissenschaftlicher Alltagserfahrung und Befindlichkeit. Zuvor Promotion mit einer Untersuchung zu Ethnizität als sozialer Praxis am Beispiel deutscher Namibier (1997). Weitere Forschungsschwerpunkte: Theorien, Methoden und Repräsentationspraxen der Alltagskulturforschung, Erzähl- und Biographieforschung sowie Landschafts- und Stadtforschung.

Abbildungsnachweise

Beitrag Hansjörg Küster:
Abb. 1–11: Hansjörg Küster.

Beitrag Susan Müller-Wusterwitz
Abb. 1: Brüssel, Bibliothèque Royale; Abb. 2: Rotterdam, Museum Boijmanns Van Beuningen; Abb. 3, 4: Bremerhaven, Deutsches Schifffahrtsmuseum; Abb. 5: New York, The Metropolitan Museum of Art; Abb. 6: Cambridge, Fitzwilliam Museum; Abb. 7: Köln, Wallraf-Richartz-Museum; Abb. 8: Leipzig, Museum der bildenden Künste; Abb. I: Haarlem, Teylers Museum; Abb. II, III: Rotterdam, Museum Boijmans Van Beuningen; Abb. IV, V: Greenwich, National Maritime Museum; Abb. VI, VII: Hamburg, Hamburger Kunsthalle; Abb. VIII: Vaduz, Sammlungen des Fürsten von Liechtenstein.

Beitrag Otto S. Knottnerus
Abb. 1: Georg Braun und Frans Hogenberg, Civitatis Orbis Terrarum, Köln 1572-1617; Abb. 2: Jammerliche vnd erschröckliche Zeitung auß Niderland, Holland, Seeland, Flandern und Frießland, Straßburg, Theibolt Berger 1571, Koninklijke Bibliotheek, Den Haag, Pflt 187; Abb. 3: Metamorphoses Ovidii [...] per Ioan. Sprengium Augustan, Frankfurt am Main: George Corvinus, Sigmund Feyerabend und Erben Wygand Galli, 1563, Buch 1, Abb. 9 und 10; Abb. 4: Stichting Rijksmuseum Het Zuiderzeemuseum, Strijd tegen het water, Sign. 022171; Abb. 5: Radierung: Emil K.J. Reznicek, Die Zeichnungen von Hendrick Goltzius: mit einem beschreibenden Katalog, Utrecht 1961, Bd. 2, S.74, Nr. K 142. Schrank: Schleswig-Holsteinische Landesmuseen, Schloss Gottorf, Schleswig; Abb. 6: Algemeen Rijksarchief, Den Haag; Foto: Uitgeverij Verloren.

Beitrag Norbert Fischer
Abb. 1: Uwe Sönnichsen/Jochen Moseberg: Wenn die Deiche brechen. Sturmfluten und Küstenschutz an der schleswig-holsteinischen Westküste und in Hamburg, S. 7; Abb. 2, 3, 6, 11–27: Norbert Fischer; Abb. 4: historische Ansichtskarte; Syltbild Stöver; Abb. 5: Adolf Lipsius: Helgoland. Beschreibung der Insel und des Badelebens. Leipzig o.J. (1895); hier Nachdruck Leer 1977; Abb. 7, 8, 28: Julia Meyn; Abb. 9: Wolfgang Jung; Abb. 10: Peter Smidt-Juist: Das Kreuz von Memmert. Bearbeitet von Hans und Renate Kolde. Juist 2005, S. 62.

Beitrag Brigitta Schmidt-Lauber
Abb. 1–3, 6–12, 14, 15, 17: Brigitta Schmidt-Lauber; Abb. 4: Sielhafenmuseum Carolinensiel; Abb. 5, 13, 16: Norbert Fischer.

Beitrag Martin Rheinheimer
Abb. 1-8: Martin Rheinheimer.

Beitrag Jürgen Hasse
Abb. 1: Touristik-GmbH Krummhörn-Greetsiel (Hg.) (o.J.): Ferien an der ostfriesischen Nordseeküste, Gastgeberverzeichnis 2005; Abb. 2: Tourist-Information Norden – Norddeich (Hg.) (o.J.): Norden Norddeich, Reisejournal 2005; Abb. 3: Amrum Touristik (Hg.) (o.J.): Endlich Amrum ... Gastgeberverzeichnis 2005; Abb. 4: Nordseebad Spiekeroog (Hg.) (o.J.): Nordseeinsel Spiekeroog.